高等学校计算机基础教育规划教材

计算机专业导论

王昆仑　主　编

张　亮　副主编

清华大学出版社

北京

内容简介

本着"易读、好教、学有兴趣"的编写目标,本书内容架构为:第 1～10 章按照学习的认知规律,由"知识模块"、"新技术(成果)模块"、"相关科学家或杰出人物模块"三部分组成,通俗易懂地介绍了相关基础知识和基础问题;新技术(成果)模块结合计算机技术发展史介绍,富有启发性;科学家和杰出人物简介可读性强,富有趣味性。第 11～14 章介绍了常用系统软件(Windows XP)和办公应用软件(Office 2003)的用法。以学习软件的"相关术语"、"基本操作"和"帮助"工具为主要内容,期望通过"授之以渔"的教学方法达到"举一反三"的学习效果。各章内容相对独立,易于引导学生自主学习和教师教学。

本书为准备从事计算机专业或者相关专业的人学习计算机基础知识而编写,可用于高等院校"计算机专业导论"课程的教材或参考书,本书对于希望了解计算机基础知识的人也是一本很好的读物。

图书在版编目(CIP)数据

计算机专业导论/王昆仑主编.--北京:清华大学出版社,2013(2023.8 重印)
高等学校计算机基础教育规划教材
ISBN 978-7-302-31905-4

Ⅰ.①计…　Ⅱ.①王…　Ⅲ.①电子计算机—高等学校—教材　Ⅳ.①TP3

中国版本图书馆 CIP 数据核字(2013)第 074803 号

责任编辑:张龙卿
封面设计:徐日强
责任校对:袁　芳
责任印制:宋　林

出版发行:清华大学出版社
　　　　网　　　址:http://www.tup.com.cn,http://www.wqbook.com
　　　　地　　　址:北京清华大学学研大厦 A 座　　　　邮　　编:100084
　　　　社 总 机:010-83470000　　　　　　　　　　　　邮　　购:010-62786544
　　　　投稿与读者服务:010-62776969,c-service@tup.tsinghua.edu.cn
　　　　质量反馈:010-62772015,zhiliang@tup.tsinghua.edu.cn
　　　　课件下载:http://www.tup.com.cn,010-62795764
印 装 者:北京建宏印刷有限公司
经　　销:全国新华书店
开　　本:185mm×260mm　　　印　张:26　　　字　　数:598 千字
版　　次:2013 年 7 月第 1 版　　　　　　　　　印　　次:2023 年 8 月第 8 次印刷
定　　价:69.00 元

产品编号:050561-03

前　言

作为计算机科学与技术专业的一本入门教材,本书详细地阐述了计算机科学与技术学科中的主要基本概念和问题,从而为学习后续课程打下一个良好的基础。

本着"易读、好教、学有兴趣"的编写目标,本书在内容架构方面做了一些尝试,第 1~10 章由三部分模块组成。"知识模块"介绍计算机相关基础知识,针对读者关心的以下问题进行了阐述,比如什么是计算机科学,如何进行专业学习,信息如何编码,数据怎样存储,计算机如何做数据运算,有哪些常用的编程工具,如何进行数据(结构)组织,如何设计算法和编写程序,如何设计开发大型软件(系统),什么是系统软件、应用软件,软件如何使用,网络有哪些功能,数据库系统是怎样存储和加工数据的,同时介绍了计算机与其他学科的关系、学习方法等内容,突出了计算机基础、算法和学科方法学的介绍;"新技术(成果)模块"以自计算机诞生以来(或之前)的国内外标志性大事记为线索(发展史)展开,介绍了部分与本章内容相关的发明和成果等内容;"相关科学家或杰出人物模块"介绍了与本章内容相关的国内外杰出人物及相关科学家,以便让大家树立学习本专业的责任感和自豪感。第 11~14 章分别介绍了常用系统软件(Windows XP)和办公应用软件(Office 2003)的用法。通过学习如何利用软件的"帮助"功能来学习软件操作,再通过案例的介绍使学生掌握学习软件知识的方法,从而达到授之以渔而非授之以鱼的目的,期望通过这样的教学方法达到"举一反三"的学习效果。

本书可作为高等院校"计算机专业导论"课程的教材,对于其他相关专业了解和学习计算机科学技术的读者也是一本很好的入门读物。

本书由王昆仑任主编,张亮任副主编。第 1、2、6 章由王昆仑、张亮编写,第 3、9 章由王昆仑、屠菁编写,第 4 章由赵忠孝编写,第 5 章由项响琴编写,第 7 章由刘登胜、王昆仑编写,第 8 章由刘韵华编写,第 10 章由沈亦军编写,第 11 章由左俊、迪丽拜尔·艾海提编写,第 12~14 章由熊锐编写。全书由王昆仑、张亮统稿。本书得到了计算机教育界许多同行的关心和帮助,在此一并致谢。

本书在编写过程中参考了大量相关文献,作者对这些文献资料的编者表达深切的谢意。

由于计算机科学技术发展迅速,加上编者水平有限,书中遗漏和不妥之处恳请读者批评指正。

编　者

2013 年 1 月

目　录

第 1 章　计算机概述

教学 **目标**

　　通过本章的学习,要求理解计算机的概念、特点、分类及主要应用领域,初步掌握计算机科学的概念,计算机科学的组成、特点等;了解计算机的发展历史及计算机发展史上的重要事件和代表人物。

教学 **内容**

　　本章介绍了计算机的一些基本概念,包括计算机的发展、特点、分类等,阐述了计算机科学与技术专业学科中的相关概念,明确指出计算机专业的本科生毕业后对计算机学科的掌握应达到何种程度,使学生对计算机科学与技术这门学科有一个基本认识,并对该学科的发展有一个比较清晰的了解。通过本章的学习,要求掌握计算机的相关常识以及了解该领域的一些思维方式。使读者明确今后学习的目标和内容,为后续各章的学习打下一个良好的基础。

1.1　什么是计算机和计算机科学

　　电子计算机是 20 世纪人类社会最重大的科学发明,也是推动社会迈向现代化的活跃因素,计算机科学与技术成为第二次世界大战以来发展最快、影响最为深远的新兴学科之一,计算机产业也已经在世界范围内发展成为一种极富生命力的产业。目前,人类已经迈入了信息化时代,计算机被广泛地应用于国防,科教,卫生,工农业生产、生活的各个领域,使我们的工作、学习、生活乃至思维方式发生了巨大的变化。

1.1.1　什么是计算机

1. 电子数字计算机

　　计算机(Computer)是电子数字计算机的简称,是一种自动、高速地进行数值运算和信息处理的电子设备,是一种按程序自动进行信息处理的通信工具。由于计算机在采集、识别、转换、存储和信息处理方面与人脑的思维过程相似,因此,许多人又把计算机称为电脑。

　　计算机系列产品很多,其外形、性能指标及功能差异也很大,但基本工作原理都遵循科学家冯·诺依曼早年提出的"存储程序、顺序执行指令"的原理,即所谓的冯·诺依曼原理。计算机结构的基本组成均根据该原理设计,因此计算机也称为冯·诺依曼型计算机。

2. 计算机的特点

计算机之所以应用如此广泛,发展如此迅速,是因为其具有以下几个特点。

（1）运算速度快、精度高

运算速度是计算机的主要性能指标之一。一般以每秒所能执行加法运算的次数来衡量。快速运算是计算机最显著的特点,截至 2010 年 10 月,全球运算速度最快的计算机是我国研制的"天河一号",每秒能处理 2566 万亿次浮点运算。

计算机可以保证任意精确度的计算结果,这取决于计算机表示数据的能力,计算机的字长（一次能处理的数据位数）越长,其精确度越高。现代计算机提供多种数据表示,用以满足各种计算精确度的要求。一般在科学和工程计算中对精确度的要求很高。

（2）存储量大、逻辑判断和记忆能力强

由于计算机的存储器容量可以做得非常大,故它既能记忆包括数值、文本、图像、声音、视频等大量的数据,又能记忆处理和加工这些数据的复杂程序。计算机不仅能进行算术运算,同时也能进行各种逻辑运算,具有逻辑判断能力和高超的记忆能力。

（3）自动化程度高

计算机是个自动化程度极高的电子设备,它采用了"存储程序"方式工作,也就是说,只需把要处理的数据及处理该数据的程序事先输入计算机并存入存储器后,就可以在人不参与的情况下,通过逻辑运算和逻辑判断来自动完成预定的全部处理任务,实现计算机工作的自动化。这是计算机区别于以往计算工具的一个主要特征。

（4）可靠性好、通用性强

随着大规模和超大规模集成电路技术的发展,计算机的可靠性也得到了很大的提高,可以连续无故障工作好几年。它不仅能够处理复杂的数学问题和逻辑问题,还能处理数值数据和非数值数据,如图、文、声、像等。由于计算机能够处理可以转换为二进制的所有信息,因此我们说计算机在处理数据上具有通用性。同时,由于计算机处理各种问题均采用了程序的方法,故在处理方式上也具有通用性。

3. 计算机如何分类

计算机可以有很多种分类原则和方法。

（1）根据计算机的工作原理和运算方式,计算机可以分为数字式电子计算机（Digital Computer）、模拟式电子计算机（Analog Computer）和数字模拟混合式计算机（Hybrid Computer）。

数字式电子计算机的特点是计算机处理时输入和输出的数值都是离散、不连续的数字量;模拟式电子计算机处理的数据对象则为连续的电压、温度、速度等模拟量;数字模拟混合式电子计算机将数字技术和模拟技术相结合,输入/输出既可以是数字也可以是模拟数据。目前,应用最广泛的是数字式电子计算机,因此,常把数字式电子计算机（Electronic Digital Computer）简称为电子计算机或计算机。

（2）根据计算机的字长，计算机可以分为 8 位机、16 位机、32 位机、64 位机等。

（3）根据计算机的用途，计算机可以分为通用计算机（General Purpose Computer）和专用计算机（Special Purpose Computer）。

通用计算机是具有较强通用性的计算机。特点是它的系统结构和软件能够解决多种类型的问题，满足多种用户的需求，应用面很广，但其运行效率、速度和经济性依据不同的应用对象会受到不同程度的影响，一般的数字式电子计算机多属此类。

专用计算机是针对某一特定应用领域，为解决某些特定问题而专门设计的计算机。特点是它的系统结构以及专用软件对于某个特定的应用领域是最有效、最快速和最经济的，但其适应性较差，不适于其他方面的应用，如控制轧钢过程的轧钢控制计算机，计算导弹弹道的专用计算机等。

（4）根据计算机内部对信息的处理方式，计算机可以分为串行计算机和并行计算机。

串行计算机是指数据按串行逐位进行处理的计算机。计算机中只有一个处理器，每次只执行一个指令序列，数据按一定的组织方式存储在内存中。

并行计算机是指同时执行多个任务或多条指令或同时对多个数据项进行处理的计算机系统。并行处理技术是一种相对于串行处理的处理方式，它着重开发计算过程中存在的并发事件，是提高计算机系统性能的重要途径，目前几乎所有的高性能计算机系统都或多或少地采用了并行处理技术。

（5）根据并行计算机的结构特点，又可分为并行向量处理机 PVP（Parallel Vector Processor，由多个向量处理器（VP）构成，能够并行处理多个向量）、多处理机 MP（Multi Processor，具有两台以上的处理机，在操作系统的控制下通过共享的主存或输入输出子系统或高速通信网络进行通信）、工作站群 COW（Cluster of Workstations，用互联网将两个以上高性能的工作站连接在一起并配以相应的支撑软件，构成一个分布式并行计算机系统）以及大规模并行处理机 MPP（Massively Parallel Processor）。

（6）根据计算机处理的数据表示形式，计算机可以分为定点计算机和浮点计算机。

（7）根据计算机的综合性能指标（按照计算机的字长、运算速度、存储量大小、功能强弱、配套设备多少、软件系统的丰富程度等），通用计算机可以分为巨型机（Super Computer）、大/中型计算机（Mainframe）、小型机（Mini Computer）、微型机（Micro Computer）。

巨型机也称超级计算机，它采用大规模并行处理体系结构，存储容量大、运算速度极快、有极强的运算处理能力。我国自行研制成功的银河 Ⅲ（运算速度为每秒百亿次）和曙光 5000（运算速度为每秒 230 万亿次）计算机都属于巨型机。巨型机大多使用在军事、科研、气象、石油勘探等领域。

大型机具有极强的综合处理能力，它的运算速度和存储容量仅次于巨型机。大型机主要用于计算中心和计算机网络中。

小型机的规模较小，它的结构较简单、操作简便、维护容易、成本较低。小型计算机主要用于科学计算和数据处理。除此以外，它还用于生产中的过程控制以及数据采集、分析计算等。

微型机也称为个人计算机或微机。它由微处理器、半导体存储器和输入/输出接口等组成。它的体积较小、重量轻、价格便宜、使用方便、灵活性好、可靠性强。常见的微型机还可以分为台式机、便携机、笔记本电脑、掌上型电脑等多种类型。它多用于社会生活各

4. 计算机的应用

计算机技术被广泛应用于社会的各个领域,担负着各种各样的工作。总的来说,主要用于以下几个方面。

(1) 科学计算

科学计算是指使用计算机完成科学研究和工程技术领域所提出的大量复杂的数值计算问题,是计算机的传统应用之一。科学计算问题复杂,数据繁杂,利用计算机大容量存储、高速连续运算的能力,可完成人工无法进行的各种计算。专门从事计算方法研究的科技工作者研究出了许多高效率、高精度的用于科学计算的算法,积累了许多科学计算用的程序,并将这些程序汇集成通用软件包,被广泛应用在工程设计、航空航天等方面。

(2) 数据处理和信息加工

数据处理和信息加工是指非科技工程方面的所有计算和任何形式的数据资料的输入、分类、加工、整理、合并、统计、制表、检索及存储等。其特点是需要处理的原始数据量大,如图、文、声、像都是现代计算机的处理对象,但计算方法较为简单,结果一般以表格或文件形式存储、输出。如人事档案管理、学籍管理等方面的应用。

(3) 过程控制

过程控制也称实时控制,是指利用计算机的逻辑判断能力,及时地采集检测数据、快速地进行处理并以最优方案实现自动控制的过程。利用计算机进行过程控制,不仅可以大大地提高控制的自动化水平,而且可以提高控制的及时性和准确性,从而改善劳动条件、提高质量、节约能源、降低成本。如计算机在工业自动化生产中的广泛应用。

(4) 计算机辅助系统

计算机辅助系统是指应用计算机辅助人们进行设计、制造等工作,主要包括 CAD、CAM、CAE 等。

计算机辅助设计/制造(CAD/CAM)是指利用计算机的速度快、存储容量大和可进行图形处理等功能来辅助设计人员进行产品的设计/制造技术。它为缩短设计/生产周期,提高产品质量创造了条件。如电路设计/制造、机械设计/制造等。

计算机辅助测试(CAT)是指利用计算机对测试对象进行测试的过程。通常所说的利用虚拟仪器进行测试就属于此范畴。

计算机辅助教育(CAE)是指利用计算机对教学和教学事务进行管理。包括计算机辅助教学(CAI)和计算机教育管理(CMI)。计算机辅助教学使学校传统的教育模式发生了根本性变化,学生通过使用计算机,牢固树立了计算机意识,培养了复合型人才。

(5) 人工智能

人工智能(AI)是指利用计算机模拟人类大脑神经系统的逻辑思维、逻辑推理,使计算机通过"学习"积累知识,进行知识重构,自我完善。人工智能涉及多个学科领域,如机器学习、计算机视觉、自然语言理解、专家系统、机器翻译和智能机器人等。

(6) 计算机通信

计算机通信是指计算机与通信技术结合,构成计算机网络,实现资源共享,并可传送文字、数据、声音、图像等。WWW、E-mail、电子商务等都是依靠计算机网络来实现的。

（7）办公自动化

办公自动化是指以计算机技术、自动化技术、通信和网络技术为手段，利用计算机和其他各种办公设备，完成各种办公业务，使办公实现电子化、网络化、自动化和无纸化。它的应用促进办公工作的规范化和制度化，提高了办公室工作的效率和质量。

（8）计算机科学新的应用领域及未来的展望

近年来，由于计算机科学技术的迅速发展，特别是网络技术和多媒体技术的迅速发展，计算机不断应用于新的领域。通信技术与计算机技术的结合，产生了计算机网络和Internet；卫星通信技术与计算机技术的结合，产生了全球卫星定位系统（GPS）、地理信息系统（GIS）；多媒体技术的发展在音乐、舞蹈、电影、电视和娱乐、虚拟现实（VR）中都得到了广泛的应用。

5. 计算机的发展趋势

计算机诞生至今，它的发展日新月异，这种发展速度是其他行业难以比拟的。计算机发展的一个显著趋势是向两极发展：一方面研制高速度、大容量、功能强的大型机和巨型机，以适应军事和尖端科学研究的需要；另一方面由于超大规模集成电路技术的快速发展，研制性价比高、体积小的超小型和微型机，以开拓应用领域和占领广大市场。从应用的角度说，计算机正朝着智能化、网络化、多媒体化的方向发展。

（1）智能化

到目前为止，计算机处理过程化的计算工作和事务处理工作已经达到了相当高的水平，但在智能性工作方面，相比人脑而言还有很大的发展空间。如何让计算机具有人脑的智能，模拟人的推理、联想、思维等功能是计算机技术今后一个重要的发展方向。智能计算机在我们的生产、生活中的地位将越来越重要，它将帮助用户解决一些自己不熟悉或不能够做的事情。如智能家电、智能医疗、工业智能控制与诊断等。

（2）网络化

所谓计算机网络就是把分布在各地区、各部门的多台具有独立功能的计算机通过通信线路和通信设备互相连接起来，在功能完善的网络软件（网络协议、网络操作系统等）的支持下，达到数据通信和资源共享的目的。在有效利用计算机资源特别是信息资源的基础上，形成一个大规模、功能强的信息综合处理系统。目前，计算机网络在交通、金融、医疗、企业管理、商业等各行各业都得到了广泛的应用。

（3）多媒体化

随着计算机处理能力的增强，人们将多媒体技术引入计算机应用领域，通过音像技术、计算机技术和通信技术三大信息技术的相互结合，形成一种人机交互处理多种信息的新技术。多媒体化主要体现在多媒体教材（含图形、图像、声音、动画等）上，以实现多种感官的综合刺激，符合人们的认知规律。它的发展有利于获取和记忆知识，提高学习效率。

1.1.2 什么是计算机科学

随着存储程序式通用电子计算机在 20 世纪 40 年代的诞生,人类使用自动计算机装置代替人工计算和劳动的梦想成为现实,加上计算机科学的快速发展所取得的大量成果,计算机科学与技术这一学科也应运而生。计算机科学与技术学科作为信息时代的关键科学与技术之一,在信息社会的各行各业上都占有举足轻重的地位。

1. 计算机科学与技术学科的定义

计算机科学与技术学科形成于 20 世纪 30 年代后期,是一门主要研究计算机设计、制造以及利用计算机进行信息获取、存储表示、处理控制等理论和技术的学科,该学科来源于对数理逻辑、计算模型、算法理论和自动计算机器的研究。

计算机专业的出现始于 20 世纪 60 年代,1968 年,美国计算机学会(Association for Computing Machinery,ACM)公布了 68 教程即 ACM68;1977 年,美国电气与电子工程师协会的计算机学组(Computer Society of Institute for Electrical and Electronic Engineers,IEEE-CS)公布了计算机科学与工程的规划报告即 EC77。1983 年 IEEE-CS 更新了计算机科学与工程教程即 EAB83,而 ACM 的 68 教程报告则被更全面的 78 教程所替代。80 年代后期,CS 和 ACM 组织人员联合承担了一个更为庞大的教程规划,这就是计算教程 1991,后被称作 CC1991。

CC1991 第一次对计算学科给出了透彻的定义:"计算机科学与技术是对描述和交换信息的算法过程,包括其理论、分析、设计、效率分析、实现和应用的系统研究。""全部计算机学科的基本问题是:什么能有效地自动进行,什么不能有效地自动进行。"

2. 计算机科学与技术学科主要解决什么问题

(1) 如何将实际问题转化为计算机问题

计算机是一种能够自动计算的电子设备,用于解决各类科学问题。如何将实际的问题转化为计算机可以实现的具体问题和步骤?对于不同的待处理问题,如何根据它们各自的特点和要求来构造不同的运算模式?这就产生了关于计算平台的研究,计算平台在实质上是各个不同层面的计算模型问题,该平台不仅通过观察实际问题来描述计算的起点,还用于解题或者证明问题本身可解或不可解,而且要实际制造出针对各种待处理问题特点和要求的自动计算机器。

从广义计算的概念出发,计算平台在使用上还必须比较方便,于是派生出计算环境的概念。据此不难看出,研究中提出的各种计算模型、实际的计算机系统、高级程序设计语言、计算机体系结构、软件开发工具与环境、编译程序与操作系统等都是围绕解决这一基本问题发展而来的,都属于计算平台与计算环境问题的研究,其实质为各种计算模型的研究。

(2) 如何使问题能被有效地自动执行

计算机科学的最根本问题所讨论的是"可行性",即可计算性的有关内容。非离散对象,即所谓的连续对象很难进行能行处理,因此,凡与"可行性"相关的讨论,都是针对处理离散对象的讨论。也就是说,"可行性"这个基本问题决定了计算机本身的结构和它处理的对象都是离散型的,即使是连续型问题也必须在转化为离散型问题后才能被计算机处理。例如用计算机计算定积分就必须将其变成离散量,再用分段求和的方法来实现。

（3）运行结果是否正确

即计算机程序的正确性问题。建立高可靠性的软件系统成为大家关注的焦点,这一问题的解决只能选择程序正确性证明或形式软件开发方法——将确保软件正确性的技术贯穿于整个软件开发的始终。

由于数学为各种计算方法提供了计算正确性的理论基础,而各种计算在计算机系统上的自动进行均采用语言（包括电路）描述,以程序或电路系统的形式出现,因此计算的正确性问题常常归结为各种语言的语法和语义问题,研究的方法一般为先发展某种合适的计算模型（如开关电路）,再用计算模型来描述各种语言的语法和语义。特别地,由于描述和实现计算离不开语言（包括电路）,而语言的词法、文法已经比较成熟,当前的难点往往在于语义,因此,这也从一个侧面揭示了计算的正确性问题常可以归结为语言的语义学问题,揭示了语义学在整个学科中的重要地位。

围绕上述三个基本问题,长期以来,计算机科学与技术学科发展了一些相关的研究内容与分支学科,如算法理论（数值与非数值算法设计的理论基础）、程序设计语言的语义学、程序理论（程序描述与验证的理论基础）、程序测试技术、电路测试技术、软件工程技术（形式化的软件开发方法学）、计算语言学、容错理论与技术、Petri 网理论、CSP 理论、CCS理论、进程代数与分布式事件代数、分布式网络协议等都是针对为解决这三个基本问题而发展形成的。

3. 计算机科学与技术学科的主要内容是什么

科学是技术的理论依据,技术是科学的现实体现。回顾几十年来计算机学科的发展历史,我们可以发现,一方面,它围绕着一些重大的背景问题,在各分支学科和方向上取得了一系列重要的理论和技术成果,推动了计算机科学理论的发展;另一方面,由于发展了大批成熟的技术并成功应用于各行各业,更多的人把这门学科看成是一种技术,把计算机看做是使用这项技术的有效工具。

计算机科学与技术这门学科主要讨论了计算机科学方面的主要理论知识和相关的计算机技术方法,其中,计算机科学侧重于研究现象,透过现象揭示事物的规律、本质,偏重理论的范畴;而技术则侧重于研制计算机和研究使用计算机进行信息处理的方法与手段,偏重实践的范畴。

4. 计算机科学有什么特点

计算机科学是在数学和电子科学基础上发展起来的一门新兴学科。总地来说,它有下面 5 个特点。

（1）发展迅速,知识更新快;

（2）学科知识量大,内容丰富;

（3）交叉学科多,应用广泛;

（4）学科的前沿性和知识普及性并重;

（5）基础理论与实践动手并重。

5. 计算机科学将来的发展趋势是什么

随着计算机科学技术的不断发展和学科研究的深化,研究内容几乎涉及学科的各个方向和层面。一方面,对计算模型和各种新型计算机体系结构、人工智能的研究将不断进行下去;另一方面,围绕着各种科学计算和数据处理的计算机应用问题,软件开发方法学,特别是并行与分布式软件开发方法学研究以及各种计算机基本应用技术将成为未来学科发展的主线。

未来计算机科学领域的研究重点将集中在新一代计算机体系结构(如神经元计算、网络与通信技术等)、并行与分布式软件开发方法学研究(如高级语言与程序设计理论、系统软件设计等)、人工智能理论及其应用(如数理逻辑、知识工程等)、计算机应用的关键技术(如计算几何、自然语言处理与机器翻译、模式识别与图像处理等)一些领域。

1.2　计算机的发展历程

1.2.1　计算机的诞生

20 世纪初电子管的诞生,电子技术的迅速发展,为电子技术和计算技术的结合开辟了道路。同时由于第二次世界大战的爆发,各国为了夺取战场上的胜利,都加大了研制高质量武器的力度。为了解决弹道曲线的计算问题,1943 年在美国陆军部的主持下,美国宾夕法尼亚大学莫尔电工系的 John Mauchly 和 Presper Eckert 博士开始研制世界上第一台真正的计算机 ENIAC(Electronic Numerical Integrator and Calculator),见图 1.1、图 1.2。经过大家的努力,终于在 1945 年年底制造成功。1946 年 2 月 15 日正式举行了揭幕仪式。这个庞然大物的诞生,使人类的运算速度和计算能力有了惊人的提高,完成了当时人工所不能完成的重大课题的计算工作。因此,它也成为计算机发展史上的里程碑。

图 1.1　ENIAC

图 1.2　运行中的 ENIAC

1.2.2 计算机的发展历史

根据采用的电子器件,通常把计算机的发展分为如下几个阶段:

1. 第一代计算机(1946—1958)——电子管时代

电子管时代的特征:以电子管作为主要逻辑元件;用穿孔卡片机作为数据和指令的输入设备;用阴极射线管或容量小的声汞延迟线作为主存储器;用磁带作为外存储器;数据表示的主要方式采用了定点方式;用机器语言或汇编语言编写程序。这个时期的计算机主要用于科学计算以及从事军事和科学研究方面的工作。

代表机器有 ENIAC、IBM 650(小型机,见图 1.3)、IBM 709(大型机,见图 1.4)等。

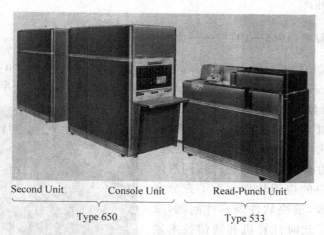

Second Unit   Console Unit   Read-Punch Unit

Type 650   Type 533

图 1.3 第一代计算机代表机型 IBM 650(小型机)

2. 第二代计算机(1959—1964)——晶体管时代

晶体管时代的特征:用晶体管代替了电子管;用磁芯体作为主存储器;用磁带、磁鼓和磁芯作为外存储器;引入了变址寄存器和浮点运算部件;利用 I/O(Input/Output)处理器提高了输入输出操作能力。在软件方面建立了子程序库和批处理管理程序,开始使用管理程序,后期使用了操作系统,并且推出了 FORTRAN、COBOL、ALGOL 等高级程序设计语言及相应的编译程序。计算机的应用扩展到数据处理、自动控制等方面。

图 1.4 第一代计算机代表机型 IBM 709(大型机)

代表机器有 IBM 7090、IBM 7094(见图 1.5)、CDC 7600(见图 1.6)等。

图 1.5　第二代计算机代表机型 IBM 7094
控制台外观

图 1.6　第二代计算机代表机型 CDC 7600

3. 第三代计算机（1965—1971）——集成电路时代

集成电路时代的特征：用小规模集成电路（Small Scale Integration，SSI）或中规模集成电路（Middle Scale Integration，MSI）来代替晶体管等分立元件；用半导体存储器代替磁芯存储器；用磁盘作为外存储器；运用微程序设计技术简化处理器结构，提高其灵活性。在软件方面，广泛引入了多道程序、并行处理、虚拟存储系统和功能完备的操作系统，同时还提供大量面向用户的应用软件。为了充分利用已有的软件资源，解决软件兼容性问题，发展了多种系列机。此时计算机和通信技术紧密结合起来，广泛地应用于科学计算、数据处理、事务管理、工业控制等各个领域。

图 1.7　第三代计算机代表机型 IBM 360
计算机系统

代表机器有 IBM 360 系列（见图 1.7）、富士通 F230 系列等。

4. 第四代计算机（1972 年以后）——大规模和超大规模集成电路时代

大规模和超大规模集成电路时代的特征：以大规模集成电路（Large Scale Integration，LSI）和超大规模集成电路（Very Large Scale Integration，VLSI）为计算机主要功能部件；用 16KB、64KB 或集成度更高的半导体存储器部件作为主存储器；用大容量的软、硬磁盘作为外存储器，并引入光盘；在系统结构上，发展了并行处理技术、多机系统、分布式计算机系统和计算机网络等。在软件方面，发展了数据库系统、分布式操作系统、高效可靠的高级语言以及软件工程标准化等，并逐渐形成软件产业部门。此外，还进行了模式识别和智能模拟以及计算机科学理论的研究。通信技术、计算机网络和多媒体技术的飞速发展，标志着计算机迈入了网络时代。

1.2.3　未来计算机的发展趋势及发展方向

尽管经历了 70 年的发展,目前的计算机的发展在组成元件水平上仍处于第四代水平,计算机的发展趋势将向着微型化、巨型化、网络化、智能化发展,未来的计算机将打破计算机现有的体系结构,使得计算机具有像人那样的思维、推理、判断、学习以及声音、图像的识别等能力。另外,并行处理和网络的进步将为我们打开另一个世界:并行处理是指一台计算机由多个处理器集成,通过在多个处理器之间平分计算工作量来协同完成工作,从而大大提高计算的速度;网络计算机则是充分利用互联网工具,通过访问服务器来访问全球计算机上的丰富资源。

从目前的研究情况看,未来新型计算机将可能在以下几个方面取得革命性的突破。

(1) 以 GaAs VHSIC 为基础的超大规模 IC 计算机:GaAs VHSIC 即为砷化镓超高速集成电路,用这种集成电路研制的电子元器件要比传统的硅集成电路具有更快的速度、更低的功耗、更高的耐温度和更强的抗辐射能力,正在被广泛用于巨型计算机、大型工作站、高速信号处理、航天航空、雷达、图像处理、智能化武器和军事通信等国防领域,也用于商用通信、计算机工作站、直播通信卫星、宽带光纤通信和测量仪表等领域。

(2) 光子计算机:以集成光路为基础,利用光子取代电子进行数据运算、传输和存储。不同的波长表示不同的数据,以大量的透镜、棱镜和反射镜将数据从一个芯片传送到另一个芯片。优点是超高速,带宽非常大,传输和处理的信息量极大;缺点是体积庞大。

(3) 生物计算机(分子计算机):也叫仿生计算机,主要是以生物电子元件构建的计算机。它利用蛋白质有开关特性,用蛋白质分子作元件从而制成的生物芯片。优点:它体积小,功效高,能耗低,且具有自身免疫力。

(4) 量子计算机:遵循量子力学规律,将量子信息存储后,用量子算法进行高速的数学和逻辑运算与处理的大型物理装置。以满足社会对高速、低能耗、保密、大容量的通信及计算的需求。

(5) 超导计算机:以超导约瑟夫逊效应为理论基础,利用超导技术生产出计算机的各个部件。目前制成的超导开关器件的开关速度,已达到几微微秒($10 \sim 12$ 秒)的高水平。这是当今所有电子、半导体、光电器件都无法比拟的,比集成电路要快几百倍。超导计算机运算速度要比现在的电子计算机快 100 倍,而电能消耗仅是电子计算机的千分之一。

1.2.4　计算机在我国的发展情况

中国的计算机研究和国产化进程开始于中华人民共和国成立之初,自 1952 年起,中国科学院数学所开始计算机的研制工作。1958 年根据苏联提供的 M-3 小型机技术资料制成了"八一"型通用电子管计算机(又称 103 机),见图 1.8,它属于第一代电子管计算机,这是中国自己制造的第一台电子计算机。103 机每秒运算 30 次,改进后提高到每秒1500 次。1959 年 9 月 14 日又根据苏联有关计算机技术资料制成 104 大型通用电子计算机,见图1.9。104机在运算速度、存储容量等主要技术指标方面不仅超过了当时日本的计算机,而且不逊于英国已投入运行的最快的计算机。

图1.8 103机   图1.9 104机

在研制第一代电子管计算机的同时,我国已经开始研制晶体管计算机,1965年研制成功我国第一台大型晶体管计算机109乙机。对109乙机加以改进后又推出109丙机,为用户运行了15年,有效算题时间10万小时以上,在我国两弹试验中发挥了重要作用,被用户誉为"功勋机"。华北计算所接着先后又研制成功了108机、108乙机(DJS-6)、121机(DJS-21)和320机(DJS-6),并在738厂等五家工厂生产。哈军工(国防科技大学前身)于1965年2月成功推出了441B晶体管计算机并小批量生产了40多台。

图1.10 DJS-130计算机

1964年,我国的小规模集成电路试制成功,集成电路电子计算机的研制工作开始起步。1971年试制成功了第一台集成电路计算机TQ-16,即709机;1973年研制成功了平均每秒可执行100万条指令的大型通用数字计算机DJS-11和DJS-130(见图1.10),并开始了我国第一批系列化计算机的研制工作。

1974年,电子工业部第六研究所的钱乐军、丘成雯,清华大学的朱家伟、程俞荣,以及安徽无线电厂的林君民等成立了联合设计组,于1977年4月研制出我国第一台DJS-050微型计算机,该机与Intel公司1973年推出Intel 8008相当,荣获1978年全国科技大会奖,从此开创了我国的微型计算机事业,清华自控系因此成为国内MOS电路的发祥地。

从1982年开始,我国的计算机事业进入新的发展时期,1983年,"银河"巨型机研制成功,运算速度达到每秒1亿次,这标志我国已跨入世界巨型机研制的行列;1992年,"银河Ⅱ"巨型机研制成功(见图1.11),运算速度每秒10亿次;2003年12月,科技部正式发布了国家"863"计划的重大技术成果"国家网格主节点——联想深腾6800超级计算机",

实测速度为 4.183 万亿次/秒,整机效率达 78.5%;2009 年 10 月,中国研制开发成功了世界上最快的超级计算机——"天河一号"(见图 1.12),它以每秒钟 1206 万亿次的峰值速度和每秒 563.1 万亿次的 Linpack 实测性能,位居同日公布的中国超级计算机前 100 强之首,也使中国成为继美国之后世界上第二个能够自主研制千万亿次超级计算机的国家。2010 年 11 月,"天河一号"创世界纪录协会记载的最快计算机的世界纪录。

图 1.11 "银河Ⅱ"巨型机　　　　　　　图 1.12 "天河一号"超级计算机

1.3　计算机发展史上的标志性成就

1642 年,法国物理学家布莱士·帕斯卡发明了齿轮式加法器,它采用齿轮旋转进位方式执行运算,但是只能做加法运算。

1666 年,英国 Samuel Morland 发明了一部可以计算加法及减法的机械计数机。

1673 年,德国数学家莱布尼茨与牛顿设计制造了第一台能进行加减乘除的计算器,计算器与计算机的根本区别是它没有存储功能,只能实现某种运算。由于受到当时的条件限制,可靠性差,该计算器没有成为商品计算工具销售使用。

1822 年,英国科学家巴贝奇设计制作了一台"差分机":把函数表的复杂算式转化为差分运算,用简单的加法代替平方运算,快速编制不同函数的数学用表。

1854 年,英国数学家乔治·布尔出版 *An Investigation of the Laws of Thought*,书中讲述了符号及逻辑运算的相关理论及法则,该理论被称为"布尔代数",成为计算机硬件和软件设计的基本概念。

1935 年,IBM(International Business Machine Corporation)引入"IBM 601",它是一部有算术部件及可在 1 秒钟内计算乘数的穿孔卡机器。它对科学及商业的计算起到了巨大作用,总共制造了 1500 部。

1941 年夏季,约翰·文森特·阿坦那索夫和他的研究生克利福特·贝瑞在 1937—1941 年间开发完成了一部专为解决联立线性方程系统的计算器,后来叫做"ABC"(阿塔纳索夫-贝瑞计算机,Atanasoff-Berry Computer),它有 60 个 50 位的存储器,以电容器的形式安装在 2 个旋转的鼓上,时钟速度是 60Hz。最新的研究表明该机器实质上才是电子计算机 ENIAC 的雏形,Atanasoff 也因此被称为"现代计算机之父"。

1943 年 1 月，美国哈佛大学应用数学教授霍华德·阿肯完成"ASCC Mark Ⅰ"（自动按序控制计算器 Mark Ⅰ，Automatic Sequence Controlled Calculator Mark Ⅰ）。"马克Ⅰ号"采用全继电器，长 51 英尺、高 8 英尺，看上去像一节列车，有 750 000 个零部件，里面的各种导线加起来总长 500 英里。总耗资四五十万美元。"马克Ⅰ号"做乘法运算一次最多需要 6 秒；除法 10 多秒。运算速度不算太快，但精确度很高（小数点后 23 位）。

1946 年，第一台电子数字积分计算器（ENIAC）在美国建造完成。它由 17 468 个电子管、6 万个电阻器、1 万个电容器和 6000 个开关组成，重达 30 吨，占地 160 平方米，耗电 174 千瓦，耗资 45 万美元，运算速度为 5000 次/s。它的诞生为人类开辟了一个崭新的信息时代，使人类社会发生了巨大的变化。

1952 年，第一台大型计算机系统 IBM 701 宣布建造完成，它采用威廉管随机存取作为主存储器，容量为 1024 比特。这台机器被称为"电子数据处理机"，此后，"电子数据处理"（EDP）被电子计算机产业界用来指称计算机或计算机系统处理。

1954 年，第一台通用数据处理机 IBM 650 中型商业计算机上市，该机器操作简便，工作可靠，平均故障间隔时间在 40 小时以上，因此以优越的性能和便宜的价格，再次赢得了用户的青睐；此机器的销售量超过千台以上，成为第一代计算机中行销最广的机器，掀起了计算机工业化生产的第一个高潮。

1964 年 4 月 7 日，世界上第一个采用集成电路的通用计算机系列 IBM 360 系统研制成功，该系列有大、中、小型计算机，它兼顾了科学计算和事务处理两方面的应用，各种机器全都相互兼容，适用于各方面的用户，具有全方位的特点，正如罗盘有 360 度刻度一样，所以取名为 360。IBM 360 系统是最早使用集成电路元件的通用计算机系列，它开创了民用计算机使用集成电路的先例，计算机从此进入了集成电路时代，可以说，IBM 360 是第三代计算机的里程碑。在计算机的发展史上，IBM 360 系列占有特殊重要的地位，对世界各国的通用系列机都产生了重大的影响，今天计算机之所以能如此普及，发展如此迅速，IBM 360 起到了先锋作用；同时，IBM 360 系列也使 IBM 公司在计算机市场上占据了龙头地位。

1971 年，IBM 公司开始生产 IBM 370 系列机，它采用大规模集成电路做存储器、小规模集成电路做逻辑元件，被称为"第三代半电子计算机"。IBM 370 与 IBM 360 最大的不同在于主存储器采用了虚拟存储器和半导体集成电路存储器，这也是计算机发展史上的一个里程碑；另外，从 IBM 370 开始，采用了软硬件分别计价的方式，这个价格分离的政策从 1972 年起在所有机种上实施，这种价格分离的政策确定了软件本身的价值。

微型计算机开发的先驱是美国 Intel 公司的工程师马西安·霍夫（M. E. Hoff），1969 年他接受日本一家公司的委托，设计台式计算机新天地整套电路。他大胆地提出了一个设想，把计算机的全部电路做在四个芯片上，即中央处理器芯片、随机存取存储器芯片、只读存储器芯片和寄存器芯片，这就是第一片 4 位微处理器 Intel 4004，再将一片 40 字节的随机存储器、一片 256 字节的只读存储器和一片 10 位的寄存器通过总线连接起来，就组成了世界上第一台 4 位微型电子计算机——MCS-4。

伴随着计算机硬件的不断更新换代，计算机程序设计语言也有了很大的发展，从最简单、最直接的第一代机器语言至今，已有四代语言问世。在过去的几十年间，大量的程序设计语言被发明、被取代、被修改或被组合在一起。尽管人们多次试图创造一种通用的程序设计语言，却没有一次尝试是成功的。程序设计语言正在与现代科技日益飞跃。

1954 年，第一个完全脱离机器硬件的高级语言 FORTRAN 问世，它是世界上第一个被正式推广使用的高级语言，1956 年开始正式使用。FORTRAN 语言是 Formula Translation 的缩写，意为"公式翻译"，它是为科学、工程问题或企事业管理中的那些能够用数学公式表达的问题而设计的，其数值计算的功能较强。从该语言诞生至今已有五十多年的历史，仍历久不衰，它始终是数值计算领域所使用的主要语言。

1969 年，出现结构化程序设计的方法；1970 年，第一个结构化程序设计语言 Pascal 语言出现，标志着结构化程序设计时期的开始，其主要特点有：严格的结构化形式、语法简洁、丰富完备的数据类型、运行效率高、查错能力强、可靠性高等。正因为上述特点，Pascal 语言可以被方便地用于描述各种算法与数据结构，尤其是对于程序设计的初学者，Pascal 语言有益于培养良好的程序设计风格和习惯。IOI（国际奥林匹克信息学竞赛）把 Pascal 语言作为三种程序设计语言之一；NOI（全国奥林匹克信息学竞赛）把 Pascal 语言定为唯一提倡的程序设计语言；在大学里，Pascal 语言也常常被用作学习数据结构与算法的教学语言。

至此，出现的各种高级语言几乎都是面向过程的，程序的执行是流水线方式，在一个模块被执行完成前，程序员不能做其他的事情，也无法动态地改变程序的执行方向；1967 年挪威计算中心的 Kisten Nygaard 和 Ole Johan Dahl 开发了 Simula67 语言，它提供了比子程序更高一级的抽象和封装，引入了数据抽象和类的概念，它被认为是第一个面向对象语言，之后又开发出 Smalltalk-80，这被认为是最纯正的面向对象语言，对后来出现的面向对象语言，如 Object-C、C++、Self、Eiffl 都产生了深远的影响。

1.4　计算机发展史上的国内外杰出人物

1.4.1　查尔斯·巴贝奇

查尔斯·巴贝奇（Charles Babbage，1792—1871），见图 1.13。近代计算机是指具有完整含义的机械式计算机或机电式计算机，用以区别电子式的现代计算机。近代计算机经历了大约 120 年的历史，其中最重要的代表人物是英国数学家、剑桥大学教授查尔斯·巴贝奇，目前，国际计算机学术界都公认他为当之无愧的计算机之父。

巴贝奇设计计算机的初衷是当时的天文用表和航海用表中的所有数据均为人工计算得出，存在大量的错误，他从织布机上获得了灵感，于 1822 年设计了第一台"差分机"，该机器的运算精度达到了 6 位小数，非常适合当时的航海和天文用表。今天的伦敦皇家学院博物馆中还保留着巴贝奇的设计图

图 1.13　查尔斯·巴贝奇

15

纸和当时的差分机。

1834 年巴贝奇去法国参观了穿孔卡织布机，并购买了用这种织布机生产的穿孔卡发明家约瑟夫·雅各的丝织彩色肖像，这台织布机为了生产这位发明者的肖像，使用了 24 000 张穿孔卡，每张穿孔近 1000 个孔，在这台穿孔卡织布机的影响下，巴贝奇放弃了差分机的工作，转向一台更先进的、他称其为分析机的工具。分析机由三部分组成：①由许多轮子组成的保存数据的存储库；②运算装置；③能对操作顺序进行控制，并选择所需处理的数据以及输出结果的装置。分析机最大的贡献在于它的设计基本包括了现代计算机具有的 4 个基本部分(输入输出装置、处理装置、存储装置、运算装置)。这个设计思想成为后来计算机设计的主要指导思想。同时在多年的研究制造实践中，巴贝奇写出了世界上第一部关于计算机程序的专著。

在计算机的发展史上，巴贝奇写下了光辉的一页，他的设计思想为现代电子计算机的结构设计奠定了基础。众所周知，现代计算机的中心结构部分恰好包括了巴贝奇提出的分析机的三个部分，可以说，巴贝奇的分析机是现代电子计算机的雏形，他提出的设计思想和当时的制造工艺相比，提前了一百多年。

1.4.2　约翰·冯·诺依曼

约翰·冯·诺依曼(John. Von. Nouma，1903—1957)，见图 1.14。1946 年 ENIAC (The Electronic Numerical Integrator And Calculator，埃尼阿克，1946 年 2 月 14 日诞生的世界上第一台电子数字计算机)的诞生，标志着人类进入了真正的电子计算机时代，但该机器的最大缺陷在于无法存储程序，这使得它在工作中必须通过人工开关和插线来安排计算的程序，为解决这个不足，美籍匈牙利数学家冯·诺依曼于 1946 年提出存储程序

图 1.14　约翰·冯·诺依曼

原理：把程序本身当作数据来对待，程序和该程序处理的数据用同样的方式储存。冯·诺依曼的改进方案被称为"爱达法克"(EDVAC)，即离散变量自动电子计算机(Electronic Discrete Variable Computer)的简称。

这种把程序以二进制数据的形式存放在计算机内部的存储器的概念(Stored Program Concept)，成为所有现代电子计算机的范式，被称为"冯·诺依曼结构"。按这一结构建造的计算机称为存储程序计算机(Stored Program Computer)，又称为通用计算机。

1.4.3　罗伯特·诺顿·诺伊斯

罗伯特·诺顿·诺伊斯(Robert Norton Noyce，1927—1990)，见图 1.15。作为集成电路的发明者，诺伊斯在科学史上已名垂青史，集成电路——这个具有划时代意义的发明已经促成了历史的大转折，诺伊斯还与别人共同创办了两家硅谷最伟大的公司，第一家是半导体工业的摇篮——仙童(Fairchild)公司，这已成为历史；第二家至今仍跻身美国最

大的公司之列,这就是英特尔公司。它带着特有的神圣和威严,让同行和对手都永远敬仰。

在仙童,诺伊斯最大的成就是发明了集成电路。当基尔比在得州仪器用锗晶片研制集成电路时,诺伊斯已把眼光直接盯住了硅晶片,因为硅的商业前景要远远超出锗。1959 年 7 月,诺伊斯基于硅平面工艺,发明了世界上第一块硅集成电路,使仙童公司成为硅谷发展最快的公司;1968 年,诺伊斯与戈登·摩尔一起创办了英特尔公司,于 1970 年推出了世界上第一款 DRAM 集成电路 1103;1971 年推出了世界上第一款微处理器 4004,揭开了基于微处理器的微型计算机的序幕,此后,英特尔公司凭借技术创新的优势,成为全球最大的半导体厂商。

图 1.15　罗伯特·诺顿·诺伊斯

1.4.4　阿兰·麦席森·图灵

阿兰·麦席森·图灵(Alan Mathison Turing,1912—1954),见图 1.16,英国数学家、逻辑学家,被称为人工智能之父。第二次世界大战时曾协助军方破解德国的著名密码系统 Enigma,帮助盟军取得了第二次世界大战的胜利,于 1945 年获政府最高奖——大英帝国荣誉勋章(O.B.E 勋章)。

图 1.16　阿兰·麦席森·图灵

图灵是举世罕见的天才数学家和计算机科学家,在他少年时代就已经表现出非同凡响的数学水平和科学理解力,1936 年 5 月,图灵写出了表述他的最重要的数学成果的论文"论可计算数及其在判定问题中的应用"。文章中,图灵超出了一般数学家的思维范畴,完全抛开数学上定义新概念的传统方式,独辟蹊径,构造出一台完全属于想象中的"计算机",该机器由一条两端可无限延长的带子、一个读写头以及一组控制读写头工作的命令组成,其中带子被划分为一系列均匀的方格,读写头可以沿着带子方向左右移动,并且可以在每个方格上进行读写,数学家们把它称为"图灵机"。1947 年,图灵在一次关于计算机的会议上作了题为"智能机器"(Intelligent Machinery)的报告,第一次从科学的角度指出"与人脑的活动方式极为相似的机器是可以制造出来的"。在该报告中,图灵提出了自动程序设计的思想,现在自动程序设计已成为人工智能的基本课题之一。

图灵对现代计算机的主要贡献有两个:一是建立图灵机模型,只有图灵机能解决的计算问题,实际的计算机才能解决,如果图灵机不能解决,那么实际计算机也无法解决,这个概念是可计算理论的基础;二是提出了"图灵测试"的论断,指出如果一台机器对问题的响应与人类做出的响应无法区别,那么该机器就具有智能,即机器智能的概念。图灵因此也成为计算机人工智能方面的引领者。

为永远纪念这位天才数学家和计算机科学的奠基人,美国计算机协会(Association for Computer Machinery,ACM)于 1966 年设立了"图灵奖",专门奖励那些对计算机科学研究与推动计算机技术发展有卓越贡献的杰出科学家,是计算机领域的至高无上荣誉,图灵奖有"计算机界诺贝尔奖"之称,专门奖励那些对计算机事业作出重要贡献的个人。大多数获奖者是计算机科学家。由于图灵奖对获奖条件要求极高,评奖程序又是极严,一般每年只奖励一名计算机科学家,只有极少数年度有两名合作者或在同一方向作出贡献的科学家共享此奖。因此,它是计算机界最负盛名、最崇高的一个奖项,有"计算机界的诺贝尔奖"之称。目前图灵奖由英特尔公司和 Google 公司赞助,奖金为 250 000 美元。

每年,美国计算机协会将要求提名人推荐本年度的图灵奖候选人,并附加一份 200～500 字的文章,说明被提名者为什么应获此奖。任何人都可成为提名人。美国计算机协会将组成评选委员会对被提名者进行严格的评审,并最终确定当年的获奖者。

从 1966—2009 年的 44 届图灵奖,共计 56 名科学家获此殊荣,其中美国学者最多,此外还有英国、瑞士、荷兰、以色列等国少数学者。截至 2009 年,获此殊荣的华人仅有一位,他是 2000 年图灵奖得主姚期智。

1.4.5　约翰·麦卡锡

约翰·麦卡锡(John Maccarthy,1927—2011),见图 1.17,生于美国波士顿。青少年时的约翰·麦卡锡聪慧过人,初中时他根据一份加州理工大学的课程目录自学完了大学低年级的微积分课程,也因此在 1944 年上大学时免修了前两年的大学数学。1948 年获得加州理工学院数学学士学位后于 1951 年获得普林斯顿大学数学博士学位。

图 1.17　约翰·麦卡锡

作为备受尊敬的计算机科学家、认知科学家,麦卡锡在 1955 年的达特矛斯会议上提出了"人工智能"一词,被誉为"人工智能"这个概念的缔造者,并将数学逻辑应用到了人工智能的早期形成中。

1958 年,麦卡锡发明了 LISP 语言(该语言至今仍在人工智能领域广泛使用)并于 1960 年将其设计发表在"美国计算机学会通讯"上。在麻省理工学院就职的四年内,麦卡锡建立了世界上第一个人工智能实验室,并第一个提出了将计算机的批处理方式改造成为能同时允许数十甚至上百用户使用的分时方式的建议,至今学术界公认他是分时概念的创始人。

由于麦卡锡在人工智能领域的贡献,1971 年,他获得了计算机界的最高奖项——图灵奖。

1.4.6　王选

王选(1937—2006),男,汉族,江苏无锡人,享誉海内外的著名科学家、中国计算机汉字激光照排技术创始人。1937 年 2 月生于上海,少年时代就读于上海南洋模范学校,1958 年毕业于北京大学数学力学系,留校后一直从事计算机领域的教育和研究工作。历任北京大学计算机研究所讲师、副教授、教授、博士生导师,副所长、所长,文字信息处理中国国家重点实验室主任,见图 1.18。

王选在北京大学任教期间开始从事软、硬件相结合的研究,探索软件对未来计算机体系结构的影响。1964 年承担了中国国内较早的高级语言编译系统——DJS21 机的 ALGOL60 编译系统的研制。1975 年投入到"汉字精密照排系统"项目的研究中。1981 年,他主持研制成功中国第一台计算机汉字激光照排系统原理性样机华光Ⅰ型。1985—1993 年,他又先后主持研制成功并推出了华光Ⅱ型到方正 93 系统共五代产品,以及方正彩色出版系统。1991 年当选中国科学院学部委员(院士);1993 年当选第三世界科学院院士;

图 1.18 王选

1994 年当选中国工程院院士。1994 年后任电子出版新技术国家工程研究中心主任,北大方正技术研究院院长,方正控股有限公司董事局主席、首席科技顾问,中国科协副主席,国家中长期科学和技术发展规划总体战略顾问专家组成员,中国国际交流协会副会长,中国国际经济合作促进会理事长,中国印刷技术协会名誉会长,中国专利保护协会名誉会长,中国发明协会名誉理事长,中国青少年网络协会名誉会长。1995 年后担任九三学社中央副主席。2003 年当选为第十届中国政协副主席。他是第八届中国政协委员,第九届全国人大常委会委员、中国人大科教文卫委员会副主任委员。

王选是当代中国著名的科学家,是举世公认的计算机汉字激光照排技术创始人。大学选择专业时,他看到中国"十二年科学发展远景规划"中把计算技术列为重点发展学科,又了解到未来计算机技术的应用将对中国国防和航空工业产生巨大影响,便毅然决定攻读当时冷门的计算数学专业。大学毕业后,他以巨大的热情投入计算机应用研究工作。他敏锐地意识到中国国家汉字信息处理系统工程中"汉字精密照排系统"的研究成功将引起中国报业和出版印刷业的深刻革命,项目的巨大价值和技术难度激起了他攀登科技高峰的豪情,他毅然决定用数字存储方式,跳过当时日本流行的第二代机械式照排机和欧美流行的第三代阴极射线管照排机,直接研制国外尚无商品的第四代激光照排系统,发明了高分辨率字形的信息压缩、高速还原和输出方法等世界领先技术,成为汉字激光照排系统的技术核心。1979 年,他主持研制成功汉字激光照排系统的主体工程,从激光照排机上输出了一张 8 开报纸底片。1981 年后,他主持研制成功的汉字激光照排系统、方正彩色出版系统相继推出并得到大规模应用,实现了中国出版印刷行业"告别铅与火、迎来光与电"的技术革命,成为中国自主创新和用高新技术改造传统行业的杰出典范。他对科研项目的市场前景有着敏锐的洞察力,是促进科技成果向生产力转化的先驱,被誉为"有市场眼光的科学家"。20 世纪 80 年代起,他就致力于科研成果的商品化。90 年代初,他带领队伍针对市场需要不断开拓创新,先后研制成功以页面描述语言为基础的远程版新技术、开放式彩色桌面出版系统、新闻采编流程计算机管理系统,引发报业和印刷业三次技术革新,使得汉字激光照排技术占领 99% 的中国国内报业市场以及 80% 的海外华文报业市场。他积极倡导产学研结合,在北大方正集团中建立起从中远期研究、开发、生产、系统测试、销售、培训和售后服务的一条龙体制,还力主由北京大学计算机研究所与北大方正集团共同成立方正技术研究院,走出了一条科研成果产业化的成功道路。

王选是科学工作者的杰出代表,人民教师的优秀典范。他一生献身科学,淡泊名利,始终孜孜不倦地埋头于艰苦的科研工作,即使患病期间也没有停止过。他勤奋严谨、求实创新、努力拼搏、勇攀高峰的作风赢得了大家的尊重和好评。在科研成果和崇高荣誉面前,他始终强调是集体智慧的结晶。他把科研事业当作毕生的追求,以提携后学为己任,甘为人梯,为培养和造就出一批批年轻的学术骨干呕心沥血。作为一名计算机应用专业的硕士生、博士生导师和北京大学计算机研究所所长,他十分注重培养学生和年轻技术骨干严谨勤奋的科研作风,经常鼓励和帮助他们选择具有挑战性且应用前景光明的课题,激发他们的创造性和积极性。2002 年,他用获得的 2001 年度中国国家最高科学技术奖奖金及学校的奖励金共 900 万设立"王选科技创新基金",支持和鼓励青年科技工作者从事具有基础性、前沿性的中长期科技创新技术研究。在他的培养下,一批敢于创新、勇于拼搏的青年科学家走到了科研前沿。

1.4.7　慈云桂

慈云桂(1917—1990),计算机专家、教育家。中国科学院院士。中国计算机科学与技术的开拓者之一。长期致力于计算机研究和教学工作,主持研制了中国第一台亿次级巨型计算机系统。在中国计算机从电子管、晶体管、集成电路到大规模集成电路的研制开发历程中,作出了重要贡献,是见证并参与我国计算机发展历史过程的第一人,见图 1.19。

图 1.19　慈云桂

1958 年 9 月,慈云桂带领下的研究小组研制成功出我国第一台电子管专用数字计算机(901),然而正当慈云桂将电子管通用计算机推向产业化时,出访英国却让他敏感地预见到国际上计算机发展的主流方向将是全晶体管化。于是他果断决定停止电子管计算机的研制而投入到晶体管计算机的研制中,慈云桂带领下的研究小组从基本电路、系统可靠性设计和生产工艺三个方面,脚踏实地,步步突破,于 1964 年年末,用国产半导体元器件研制成功我国第一台晶体管通用电子计算机 441B-I 型计算机。紧接着,1964 年4 月,世界上最早的集成电路通用计算机 IBM 360 问世,计算机开始进入第三代,而慈云桂也随即在 1965 年提出研制中国的集成电路计算机的体系结构。20 世纪 70 年代初,以"克雷 1 号"为代表的巨型计算机在国外崭露头角,慈云桂再一次感受到发展中国计算机事业的紧迫感,从此,中国巨型机之父开始了自己通往"银河"的路,最终,名为"银河"的亿次巨型计算机于 1983 年 12 月 22 日诞生,主机在国家级技术鉴定中正常运转了 441 小时,达到了国际先进水平。

1.5　本章小结

计算机无疑是 20 世纪最伟大的发明之一,目前,人类已经迈入了信息化时代,计算机被广泛地应用于国防、科教、卫生、工农业生产、生活的各个领域。

首先,本章对计算机科学与技术这门学科做了简单的介绍,其中包括计算机的发展史、计算机的特点、分类及应用方向等；其次,本章介绍了计算机科学的相关概念,目的在于使刚入校的计算机专业大学生了解该学科的内容、主要解决的问题等；最后,本章介绍了计算机的发展历史及发展史上出现的计算机方向代表人物,目的是激发学生对学习计算机科学与技术学科的兴趣,为后续学习各门基础与专业课打下基础。

1.6　习　　题

1. 你能回答什么是计算机吗?

2. 现代计算机与早期的计算机发生了什么变化?

3. 通过了解计算机科学与技术学科主要解决的问题,你认为学习计算机专业主要把握什么方向? 可以解决你的什么问题?

4. 在你的心目中,计算机在未来的世界发展进步中能起到什么作用?

5. 作为一个计算机专业的学生,你在学习期间最希望学到哪些方面的计算机相关知识? 怎样才能学好计算机专业? 学习中应该注意什么问题?

第 2 章 专业人才培养

通过本章的学习,要求了解计算机科学与技术学科本科生应达到的标准及课程要求;理解数学、物理等基础学科与计算机科学的关系及学习这些学科的重要性;了解当今与计算机相关的各门交叉学科的含义以及各领域中的杰出人物,提高学生对学习计算机专业基础课及专业课的兴趣。

教学内容

本章介绍了计算机科学与技术学科的专业培养要素、课程体系简介、职业需求等;并阐述了计算机科学专业应该学习的、与计算机有密切关系的数学和物理学这两门学科中的相关知识,明确计算机专业的本科生毕业后对计算机学科的掌握应达到何种程度,使学生对计算机科学与技术这门学科有一个基本认识,并对该学科的发展有一个比较清晰的了解。通过本章的学习,要求掌握数学和物理学在计算机科学中的重要性,并了解与计算机相关的交叉学科领域的一些基本内容,使读者明确今后学习的目标和内容,为后续的学习打下一个良好的基础。

2.1 计算机科学与技术学科的人才培养

高等学校的计算机科学专业教育主要是为计算机产业、重要部门的计算机应用,中、高等学校教学和研究院所的科研工作培养人才。毕业生既可到科研部门和高、中等学校和科研院所从事科学研究和教学工作,也可以到计算机产业、重要部门以及产品技术含量较高的工业企业、各行业的计算机中心等单位从事计算科学的开发研究、应用与管理等工作,还可继续攻读计算机科学及相关专业的硕士学位。

计算机科学教学计划 CC2001(Computing Curricula 2001)是美国 IEEE 和 ACM 经过 3 年的工作联合提出的,在国际上最系统、最有影响的计算机专业教学计划,该计划制订了作为一个计算机科学与技术专业的本科生,应该掌握的各项基本能力。

2.1.1 计算机科学与技术学科的本科生应具备哪些基本能力

一名合格的计算机专业人才应该具有一些基本能力,包括交流能力、获取知识与信息的能力、专业基本能力、创新能力、工程实践能力、团队合作能力等;其中,专业基本能力是指从事某一领域的研究、设计、开发、操作等工作所需要的由专业所限定的能力。计算机专业人才的专业基本能力包括计算机思维能力、算法设计与分析能力、程序设计与实现能力、系统理解与掌握能力。

1. 计算思维能力

广义地,计算思维(Computational Thinking,CTK)可以理解为如何有效地利用计算机技术进行问题的求解。也就是说,拥有了计算机这个工具后,如何有效地将其用于生产、生活和科学实践活动,提高工作效率,高质量地解决遇到的问题,从这个意义上讲,计算思维能力并不是计算机专业人才的"专利",而是现代人都应该具备的能力。

狭义地,计算机思维可以理解为按照计算机求解问题的基本方式去考虑问题的求解,以便构建出相应的算法和基本程序等。主要包括形式化、模型化描述和抽象思维的能力。从这个意义上讲,计算思维能力是计算机专业人才,也是计算学科专业人才的重要能力。计算思维能力主要包括:问题的符号表示、问题求解过程的符号表示、逻辑思维、抽象思维、形式化证明、建立模型、实现类计算、实现模型计算、利用计算机技术等。

2. 算法设计与分析能力

算法是系统工作的基础,它对计算机专业人员至关重要。要想成为一名优秀的计算机专业人员,关键之一就是建立算法的概念,具备算法设计与分析(Algorithm Design and Analysis,ADA)能力。算法设计与分析能力主要指对具有相当规模、较复杂问题的求解算法的设计与分析,研究算法的可行性和效率。

算法设计与分析能力主要包括:简单算法的设计、复杂算法的设计、简单算法的分析、复杂算法的分析、证明理论结果、开发程序设计问题的解、概念验证性程序开发、确定是否有更优的解等。

3. 程序设计与实现能力

程序设计与实现(Program Design and Implementaion,PDI)包括软件实现和硬件上的实现,特别是当将问题的求解看成表示和处理过程时候,硬件系统相关的实现也可以部分地含在程序设计与实现能力中(其他部分则含在算法设计与分析、系统分析与开发中)。程序设计与实现能力主要包括:小型程序设计、大型程序设计、系统程序设计等。

4. 系统理解与掌握能力

系统理解与掌握(System Understanding and Mastery,SUM)能力要求研究人员站在系统的全局去提出问题、分析问题和解决问题,并进而实现系统优化,最终组成一个可以运行的系统。所以,具有一定的程序设计与实现能力后,必须提高系统能力。狭义的系统能力包含两个层面上的意义:一层面是对一定规模的系统的"全局掌控能力";另一层面是能够在构建系统时,系统地考虑问题求解的能力。

系统能力可以进一步细化为认知、设计、开发与应用等方面的能力。

系统认知能力主要包括:基本系统软件使用、系统软件构成、基本的计算机硬件系统构成、网络系统的构成、硬件系统的性能、软件系统的性能等。

系统设计能力主要包括设计数字电路、设计功能部件、设计芯片、对芯片进行程序设计、设计嵌入式系统、设计计算机外设、设计复杂传感器系统、设计人机友好的设备、设计计算机、设计应用程序、设计数据库管理系统、数据库建模和设计、设计智能系统、开发业务解决方案、评价新型搜索引擎、定义信息系统需求、设计信息系统、设计网络结构、实验设计等。

系统开发能力主要包括实现应用程序、配置应用程序、实现智能系统、开发新的软件环境、创建安全系统、配置和集成电子商务软件、开发多媒体解决方案、配置和集成 e-learning 系统、创建软件用户界面、制作图形或者游戏软件、配置数据库产品、实现信息检索软件、制定企业信息规划、制定计算机资源规划、选择网络部件、安装计算机网络、实现通信软件、实现移动计算系统、实现嵌入式系统、实现数字电路、实现信息系统、实验实现、实验分析等。

系统应用能力主要包括使用应用程序、培训用户使用信息系统、维护和更新信息系统、管理高级别安全要求项目、管理一个组织的网站、选择数据库产品、管理数据库、数据库用户的培训与支持、资源升级调度与预算、计算机安装与升级、计算机软件安装与升级、管理计算机网络、管理通信资源、管理移动计算资源等。

2.1.2 计算机科学与技术专业的本科生毕业后应达到何种要求

在高等教育中,对能力培养的总体要求是很明确的,这一点在工程教育的基本要求中有着非常具体的体现。不同的国家和地区对本科生毕业后应达到的要求有所不同,但不管哪个国家,"能力导向"已经成为各国工程教育追求的一个公认特点。中国工程教育专业认证要从以下 10 个方面考察毕业生的合格程度。值得注意的是,在较早的版本中,这些要求叫做"培养目标及要求",而现在叫做"毕业生能力",明确提出"计算机科学与技术专业必须证明所培养的毕业生应达到如下知识、能力与素质培养的基本要求"。

(1) 具有较好的人文社会科学素养、较强的社会责任感和良好的职业道德;

(2) 具有从事工程工作所需的相关数学、自然科学知识以及一定的经济管理知识;

(3) 掌握扎实的工程基础知识和本专业的基本理论知识,了解本专业的前沿发展和趋势;

(4) 具有综合运用所学科学理论和技术手段分析并解决工程问题的基本能力;

(5) 掌握文献探索、资料查询以及运用现在信息技术获得相关信息的基本方法;

(6) 具有创新意识和对新产品、新工艺、新技术和新设备进行研究、开发和设计的初步能力;

(7) 了解与本专业相关的职业和行业的生产、设计、研发的法律、法规,熟悉环境保护和可持续发展等方面的方针、政策和法律、法规,能正确认识工程对于客观世界和社会的影响;

(8) 具有一定的组织管理能力、较强的表达能力和人际交往能力以及在团队中发挥作用的能力；

　　（9）具有适应发展的能力以及对终身学习的正确认识和学习能力；

　　（10）具有国际实业和跨文化的交流、竞争与合作能力。

2.1.3　计算机科学与技术专业的学生可从事哪些职业

　　计算机科学与技术专业的职业大体可以分为两类：专业性职业与应用性职业。

1. 专业性职业

　　专业性职业是指专门从事计算机方向的研究工作，要求有较强的计算机理论知识和较好的编程能力，并具有一定的系统分析和整体策划能力。主要有：数据工程师、软件测评师、网络工程师、软件设计师、系统分析师、信息系统项目管理师、系统构架设计师等，下面对常见的几种专业性职业做一简要介绍。

　　数据工程师主要从事与数据有关的各类管理和操作工作，包括数据库开发、数据库维护、数据库管理、网络数据通信、数据采集与分析等。

　　软件测评师的主要工作是利用测试工具按照测试方案和流程对新开发的软件产品进行性能测试，根据用户需要编写不同的测试工具、设计和维护测试系统，对测试方案可能出现的问题进行分析和评估，以确保软件产品的质量。过去一个软件产品被交付使用时只需输入几组典型数据试运行即可，而现在用户要求的是对软件全方位的性能检测。软件测评师承担着产品性能的测试以及交付标准制定等工作，软件的可靠性将在测评工程师手里得到确认，由他们来保证公司的信誉。

　　网络工程师是指具有扎实的网络技术的理论知识和熟练的操作技能的网络技术人员，主要从事计算机信息系统的设计、建设、运行和维护工作。

　　软件设计师的主要任务是根据软件开发项目和软件工程的要求，按照系统总体设计规格说明书进行软件设计，编写程序设计规格说明书等相应的文档；组织和指导程序员编写、调试程序，并对软件进行优化和集成测试，开发出符合系统总体设计要求的高质量软件。

　　系统分析师又称系统分析员，主要任务是负责信息化建设项目的可行性研究与效益分析，他们能分析用户的需求和约束条件，写出信息系统需求规格说明书，制订项目开发计划，协调信息系统开发与运行所涉及的各类人员，指导制定企业的战略数据规划，组织开发信息系统。他们往往决定着企事业单位或政府行政部门信息化建设的优劣，同时又担负着 IT 研发人员的技术指导工作；他们承担着设计开发软件新产品的业务指导任务和提供二次开发的技术支持和培训顾问服务，是单位的信息化建设的骨干。

2. 应用性职业

　　应用性职业是指从事与计算机相关的各项工作，这类职业不一定要求有扎实的计算机理论知识基础，重点在于应用已有的相关软件来解决各个应用领域中的实际问题。应用性职业可按应用领域分为以下几大类：网络管理类、广告制图类、办公自动化类等。

网络管理类职业主要是对网络上的大量数据资源进行集中化管理的工作,如 Web 网站管理员(主要对企事业单位或行政部门的网站进行设计、创建、监测、评估、更新)、网页设计师、网页制作、系统维护师等。

广告制图类职业主要指利用专门的制图软件进行广告创作、平面广告设计、工程绘图、服装绘图等。常用的制图软件有 AutoCAD、CorelDRAW、Photoshop、3ds max 等。

办公自动化类职业是指应用计算机或数据处理系统代替人工来自动处理日常的办公事务性工作的职业,如文秘、档案管理员、信息管理员、技术文档书写员等。

2.1.4 计算机科学与技术专业都要学习哪些课程

1. CC2001 报告计算机科学知识体系简介

CC2001 报告给出了计算机科学知识体系的概念,为其他分支学科知识体系的建立提供了模式。结合我国的实际情况,计算机教指委根据 IEEE/CS 和 ACM 任务组给出的计算机科学、计算机工程、软件工程和信息技术 4 个分支学科知识体和核心课程描述,组织编制了计算机专业规范。它将计算学科课程体系的教学内容归结为以下 14 个主要领域。

(1) 离散结构(Discrete Structures,DS)

计算机科学以离散型变量为研究对象,离散数学对计算技术的发展起着十分重要的作用。随着计算技术的迅猛发展,离散数学越来越受到重视。CC2001 报告为了强调它的重要性,特意将它从 CC1991 报告的预备知识中抽取出来,列为计算学科的第一个主领域,并命名为"离散结构"以强调计算学科对它的依赖性。

该领域的主要内容:集合论、数理逻辑、近世代数、图论以及组合数学等。该领域与计算学科各个领域都有着紧密的联系,该领域以抽象和理论两个过程出现在计算学科中,它为计算学科各分支领域解决其基本问题提供了强有力的数学工具。

(2) 程序设计基础(Programming Fundamentals,PF)

"计算作为一门学科"报告指出:程序设计是计算学科课程中固定练习的一部分,是每一个计算学科专业的学生应具备的能力,是计算学科核心科目的一部分,程序设计语言还是获得计算机重要特性的有力工具。

该领域的主要内容:程序设计结构、算法、问题求解和数据结构等。它考虑的是如何对问题进行抽象,属于学科抽象形态方面的内容。

(3) 算法与复杂性(Algorithms and Complexity,AL)

该领域的主要内容:算法的复杂度分析、典型的算法策略、分布式算法、并行算法、可计算理论、P 类和 NP 类问题、自动机理论、密码算法以及几何算法等。

(4) 体系结构(Architecture and Organization,AR)

该领域的主要内容:数字逻辑、数据的机器表示、汇编级机器组织、存储技术、接口和通信、多道处理和和多路转换结构、性能优化、网络和分布式系统体系结构等。

（5）操作系统（Operating Systems，OS）

该领域的主要内容：操作系统的原理和逻辑结构、并发处理、资源分配与调度、存储管理、设备管理、文件系统、实时系统和嵌入式系统等。

（6）网络计算（Net-Centric Computing，NC）

该领域的主要内容：计算机网络的体系结构、网络安全、网络管理、网络数据的压缩和解压技术、无线和移动计算以及多媒体数据技术等。

（7）程序设计语言（Programming Languages，PL）

该领域的主要内容：程序设计模式、虚拟机、面向对象的程序设计、执行控制模型、语言翻译系统、程序设计语言的语义学等。

（8）人-机交互（Human-Computer Interaction，HC）

该领域的主要内容：以人为本的软件开发和评价、图形用户界面设计（GUI）、多媒体系统的人机交互界面（HCI）等。

（9）图形学和可视化计算（Graphics and Visual Computing，GV）

该领域的主要内容：计算机图形学、可视化、虚拟现实、计算机视觉4个学科子领域的研究内容。

（10）智能系统（Intelligent Systems，IS）

该领域的主要内容：约束可满足性问题、知识表示和推理、智能代理（Agent）、自然语言处理、机器学习和神经网络、人工智能规划系统和机器人学等。

（11）信息管理（Information Management，IM）

该领域的主要内容：信息模型与信息系统、数据库系统、数据建模、关系数据库、数据库查询语言、关系数据库设计、事务处理、分布式数据库、数据挖掘、信息存储与检索、超文本和超媒体、多媒体信息与多媒体系统、数字图书馆等。

（12）软件工程（Software Engineering，SE）

该领域的主要内容：软件过程、软件需求与规格说明、软件设计与验证、软件需求和规范、软件项目管理、软件开发工具与环境、基于组合的计算、形式化方法、软件可靠性、专用系统开发等。

（13）科学计算（Computational Science，CN）

该领域的主要内容：数值分析、运筹学、模拟和仿真、高性能计算。

（14）社会和职业问题（Social and Professional Issues，SP）

该领域的主要内容：计算的历史、计算的社会背景、分析方法和工具、专业和道德责任、基于计算机系统的风险与责任、知识产权、隐私与公民的自由、计算机犯罪、与计算有关的经济问题、哲学框架等。

与CC2001报告中的课程相比，未来计算机科学的课程体系可能会发生一些变化，但核心课程变化不大，因为计算机科学已经进入一个工程学科的正常发展轨道，这使得课程体系的构成既具有核心课程，又要灵活和富有弹性，突现教育的个性化。同时，由于计算学科的理论与实践密切联系，伴随计算机技术的飞速发展，计算学科现已成为一个极为广泛的学科，因而要更加重视基本理论和基本技能的培训，这主要表现在与计算技术有关的学位教学计划的多样性和计算机科学本身课程体系的多样性。这意味着计算机科学相对以前更成为一个工程学科和学术服务的学科,二者之间始终处于既相互协调又相互矛盾的发展过程中,使得计算知识和技能成为高等教育的基本需求。

2. 计算机科学与技术专业的主干课程

我国计算机科学与技术专业培养的基本目标是让学生通过一定学时数的学习,初步了解计算机科学与技术学科的概况和学术范畴,激发学生对本专业的兴趣,帮助并引导学生用正确的方式方法去认识和学习学科专业知识。配合"计算机科学与技术导论"课程,学生将在教师的指导下通过第一学期计算机科学与技术实验课程的上机实践,从专业外行的角度,学习、熟悉和掌握一些专业实践性知识,提高对该学科的感性认识。在大学本科的四年学习期间,计算机科学与技术专业主要学习以下主干课程,见表1.1。

表 1.1　计算机科学与技术主干课程

编号	课　　　程				
1	C语言程序设计	数学Ⅰ	物理Ⅰ		
2	数字逻辑设计	数学Ⅱ	物理Ⅱ		
3	汇编语言	离散数学			
4	计算机组成与系统结构	面向对象程序设计	数据结构		
5	操作系统原理	Windows程序设计	算法分析与设计	软件工程	数据库原理
6	接口与通信技术	Java程序设计	计算机图形学	计算机网络	
7	嵌入式系统	接口课程设计	软件课程设计	编译原理	数字图像处理	管理信息系统

2.2　计算机科学与其他学科的关系

计算机科学是一门包含各种各样与计算和信息处理相关主题的系统学科,在20世纪最后的30年里,该学科从抽象的算法分析、形式化语法等,发展到更具体的主题如编程语言、程序设计、软件和硬件等。

早期的计算机科学与技术学科被认为仅是一门涉及编程的单一课程,随着计算机在社会各个领域的普及,当今的计算机科学已经成为其他各学科中必须要掌握的一门技术,计算机正在越来越多地被当做一种技术工具,用在电子工程、数学、经济学和语言学等各个领域,解决这些学科以前无法解决的复杂问题,从而也衍生出许多新的交叉学科,如电子信息工程、生物医学工程、电子商务、计算机图形学等。2.1节中介绍的计算机学科的14个分支领域几乎都涉及了多门学科的交叉和联系。

2.2.1　计算机与数学的关系

计算机与数学的关系一直处于一种相互依存、相互促进的良性循环之中。从计算机的发明直到它的最新进展,数学无不起着关键性的作用;同时,在计算机的设计、制造、改进和使用过程中提出的大量带有挑战性的问题,又为数学理论发展注入了新鲜活力,推动着数学本身向前发展。

1. 数学是计算机科学的基础

计算机最初是作为计算工具被人们发明并使用的,它的前身是我国古代发明的算筹,用算筹进行计算的方法称为筹算。算筹的产生年代已不可考,但据史料推测,算筹最晚出现在春秋晚期战国初年(公元前 722—公元前 221 年),一直到算盘发明推广之前都是中国最重要的计算工具,中国古代数学的许多辉煌成就都是在筹算的基础上取得的。直到人们发明了算盘并在 15 世纪得到普及后才取代了算筹;算盘是在算筹基础上发明的,比算筹更加方便实用,同时还把算法口诀化,从而加快了计算速度,用算盘进行计算的方法称为珠算。

19 世纪 50 年代中期,数学家通过逻辑代数学从理论上解决了用电子管作为计算机元件的核心问题,为二进制计算机的产生打下了基础。20 世纪 30 年代末,美国科学家用布尔代数进行开关电路分析,证明了布尔代数的逻辑运算可以通过继电器电路来实现。由此可见,数学的发展为电子计算机的产生提供了重要的理论基础。理论上,凡能被计算机处理的问题均可以转换为一个数学问题,换言之,所有能被计算机处理的问题均可以用数学方法加以解决。数学方法是以数学为工具进行科学研究的方法、策略、途径和步骤,即用数学语言来表达事物的状态、关系和过程,经过推导、运算与分析,以形成解释、判断和预言的方法,它是计算机学科中最根本的研究方法。

2. 数学方法在计算机科学中的作用

数学不但是计算机产生的基础,而且是其发展的理论依据,计算机的每一步进展都离不开数学,并且随着计算机更深的发展,它对数学知识、数学方法和思想的要求越来越高。与数学有联系的学科越来越多,关系也越来越密切。

(1) 它为计算机科学的研究提供简洁精确的形式化语言

随着计算机科学与技术研究的深层次发展,对于微观和宏观世界中存在的复杂的自然规律,需要抽象、准确、简洁地进行表述,这正是数学的形式化语言所做的工作。数学模型就是运用数学的形式化语言,在观测和实验的基础上建立起来的,它有助于人们从本质上认识和把握客观世界。数学中众多的定理和公式就是典型的简洁而精确的形式化语言。

(2) 它为计算机科学的研究提供定量分析和计算的方法

一门科学从定性分析发展到定量分析是成熟的标志,是量变到质变的结晶,数学方法在其中起到了至关重要的作用。计算机的问世为科学的定量分析和理论计算提供了必要条件,使一些过去虽然能用数学语言描述,但无法求解或不能及时求解的问题找到了解决的方法。

如及时准确的天气预报、汛期水库水量调度等都是借助于精确的数值计算和理论分析得到的。其中数学和计算机都发挥了非常重要的作用,没有数学找不到计算模型,没有高性能计算机,就不能及时计算出结果。

（3）它为计算机科学的研究提供了严密的逻辑推理工具

数学严密的逻辑性使它成为建立一种理论体系的重要工具。计算机科学中的各种公理化方法、形式化方法都是用数学方法研究推理过程,把逻辑推理形式加以公理化、符号化,为建立和发展计算机科学的理论体系提供了有效的途径。

2.2.2 计算机专业开设数学相关课程

数学是计算机科学的基础,在计算机专业的本科教程中,会涉及许多与计算机相关的数学课程。例如高等数学、离散数学、线性代数、概率论与数理统计、随机过程、数值计算方法等。下面对这些课程做一简要介绍。

1. 高等数学

高等数学相对于小学和中学学到的初等数学而言,初等数学研究的是常量和匀变量,高等数学研究的是不匀变量。高等数学具有高度的抽象性、严密的逻辑性。随着计算机的出现和普及,高等数学中的各类知识被广泛地应用在社会科学的各个领域。

（1）计算机专业的学生为什么一定要学习高等数学

高等数学是近代数学的基础,是理科(非数学)各个专业学生的一门必修的重要基础理论课;也是在现代科学技术、经济管理、人文科学中应用最广泛的一门课程,学好这门课程对学生今后的发展是至关重要的。高等数学是其他数学学科和计算机科学的基础,所以本课程是学生进入大学后学习的第一门重要的数学基础课。

学习高等数学,更重要的是学习处理数学问题的思想和方法,锻炼逻辑思维能力、缜密的推断能力和较高的数理分析能力,用理性而不是感性的思维去考虑问题,同时为后续课程的学习奠定良好的基础。

数学方法的合理运用,可以给编程带来很大方便。现在编写软件越来越多地用到数学推导归纳,要在如此众多的程序编写员里面取得优异成绩,坚实的数学基础和推理能力是很重要的;不仅是在编程方面,在计算机的其他领域,如电子技术、数字信号处理、数字图像处理、通信工程、模式识别及分类等,数学也都有很广泛的应用。

（2）高等数学都学些什么内容

计算机专业的本科学生,要求能系统地了解和掌握高等数学的基本理论和常用方法,内容包括:函数与极限、导数与微分、中值定理与导数的应用、不定积分、定积分、定积分的应用、空间解析几何与向量代数、多元函数微分法及其应用、重积分、曲线积分与曲面积分、无穷级数、微分方程等。

除了学习上述基本内容,计算机本科生的高等数学教学更强调的是培养学生的思维能力与推理能力,以及用计算机求解各种实际数学问题的实践能力。

2. 离散数学

由于数字电子计算机是一个离散数据系统,它只能处理离散的或离散化了的数量关系,因此,无论计算机科学本身,还是与计算机科学及其应用密切相关的现代科学研究领域,都面临着如何对离散结构建立相应的数学模型;又如何将已用连续数量关系建立起来的数学模型离散化,从而可由计算机加以处理。

离散数学是现代数学的一个重要分支,主要研究离散性的结构及相互间的关系,能充分体现出计算机科学离散性的特点,因此被广泛地应用在计算机科学的各项技术中;另外,离散数学这门学科本身也因计算机的发展而获得更大的发展。

(1) 计算机专业为什么要开设"离散数学"课程

"离散数学"课程是计算机科学与技术专业的专业基础课,作为计算机科学基础理论的核心课程之一,该课程不仅充分地描述了计算机科学的离散性特点,而且为后继课程,如数据结构、逻辑设计、计算机系统结构、容错诊断、编译系统、操作系统、数据库原理和计算机网络等的学习提供必要的数学基础。

作为计算机科学与技术学科的专业基础课之一,"离散数学"课程中介绍的各分支的基本概念、基本理论和基本方法,已被大量地应用在数字电路、编译原理、数据结构、操作系统、数据库系统、算法的分析与设计、人工智能、计算机网络、过程控制等专业课程中。例如:离散数学中的数理逻辑理论是计算机硬件设计中数字逻辑电路的基础;笛卡儿积概念则是关系数据库的一个重要操作;布尔代数理论则在数据结构、数据安全、逻辑电路设计等各个计算机分支学科中发挥着重要的作用;此外,通过对该课程的学习,还能培养和提高学生的概括抽象能力、逻辑思维能力、归纳构造能力以及严格证明推理的能力,为学生今后从事计算机科学各方面的工作提供重要的工具。

(2) "离散数学"的基本内容

离散数学形成于 20 世纪 70 年代,随着计算机科学的发展逐步建立起来;作为现代数学的一个重要分支,离散数学是一门研究离散量的结构及其相互关系的数学学科,该课程内容主要涉及以下几个分支。

- 集合论部分:集合及其运算、二元关系与函数、自然数及自然数集、集合的基数;
- 图论部分:图的基本概念、图的矩阵表示、一些特殊图介绍、带权图及其应用;
- 代数结构部分:代数系统的基本概念、几个典型的代数系统介绍;
- 组合数学部分:组合存在性定理、组合计数方法;
- 数理逻辑部分:命题逻辑、一阶谓词演算。包括数理逻辑、图论等内容。

3. 线性代数

在实际应用的很多领域,我们不仅要研究单个变量之间的关系,还要进一步研究多个变量之间的关系,各种实际问题在大多数情况下可以线性化。由于计算机的发展,线性化了的问题可以被计算出来,而线性代数正是解决这些问题的有力工具。线性代数不仅是计算机专业的必修课,更是经济类、管理类专业的基础课程。

现代线性代数的历史可以上溯到 1843 年和 1844 年。1843 年,哈密顿发现了四元数;1844 年,格拉斯曼发表了他的著作 *Die lineare Ausdehnungslehre*;1857 年,阿瑟·凯莱介入了矩阵,这是最基础的线性代数思想之一。线性代数最初主要对二维和三维直角坐标系进行研究,现代线性代数已经扩展到研究任意或无限维空间。线性代数方法是指使用线性观点看待问题,并用线性代数的语言描述它、解决它(必要时可使用矩阵运算)的方法。这是数学与工程学中最主要的应用之一。

(1)计算机专业为什么要开设"线性代数"课程

线性代数最重要的特点之一就是它主要对离散型变量进行分析,在数学、力学、物理学和技术学科中均有各种重要应用,因而它在各种代数分支中占据首要地位。在计算机广泛应用的今天,计算机图形学、计算机辅助设计、密码学、虚拟现实等各项新技术也均将线性代数作为其理论和算法基础的一部分,如在计算机图形学中用矢量和矩阵来描述二维图像的旋转、平移、阴影或缩放等。

作为计算机专业的专业基础课,"线性代数"是"离散数学"、"数据结构"、"编译原理"的课程的先行课,"线性代数"的基本概念、理论和方法具有较强的逻辑性、抽象性和广泛的实用性,该学科所体现的几何观念与代数方法之间的联系,从具体概念抽象出来的公理化方法以及严谨的逻辑推证、巧妙的归纳综合等,既为计算机专业的本科生学习后续相关课程提供必要的数学知识,为进一步深造奠定基础;也可以学到在科学研究及工程实际中对离散变量的基本分析方法;更可以加强自己的抽象思维能力与严密的逻辑推导能力。

(2)"线性代数"的基本内容

线性代数主要研究有限维线性空间上的线性映射,具有较强的抽象性与逻辑性。它的主要内容包括行列式、矩阵、线性方程组、向量空间、矩阵的特征值和特征向量、二次型等内容。通过对本课程的学习,学生不仅要掌握科学研究中常用的行列式计算、矩阵理论、线性方程组、二次型等有关基本知识,更重要的是要具有熟练的矩阵运算能力和用矩阵方法解决实际问题的能力,为学习后继课程及进一步扩大数学知识面奠定必要的数学基础,同时也使学生的抽象思维能力得到进一步的训练。

4. 概率论与数理统计

现实世界中形形色色的自然现象、社会现象大致可分为两类:一类是事先能确定其结果的现象,即确定性现象,如同性电荷互相排斥,零度水会结冰,边长为 a、b 的矩形其面积必为 a·b;另一类是事先不能确定其结果的现象为随机现象,这类现象的可能结果不会是一种,如把同样的若干种子播种到肥力均匀的田地里,每粒种子是否发芽,掷一枚骰子,可能结果有 6 种,今天股市的涨跌情况等。这些现象与确定性现象相反,它的结果无法事先确定。

这种随机现象是否有规律,便成为数学研究中的一个问题。概率论就是运用数学方法研究随机现象统计规律性的一门数学学科。概率,简单地说,就是随机现象出现的可能性大小的一种度量。随机现象,或者说不确定性,是自然界和现实生活中普遍存在的一种现象。不确定性既给人们许多麻烦,同时又常常是解决问题的一种有效手段甚至唯一手段。例如,"抓阄"就是运用不确定性来进行公平分配的常用办法。在模拟计算、统计运筹中无不运用概率论的思想和方法。因此概率论具有明显的实际背景和广阔的应用范围,另外又和数学、计算机科学的诸多分支有密切的联系。

(1)计算机专业为什么要开设"概率论"课程

机器智能化是未来计算机科学与技术的发展趋势,要想使计算机与人脑一样具有智能和一定的判别决策能力,概率模型是必不可少的。人工智能、模式分类、模式识别、机器学习等领域中的诸多算法均涉及概率论的相关知识。"概率论"主要研究随机现象规律性,是认识、刻画、分析各种随机现象的入门课,它一方面有自己独特的概念和方法,内容丰富,理论深刻;另一方面,作为近代数学的重要组成部分,它与其他数学分支和计算机科学又有紧密的联系,目前概率论的理论与方法已广泛应用于工业、农业、军事和科学技术等各项领域中。

（2）"概率论与数理统计"的基本内容

计算机专业的"概率论与数理统计"课程中概率论的主要内容包括:随机事件与概率,随机变量与分布函数,数字特征,极限定理;数理统计是在概率论基础上专门研究统计基础理论的一门学科,是所有统计课程的理论出发点。主要内容包括:统计学基本概念,抽样分布,估计理论,假设检验,置信区间。要求学生掌握基本的统计背景和思想以及处理统计问题的方法,特别是统计归纳的思想。

学习"概率论与数理统计"的目的是对随机现象有充分的感性认识和比较准确的理解,初步掌握处理不确定性事件的理论和方法。

5. 随机过程

概率论与数理统计研究的对象主要是一个或几个随机变量（随机向量）,但在自然现象及科学实践中常会碰到无穷多个即一族随机变量（随机变量集）需要当作一个整体来研究,这就需要引进随机过程的概念。随机过程（Stochastic Process）是概率论与数理统计中较深的部分,与其他数学分支如位势论、微分方程、力学及复变函数论等有密切的联系,是自然科学、工程科学及社会科学各领域研究随机现象的重要工具,现已独立成一个新的数学分支。

随机过程与现实生活的联系非常密切,许多随机过程的相关知识都有对它的实际背景,例如对于一个来到某个加油站要求加油服务的汽车流而言,每个汽车到加油站的到达过程就可以看做是一个随机过程（泊松过程）;再如一台机器在运行时会发出噪声,噪声的强度随时间变化的过程也可以看做是一个随机过程;另外,股市的涨跌变化、一个地区的人口增减变化、生物物种的此长彼消等,都属于随机过程的研究范畴。对随机过程的深入研究,使 19 世纪末 20 世纪初停滞不前的概率论再度迅速发展起来。它在通信技术、自动控制、造船、纺织、气象、天体物理、运筹决策、经济数学、安全科学、人口理论等方面都有广泛的应用,因而有很强的生命力。

（1）计算机专业为什么要开设"随机过程"课程

随机过程是一连串随机事件动态关系的定量描述,是依赖于时间的一族随机变量。其理论体系已得到广泛的应用,如天气预报、统计物理、放射性问题、原子反应、天体物理、化学反应、生物中的群体生长、遗传、传染病问题、排队论、信息论、安全科学、人口理论、可靠性、经济数学以及自动控制、无线电技术、计算机科学等很多领域都要以随机过程为基础来构建数学模型。作为计算机专业的学生,应该对该课程中的基本理论和方法有一定的了解,为后续的其他计算机类专业课如模式识别与分类、人工智能等打下理论基础。

（2）"随机过程"的基本内容

该课程主要内容包括：随机过程的基本概念、泊松过程、维纳过程、布朗运动、马尔科夫链、隐马尔科夫模型、平稳随机过程等。

通过对该课程的学习，要求信息类和计算机类学生能初步掌握处理随机现象的基本思想和方法，理解随机过程中的理论在现代电子技术、市场经济的预测与控制、随机服务系统的排队论、生物医学工程等领域的应用，并培养学生运用随机过程方法分析和解决在信号与信息处理、通信与信息系统、模式识别与智能系统、生物医学工程和检测与自动化等领域中的实际问题的能力。

6. 数值计算方法

近年来，随着计算机技术的普及和计算速度的不断提高，数值计算在工程设计和分析中得到了越来越广泛的重视，已经成为解决复杂的工程分析计算问题的有效途径。现在从汽车到航天飞机几乎所有的设计制造都离不开数值计算，数值计算方法也称计算方法或数值分析，是一门有效使用数字计算机求数学问题近似解的方法与过程，以及由相关理论构成的学科。换而言之，该学科主要研究内容即为如何利用计算机更好地解决各种数学问题。

（1）计算机专业为什么要开设"数值计算方法"课程

随着计算机和计算方法的飞速发展，几乎所有学科在向着定量化和精确化的方向发展，从而产生了一系列计算性的学科分支，如计算物理、计算化学、计算生物学、计算地质学、计算气象学和计算材料学等，同时产生大量复杂的计算问题，而这些问题单单用手工或简单的计算工具是很难解决的，必须依靠现代化的工具——电子计算机来帮助实现，计算数学中的数值计算方法则是解决"计算"问题的桥梁和工具，在计算机上用数值计算方法进行科学与工程计算，已经成为平行于理论分析和科学实验的第三种科学研究方法，也是现代科学技术人员必备的基本技能，同时数值计算方法的发展又为计算机软件研发提供了理论依据。如今科学计算已被广泛用到科学技术和社会生活的各个领域中。

例如，在工程设计和机械制造中，有大量问题常常归结到求非线性方程 $f(x)=0$ 解的问题，当次数小于 5 时，可用求根公式求出方程组的解，但对次数大于 5 的代数方程则没有求根公式，用数学方法就很难求出它的精确解。这时只能使用数值方法来求得满足一定精确度的近似解。常用的数值计算方法有：插值法（先构造一个简单函数，然后通过计算逼近的关系式来得到所研究函数的近似值）、二分法（求解方程根的最简单有效的方法之一）、迭代法（利用计算机运算速度快、适合做重复性操作的特点来求解代数方程与超越方程）等。

（2）"数值计算方法"的基本内容

"数值计算方法"是研究用计算机来解决各种数学问题（或数学模型）的数值计算的算法和理论。主要内容包括代数方程、线性代数方程组、微分方程的数值解法，函数的数值逼近问题，矩阵特征值的求法，最优化计算问题，概率统计计算问题等，还包括解的存在性、唯一性、收敛性和误差分析等理论问题。它是数学的一个分支，是一门与计算机密切结合的实用性较强的数学课程。计算方法既有数学类课程中理论上的抽象性和严谨性，又有实用性和实验性的技术特征，是一门理论性和实践性都很强的学科。

　　作为计算机科学与技术专业的必修课,数值分析这门课程主要研究用计算机求解各种数学问题的数值计算方法及其理论与软件。通过本课程的学习,学生不仅能系统地了解和掌握数值分析的常用算法,更能培养学生运用计算机求解各种数学问题的实践能力。

2.2.3 计算机与物理学的关系

1. 物理学是计算机硬件的基础

　　20 世纪以来,由于物理学理论的重大突破,诞生了相对论和量子论,推动了以原子能、激光、通信、计算机、微电子、新型材料、基因工程、纳米技术、航天技术等为代表的现代科学技术迅猛发展,从而使物理学成为当代工程技术的重大支柱。物理学知识和研究方法已经渗透到各个学科,成为许多新兴学科、交叉学科和高新技术产业的重要基础。

　　伟大的物理学家牛顿(1642—1727)发明了微积分,发现了万有引力定律,创立了经典光学理论,建立了牛顿力学大厦;数学家布尔(1815—1871)和德莫根发明了数理逻辑中最重要的布尔代数;法拉第(1791—1867)、麦克斯韦创立了电磁理论;赫兹发现了麦克斯韦预言的电磁波;爱因斯坦、德布罗意、玻尔、海森伯、薛定谔、狄拉克创立了量子力学;德福雷斯特发明了对电信号有放大作用的电子三极管……自牛顿去世到 1943 年,全世界物理学家经过 200 余年的不断努力,在数理逻辑和物理学的电磁理论、量子力学、半导体理论等方面获得了的巨大成功,为计算机的诞生在理论和技术上做好了充分的准备,为计算机的发明提供了物质基础(半导体学、电子学),诞生了世界上第一台电子计算机。因此说,没有数学和物理学的理论基础与实验基础,计算机就不可能研制成功。

2. 计算机对物理学的影响

　　计算机的许多硬件和软件,是物理学家为了解决物理学提出的问题而研制的,而计算机的出现又为物理学家提供了强大的武器,使物理学进一步发展。计算机的诞生为物理学带来了革命性变化:利用计算机的高速运算和大容量存储功能,可以计算出过去物理学不可能描述的物理过程。对理论物理学家而言,没有计算机,由混沌、分形、元胞自动机等内容构成的非线性物理学的发展是不可想象的;除数值计算外,计算机还能进行符号运算(解析运算),推导公式,节省了理论物理学家们的繁重劳动。对实验物理学家而言,计算机能够控制实验,是实验室自动化和采集、分析和处理数据的有力工具,特别是高能物理实验,要从大量事例中辨别出极为罕见的事例,更需要计算机的介入。例如对超新星的研究,计算机不仅可以计算其爆炸过程,"虚拟现实"软件还能以图片形式模拟再现这一过程;20 世纪 60 年代,我国原子弹、氢弹研制成功,也都应归功于计算机的海量计算。

　　不仅如此,计算机的使用还导致了一门新的物理学分支——计算物理学的建立,计算物理学以电子计算机为工具,但不是用来进行单纯的计算,而是进行对数学模型进行模拟实验,发现新的现象和规律,再由理论物理学进一步阐释和论证,由实验物理学检验。因此,计算物理学主要通过计算来预言、发现和理解新的物理现象和规律。计算物理学已得到的几个重要成果是:混沌理论(发现了一个新的普适常数——费根鲍姆常数)、孤子物理学和分子动力学(速度自相关函数长时尾的发现)。

2.2.4　计算机专业开设的物理学相关课程

物理学是计算机硬件的基础,要想对计算机这个电子设备有更深入的了解,就必须学习计算机的硬件组成原理,这涉及许多相关的物理学课程,例如电路分析、电磁场与传输理论、数字电路与系统、模拟电子电路、信号与系统、数字信号处理、自动控制原理等,下面对这些课程做一简要介绍。

1. 大学物理

物理学是研究物质的基本结构和物质运动的普遍规律的学科,因此以物理学基础知识为内容的"大学物理"课程是高等学校各类理工类专业的一门重要必修基础课。它是学好各类学科和工程技术科学的基础,更重要的是,使学生学到科学的思想方法和研究问题的方法,对提高人才的科学素质起了不可替代的作用。

该课程以物理学基础知识为主要内容,包括经典物理、近代物理和物理学在科技中的应用的初步知识,以提高学生的思考、理解、分析、计算、自学等方面的能力。更重要的是,通过对"大学物理"课程的学习,要求学生学习物理学中的科学思维方法和培养研究问题和解决问题的能力,激发学生探索与创新精神,培养具有创新意识、创新能力的高素质人才。

该课程主要内容有:力学(质点运动学、质点动力学、刚体力学)、热学(气体动理论、热力学基础)、机械振动与机械波、波动光学(光的干涉、光的衍射、光的偏振)、静电学(真空中的静电学、导体和电介质中的静电学)、电磁学(电流磁场、磁介质与电磁感应)、相对论、近代物理学(早期量子论和量子力学基础)等。

2. 电路分析

电路分析是一门电类专业以及部分非电类专业十分重要的入门级专业基础课程,它既是电气与电子信息类专业课程体系中数学、物理学等科学基础课的后续课程,又是电气与电子信息类所有专业的后续技术基础课和专业基础课的基础。它系统地阐述了电路的基本概念、基本定律和基本的分析方法,是进一步学习其他专业课程必不可少的前期基础课程,要求学生具备一定的高等数学、普通物理等相关课程理论知识。该课程的先行课为"高等数学"、"大学物理",而"模拟电子技术"、"数字电子技术"、"信号与系统分析"、"自动控制原理"等专业课程则是该课程的后续课程。

该课程的主要内容有:电路的基本概念与基本定律、电阻电路的分析方法、电路基本定理、动态元件和动态电路方程、一阶电路与二阶电路、正弦交流电路、交流电路的频率特性、三相电路等。

3. 模拟电子技术

模拟电子技术是一门技术基础课,主要学习基本的电子元器件,基本电路和分析的方法以及它们在生产实际中的应用。该课程的工程实践性很强,要求学生能通过实验对电路加深理解,并能熟练掌握常用电子仪器的使用,为计算机专业的学生在以后深入学习电子技术及其在专业中的应用中打好两方面的基础:一是正确使用电子电路特别是集成电路的基础;二是为将来进一步学习设计集成电路专用芯片打好基础。

该课程主要涉及模拟信号的产生、传输及处理等方面的内容,主要包括:半导体二极管及其基本电路、半导体三极管及放大电路基础、场效应管放大电路、功率放大电路、集成电路运算放大器、反馈放大电路、信号的运算与处理电路、信号产生电路、直流稳压电源等。课程任务是使学生获得适应信息时代电子技术的基本理论、基本知识及基本分析方法。旨在培养学生综合应用能力、创新能力和电子电路的分析、设计能力。

4. 数字电子技术

现实生活中大多数信息数据均以模拟形式出现,例如:电压、电流、图像、声音等,而计算机却只能识别和处理二进制数据的数字信号,如何将模拟数据或电路状态转化为数字数据或状态?转换后又如何对数字数据进行运算,从而得到正确的结果?这些都是数字电子技术解决的问题。数字电子技术以逻辑导数与逻辑器件为基础,研究各种数字电子电路的分析和设计方法。现在数字技术的应用非常广泛:电视、通信系统、雷达、导航系统、军用装备、医疗设备、工业过程控制和消费类电子产品等。数字电子技术所用的器件也由电子管、晶体管,发展到了包含上百万个晶体管的超大规模集成电路。目前我们的社会已经进入数字化社会。

该课程的主要任务是使学生获得电子技术方面的基本理论、基本知识和基本技能,培养学生分析和设计数字电路的能力。主要内容包括:逻辑代数基础知识、半导体门、电路基础、组合逻辑电路的分析和设计、常用组合逻辑电路(编码器、译码器、数据选择器、加法器、数值比较器、奇偶产生/校验电路)、触发器(RS,JK,D,T)、时序逻辑电路的分析和设计、常用时序逻辑电路(寄存器、移位寄存器、计数器、序列信号发生器)、脉冲波形的产生和整型、半导体存储器(ROM、RAM)、A/D 与 D/A 转换器、硬件描述语言和 EDA 软件的使用方法。

5. 自动控制原理

自动控制原理是研究自动控制共同规律的技术科学。它的发展初期,是以反馈理论为基础的自动调节原理,主要用于工业控制,"二战"期间为了设计和制造飞机及船用自动驾驶仪、火炮定位系统、雷达跟踪系统以及其他基于反馈原理的军用设备,进一步促进并完善了自动控制理论的发展。战后,形成了完整的自动控制理论体系,这就是以传递函数为基础的经典控制理论,它主要研究单输入-单输出、线形定常数系统的分析和设计问题。20 世纪 60 年代初期,随着现代应用数学新成果的推出和电子计算机的应用,为适应宇航技术的发展,自动控制理论跨入了一个新阶段——现代控制理论。它主要研究具有高性能、高精度的多变量变参数的最优控制问题,主要采用的方法是以状态为基础的状态空间法。目前,自动控制理论还在继续发展,正向以控制论、信息论、仿生学为基础的智能控制理论深入。

自动控制原理是高等院校理工科学生的核心课程之一,主要讲述自动控制系统理论及其应用,通过本课程的学习,学生可以了解有关自动控制系统的运行机理、控制器参数对系统性能的影响以及自动控制系统的各种分析和设计方法等。其主要内容包括自动控制系统的基本组成和结构、自动控制系统的性能指标、自动控制系统的数学类型(连续、离散、线性、非线性等)及特点、自动控制系统的分析方法(时域法、频域法等)和设计方法、非线性系统等。

2.3 计算机科学应用领域举例

在计算机软硬件快速发展的今天,计算机已被广泛应用于社会各个领域,产生了多门计算机与其他各学科的交叉学科,使计算机能快速、高效地解决其他各学科出现的问题。交叉学科的优势在于它融合了不同学科的范式,推动了以往被专业学科所忽视的领域的研究,打破了专业化的垄断现象,增加了各学科之间的交流,形成了许多新的学科,创造了以“问题解决”(Problem Solving)研究为中心的研究模式,推动了许多重要实践问题的解决。目前研究较多的交叉学科主要有:电子信息工程、生物医学工程、电子商务、计算机图形学等。

2.3.1 电子信息工程

电子信息工程是一门应用计算机等现代化技术进行电子信息控制和信息处理的学科,集现代电子技术、信息技术、计算机通信技术于一体,主要研究信息的获取与处理,电子设备与信息系统的设计、开发、应用和集成。现在,电子信息工程已经涵盖了社会的诸多方面,像电话交换局里怎么处理各种电话信号,手机是怎样传递我们的声音甚至图像的,我们周围的网络怎样传递数据,甚至信息化时代军队的信息传递中如何保密等都要涉及电子信息工程的应用技术。

电子信息工程专业要求能够在学习基本电路知识的基础上,掌握用计算机处理信息的方法。该学科既要求有扎实的数学和物理学方面的理论知识,更强调动手能力和独立思考的能力,要求能够学习动手设计、连接一些电路并结合计算机进行实验和模拟仿真,对动手操作和使用工具的要求较高。

电子信息工程专业培养具备电子技术和信息系统的基础知识,能够从事各类电子仪器设备以及信息系统的研究、设计、制造、应用和开发的高等工程技术人才。将来可从事信号的处理、传输、交换及检测技术的研究工作,电子设备与信息系统的设计研制、生产与应用,电子技术及计算机技术应用与开发,大型电子通信器件的设计和管理等。该学科涉及电子科学与技术、信息与通信工程、自动化控制科学与技术等主要方向。

该学科方向除了学习计算机技术系列课程外,还需学习以下专业课程:电路理论系列课程、信号与系统、电磁场理论、数字信号处理、信息理论与编码、感测技术、智能和虚拟仪器、嵌入式技术、数字图像处理、现代通信原理、通信信号处理、DSP 原理及应用、自动控制原理等。

2.3.2 生物医学工程

生物医学工程(Bio-Medical Engineering,BME)是一门由理、工、医相结合的新兴边缘学科,是多种工程学科向生物医学渗透的产物,是一门高度综合的交叉学科。它运用现代自然科学和工程技术的原理和方法,从工程学的角度,在多层次上研究生物体和人体的结构、功能及其相互关系,揭示生命现象,解决生物学和医学中的有关问题,为防病、治病提供新的技术手段,为疾病的预防、诊断、治疗和康复服务。该学科综合了生物学、医学和工程技术学,在新世纪随着自然科学的不断发展,发展前景将不可估量。

该学科主要有以下研究方向:生物力学、生物传感与检测技术、生物材料学、生物信息学、生物特征识别、医学影像学、医学影像归档和通信系统等。

生物力学(Biomechanics)是应用力学原理和方法对生物体中的力学问题进行定量研究的生物物理学分支,其研究范围从生物整体到系统、器官(包括血液、体液、脏器、骨骼等),从鸟飞、鱼游、鞭毛和纤毛运动到植物体液的输运等。生物力学研究的重点是与生理学、医学有关的力学问题,依研究对象的不同可分为生物流体力学、生物固体力学和运动生物力学等。

生物传感(Biosensors)与检测技术是将生物体系中的有关信息转变成可以进行测量和分析的光、电信号的器件。生物传感技术是现代科技的前沿技术之一,随着科技的不断发展,生物传感技术也正随之不断地加以改善,发明出了各种用于医学检测的生物医学传感器;此外,新材料和新技术的出现对传感器的发展也起了重要作用,使得生物传感器向便携化、智能化发展。目前常见的生物医学传感芯片有压电生物传感器、利用纳米材料与纳米技术的生物纳米传感器、物理传感器、化学传感器、微生物传感器等。生物传感器是将生物芯片与传感技术结合在一起的产物。生物传感器研究速度、规模和种类的研究,已成为现代生物医学技术的重要领域之一。

生物材料学(Biomaterials)是生命科学与材料科学交叉的边缘学科,该学科是一门应用生物学和工程学的原理,对生物材料、生物所特有的功能,定向地组建成具有特定性状的生物新品种的综合性技术。其主要目的为在分析天然生物材料微组装、生物功能及形成机理的基础上,发展仿生学高性能工程材料及用于人体组织器官修复与替代的新型医用材料。

生物信息学(Bioinformatics)是生物学与计算机科学以及应用数学等学科相互交叉而形成的一门新兴前沿交叉学科。它借助于计算机技术和数学与统计方法,对海量的生物学实验数据进行获取、加工、存储、管理、检索与分析,揭示数据所蕴含的生物学意义,解决重要的生物学问题,阐明新的生物学规律,获得传统生物学手段无法获得的创新发现。由于当前生物信息学发展的主要推动力来自分子生物学,目前生物信息学的研究主要集中于核苷酸和氨基酸序列的存储、分类、检索和分析等方面。

生物特征识别(Biometric Identification)是指通过计算机与光学、声学、生物传感器和生物统计学原理等高科技手段密切结合,利用每个人固有的、可以采样和测量的生理特性及行为特征来进行个人身份识别与鉴定的一门新兴技术。在目前的研究与应用领域中,生物特征识别主要关系到计算机视觉、图像处理与模式识别、计算机听觉、语音处理、多传感器技术、虚拟现实、计算机图形学、可视化技术、计算机辅助设计、智能机器人感知系统等其他相关的研究。已被用于生物识别的生物特征有手形、指纹、脸形、虹膜、视网膜、脉搏、耳郭、体味、基因(DNA)等,行为特征有签字、语音、步态等。基于这些特征,生物特征识别技术目前已取得了长足的进展。

医学影像学(Medical Imaging)也称医学成像技术,指通过 X 线成像(X-ray)、电脑断层扫描(CT)、核磁共振成像(MRI)、超声成像(Ultrasound)、正子扫描(PET)、脑电图(EEG)、脑磁图(MEG)等现代成像技术检查人体无法用非手术手段检查的部位的过程。由于各类医学图像不仅使医生可以观察到体内脏器在形态学上的变化,而且有可能对体内脏器的功能改变作出判断,因此医学成像技术目前已经成为临床与医学不可缺少的工具,也是生物医学工程学的重要研究内容之一。随着计算机技术、模式识别技术、数据统计分析理论、物理学、数学等学科的飞速发展,现代医学成像技术也在不断地发展、完善,越来越准确地为人类的健康服务。

医学影像归档和通信系统(PCAS)指利用计算机技术与数据库技术,实现医院的无胶片化管理,是一门结合放射学、影像医学、数字图像技术、计算机技术通信技术的学科。该系统首先将各类医学图像资料转化为计算机数字形式,然后通过高速计算设备及通信网络,实现图像的采集、存储、管理、处理及传输等功能。最后实现医院的无胶片化管理,避免照片的借调手续和照片的丢失与错放,并减少保存图像的成本,还可在网络上快速调阅图像,可在不同地方同时看到不同时期和不同成像手段的多个图像,便于进行比较影像学的研究,提高诊断正确率,并能实现远程影像学咨询等。

2.3.3　电子商务

电子商务(E-Commerce)是将信息技术与商务规则有机结合,利用网络和各种电子工具,高效率、低成本从事各种商贸活动和行政作业,使得商品生产、流通、交换、服务各环节实现电子化、信息化、网络化。随着 Internet 应用的迅速普及,全球兴起了一股电子商务的热潮。在开放的互联网络环境下,基于浏览器/服务器应用方式,买卖双方不谋面地进行各种商贸活动,实现消费者的网上购物、商户之间的网上交易和在线电子支付以及各种商务活动、交易活动、金融活动以及相关的综合服务活动。

电子商务是基于网络进行的商贸活动和行政行为的全过程,其处理信息流、资金流和物流的方式与传统方法有很大不同,它从根本上改变企业的经营战略、管理理念和服务思想,也将从根本上改变人们的思想观念、生活方式,推动人类文明向更高的层次发展。电子商务为任何地区、任何规模、任何性质的企业提供广阔的发展空间和公平竞争的机会。因此,电子商务一提出,就得到了许多企业的响应和人们的广泛认同,也得到了迅速的发展和推广。随着社会节奏的加快,人们越来越多地喜欢在网上进行购物、缴费、汇款等金融活动,这使电子商务方向具有更加广阔的前景。

作为一门计算机技术与金融贸易的交叉学科,电子商务方向既涉及计算机技术的相关知识,如计算机网络、计算机安全、面向对象的程序设计、数据库技术、网页设计、网站设计及维护等,也涉及金融类如市场营销学、国际贸易学、物流管理学等知识。

2.3.4 计算机图形学

计算机图形学(Computer Graphics)是一门研究怎样利用计算机来显示、生成和处理图形的原理、方法和技术的学科。它利用数学算法,将二维或三维图形转化为计算机显示器的栅格形式,从而使计算机能显示并处理二维或三维的图形。

作为计算机科学与技术学科的一个独立分支,计算机图形学经历了近 40 年的发展历程。1963 年,伊凡·苏泽兰(Ivan Sutherland)在麻省理工学院发表了名为"画板"的博士论文,它标志着计算机图形学的正式诞生。至今已有四十多年的历史。此前的计算机主要是符号处理系统,自从有了计算机图形学,计算机可以部分地表现人的右脑功能,所以计算机图形学的建立具有重要的意义。

作为一门学科,计算机图形学在图形基础算法、图形软件与图形硬件三方面取得了长足的进步,成为当代几乎所有科学和工程技术领域用来加强信息理解和传递的技术和工具;另外,计算机图形学的硬件和软件本身已发展成为一个巨大的产业,1996 年总产值达 500 亿美元,预计到 2000 年将达到 1000 亿美元。目前,计算机图形学已经在计算机动画设计、地理信息系统、人机交互、虚拟现实、科学计算可视化、并行图形处理等研究领域得到了广泛的应用,同时也生成了与计算机图形有关的国际标准,如 GKS-3D、PHIGS、CGM、CGI、IGES 以及 SGI 公司的 OpenGL、微软公司的 DirectX 以及 Adobe 公司的 PostScript 等。

2.4 相关杰出人物和代表人物

数学与物理学是计算机科学的理论基础,随着计算机和互联网的普及,许多新兴的交叉学科也应运而生,本节首先对数学、物理学中与计算机科学关系较为密切的方向及该方向的代表人物做一简单介绍;其次介绍一些交叉学科中的领军人物。

2.4.1 奥尔格·康托尔

集合论(Set Theory)是现代数学的基础,是数学中最富创造性的伟大成果之一。它的起源可追溯到 16 世纪末期,主要是对数集进行卓有成效的研究。

数学家,集合论的创始人格奥尔格·康托尔(Cantor, Georg Ferdinand Ludwig Philipp,1845—1918),他创立的集合论是实数理论,以至整个微积分理论体系的基础。1891 年,他组建了德国数学家联合会,康托尔被选为第一任主席;1904 年,他被伦敦皇家学会授予当时数学界最高荣誉——西尔维斯特奖章,见图 2.1。

图 2.1 奥尔格·康托尔

康托尔是数学史上最富有想象力,最有争议的人物之一,他的集合论富有革命性,其理论很难被立即接受,引起了激烈的争论乃至严厉的谴责,然而数学的发展最终证明康托尔是正确的。集合论被誉为20世纪最伟大的数学创造,对19世纪末、20世纪初的数学基础的研究产生了深远的影响,现在集合论已渗透到各数学分支,成为分析理论、测度论、拓扑学及数理科学中必不可缺之理论。

2.4.2　威廉·康拉德·伦琴

物理学家威廉·康拉德·伦琴(Wilhelm Conrad Rntgen,1845—1923),1865年入瑞士苏黎世联邦工业大学;1868年获该校博士学位。1870年返回德国,在维尔茨堡大学和斯特拉斯堡大学工作;1894年任维尔茨堡大学校长;1900年任慕尼黑大学物理学教授和物理研究所主任,见图2.2。伦琴一生在物理学多方面(如运动电介质的磁效应、晶体导热性、热释电和压电现象等)做过实验研究工作并作出贡献,但他对物理学的最主要贡献是发现了X射线,又叫做伦琴射线。这是一种波长很短的电磁辐射,能穿透纸张乃至金属片,具有使荧光物质发光、照相底片感光等特性,被广泛运用于金属探伤、医学、透视等领域。伦琴当时用X射线拍摄了人手的照片并显示出其骨骼结构,随即发表了一系列与这一发现有关的人手照片(见图2.3),震动了整个物理学界和医学界,揭开了20世纪物理学革命的序幕,世界各地的物理学家读到伦琴的报告后,都迫不及待地跑进实验室重复这项动人心弦的实验;用X线照相,成为当时医生诊治疾病的依据和绝招。X射线在医学上的应用给伦琴带来巨大荣誉,他为此获得1901年首届诺贝尔物理学奖。

 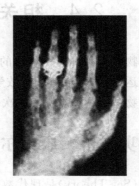

图2.2　威廉·康拉德·伦琴　　　　　　图2.3　第一张X光片

2.4.3　杰克·基尔比

杰克·基尔比(Jack Kilby,1923—2005)被视为微电子时代的先行者之一,他发明了第一块单片集成电路,为计算机的微型化和集成化奠定了基础。他的发明改变了世界,凭借其在发明集成电路方面所取得的成就,他于2000年获得诺贝尔物理学奖,被誉为"硅时代之父",见图2.4。

杰克·基尔比认为,发明家必须定义需要或问题,对用于创建有效解决方案的技术或方法有一定了解并开发特定产品或结构以使他们能够选择实现既定目标所需的正确技术。

对于杰克·基尔比来说,这意味要将所有事情记录下来。他会在笔记本上记录他的创新灵感并从失败的尝试中吸取教训。换句话说,他通常在不断尝试的过程中发现可能性。

图 2.4　杰克·基尔比

基尔比相信,理念是脆弱的,尤其是新理念。他通过思考问题、做笔记和绘制草图来开始每个流程——有时需要花费几个月的时间。他通常使用彩色铅笔来绘制各种层次、进展或顺序的草图。当他有灵感去构建时,就知道自己已经在慢慢接近最后的成果。

因辉煌成就引以为荣的杰克·基尔比更希望成为知名的工程师,而不是知名的科学家。"这两者的区别很大。"他解释道,"科学家热衷于获取知识。从根本上说,他们希望探索真理。工程师的推动力则是解决问题并使设备运行起来。工程学或至少是优秀的工程学的诞生,是一个创造性的过程。"

作为受到良好培养的天生问题解决者,基尔比知道他的发明必须具有实用价值和成本效益。虽然受到某些条件的约束,创意灵感仍然是推动力。

得州仪器董事长 Tom Engibous 评论道:"我认为,只有福特(Henry Ford)、爱迪生(Thomas Edison)、莱特兄弟(Wright Brothers)和基尔比等屈指可数的人物,真正地改变了世界和我们的生活方式。"他接着指出:"如果说有一种开创性的发明不仅改变了半导体产业,而且改变了世界,那就是基尔比发明的第一块集成电路。"1997 年的一个电视节目也说到了集成电路和基尔比:"我们可以说微芯片是历史上最重大的发明之一,它为无数的其他发明铺平了道路。在过去的 40 年里,基尔比已经看到他的发明改变了世界。杰克·基尔比是为数不多的,可以环顾世界并对自己说'我改变了世界'的几个人之一。"

2.4.4　伽利尔摩·马可尼

伽利尔摩·马可尼(Guglielmo Marchese Marconi,1874—1937)是意大利电气工程师和发明家。无线电通信是利用电磁波的辐射和传播、经过空间传送信息的通信方式。1831 年物理学家迈克尔·法拉第(Michael Faraday,1791—1867)发现电流可以产生磁场;1865 年,科学家麦克斯韦(1831—1879)从理论上预言了电磁波的存在并能从产生电磁波的地方以光速辐射出去,但他本人未能亲自做出实验验证;1887 年,物理学家海因里希·鲁道夫·赫兹(Heinrich Rudolf Hertz,1857—1894)利用静电的火花放电实验,证明了电磁波的存在。意大利的无线电工程师和企业家伽利尔摩·马可尼在前人已掌握的电磁学和电磁波知识的基础上,开启了电磁波应用的大门,并开创了无线电通信这门新技术。

伽利尔摩·马可尼于 1896 年发明了一种用电磁波向
远距离发送信号的装置,并首次获得了这项发明的专利权。
1897 年,他在伦敦成立"马可尼无线电报公司"。1899 年,
他发送的无线电信号穿过了英吉利海峡,并在第一次世界
大战中开始用于战地通信。虽然马可尼最重要的专利权是
在 1900 年授予的,但是他不断地改进自己的发明,从中获
得了许多专利权。1901 年,他发射的无线电信息成功地穿
越大西洋,从英格兰传到加拿大的纽芬兰省。1909 年,他与
布劳恩一起获诺贝尔物理学奖,马可尼也被称为无线电报
通信的创始人,见图 2.5。

图 2.5　伽利尔摩·马可尼

2.4.5　钱学森

杰出科学家钱学森(1911—2009),1934 年毕业于国立交通大学机械工程系。1935—
1939 年在美国麻省理工学院航空工程系学习,获硕士学位。1936—1939 年在美国加州理
工学院航空与数学系学习,获博士学位。1949 年起任美国加州理工学院喷气推进中心主
任、教授。1955 年,钱学森突破重重阻力回到中国,致力于祖国的科技事业。他是中国航
天科技事业的先驱和杰出代表,也是中国近代力学和系统工程理论与应用研究的奠基人

图 2.6　钱学森

和倡导人。钱学森一生所获荣誉无数,其中包括 1957 年中国科
学院自然科学一等奖;1979 年美国加州理工学院杰出校友奖。
钱学森是新中国史上最伟大的人民科学家之一,享有"中国航天
之父"、"中国导弹之父"、"火箭之王"、"中国自动化控制之父"等
荣誉。1991 年 10 月,中国国务院、中央军委授予钱学森"国家杰
出贡献科学家"荣誉称号和一级英雄模范奖章;1999 年中共中
央、国务院、中央军委授予他"两弹一星功勋奖章";2006 年授予
他"中国航天事业 50 年最高荣誉奖"等。钱学森在自动控制方
面有杰出贡献,著有《工程控制论》、《论系统工程》、《星际航行概
论》等,见图 2.6。

2.4.6　谭浩强

谭浩强是我国计算机普及和高校计算机基础教育的开拓者之一,他创造了三个世界
纪录:20 年来他共编著(含合著)了 140 种计算机著作,主编 300 多种,共 400 多种,是出
版科技著作最多的人;他的著作总发行量达 5000 多万册,是读者最多的科技作家,我国
平均每 26 人、知识分子每 1.2 人就拥有一本谭浩强的书;他编著的《BASIC 语言》发行
1250 万册,创科技书籍发行量的世界纪录,他编著的《C 程序设计》发行 1000 万册。被国
家科委、中国科协表彰为"全国优秀科普工作者",英国剑桥国际传记中心将他列入"世界
名人录",2000 年被《计算机世界报》组织的"世纪评选"评为我国"20 世纪最有影响的

10个IT人物"之一。他写的书定位准确、概念清晰、通俗易懂,善于用读者容易理解的方法和语言说明复杂的概念,从而把千百万群众带入计算机的大门,见图2.7。

图2.7 谭浩强

图2.8 蒋大宗

2.4.7 蒋大宗

蒋大宗1944年毕业于西南联合大学电机系。此后一直在交通大学及西迁后的西安交通大学任教,专于电子技术、医学电子仪器,是西安交通大学生物医学工程专业的奠基人,也是我国生物医学工程的主要创始人之一。他在计算机辅助医学诊断、功能性神经电刺激、生理信息的提取和信号处理技术、X线数字直接成像和双能量成像等方面均取得了杰出成就,见图2.8。

1978年,国家科委正式批准成立了"生物医学工程专业学科组",制定了发展我国生物医学工程科技规划。1980年11月经中国科协批准,中国生物医学工程学会正式成立。与医学有多次机缘的蒋先生以电机工程专家的身份积极地投身到一系列的活动中,连任学会一至三届理事会的副理事长,中国电子学会生物医学电子学会第二届主任委员,陕西省生物医学工程学会第二届理事长,美国电气与电子工程师协会终身会士(IEEE Life Fellow)。他一直活跃在国内外学术交流的讲台上,为我国生物医学工程学科的发展献出了半生心血。

2.4.8 伊凡·苏泽兰特

1988年,享有"计算机图形学之父"美誉的伊凡·苏泽兰特(Ivan Edward Sutherland)成为当年的图灵奖获得者。除了图灵奖以外,他还是美国工程院兹沃里金奖的第一位得主;1975年他被系统、管理与控制论学会授予"杰出成就奖";1986年IEEE授予他皮奥尔奖;ACM除授予他图灵奖以外,1994年又授予他软件系统奖,并早在1983年为纪念计算机图形学的先驱考恩斯而建立以他的名字命名的奖项时,就把第一个考恩斯奖授予了苏泽兰特……这众多荣誉充分说明了苏泽兰特在计算机图形学、计算机体系结构和逻辑电路方面做出了卓越的贡献,见图2.9。

如同计算机行业其他大师一样,苏泽兰特很早就对计算机产生了浓厚的兴趣。在计

图 2.9　伊凡·苏泽兰特

算机刚问世不久,上中学的苏泽兰特就被计算机这种神秘而又令人向往的机器所深深吸引。他依靠对计算机的狂热兴趣自己动手设计并装配了一些用继电器工作的计算装置,从而积累了最基本的计算机知识和感性的认识。

在 MIT 攻读博士学位的时期,凭借先后在电气工程和计算机专业方面都有很高水平的卡内基·梅隆大学和加州理工学院攻读学士和硕士学位所打下的坚实的专业基础,以及假期前往 IBM 打工的实践经验,苏泽兰特通过勤奋工作,用 3 年时间完成了在 TX2 计算机上开发出三维交互式图形系统(当时二维图形系统已经问世)这个艰巨而复杂的任务——这就是著名的 Sketchpad(画板)系统。Sketchpad 的成功最后成为苏泽兰特作为“计算机图形学之父”的基础,并为计算机仿真、飞行模拟器、CAD/CAM、电子游戏机等重要应用的发展起到了重大的推动作用。苏泽兰特的电脑程序“画板”是有史以来第一个交互式绘图系统。这也是交互式电脑绘图的开端。

2.5　本章小结

计算机无疑已经成为当今最有发展前途、应用最为广泛的电子设备。本章首先介绍了计算机科学与技术学科的本科生应该学习的基础课程与专业课程,以及将来可以从事的职业种类;其次,由于数学是计算机科学产生的理论和技术基础,物理则是计算机的硬件基础,本章又介绍了与计算机密切相关的数学知识和物理知识,然后介绍了作为一个计算机专业的本科生应该学习的数学和物理方面的课程,其中特别介绍了这些课程在计算机中的重要作用,而对这些课程的基本内容仅作了描述性的简单介绍,因为它们在后继课程中将作为重点来进一步地学习和研究,本章的目的是让那些准备学习计算机的读者了解要学习和学好计算机首先要学习和掌握数学及物理知识的重要性;最后,在本章里,还较为全面地介绍了与计算机相关的各类交叉学科,有兴趣的同学可以查阅相关参考文献和书籍,激发学习计算机的兴趣,进而为将来就业或深造打下牢固的基础。

2.6　习　　题

1. 作为一个计算机专业的学生,你对本科学习期间学习的计算机相关知识有兴趣吗? 希望将来在计算机领域从事什么工作?

2. 就你对计算机学科的认识,你觉得数学和物理知识或课程是否重要?

3. 为什么说数学和物理学是计算机的基础? 这两门基础学科在现代科学技术中有什么作用?

4. 作为一个计算机专业的本科生,谈谈你对大学中开设数学和物理课程的看法。

5. 在众多与计算机有关的交叉学科中,你对哪种学科最感兴趣? 请查阅相关资料,说说你希望将来能从事哪个领域的工作?

第3章　数据编码和数据存储基础

教学**目标**

通过本章的学习,掌握和了解数据在计算机中是如何编码、存储和处理的。并通过对数据表示发展的介绍了解历史上相关的科学家和现今的新成果和新技术。

教学**内容**

本章主要介绍数据编码及其实现、二进制和数进制、触发器和布尔运算、存储技术和存储器、数据存储与压缩。在计算机中处理的是数据,而数据在计算机中是以二进制形式表示的,数值、文本、图像和声音等数据在计算机中的表示形式是不同的。为了符合数据表示的需要,我们要用到各种不同的数进制并且实现它们之间的转换。存储器是存储数据的物理载体,位存储是存储的基础,主存储器是基本存储器。海量的多媒体数据需要将数据压缩后存储;数据在传输和处理过程中存在着误差。这些问题与计算机的编码设计和器件设计密切相关,掌握和了解这些问题,是非常必要的。

3.1　数据在计算机中如何表示和存储

在计算机系统中,各种字母、数字符号的组合、语音、图形、图像等统称为数据,数据经过加工后就成为信息。不同类型的数据在计算机内部有不同的存储方式,但归根到底,在计算机里信息都是用由 0 和 1 组成的位模式编码来表示。

数字 0 和 1 称为位(bit),即二进制位。它们只是一种符号,其意义由处理中的应用决定。例如位"1"既可以表示数值 1,还可以表示为电键的闭合、高电压指示等,另外,由 0、1 组成的数还可以表示字母和标点这样的字符甚至图像等。

计算机内部采用二进制的原因主要在于:

(1) 技术实现简单:计算机是由逻辑电路组成,逻辑电路通常只有两个状态,开关的接通与断开,这两种状态正好可以用 1 和 0 表示。

(2) 简化运算规则:两个二进制数和、积运算组合各有三种,运算规则简单,有利于简化计算机内部结构,提高运算速度。

(3) 适合逻辑运算:逻辑代数是逻辑运算的理论依据,二进制只有两个数码,正好与逻辑代数中的"真"和"假"相吻合。

（4）易于进行转换：二进制数与十进制数易于互相转换。

（5）用二进制表示数据具有抗干扰能力强，可靠性高等优点。因为每位数据只有高低两种状态，当受到一定程度的干扰时，仍能可靠地分辨出它是高还是低。

3.1.1　二进制数的表示与运算

二进制记数法是一种只使用数字 0 和 1 来表示数值的方法，不像传统的十进制记数系统中使用数字 0～9。二进制记数法中的每个数字的位置与一个量相联系，且这个量是 2 的幂，我们把这个数字称为相应位置上的权。

例如，二进制表示式 1011 中，从右至左，最右边的 1 对应的权是 $1(2^0)$，它左边的 1 对应的权是 $2(2^1)$，以此类推，最左边的 1 的权是 2^3。

要取出由二进制表示形式所代表的值，则可遵循在十进制中相同的过程，即每位数字和它的位置所对应的权相乘后再相加各个乘积。例如，100101 代表的值是 $37(1\times2^5+0\times2^4+0\times2^3+1\times2^2+0\times2^1+1\times2^0)$。

要理解二进制数的运算，就必须了解二进制位的运算规则，我们称为布尔运算。在真/假值上进行的运算被称为布尔运算（Boolean Operation），以纪念数学家乔治·布尔（George Boole，1815—1864）为此所作的贡献。这里，我们用数字 0 表示假；数字 1 表示真。

1. 二进制数的表示方法

我们最熟悉十进制数，它有 10 个基本符号 0～9，进位原则是逢十进一。类似地，二进制数有两个基本符号 0 和 1，进位原则是逢二进一。十进制数与二进制数表示方法的对应关系见表 3.1。

表 3.1　十进制数与二进制数表示方法的对应关系

十进制数	0	1	2	3	4	5	6	7	8	9
二进制数	0	1	10	11	100	101	110	111	1000	1001

2. 布尔运算

（1）与运算

布尔运算中的"与（AND）"反映由两个较小、较简单的语句通过连接词 AND 组合而成的语句的真或假（值）。它具有如下的一般形式：

$$P \text{ AND } Q$$

其中，P 表示一个语句；Q 表示另一个语句。

【例 3.1】"Kermit 是一只青蛙" AND "Piggy 小姐是一位演员"。

解："与"运算的输入是复合语句中两个分句的真或假（值），而它的输出则表示该复合语句本身的真或假（值）。

"与"运算产生两个逻辑变量的逻辑乘,P AND Q 型的语句是真,当且仅当它的两个分句都是真。所以,1 AND 1 是 1,而所有其他情况产生的输出都是 0。"与"运算的真值表如表 3.2 所示。

表 3.2 A∧B真值表

A	B	C＝A∧B
0	0	0
0	1	0
1	0	0
1	1	1

注:符号"∧"表示与运算。计算机中的与运算是按位进行的。表 3.1 只代表了每一位的计算公式。

【例 3.2】 如两个二进制数 10011010 和 10101100 的"与"运算结果为 10001000。

解:$10011010 \land 10101100 = 10001000$

(2) 或运算

同理,"或(OR)"运算产生两个逻辑变量的逻辑和。基于如下形式的复合语句:

$$P \ OR \ Q$$

其中,P 表示一个语句;Q 表示另一个语句。当至少有一个分句为真时,这个语句才为真。也就是说,仅当两个参加"或"运算的逻辑变量都为"0"时,其逻辑和才为"0";否则为"1"。"或"运算的真值表如表 3.3 所示。

表 3.3 A∨B真值表

A	B	C＝A∨B
0	0	0
0	1	1
1	0	1
1	1	1

注:符号"∨"表示或运算。计算机中的或运算是按位进行的。

【例 3.3】 如两个二进制数 10011010 和 10101100 的"或"运算结果为 10111110。

解:$10011010 \lor 10101100 = 10111110$

(3) 异或运算

在英语中,没有单独一个连接词可以表达 XOR(异或)运算。它执行两个逻辑变量之间"不相等"的逻辑测试,如果两个逻辑变量相等,"异或"运算的结果为 0;否则为 1。形式为 P XOR Q 的语句意味着"P 和 Q 不相同时为真"。"异或"运算的真值表如表3.4所示。

表 3.4   A⊗B 真值表

A	B	C＝A⊗B
0	0	0
0	1	1
1	0	1
1	1	0

注：符号"⊗"表示"异或"运算。

【例 3.4】   如两个变量 A＝100111010，B＝11001010，则 A⊗B＝01010000。

（4）非运算

运算 NOT（非）是另一个布尔运算。它不同于 AND、OR 和 XOR，因为它只有一个输入。它的输出是输入的相反值：输入为真时输出为假，反之亦然。"非"运算的真值表如表 3.5 所示。

表 3.5   ¬A 真值表

A	C＝¬A
0	1
1	0

注：符号"¬"表示非运算。计算机中的非运算是对二进制数的每一位进行求反运算。

【例 3.5】   例如对 00101001 进行求反的结果为 11010110。

解：¬（00101001）＝11010110

【例 3.6】   已知 A＝10010100，B＝10010001，C＝01010111，计算（A∨B）⊗¬（B∧C）。

解：∵ A∨B＝10010100∨10010001＝10010101

B∧C＝00010001

¬（B∧C）＝11101110

∴（A∨B）⊗¬（B∧C）＝011111011

3．二进制数的四则运算

（1）加法运算

两个二进制相加，采用"逢二进一"的法则。加法规则是：0＋0＝0，0＋1＝1＋0＝1，1＋1＝10。

（2）减法运算

两个二进制相减，采用"借一当二"的法则。减法规则是：0－0＝0，1－0＝1，1－1＝0，10－1＝1（借一当二）。

（3）乘法运算

二进制乘法的规则是：0×0＝0，1×0＝0×1＝0，1×1＝1。

（4）除法运算

与十进制除法运算相似，但采用二进制运算规则。

【例 3.7】　两个二进制数相加,采用"逢二进一"的法则。

解：
$$
\begin{array}{r}
1101 \\
+)\ 1001 \\
\hline
10110
\end{array}
$$

【例 3.8】　两个二进制数相减,采用"借一当二"的法则。

解：
$$
\begin{array}{r}
1101 \\
-)\ 0110 \\
\hline
0111
\end{array}
$$

【例 3.9】　两个二进制数相乘。

解：
$$
\begin{array}{r}
1011 \\
\times)\ 1101 \\
\hline
1011 \\
0000 \\
1011 \\
1011 \\
\hline
10001111
\end{array}
$$

【例 3.10】　两个二进制数相除。

解：

$$
\begin{array}{r}
1010 \cdots\cdots 商 \\
1101\overline{)10001001} \\
1101 \\
\hline
10000 \\
1101 \\
\hline
111 \cdots\cdots 余数
\end{array}
$$

4. 二进制数小数的表示

同十进制小数点的作用类似,在二进制中小数点左侧的数字表示数值的整数部分；小数点右侧的数字表示数值的小数部分。

此外,两个带小数点的二进制相加,只需把小数点对齐并且运用与上述相同的加法过程即可。

例如 10.011 加 100.11 得出 111.001,如下所示。

$$
\begin{array}{r}
10.011 \\
+)\ 100.110 \\
\hline
111.001
\end{array}
$$

5. 带符号二进制数的代码表示

前面我们讨论的二进制数都没有考虑符号,但在算术运算中的数是带符号的正数或负数。那么一个带符号的二进制数在计算机中是如何表示的呢?

一个带符号的二进制数由两部分组成,即数的符号部分和数的数值部分。符号通常用"＋"和"－"来表示正和负。习惯上,在计算机中用 0 表示"＋"；用 1 表示"－"。例如,带符号的数＋1001,可以表示为 0(符号位)1001,这种把符号也数值化了的数据表示形式称为机器数；把原来带有"＋"、"－"的数据表示形式称为真值。

在数字系统中,表示机器数的常用方法有三种:原码、反码和补码。这三种机器数的表示形式中,符号部分的规定是相同的,所不同的仅是数值部分的表示形式,不同的表示形式,运算的方式也不相同。

(1)原码

原码表示法是一种较简单的机器数的表示法,其符号用代码 0 表示"+";用代码 1 表示"一",数值部分以真值形式表示。

例如,已知两数为 $x_1 = +1101$,$x_2 = -1101$,则它们的原码表示形式为 $[x_1]_原 = 01101$,$[x_2]_原 = 11101$。

注:在原码中 0 的表示方法不是唯一的,可以表示为 000…0,也可以表示为 100…0。

以上是真值 x 为整数的情况,对于真值 x 为小数的时候,其原码表示法与整数相类似。例如,已知两数分别为 $x_1 = +0.1101$,$x_2 = -0.1101$,则原码表示形式为 $[x_1]_原 = 0.1101$,$[x_2]_原 = 1.1101$,其中最高位为符号位,紧接着的是小数位和数值位。可以看出当 x 为小数时($-1 < x < 1$),则

$$[x]_原 = \begin{cases} x & 0 \leqslant x < 1 \\ 1 - x & -1 < x \leqslant 0 \end{cases}$$

整数原码和小数原码的不同在于,整数时小数点在数值位的最后面,小数时小数点在数值位的最前面。原码表示法简单直观,容易变换,但是加减运算复杂。为了简化加减运算,人们提出了另外的机器数的表示形式——反码和补码。

(2)反码

反码表示法的符号部分同原码,即数的最高位也为符号位,用 0 表示正数;用 1 表示负数。反码的数值部分与它的符号位有关,对于正数,反码的数值与原码相同;反之,是将原码数值按位取反。例如带符号的正数 +1101,其原码表示形式为 01101,反码表示形式也为 01101,而对于带符号的负数 -1011,其原码表示形式为 11011,反码表示形式为 10100(除符号位外,数值位按位取反)。

注:在反码中,0 的表示方法也不是唯一的,可以表示为 000…0,也可以表示为 111…1。

用反码进行运算时,两数反码的和等于两数和的反码;符号位也参加运算,当符号位产生进位时,需要循环进位(即把符号位的进位加到和的最低位上去)。

【例 3.11】 已知 $x_1 = +1001$,$x_2 = -1011$,求 $x_1 + x_2$。

解:

$$\begin{array}{r} [x_1]_反 = 01001 \\ +) \ [x_2]_反 = 10100 \\ \hline [x_1]_反 + [x_2]_反 = 11101 \end{array}$$

即 $[x_1 + x_2]_反 = 11101$,所以 $x_1 + x_2 = -0010$。

从反码的运算可以看出,反码的加法无须判断两数符号是否相同,只需要求出两数的反码后相加即可。当符号位有进位时,存在循环进位的问题会增加执行加法运算的时间。

(3)补码

补码表示法的符号部分同原码,数值部分与它的符号位有关。对于正数,补码的数值与原码相同;反之,是将原码数值按位取反,再在最低位加 1。例如带符号的正数 +1101,

其原码表示形式为 01101,补码表示形式也为 01101,而对于带符号的负数 -1011,其原码表示形式为 11011,反码表示形式为 10101(除符号位外,数值位按位取反,并在最低位加 1)。

　　注:在补码中,0 的表示方法唯一,表示为 000…0。用补码进行运算时,两数补码的和等于两数和的补码,不论相加的两个数的真值是正数还是负数,只要先把它们表示成相应的补码形式,然后按二进制规则相加(符号位也参加计算),其结果即为两数和的补码。对于减法可以采用相同的方法,将减法变成加法,即 $x_1 - x_2 = x_1 + (-x_2)$,这样只要求出 $x_1 + (-x_2)$ 的和,就可以得到减法的结果。在近代计算机中,加减法几乎都采用补码进行计算。

　　【例 3.12】　已知 $x_1 = -1110$,$x_2 = +0111$,求 $x_1 + x_2$。

　　解:
$$\begin{aligned} [x_1]_{补} &= 10010 \\ +) \ [x_2]_{补} &= 00111 \\ \hline [x_1]_{补} + [x_2]_{补} &= 11001 \end{aligned}$$

即 $[x_1 + x_2]_{补} = 11001$,所以 $x_1 + x_2 = -0111$。

6. 门、触发器和二进制存储

　　门(gate)是一个当给定一个布尔运算的输入值时,能够产生该布尔运算的输出值的设备。可以用各种各样的技术构造出来,如齿轮、继电器和光学设备等。当今的计算机通常是用电子电路实现的,它用电压电平表示数字 0 和 1。一般来说,我们采用符号的形式来表示门,具体如图 3.1 所示。注意,"与"、"或"、"异或"和"非"门是用不同形状的图表示的,它的一边是输入,而另一边是输出。

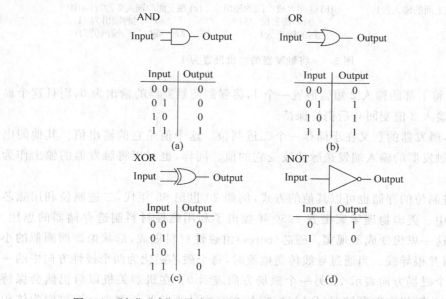

图 3.1　"与"、"或"、"异或"和"非"门的图形符号以及它们的输入/输出值表

　　在计算机构件的构造中一个重要的环节就是触发器电路,如图 3.2 所描绘的就是触发器的电路中的一个特殊例子。

什么是触发器呢？

触发器(flip-flop)是一个门电路的集成。触发器电路产生的输出值(0 或 1)一直保持稳定不变直到从其他电路来的临时脉冲引起它转移到另一个值。即，其输出在外部刺激的控制下将在两个值(0 和 1)之间翻转。

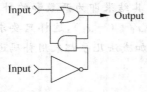

图 3.2　一个简单的触发器电路

在图 3.2 所示的电路中，只要两个输入仍然是 0，那么它的输出(0 或 1)都不会改变。但是，如果在输入 1 上短暂地置为 1，将会强制使它的输出为 1；反之，如果在输入 2 上短暂地置为 1，也会强制使它的输出结果为 0。

下面根据以上的结论做详细的分析：

(1) 在不知道图 3.2 中电路的当前输出的情况下，假定输入 1 置为 1，输入 2 仍为 0(见图 3.3(a))。此时"或"门的输出为 1。这样，"与"门的两个输入都为 1(因为该门的另一个输入由触发器下部的输入经过"非"门已经为 1)。于是，"与"门的输出将变成 1，就是说"或"门的另一个输入也将是 1(见图 3.3(b))。这就保证"或"门的输出仍然是 1，即使触发器上部的输入 1 变回 0 后仍将保持(见图 3.3(c))。

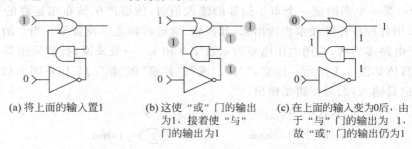

(a) 将上面的输入置1　　(b) 这使"或"门的输出　　(c) 在上面的输入变为0后，由
　　　　　　　　　　　　　为1，接着使"与"　　　　　于"与"门的输出为 1，
　　　　　　　　　　　　　门的输出为1　　　　　　　故"或"门的输出仍为1

图 3.3　将触发器的输出设置为 1

(2) 同理，将下部的输入 2 短暂地置一个 1，将强制使触发器的输出为 0，而且这个输出值在下部的输入 2 值变回 0 后仍将保持。

由此可见，触发器的意义在于储存一个二进制位。这个值是它的输出值。其他的电路可以给这个触发器的输入端发送脉冲改变它的值。同样，也可以将触发器的输出作为自己的输入。

此外，二进制位的存储也可以其他的方式，例如 20 世纪 60 年代，二进制位利用磁芯储存在计算机中。美国物理学家王安 1950 年提出了利用磁性材料制造存储器的思想。福雷斯特则将这一思想变成了现实。磁芯(cores)由磁性材料做成，形状像炸面圈似的小环，环中心穿有几根导线。当通过导线传送电流时，每个磁芯磁化为两个极性方向中的一种。用它的一个磁场方向表示 1；另一个磁场方向表示 0。在机器关机以后仍然会保持它的磁场，这称为随机存取存储器(RAM)，它是交互式计算的革新概念。不过因为体积大而且耗电，这种系统已经被淘汰了。

一种比较新的储存二进制位的方法是用电容。电容由两块相互平行放置且板间距离很小的金属板组成，这两块板加一个电压源，那么电容将处在两个状态中的一个：充电和放电。充电是指来自电压源的电荷将分布在这两块板上并当撤去电压源时，滞留在两块板上；放电是指如果将这两块板连接起来，电荷将被中和。需要说明的是，电容必须用刷新电路有规律进行补充，而且这种技术构造的计算机存储器常叫做动态存储器。电容已经成为计算机中储存二进制位的一种流行技术。

目前应用最广泛的技术是把二进制位储存在几埃大小的设备里（一埃的长度小于氢原子的直径）。也就是我们通常所说的闪存（Flash Memory）。例如数码相机、PDA、MP3、U 盘等都是利用闪存来存储信息。在闪存中二进制位是通过由二氧化硅做成的微小容器里电子的"满"和"空"来表示，分别代表"1"和"0"。

触发器、磁芯、电容和闪存不仅代表了微型化上的进步，它们也提供了具有不同挥发性的存储系统实例。磁芯在机器关机以后会保持它的磁场，触发器在关掉电源的时候会丢失它保管的数据，而电容器的电荷必须用刷新电路有规律地进行补充。所以使用磁芯和电容技术的存储器分别被称为是随机存取存储器和动态存储器。

3.1.2　其他数制的表示

1. 进位计数制

所谓进位计数制，就是按进位方式实现计数的一种规则，简称进位制。在日常生活中我们就是按这种进位制计数的，如十进制、八进制、二进制、十六进制等。

对于任何一个数，我们可以用不同的进位制来表示。

这里要引用两个术语：一个叫"基数"，它表示某种进位制所具有的数学符号的个数，如十进制的基数为 10。另一个叫"位权"或"权"，它表示某种进位制的数中不同位置上数字的单位数值，如十进制数 135.79，最左位为百位（1 代表 100），权为 10^2；第二位为十位（3 代表 30），权为 10^1；第三位为个位（5 代表 5），权为 10^0；小数点左边第一位为十分位（7 代表 7/10），权为 10^{-1}；第二位为百分位（9 代表 9/100），权为 10^{-2}。

"基数"和"权"是进位制的两个要素，根据基数和权的概念，我们可以将任何一个数表示为多项式的形式。例如：

$$135.79 = 1 \times 10^2 + 3 \times 10^1 + 5 \times 10^0 + 7 \times 10^{-1} + 9 \times 10^{-2}$$

对于一个一般的十进制 N，它可以表示成

$$(N)_{10} = (d_{n-1}d_{n-2}\cdots d_1 d_0 d_{-1} d_{-2} \cdots d_{-m})_{10} \tag{3.1}$$

或

$$(N)_{10} = d_{n-1}(10)^{n-1} + d_{n-2}(10)^{n-2} + \cdots + d_1(10)^1$$
$$+ d_0(10)^0 + d_{-1}(10)^{-1} + \cdots + d_{-m}(10)^{-m}$$
$$= \sum_{i=-m}^{n-1} d_i (10)^i \tag{3.2}$$

式中，n 表示整数部分的位数；m 表示小数部分的位数；10 表示基数，$(10)^i$ 为第 i 位的权；d_i 表示各个数字符号，在十进制中有 $d_i \in \{0,1,2,3,4,5,6,7,8,9\}$。

通常，我们把式(3.1)称为并列表示法，把式(3.2)称为多项式表示法或按权展开式。

55

在数字系统中所使用的进位制并不限于十进制。广义地，一个 R 进制的数 N，它可表示成

$$(N)_R = (r_{n-1}r_{n-2}\cdots r_1 r_0 r_{-1}r_{-2}\cdots r_{-m})_R$$
$$= r_{n-1}(R)^{n-1} + r_{n-2}(R)^{n-2} + \cdots + r_1(R)^1 + r_0(R)^0$$
$$+ r_{-1}(R)^{-1} + \cdots + r_{-m}(R)^{-m}$$
$$= \sum_{i=-m}^{n-1} r_i(R)^i \tag{3.3}$$

式中，n 表示整数部分的位数；m 表示小数部分的位数；R 为基数，在十进制中 R 应写成 "10"，r_i 是 R 进制中各个数字符号，即有 $r_i \in \{0,1,2,\cdots,R-1\}$。

数制是人类在实践中创造的，对于一个数，原则上我们可以用任何一种进位制来记数或进行算术运算。但是，不同进位制的运算方法及难易程度各不相同。因此，选择什么样的进位制来表示数，对数字系统的影响很大。在数字系统中，常用二进制来表示数和进行运算。

2. 数制之间的转换

虽然数字系统广泛采用二进制，但当二进制数的位数很多时，书写和阅读很不方便，容易出错。因此人们常采用二进制的缩写形式——十六进制数、十进制数和八进制数，下面介绍各数制之间的转换方法。

（1）非十进制数转换成十进制数

转换方法：按权展开求和。

① 二进制数转换成十进制数。

【例 3.13】 将二进制数 1100.11 转换为十进制数。

解：$(1100.11)_2 = 1 \times 2^3 + 1 \times 2^2 + 0 \times 2^1 + 0 \times 2^0 + 1 \times 2^{-1} + 1 \times 2^{-2}$
$\qquad = 8 + 4 + 0 + 0 + 0.5 + 0.25$
$\qquad = (12.75)_{10}$

② 八进制数转换成十进制数。八进制数有八个基本符号 0、1、2、3、4、5、6、7，进位原则是逢八进一。

【例 3.14】 将八进制数 163.24 转换为十进制数。

解：$(163.24)_8 = 1 \times 8^2 + 6 \times 8^1 + 3 \times 8^0 + 2 \times 8^{-1} + 4 \times 8^{-2} = (115.3125)_{10}$

③ 十六进制数转换成十进制数。十六进制数有十六个基本符号 0、1、2、3、4、5、6、7、8、9、A、B、C、D、E、F，进位原则是逢十六进一。

【例 3.15】 将十六进制数 A3F.3E 转换为十进制数。

解：$(A3F.3E)_{16} = 10 \times 16^2 + 3 \times 16^1 + 15 \times 16^0 + 3 \times 16^{-1} + 14 \times 16^{-2}$
$\qquad = (2623.2421875)_{10}$

（2）十进制数转换成非十进制数

转换方法：整数部分采用除基数取余法；小数部分采用乘基数取整法。以下将举例说明。

【例 3.16】　将 $(286.8125)_{10}$ 转换成二进制数。

解：对于整数部分：

0	1	2	4	8	17	35	71	143	286
	1	0	0	0	1	1	1	1	0

$\therefore (286)_{10}=(100011110)_2$

上述运算过程为：每次将"▭"中的数除基数，将商写在"▭"的左边，将余数写在"▭"的下面，重复这一过程直至商为 0，则得所要结果。

对于小数部分：

$0.8125 \times 2 = 1.625$　　取出整数 1（最高位）

$1.625 \times 2 = 1.25$　　取出整数 1

$0.25 \times 2 = 0.5$　　取出整数 0

$0.5 \times 2 = 1.0$　　取出整数 1（最低位）

$\therefore (286.8125)_{10}=(100011110.1101)_2$

上面这个例子通过有限次乘 2 取整后余数变为 0，但是在许多情况下通过有限次乘法后无法得到余数 0，这时可根据要求的精度，选取适当的位数后停止乘基数取整。

用同样的方法，可将十进制数转换成其他进制数。只是转换计算略为复杂一点。

（3）二进制数、八进制数、十六进制数相互转换

① 二进制、八进制数之间的转换。由于 3 位二进制数恰好是一位八进制数，所以若把二进制转换成八进制数，只要以小数点为界，将整数部分自右向左和小数部分自左向右分别按每三位为一组（不足三位用 0 补足），然后将各个 3 位二进制数转换为对应的一位八进制数，即得到转换的结果。反之，若把八进制数转换为二进制，只要把每一位八进制数转换为对应的 3 位二进制数即可。

【例 3.17】　将二进制数 $(10110.1001)_2$ 转换为对应的八进制数。

解：$(10110.1001)_2=(010\quad 110\ .\ 100\quad 100)_2=(26.44)_8$

将八进制转成二进制，只要将每位八进制数码展开为 3 位二进制数码，再去掉首、尾的"0"即可。

【例 3.18】　将八进制数 $(276.54)_8$ 转换为对应的二进制数。

解：$(276.54)_8=(010\quad 111\quad 110\ .\ 101\quad 100)_2=(10111110.1011)_2$

② 二进制数、十六进制数之间的转换。类似地，由于 4 位二进制数恰好是一位十六进制数，所以若把二进制数转换为十六进制数，只要以小数点为界，将整数部分自右向左和小数部分自左向右分别按每四位为一组（不足四位用 0 补足），然后将各个 4 位二进制数转换为对应的一位十六进制数，即得到转换的结果。反之，若把十六进制数转换为二进制，只要把每一位十六进制数转换为对应的四位二进制数即可。

【例 3.19】　将二进制数 $(1011111010.100011)_2$ 转换为对应的十六进制数。

解：$(1011111010.100011)_2=(0010\quad 1111\quad 1010\ .\ 1000\quad 1100)_2=(2FA.8C)_{16}$

【例 3.20】　将十六进制数 $(3DB.4A)_{16}$ 转换为对应的二进制数。

解：$(3DB.4A)_{16}=(0011\quad 1101\quad 1011\ .\ 0100\quad 1010)_2=(111101\ 1011.\ 0100101)_2$

3.1.3 数据的编码与存储

1. 数据的编码

数据的处理结果即为信息。在计算机内部,信息的使用用途有多种,如文本、数值、图形和图像、声音等,对于不同的用途,编码的方式也各不相同。

(1) 文本的表示

文本的表示方法分为两大类:一类是英文的编码方式;另一类为中文的编码方式。就产生的时间远近而言,英文的编码方式早于中文的编码方式。

在计算机中,所有的数据在存储和运算时都要使用二进制数表示,例如,a、b、c、d 这样的 52 个字母(包括大写),以及 0、1 等数字还有一些常用的符号(例如 *、♯、@等)在计算机中存储时也要使用二进制数来表示,而具体用哪些二进制数字表示哪个符号,当然每个人都可以约定自己的一套(这就叫编码),而大家如果要想互相通信而不造成混乱,那么大家就必须使用相同的编码规则,于是美国有关的标准化组织就出台了所谓的 ASCII 编码,统一规定了上述常用符号用哪些二进制数来表示。

美国标准信息交换代码是由美国国家标准学会(American National Standard Institute,ANSI)制定的,标准的单字节字符编码方案,用于基于文本的数据。起始于 20 世纪 50 年代后期,在 1967 年定案。它最初是美国国家标准,供不同计算机在相互通信时用作共同遵守的西文字符编码标准,它已被国际标准化组织(International Organization for Standardization,ISO)定为国际标准,称为 ISO 646 标准。适用于所有拉丁文字字母。

ASCII 码使用指定的 7 位或 8 位二进制数组合来表示 128 或 256 种可能的字符。标准 ASCII 码也叫基础 ASCII 码,使用 7 位二进制数来表示所有的大写和小写字母,数字 0~9,标点符号,以及在美式英语中使用的特殊控制字符。

ASCII 码的最高位用于奇偶校验。偶校验的含义是:包括校验位在内的 8 位二进制码中 1 的个数为偶数。如字母 A 的编码(1000001B)加偶校验时为 01000001B。而奇校验的含义是:包括校验位在内,所有 1 的个数为奇数。因此,具有奇数校验位 A 的 ASCII 码则是 11000001B。

1980 年,我国制定了"信息处理交换器的七位编码字符集",即国家标准 GB 1988—1980,除用人民币符号"¥"代替美元符号"$"外,其余含义都和 ASCII 码相同。

中文的基本组成单位是汉字,汉字也是字符。西文字符集的字符总数不过几百个,使用 7 位或 8 位二进制就可表示。目前汉字的总数超过 6 万字,且字形复杂,同音字多,异体字多,这就给汉字在计算机内部的表示与处理、传输与交换、输入与输出等带来了一系列的问题。为此,我国于 1981 年公布"国家标准信息交换用汉字编码基本字符集(GB 2312—1980)"。该标准规定,一个汉字用两个字节(256×256=65 536 种状态)编码,同时用每个字节的最高位来区分是汉字编码还是 ASCII 字符码,这样每个字节只用低 7 位,这就是所谓双 7 位汉字编码(128×128=16 384 种状态),称作该汉字的交换码(又称国标码)。其格式如图 3.4 所示。国际码中每个字节的定义域在 21H~7EH 之间。

7	6	5	4	3	2	1	0	7	6	5	4	3	2	1	0

图 3.4　汉字交换码格式

目前,许多机器为了在内部能区分汉字与 ASCII 字符,把两个字节的汉字国标码的每个字节的最高位置为"1",这样就形成了汉字另外一种编码,称作汉字机内码(内码)。

若已知国标码,则机内码唯一确定。机内码的每个字节为原国标码每个节字加 80H。内码用于统一不同系统所使用的不同汉字输入码,花样繁多的各种不同汉字输出法进入系统后,一律转换为内码,致使不同系统内的汉字信息可以相互转换。

GB 2312—1980 编码按汉字使用频度把汉字分为高频字(约 100 个)、常用字(约 3000 个)、次常用字(约 4000 个)、罕见字(约 8000 个)和死字(约 4500 个),并将高频字、常用字和次常用字归结为汉字字符集(6763 个)。该字符集又分为两级,第一级汉字为 3755 个,属常用字,按汉语拼音顺序排列;第二级汉字为 3008 个,属非常用字,按部首排列。

汉字输入方法很多,如区位、拼音、五笔字型等数百种。一种好的汉字输入方法应具有易学习、易记忆、效率高(击键次数少)、重码少和容量大等特点。不同输入法有自己的编码方案,不同输入法所采用的汉字编码统称为输入码。输入码进入机器后,必须转为机内码。

汉字的输出是用汉字字形码(一种用点阵表示汉字字型的编码)把汉字按字形排列成点阵,常用点阵有 16×16、24×24、32×32 或更高。一个 16×16 点阵汉字要占用 32 个字节,24×24 点阵汉字要占用 72 个字节等。由此可见,汉字字形点阵的信息量很大,占用存储空间也非常大。所有不同字体、字号的汉字字形构成字体。字体通常都存储在硬盘上,只有显示输出时,才去检索得到欲输出的字形。

(2) 数值的表示

数值在计算机中表示形式为机器数,计算机只能识别 0 和 1,使用的是二进制,当然,在现实生活中人们使用的是十进制,亚里士多德早就指出,十进制的广泛应用,只是基于人类生来具有 10 个手指头这个解剖学事实,在历史上,手指计数(五、十进制)的实践比二进制要出现得晚,为了能方便地与二进制转换,就使用了十六进制和八进制,我们已在 3.1 节中较为详细地学习了二进制记数法和其他进制的记数法。

(3) 图形和图像的表示

图形是指用计算机绘制工具绘制的画面,包括直线、曲线、圆/圆弧、方框等成分。图形一般按各个成分的参数形式存储,可以对各个成分进行移动、缩放、旋转和扭曲等变换,可以在绘图仪上将各个成分输出。图像是由输入设备捕捉的实际场景或以数字化形式存储的任意画面。图像可以用位图或矢量图形式存储。

位图就是按图像点阵形式存储各像素的颜色编码或灰度级;位图适于表现含有大量细节的画面,并可直接、快速地显示或印出。位图存储量大,一般需要压缩存储。Windows 下位图格式扩展名为 BMP。位图技术的一个缺点是不能方便地将图像进行缩放。如果要放大一幅图像只有一个方法,就是把像素变大,这会使图像呈现颗粒状。而矢量技术解决了这个问题。

矢量图用一组指令或参数来描述其中的各个成分,易于对各个成分进行移动、缩放、旋转和扭曲等变换。矢量图适于描述由多种比较规则的图形元素构成的图形,但输出图像画面时将转换成位图形式。

矢量图形文件格式有:3DS、DXF、WMF 等。其中 GIF 格式主要用于在不同平台上进行图像交换。GIF 文件最大 64MB,颜色数最多 256 色。TIF 格式文件有压缩和非压缩两大类。这种格式文件是许多图像应用软件所支持的主要文件格式之一。BMP 格式是 Windows 3.x 使用的图形文件格式,图形以位图方式存储。JPG 格式的文件压缩比较高,文件比较小。AVI 格式的文件将视频信号和音频信号混合存储。MPG 格式是运动图像文件常用文件格式。

图形和图像以文件形式存储。图形和图像文件格式分两大类:一类是静态图像文件格式;另一类是动态图像文件格式。静态图像文件格式有:GIF、TIF、BMP、PCX、JPG、PCD 等;动态图像文件格式有 AVI、MPG 等。

(4)声音的表示

对模拟音频信息进行数字编码采用的最普通的方法是:按照固定的时间间隔对声波的振幅进行采样,并记录所得到的值序列。我们把在每隔一个时间间隔在模拟声音上取一个幅度值的技术称为取样,同时把采样的结果用有限个数字表示称为量化。计算机内的基本数制是二进制,为此我们要把声音数据写成计算机内的数据格式,这称之为编码,具体可参见图 3.5。

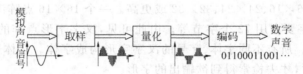

图 3.5　数字声音的获取

由此看来,数字声音是一个数字序列,它是由模拟声音经抽样、量化和编码后得到的。计算机、数字 CD、数字磁带中存储的都是数字声音。数字波形声音的主要文件格式有:.wav——波形声音文件;.pcm——使用 PCM 编码的声音文件;.mp2——MPEG 层 1 或层 2 编码的声音文件;.mp3——MPEG 层 3 的声音文件;.rm、.ra——Real Networks 的流式声音文件;.wma——微软公司的流式声音文件;.aif——苹果公司的声音文件。

2. 数据的存储

为了存储数据,计算机中包含了能够存储二进制位的电路的巨大集合,这个位存储库被称为主存储器(Main Memory,主存)。主存储器的存储单元叫做 Cell(或 Word)。

(1)主存储器结构

为了存放信息,存储器中包含了许许多多个存储单元。计算机存储信息的基本单位是一个二进制位,每个存储单元可存放若干位二进制数。通常把 8 位二进制称为一个字节(Byte),一个存储单元可存放一个字节或若干个字节。若干个字节构成一个字,平时所说的某种计算机是多少位机,就是指该机字长是多少位(bit)。

为了编码方便,把存储器单元中的位想象被安排在一行中,行的左端称为高位端(High-order End),这一端的最左一位称为高位或最高有效位(Most Significant Bit);行的右端称为低位端(Low-order End),这一端的最右一位称为低位或最低有效位(Least Significant Bit)。图 3.6 描述了字节型存储单元中的内容。

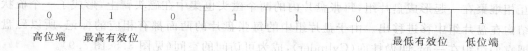

0	1	0	1	1	0	1	1

高位端　最高有效位　　　　　　　　　　　　　最低有效位　低位端

图 3.6　字节型存储单元的内容

为了分辨主存储器中的不同存储单元,给每个存储单元指定唯一的"名字",称作它的地址(Address)。用二进制表示的地址码长度(即位数),表明了能访问的存储单元数目,称为地址空间。例如,一个 16 位的地址码,可以表示多少个存储单元的地址呢? 显然是 2^{16} 个,所以它可以表示的地址范围为 0~65 535。在计算机里,为方便起见,在讨论存储器时以 $2^{10}=1024$ 为基本单位,称其为 1K,65 535 个存储单元即是 64K。32 位的地址码,其地址空间为 $2^{32}=4G$ 个存储单元,见图 3.7。

注:早期计算机的存储器的大小通常以 1024(2^{10})个存储单元为度量单位。因为 1024 接近于值 1000,所以计算界的许多人采用前缀 kilo(千)来指称这个单位。随着存储器的存储单元增多,这种度量单位也增多了,如前缀 mega 表示 1 048 576(2^{20})、前缀 giga 表示 1 073 741 824(2^{30})。容量一般用 B、KB、MB、GB、TB 来表示,它们之间的关系是:1KB=1024B,1MB=1024KB,1GB=1024MB,1TB=1024GB,其中 1024=2^{10} 一个存储单元中存放的信息称为该存储单元的内容。图 3.7 表示了存储器里存放信息的情况。可以看出,3 号单元中存放的信息为 01011110,也就是说 3 号单元中的内容为 01011110,表示为(3)=01011110。

单元号	单元及其内容
Cell　0	10111010
Cell　1	10001101
Cell　2	01101101
Cell　3	01011110
⋮	⋮
Cell　…	10100001
Cell　…	11101100
Cell　…	00011000

图 3.7　存储单元的地址和内容

存储单元的内容是取之不尽的,从某个单元取出内容后,该单元仍然保存着原来内容不变,只有当存入新的信息后,原来保存的内容才自动丢失。

由于每个存储单元可以被单独访问,而存储在机器主存储器里的数据可以按随机的次序进行处理,所以机器的主存储器常称为随机存储器(RAM)。

(2) 辅助存储器

辅助存储器用于存放系统软件、大型文件、数据库等大量程序与数据信息,它们位于主机的范畴之外,又称"外存储器"。辅助存储器的最大优点是:①存储器容量大、可靠性高、价格低;②记录信息可以长期保存不丢失;③非破坏性读出,读写时不需要再生。主要缺点是存取速度较慢,机械结构复杂。

辅助存储器主要可分为磁表面存储器和光存储器两大类。其中磁表面存储器目前主要有磁带和磁盘存储器,而光存储器包括 CD、CD-ROM、CD-I、DVI、WORM 以及 EOD(Erasable Optical Disk)等一系列光盘产品。

① 磁盘。现今所使用的大容量存储器中最普遍的一种是磁盘,其内部带磁涂层、旋转的薄圆盘是用来保存数据的。磁盘内有若干张盘片,每张盘片的每一面都有一个磁头,盘片之间留有供读/写磁头滑动的足够空间,盘片每一面可划分成若干磁道,每个磁道又可划分成若干个扇区,信息在每个扇区上以一个连续的位的串的形式被记录。这些盘片互相堆聚在一起形成盘片组,每张盘片内的两个磁头也集中在磁头臂上,形成了一个梳状结构在盘片组中移进移出。由于盘片组中的每张盘片的两面都有相应的标记,所以磁盘把它们组织在一起,叫做柱面(Cylinder),成为可访问的空间(见图3.8、图3.9)。

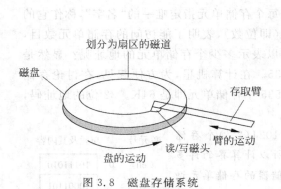

图 3.8　磁盘存储系统

图 3.9　从硬盘内部可以明显看到硬盘盘片和磁头

磁道和扇区的位置在磁盘物理结构中不是一个永久不变的部分。它们是经过格式化(或初始化)磁盘的过程来磁性定位的,大多数计算机系统都能完成这个任务。所以,如果磁盘上的格式化信息被破坏,就需要重新格式化磁盘。值得注意的是,如果重新格式化,之前记录在磁盘上的信息将全部被消除掉。磁盘上的信息以块作为存取单位,一个信息块可以是一个扇区或多个扇区,存取数据时应提供磁盘的盘面号、磁道号、扇区号及存取信息块的长度等参数作为地址信息,磁盘在驱动电机的驱动下旋转,当读取磁头进入到给定扇区号的扇区的下面时(或上面时),就可以用该磁头来存取信息,直到给定长度的信息全部存取完毕。

② 光存储器。光存储器是由光盘驱动器和光盘片组成的光盘驱动系统,光存储技术是一种通过光学的方法读写数据的一种技术,它的工作原理是改变存储单元的某种性质的反射率,反射光极化方向,利用这种性质的改变来写入存储二进制数据。在读取数据时,光检测器检测出光强和极化方向等的变化,从而读出存储在光盘上的数据。由于高能量激光束可以聚焦成约 $0.8\mu m$ 的光束,并且激光的对准精度高,因此它比硬盘等其他存储技术具有较高的存储容量。

最常见的光盘(CD)能在单面上存储超过60分钟的不可删除的音频信息。光存储器的制造成本低,其技术的成功被认为是计算机数据存储技术上的一次革命。光存储器用激光读取存储在媒质中的数据,凹面表示1;凸面表示0。光存储器单元比起半导体存储来读写速度慢,体积大,但它们比较便宜而且存储容量大,见图 3.10。

常用的光盘系统有：CD、CD-ROM(光盘只读存储器)、CD-R(可刻录光盘)、CD-RW(可重写光盘)、DVD(数字视盘)、DVD-R(可刻录 DVD)、DVD-RW(可重写DVD)。

CD：存储数字音频信息的不可擦光盘,标准系统采用 12cm 大小,能记录连续播放 60 分钟以上的信息。

CD-ROM：是由音频光盘(CD)发展而来的一种小型只读存储器,用于存储计算机数据的不可擦只读光盘。标准系统采用 12 厘米大小,能存储大于 550MB 字节的内容。

图 3.10　光存储器

DVD 数字化视频盘：制作数字的、压缩的视频信息以及其他大容量数字数据技术。

可擦光盘：使用光技术,但容易擦去和重复写入的光盘,有 3.25 英寸和 5.25 英寸两种,容量通常用 650MB 字节。

光存储器主要应用在计算机中进行信息的存储,已经是计算机用来存储信息的一种不可缺少的器件了。

3. 数据的压缩

为了存储和传输数据,减少数据的大小是很有帮助。完成这项工作的技术叫做数据压缩(Data Compression)。下面将介绍一些通用的数据压缩方法和专为图像所设计的压缩方法。

(1) 通用数据压缩技术

① 行程编码(Run-Length Encoding,RLE)方法。是最为简单、最容易被想到的一种。科学家在研究中发现,大多数信息的表达都存在着一定的冗余度,通过采用一定的模型和编码方法,可以降低这种冗余度。行程编码是用一个指明重复的数值以及该数值在序列中出现的次数的代码替代这个序列的过程,可见当要压缩的数据中包含许多同样值组成的串时,行程编码可以产生最好的效果。例如,aaabccccccddeee 可以表示为3a1b6c2d3e。

② 关联编码(Relative Encoding)方法。在某些情况下,信息是由若干个数据块组成,但是每一块的数据与前一块相比的差别不大。在这种情况下可以采用关联编码法。关联编码法是记录连续的数据块之间的差别,而不是记录整个数据块,即每个数据块是以其与前一数据块的关系数据项的形式编码。

③ 频率相关编码(Frequency-Dependent Encoding)方法。频率相关编码是指用不同长度的模式表示数据项,数据项的位模式的长度与数据项被使用的频率成反比。这样的代码是可变长代码的例子,意思是指用不同长度的模式表示数据项。在一个适用于英文文本的频率相关编码系统中,较高频率使用的字符(如 e、t、a 和 i)应当用短的位模式表示;较低频率使用的字符(如 g、q 和 x)将用较长的位模式表示。其结果将会比使用均匀长度的代码(如 ASCII 码或 Unicode 码)所得到的整个文档的表示形式更短。

David Hoffman 发明了开发频率相关编码通用的算法,同时以这种方式(如霍夫曼编码)开发编码法是通常的做法,因而,目前使用中的大多数频率相关编码都是 Hoffman 编码。

尽管行程编码、关联编码以及频率相关编码作为通用的压缩技术,但每一种都倾向于自己的应用领域。相反,基于 Lempel-Ziv 编码(以创建者 Abraham Lempel and Jacob Ziv 命名的)的系统才是较真正通用的压缩系统。

Lempel-Ziv 编码方法是自适应字典编码(Adaptive Dictionary Encoding)。术语字典指的是构成压缩信息的标准组件的集合。如果要压缩英文文本,标准组件可以是字母表示字符。如果要压缩计算机中存储的数据,标准组件可能是数字 0 和 1。在自适应字典编码系统中,在编码过程期间字典允许变化。例如,在英文文本的情况下,部分信息编码之后,可以决定把 ing 和 the 加到字典中。由于通过把这些位模式编码成对字典的一个引用而不是 3 个字母,可以减少未来拷贝 ing 和 the 所需要的空间。Lempel-Ziv 编码系统在编码(或压缩)过程中以灵活、有效的方式使用字典。特别是,在编码过程的任何一点的字典都是由那些已经编码(压缩)的位模式所组成。

(2) 图像的压缩

当今影像数字化产生的位图影像,往往是以每像素三字节的格式表示的,这导致了大而难处理的位图。为减少这些存储开发了很多压缩系统。由 Compu Serve 开发的 GIF (Graphic Interchange Format)系统通过把可能分配给一个像素的颜色数目减少到仅为 256 个的方法来研究问题,这意味着每个像素的值可以用一个字节而不是用三个字节表示。256 个可能的像素值中的每一个都可借助于一个叫调色板的表与一个红、绿、蓝的组合联系起来。通过改变一个影像所对应的调色板,就可以改变影像中的颜色。

GIF 影像调色板中的某一个颜色常被指定"透明"值,这意味着允许通过任何被指定了这个"颜色"的区域显示背景。

另一种彩色影像的压缩技术是 JPEG,它是由 JOINT Photographic Experts Group (ISO 中的一个组织)开发的。JPEG 已经成为一个表示彩色图像的有效标准。

基本 JPEG 算法操作可分成以下三个步骤:通过离散余弦变换(DCT)去除数据冗余;使用量化表对以 DCT 系数进行量化,量化表是根据人类视觉系统和压缩图像类型的特点进行优化的量化系数矩阵;对量化后的 DCT 系数进行编码使其熵达到最小,熵编码采用 Huffman 可变字长编码。

在要求最大精度的情况下,JPEG 可以提供一个"无损失"模式,其意思是图像编码过程中,无信息丢失。在 JPEG 无损失模式中,通过存储相邻像素之间的差异比存储像素本身要节省空间,在大多数情况下,借以表示相邻像素之间的差异量的位模式比起表示像素值的要更短些。然后,用可变长度代码对这些差异量进行编码,以进一步节省存储空间。

我们应当知道,数据压缩技术的研究是一个十分广泛和活跃的领域。例如 MPEG-运动图像压缩编码和 H.261-视频通信编码标准都是我们常用的数据压缩标准,我们仅仅介绍了众多影像压缩技术中的几种,还有很多关于音像压缩的策略技术,有待今后学习和探讨。图像压缩技术、视频技术与网络技术相结合的应用前景十分可观,如远程图像传输系统、动态视频传输——可视电话、电视会议系统等已经开始商品化，MPEG 标准与视频技术相结合的产物——家用数字视盘机和 Video CD 系统等都已进入市场。可以预计，这些技术和产品的发展将对 20 世纪末到 21 世纪的社会进步产生重大影响。

3.2　数制表示的发展历程与新型存储设备

3.2.1　数制表示的发展历史

人类是动物进化的产物，最初完全没有数量的概念，但随着人类对客观世界的认识已经达到更加理性和抽象的地步，数的概念逐步产生。比如捕获了一头野兽，就用 1 块石子代表；捕获 3 头，就放 3 块石子。"结绳记事"也是地球上许多相隔很近的古代人类共同做过的事。中国古书《易经》中有"结绳而治"的记载。传说古代波斯王打仗时也常用绳子打结来计算天数。用利器在树皮上或兽皮上刻痕，或用小棍摆在地上计数也都是古人常用的办法。这些办法用得多了，就逐渐形成数的概念和记数的符号。

最初不论在哪个地区，数的概念都是从 1、2、3、4、…这样的自然数开始的，但是记数的符号却大同小异。古罗马的数字相当进步，现在许多老式挂钟上还常常使用。实际上，罗马数字的符号一共只有 7 个：i(代表 1)、v(代表 5)、x(代表 10)、l(代表 50)、c 代表 100)、d(代表 500)、m(代表 1000)。这 7 个符号位置上不论怎样变化，它所代表的数字都是不变的。它们按照下列规律组合起来，就能表示任何数，例如表示重复次数：一个罗马数字符号重复几次，就表示这个数的几倍。如：iii 表示 3，xxx 表示 30；表示右加左减：一个代表大数字的符号右边附一个代表小数字的符号，就表示大数字加小数字，如 vi 表示 6，dc 表示 600。一个代表大数字的符号左边附一个代表小数字的符号，就表示大数字减去小数字的数目，如 iv 表示 4，xl 表示 40，vd 表示 495。

中国古代也很重视记数符号，最古老的甲骨文和钟鼎中都有记数的符号，不过难写难认，后人没有沿用。到春秋战国时期，生产迅速发展，为适应这一需要，创造了一种十分重要的计算方法——筹算。筹算用的算筹是竹制的小棍，也有骨制的。按规定的横竖长短顺序摆好，就可用来记数和进行运算。随着筹算的普及，算筹的摆法也就成为记数的符号了。算筹摆法有横纵两式，都能表示同样的数字。从算筹数码中没有 10 这个数可以清楚地看出，筹算从一开始就严格遵循十位进制。9 位以上的数就要进一位。同一个数字放在百位上就是几百，放在万位上就是几万。这样的计算法在当时是很先进的，见图 3.11。

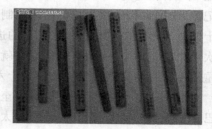

图 3.11　出土的算筹

但筹算数码中开始没有"零"，遇到"零"就空位。数字中没有"零"是很容易发生错误的，所以后来有人把铜钱摆在空位上，以免弄错，这或许与"零"的出现有关。说起"零"的出现,应该指出,我国古代文字中"零"字出现很早。不过那时它不表示"空无所有",而只表示"零碎"、"不多"的意思,如"零头"、"零星"、"零丁"。"一百零五"的意思是:在一百之外,还有一个零头五。随着阿拉伯数字的引进。105恰恰读作"一百零五","零"字与0恰好对应,"零"也就具有0的含义。如果细心观察的话,会发现罗马数字中没有0。其实在公元5世纪时,0已经传入罗马。但罗马教皇凶残而且守旧。他不允许任何使用0。有一位罗马学者在笔记中记载了关于使用0的一些好处和说明,就被教皇召去,施行了拶(zǎn)刑,使他再也不能握笔写字。但0的出现,谁也阻挡不住。现在,0已经成为含义最丰富的数字符号。0可以表示没有,也可以表示有。如:气温0℃,并不是说没有气温;0是正负数之间唯一的中性数;任何数(0除外)的0次幂等于1;0!=1(零的阶乘等于1)。

除了十进制以外,在数学萌芽的早期,还出现过五进制、二进制、三进制、七进制、八进制、十进制、十六进制、二十进制、六十进制等多种数字进制法。分析各种进位制,我们发现,进位制并非随便规定的,它决定于相关事物的本来面目。比如,十进制源自人的十个手指,因为扳着手指头计数非常方便。珠算中的五进制,则源自人的一只手有五个指头。日明之间的三十进制是由于月亮从上一个满月到下一满月,用时二十八天多一些,古人为计数方便,取整为三十。一年分四季,实际上是由于最容易把一个圆周分成四等份,每份包括三个月。

再如:十六进制在上古时代的中国是被广泛采用的计数方式,"半斤八两"即为铁证。中华文明属于农耕文明,带有显著的农本位特色。据文献记载,中国古代以十粒粟米并排的长度为一寸,也就是说,最小长度单位——分是以米粒的宽度为标准的。据此推测,重量单位可能也是以米为确定最小单位的,可能以充填成年人一口的米粒重量计作一两。因为,成年人口腔的容积基本上相差不多,这样在一时没有标准计量单位的情况下,很容易确定一个临时性的重量单位。古时候的称实质是天秤,所以"两"字的古文很像天秤的两只称盘。简易天秤很容易做出来。这样,当用成年人口容的米粒确定了"一两"的重量之后,就可以利用简易天秤确定另一个"一两",如此反复,就可以确定"二两"、"四两"、"八两"、"十六两"……。这样确定的"十六两"米大致相当于一个成年人一天的口粮,因此就把"十六两"定为一斤。这可能是中国古代斤两之间为十六进制的原因。再对照一下古文记载,中国古代的重量单位的进位制十分混杂,除十六进制外,还有四进制、十二进制、二十四进制等,唯独少见整十、整五的进制,可能都与天秤这种称量工具有关。因为,称量一次可以确定两个"一两",再称一次就可以得到三个"一两"或两个"一两"和一个"二两",再重复就很容易得到四两、十二两、十六两、二十四两等重量单位。

六十进制最初起源于巴比伦,至于巴比伦人为什么要用六十进位,说法不一。有人把巴比伦人最初认为一年为360天,太阳每天走一"步"即为一度,与巴比伦人将圆周六等分相结合而得六十进位;也有人认为60有2、3、4、5、6、10、12等因数,使运算简化等。这种六十进位制最初由兴克斯于1854年在巴比伦的泥板上发现的。这些泥板大约是公元前2300—前1600年的遗物。在泥板上刻有1.4=82,1.21=92,1.40=102,2.1=112,这样的式子,这些式子如按其他进位都无法理解,如按60进位却迎刃而解。如1.40=1×60+40=100=102等。六十进位制至今仍在不少领域内应用,如1小时等于60分钟；1分钟等于60秒；角度制等。我国的天干、地支的记年法也是一种六十进位制。

　　十二进制是数学中一种以 12 为底数的记数系统，通常使用数字 0～9 以及字母 A、B（或 X、E）来表示。其中，A（或 X）即数字 10，B（或 E）即数字 11。美国速记发明人艾萨克·皮特曼还曾创造过一种标记法，使用翻转的 2 和 3 来表示 10 和 11。十二进制中的10 代表十进制的12，也称为一打。历史上，在很多古老文明中都使用十二进制来计时。这或许是由于一年中月球绕地球转十二圈，也有人认为这和人类一只手有十二节指骨有关，见图 3.12。如古埃及文明就将白天夜晚分别划分为十二部分，而从古巴比伦文明传承到西方文化中的黄道十二宫则是将一年分为了 12 个星座。在中国文化中，十二进制在计时中也有广泛应用。中国古代设有十二地支，与一天的12 个时辰对应。一个地支还对应两个节气，从而表示一年的二十四节气。同时，将地支与 12 种动物对应，成为十二生肖，来表示 12 年为周期的循环。

图 3.12　16 世纪木版画中的
黄道十二宫

　　在长期实际生活的应用中，十进制最终占了上风。现在世界通用的数码 1、2、3、4、5、6、7、8、9、0，人们称之为阿拉伯数字。实际上它们是古代印度人最早使用的。后来阿拉伯人把古希腊的数学融进了自己的数学中去，又把这一简便易写的十进制位值记数法传遍了欧洲，逐渐演变成今天的阿拉伯数字。数的概念、写法和计算的形成都是人类长期实践活动的结果。随着生产、生活的需要，人们发现，仅仅能表示自然数是远远不够的。如果分配猎获物时，5 个人分 4 件东西，每个人该得多少呢？于是分数就产生了。中国对分数的研究比欧洲早 1400 多年！随着社会的发展，人们又发现很多数量具有相反的意义，比如增加和减少、前进和后退、上升和下降、向东和向西。为了表示这样的量，又产生了负数。有了这些数字表示法，人们计算起来感到方便多了。

　　由于科学技术发展的需要，无理数、虚数、复数等概念不断产生，在很长一段时间内，连某些数学家也认为数的概念已经十分完善了，数学家族的成员已经都到齐了。可是 1843 年 10 月 16 日，英国数学家哈密尔顿又提出了"四元数"的概念。所谓四元数，是由一个标量（实数）和一个向量（其中 x、y、z 为实数）组成的。四元数的数论、群论、量子理论以及相对论等方面有广泛的应用。与此同时，人们还开展了对"多元数"理论的研究。多元数已超出了复数的范畴，人们称其为超复数，之后向量、张量、矩阵、群、环、域等概念的产生把数学研究推向新的高峰。到目前为止，数的家庭已发展得十分庞大。

　　对于计算机来说，由于其本身的电子特性选择了二进制作为数据表示和存储的主要方式，而八进制、十六进制的使用主要是方便识别和使用。具体我们已经在 3.1 节中学习过。但是无论其表示方式如何，都是现实生活和科学计算的真实体现。

3.2.2 近代出现的新型存储设备

数据的表示只是信息处理的基础,各种信息的存储格式和存储介质也是个发生发展的过程,例如我们最通用的文本、图形、音频和视频文件,随着存储格式和存储介质的不断更新进步,带来的是更快的读取速度、更稳定的容错和压缩表现、更丰富的视听体验。

对于存储介质,之前介绍了主存储器和辅助存储器,现在再介绍一下近代出现的比较具有代表性的新型存储设备。

1. ZIP 驱动器

ZIP 驱动器又称为海量存储器,容量可达 750MB,采用非接触式磁头,速度较快,而且携带方便,其外形跟 1.44MB 软盘很相似。ZIP 盘的外壳十分坚硬,比一般的软盘可靠。ZIP 驱动器是随着人们对大容量移动存储设备的需求日益增强而诞生的,早期只有软盘的时候可以移动的最大容量不过是每张 1.44MB 的软盘,第一代单碟容量高达 100MB 的 ZIP 驱动器诞生引起了相当大的轰动。随着时代的变迁,ZIP 驱动器也随之发展,从 100MB 容量提升到 250MB,接口方式从并口提升到 USB 1.1,一直到 ZIP 750 达到了 750MB 的容量和 USB 2.0 接口规格,无论是速度还是容量都得到了巨大的改善,成为当时的高效移动存储设备。但由于 ZIP 驱动器价格太高,难以普及,随着存储设备的发展逐渐退出市场,见图 3.13。

图 3.13　ZIP 驱动器

ZIP 软驱和传统的 1.44 软驱相比的优点有:容量大,ZIP 盘容量为 100MB,是传统软盘的 70 倍;读写速度快,达每秒 1.40MB,是传统软驱的 20 倍,而且 ZIP 软驱的磁头和盘片在读写时是不接触的,大大提高了系统的稳定性,可以反复读写 20 万;安全性好,每张 ZIP 盘片都有密码设置功能。ZIP 驱动器也分内置和外置两种,内置式 ZIP 驱动器的接口类型有 IDE 和 SCSI 接口,外置式 ZIP 驱动器的接口分为 USB 和 1394,再早一点还有并口的产品。安装和使用都比较简单,多用作大容量数据交换和备份,如设计公司等。

2. SuperDisk

SuperDisk(超级软盘)是由 3M 公司附属的存储产品公司开发的一种存储设备。它利用了传统的 1.44MB 磁盘存储技术,但是在磁头定位上采用了光定位技术,也就是在磁盘上刻画了光识别磁道标识,并在驱动器上使用了光识别装置,能够在传统的 3.5 英寸的盘上大量增加磁道个数,把容量从 1.44MB 增加到 120MB。这种驱动器采用了和软驱一样大小的驱动器和软盘一样大小格式的盘体。当时主要的软驱生产厂家松下、三菱和其他公司,如 Compag(康柏)等也加入了 SuperDisk 的开发和生产。SuperDisk 120MB 1997 年上市,松下后来又开发出 240MB 的 SuperDisk。SuperDisk 驱动器兼容 1.44MB 和 720KB 软盘,240MB SuperDisk 驱动器兼容 120MB SuperDisk。240MB SuperDisk 驱动器还可以把普通的 3.5 寸软盘格式化成 32MB 软盘,也就是把 1.44MB 的软盘扩容,这是一项特殊的技术,在其他的存储设备兼容设计上是从来没有出现过的,但是每次存储时必须整盘重新擦写,也就是不能在盘片上续存。

SuperDisk 在使用上有内置和外置,有相应的 Parallel、USB、ATAPI and SCSI 和 Pcmcia 接口。SuperDisk 可作为笔记本电脑的存储设备,被 Compaq、HP 等笔记本广泛采用。在一些早期的计算机和笔记本电脑中有专门的 SuperDisk Bios 设置,并且可以作为启动盘使用。在 Panasonic(松下)的几款数码相机中也采用了 SuperDisk 120MB 存储设备,如 PV-SD 4090 和 PV-SD 5000。

SuperDisk 几乎与 ZIP 同时出现,并很快成为竞争的对手,应该说在移动设备的发展中是很成功的,特别是在兼容软盘上,略胜 ZIP 一筹。但是,虽然它大幅度地提高了盘片容量,与其他移动存储设备相比,存取速度明显慢,而且采用的是软盘,在安全和寿命上都比较差。在 2000 年以后开始逐渐退出市场,在 2003 年被宣布退出市场。

3. 固态硬盘

固态硬盘(Solid State Disk、IDE Flash Disk)是由控制单元和存储单元(Flash 芯片)组成,简单地说就是用固态电子存储芯片阵列而制成的硬盘(目前最大容量为 32GB),固态硬盘的接口规范和定义、功能及使用方法上与普通硬盘的完全相同,在产品外形和尺寸上也完全与普通硬盘一致。广泛应用于军事、车载、工控、视频监控、网络监控、网络终端、电力、医疗、航空、导航设备等领域。新一代的固态硬盘普遍采用 SATA-2 接口,见图 3.14。

图 3.14　固态硬盘 SSD 及其解剖图

固态硬盘的存储介质分为两种:一种是采用闪存(Flash 芯片)作为存储介质;另一种是采用 DRAM 作为存储介质。

(1) 基于闪存的固态硬盘(IDE Flash Disk、Serial ATA Flash Disk)采用 Flash 芯片作为存储介质,这也是我们通常所说的 SSD。它的外观可以被制作成多种模样,例如:笔记本硬盘、微硬盘、存储卡、U 盘等样式。最大的优点就是可以移动,而且数据保护不受电源控制,能适应于各种环境,但是使用年限不高,适合于个人用户使用。

(2) 基于 DRAM 的固态硬盘采用 DRAM 作为存储介质,目前应用范围较窄。它效仿传统硬盘的设计,可被绝大部分操作系统的文件系统工具进行卷设置和管理,并提供工业标准的 PCI 和 FC 接口用于连接主机或者服务器。应用方式可分为 SSD 硬盘和 SSD

硬盘阵列两种。它是一种高性能的存储器，而且使用寿命很长，美中不足的是需要独立电源来保护数据安全。

固态硬盘与普通硬盘相比具有启动快（没有电机加速旋转的过程）、读取延迟小、写入速度快、无噪声（没有机械马达和风扇）、发热量较低、不会发生机械故障和体积小、重量轻等优点，但是也拥有成本高、容量低、写入寿命有限等缺点，但是随着技术的不断进步与发展，相信固态硬盘的技术发展也会更加完善，成为未来企业应用的重点。2010 年，作为存储介质的固态硬盘率先在存储领域上演大戏，像 Compellent、Dot Hill、EMC、HDS 和 Pillar 等厂商 2009 年都已经在他们的存储系统中增加了固态硬盘支持，或者支持虚拟化外部固态硬盘系统，虽然仍然存在一些缺点，但都无法影响固态硬盘的持续走红。

4. 混合式硬盘

与混合动力汽车一样，混合式硬盘采用非易失性闪存和磁盘的混合存储形式。将非易失性闪存作为传统硬盘的缓存，利用其恒定快速的读取时间来改善磁盘的平均读取时间，以达到改善磁盘性能的目的，其效能的直接体现就是操作系统的加载时间和关机时间被缩短到不足 1 秒。

闪存所构成的这块存储空间被映射成硬盘日常使用最频繁的扇区，而且这个映射关系可根据实际情况作实时调整。如果这部分空间足够大，关机前的内存映像可被写进缓存区里，到时候直接休眠关机即可，无须花时间将数据写进硬盘。而在系统上电时，由于上次的休眠数据被保存在缓存区，系统自检无误后即可将缓存区的数据读进内存，操作系统便可在 1 秒钟内启动完毕，而此时硬盘可能还在上电加速，见图 3.15。

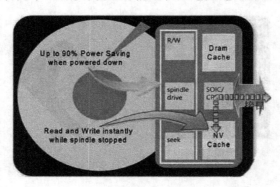

图 3.15　混合式硬盘

早期的混合式硬盘只配备 128MB 闪存，当然理论上缓存容量"越大越好"，所以正式推出时产品可能将配备 1GB 容量。除了读写速度，混合式硬盘的另一大好处就是系统的功耗得以大幅降低。为了推进混合式硬盘的普及速度，微软早在 2009 年 11 月便开始探讨将混合式硬盘列为 PC 产品获得"优质"Vista 兼容标志的条件之一，此标志意味着顾客能从此产品获得有关 Vista 的"丰富"体验。如果微软下决心推广混合式硬盘，那就是自"即插即用"技术之后，PC 体系的又一次重大变革，也标志着微软在扶持政策上的大逆转。

5. 磁盘阵列柜

磁盘阵列柜原理是利用数组方式来做磁盘组,配合数据分散排列的设计,提升数据的安全性。磁盘阵列主要针对硬盘在容量及速度上无法跟上 CPU 及内存的发展而提出的改善方法。磁盘阵列简称 RAID(Redundant Arrays of Inexpensive Disks),有"价格便宜且多余的磁盘阵列"之意。由很多便宜、容量较小、稳定性较高、速度较慢磁盘,组合成一个大型的磁盘组,利用个别磁盘提供数据所产生的加成效果来提升整个磁盘系统的效能。同时,在储存数据时,利用这项技术,将数据切割成许多区段,分别存放在各个硬盘上,见图 3.16。

磁盘阵列柜还能利用同位检查(Parity Check)的观念,在数组中任一个硬盘故障时,仍可读出数据,在数据重构时,将故障硬盘内的数据,经计算后重新置入新硬盘中。而磁盘阵列柜就是装配了众多硬盘的外置的 RAID。由于磁盘阵列柜具有数据存储速度快、存储容量大等优点,所以磁盘阵列柜通常比较适合在企业内部的中小型中央集群网存储区域进行海量数据存储。

图 3.16　磁盘阵列柜

一个 SCSI 硬盘的平均故障间隔时间都在数万小时以上,在正常使用情况下,要坏掉一个硬盘已经很不容易了;在同一系统内,两个磁盘驱动器同时坏掉的几率,更是微乎其微。因此构建一个磁盘阵列储存系统,具有极高的可靠度,可靠度远比速度来的重要。因此,宝贵的数据不是存在数组控制器里,而是存放在磁盘驱动器里;而磁盘驱动器又是放在磁盘阵列柜内。

3.3　国内外杰出人物及相关科学家简介

数的产生与发展是人类文明智慧的结晶,也伴随诞生了许多杰出的科学家。

3.3.1　戈特弗里德·威廉·凡·莱布尼茨

在德国图灵根著名的郭塔王宫图书馆保存着一份弥足珍贵的手稿,其标题为:"1 与 0,一切数字的神奇渊源。这是造物的秘密美妙的典范,因为,一切无非都来自上帝。"这是德国天才大师戈特弗里德·威廉·凡·莱布尼茨(Gottfried Wilhelm Leibniz,1646—1716)的手迹。但是,关于这个神奇美妙的数字系统,莱布尼茨只有几页异常精练的描述。

戈特弗里德·威廉·凡·莱布尼茨,德国最重要的自然科学家、数学家、物理学家、历史学家和哲学家,一位举世罕见的科学天才,和牛顿(1643 年 1 月 4 日至 1727 年 3 月 31 日)同为微积分的创始人。他的研究成果还遍及力学、逻辑学、化学、地理学、解剖学、动物学、植物学、气体学、航海学、地质学、语言学、法学、哲学、历史、外交等,"世界上没有两片完全相同的树叶"就是出自他之口,他是最早研究中国文化和中国哲学的德国人,对丰富人类的科学知识宝库做出了不可磨灭的贡献,见图3.17。

图 3.17　戈特弗里德·威廉·凡·莱布尼茨

莱布尼茨不仅发明了二进制,而且赋予了它宗教的内涵。他在写给当时在中国传教的法国耶稣士会牧师布维(Joachim Bouvet,1662—1732)的信中说:"第一天的伊始是1,也就是上帝。第二天的伊始是2,……到了第七天,一切都有了。所以,这最后的一天也是最完美的。因为,此时世间的一切都已经被创造出来了。因此它被写作'7',也就是'111'(二进制中的111等于十进制的7),而且不包含0。只有当我们仅仅用0和1来表达这个数字时,才能理解,为什么第七天才最完美,为什么7是神圣的数字。特别值得注意的是它(第七天)的特征(写作二进制的111)与三位一体的关联。"

布维是一位汉学大师,他对中国的介绍是17、18世纪欧洲学界中国热最重要的原因之一。布维是莱布尼茨的好朋友,一直与他保持着频繁的书信往来。莱布尼茨曾将很多布维的文章翻译成德文,发表刊行。恰恰是布维向莱布尼茨介绍了《周易》和八卦的系统,并说明了《周易》在中国文化中的权威地位。

八卦是由八个符号构成的占卜系统,而这些符号分为连续的与间断的横线两种。这两个后来被称为"阴"、"阳"的符号,在莱布尼茨眼中,就是他的二进制的中国翻版。他感到这个来自古老中国文化的符号系统与他的二进制之间的关系实在太明显了,因此断言:二进制乃是具有世界普遍性的、最完美的逻辑语言。

莱布尼茨在计算机科学方面也有突出的贡献。1673年莱布尼茨特地到巴黎去制造了一个能进行加、减、乘、除及开方运算的计算机。这是继帕斯卡加法机后,计算工具的又一进步。帕斯卡逝世后,莱布尼茨发现了一篇由帕斯卡亲自撰写的"加法器"论文,勾起了他强烈的发明欲望,决心把这种机器的功能扩大为乘、除运算。莱布尼茨早年历经坎坷。在获得了一次出使法国的机会后,为实现制造计算机的夙愿创造了契机。在巴黎,莱布尼茨聘请到一些著名机械专家和能工巧匠协助工作,终于在1674年造出一台更完善的机械计算机。莱布尼茨发明的机器叫"乘法器",约1米长,内部安装了一系列齿轮机构,除了体积较大之外,基本原理继承于帕斯卡。不过,莱布尼茨为计算机增添了一种名叫"步进轮"的装置。步进轮是一个有9个齿的长圆柱体,9个齿依次分布于圆柱表面;旁边另有个小齿轮可以沿着轴向移动,以便逐次与步进轮啮合。每当小齿轮转动一圈,步进轮可根据它与小齿轮啮合的齿数,分别转动1/10圈、2/10圈,直到9/10圈,这样一来,它就能够连续重复地做加、减法,在转动手柄的过程中,使这种重复加减转变为乘除运算。莱布尼茨对计算机的贡献不仅在于乘法器,公元1700年左右,莱布尼茨从一位友人送给他的中国"易图"(八卦)里受到启发,最终悟出了二进制数之真谛。虽然莱布尼茨的乘法器仍然采用十进制,但他率先为计算机的设计系统提出了二进制的运算法则,这在莱布尼茨的时代是超乎人的想象能力的,为计算机的现代发展奠定了坚实的基础。

3.3.2　赫尔曼·霍列瑞斯

　　打孔卡是早期计算机的信息输入设备,通常可以储存 80 列数据。打孔卡盛行于 20 世纪 70 年代中期。我们应当注意的是:打孔卡比计算机更早出现。其历史可以追溯到 1725 年的纺织品行业,用于机械化的织布机。说到打孔卡,不得不说到 IBM 的创始人赫尔曼·霍列瑞斯(Herman Hollerith,1860—1929)教授,他根据提花织布机的原理发明了穿孔片计算机(A Mechanical Tabulator Based On Punched Cards),就是 395781/395782/395783 号专利"穿孔卡片制表系统"。并带入商业领域建立公司。赫尔曼·霍列瑞斯公司名称为"计算-制表-记录公司"(Computing-Tabulating-Recording,C-T-R),这就是 IBM 的前身。

图 3.18　赫尔曼·霍列瑞斯

　　霍列瑞斯 1860 年诞生于纽约州北部一个德国侨民家庭。他从小喜爱数学,一般人看来枯燥乏味的数字,他却有浓厚的兴趣。霍列瑞斯在大学里就承担过研究课题,他特别注意理论学习与实践活动的结合,除掌握必修的物理、化学等课程,他也涉猎过几何、制图、测量和统计分析等各种知识。此外,他还经常到工厂和商店考察和实习,接触社会。这一切,都给他后来的生活带来巨大的影响。19 岁那年,他从哥伦比亚大学矿业学院毕业,获得博士学位。虽然学的是采矿专业,却在人口调查局谋到了一份职位,充当他老师特里布里奇的助手,见图 3.18。

　　没有什么比危机更能促发人类的创新能力了。美国宪法要求每 10 年进行一次人口普查。这在 1790 年仅有不到 400 万人口的美国比较容易做到的。但是一个世纪后,公元 1880 年,美利坚合众国举行了又一次全国性人口普查,这时美国人口已达到了 6300 万。当时预测,1890 年人口普查还没结束,1900 年人口普查和统计又将开始了。政府为此束手无策,只好有奖征集良方。当时在人口调查局从事统计工作的霍列瑞斯,静静地坐在他的办公室里,望着那密密麻麻的人口登记册发愁。霍列瑞斯曾多次与同事们一起,走乡串户收集资料,深知每个数据都来之不易。他也曾终日埋在"数据堆"里,用手摇计算机"摇"得满头大汗,一天下来,也算不出几张表格。

　　在人口调查局工作期间,霍列瑞斯爱上了一位名叫凯特·比林斯的漂亮姑娘。热恋和求婚的过程,使他有机会接近凯特的父亲——约翰·比林斯(J. Billings)博士,美国陆军派往人口调查局主管卫生统计的军医。比林斯博士学识渊博,曾长期担任美国军医署署长,主持制定了 7 种医药管理制度,亲手创办了世界上最大的医药文献中心,担任卡内基协会主席长达 10 年之久。

　　在一次交谈中,两人不约而同地提到人口普查统计机械化的问题,也同时想到这种机器可以由杰卡德编织机改造而成。他们提出:纸带上的这些"小孔"不仅能控制机器操作的步骤,而且能用来运算和储存数据。得到比林斯的鼓励,霍列瑞斯信心倍增,从此以全部身心投入到制表机的研制中。他设法弄到一台杰卡德编织机,剖析它的构造和原理。

在此期间,他曾到麻省理工学院任教,一边教书,一边刻苦学习机械和电气技术。为了掌握发明的技巧和熟悉专利法,霍列瑞斯还到一家专利事务所工作过一段时间。

霍列瑞斯最初设计的制表机,几乎就是杰卡德编织机的"翻版"。将人口普查的数据制成"穿孔纸带"没有多大的困难,每个人的调查数据有若干项,诸如性别、籍贯、年龄等等,他可以把所有的调查项目依次排列,然后根据调查结果在每人的相应项目位置上穿

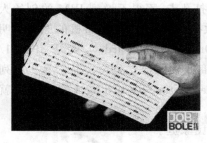

图 3.19　IBM 的打孔卡

孔。例如,约翰先生是 40 岁的男性公民,就在"性别"栏目"男"的名下打个小孔,在"年龄"栏目"40"之下也打个小孔,如此等。当穿孔纸带的栏目统统被打上小孔之后,它就详细记录了某一次调查的结果。霍列瑞斯在他的专利申请书里描述过这种方法:"每个人的不同统计项目,将由适当的小孔来记录,小孔分布于一条纸带上,由引导盘牵引控制前进。"见图 3.19、图 3.20。

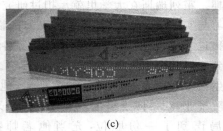

(a)　　　　　　　　　(b)　　　　　　　　　(c)

图 3.20　霍列瑞斯的打孔卡阅读器(a)、普通复写器(b)和 8 位的打孔纸带(c)

在打孔卡的启发下,之后又诞生了打孔纸带,打孔纸带即可用于数据输入,也可用于存储输出数据。在纸带上,每一行孔代表一个字符。

3.3.3　雷诺德·约翰逊

雷诺德·约翰逊(Reynold B. Johnson,1906—1998),磁盘存储系统 RAMAC 的发明人。他从 1934 年进入 IBM 公司,创建并领导重要的圣约瑟实验室将近 20 年,手下雇员多达 3000 人,为 IBM 公司开发了许多重要的产品,他的专利多达 90 余个。约翰逊 1906 年出生在美国明尼苏达州,1932 年在明尼苏达大学学习教育学,毕业以后,在密歇根州的一所高级中学当老师,见图 3.21。在那里,他发明了一种自动判卷的机器——Electric Test-Score Machine,即用一种特殊的笔在考卷上作记号,机器能识别这种记号,从而判定回答是否正确而自动打分。约翰逊的机器当然相当原始,但非常实用。IBM 公司正想开发类似的产品,但毫无进展,而当时约翰逊在 20 世纪 30 年代的经济萧条

图 3.21　雷诺德·约翰逊

时也被学校解雇,处于失业和穷极无聊之中,因此双方一拍即合,IBM 公司接收他在 Endicott 的实验室工作。这样,IBM 公司不但获得了技术,还获得了人才。在约翰逊原始发明的基础上,1937 年,IBM 公司推出了其 IBM 805 考卷打分机(Test Scoring Machine)。IBM 805 的推出,促进了标准化考试(如 GRE)的举行与普及。

在 IBM 805 以后,约翰逊继续其标记识别技术的研究,也从事过绕线式矩阵打印技术(Wire-Matrix Printing)、卡片检索系统等的研究。在第二次世界大战期间,掌管许多军事研究课题。1952 年,IBM 公司在圣约瑟(San Jose,California)建立一个新的实验室时,约翰逊被任命为它的第一任主任。圣约瑟实验室是 IBM 公司的第一个应用研究实验室。在约翰逊领导下,这个实验室是美国计算机产业界最为成功的一个实验室。在约翰逊的倡导下,圣约瑟实验室的所有工程技术人员之间有活跃的交往与交流,互相熟悉,互相帮助,不同课题组之间经常一起讨论问题。约翰逊甚至强调,当别的课题组的人对你有什么要求时,你要把它放在最高优先级上加以考虑,不能只顾自己的项目。约翰逊还主张课题组人员要少而精,不要"扎堆",一个课题组人员要少于 12 人。他的这些管理思想对当时实验室建立浓厚的学术气氛和提高效率起到了很好的作用。

在计算机发展的历史上,能随机快速存取的大容量磁盘系统的出现具有划时代意义。因为计算机诞生之初,没有大容量外存,大大妨碍了它的应用。20 世纪 50 年代初推出的 UNIVAC I 上开始配备能正转和反转的磁带部件,能从一定程度上解决存储问题。但是磁带机转速慢,并只能顺序存取,与 CPU 速度极不相配,极大地影响到整个计算机系统的处理速度。因此,当 IBM 公司于 1956 年首次推出有磁盘存储系统 RAMAC(Random Access Method of Accounting and Control)的 IBM 305 商用计算机的时候,业界无不为之震动,而小沃森(当时的 IBM 总裁)也骄傲地宣布:"今天是 IBM 公司历史上最伟大的一天,我相信,也是办公设备工业历史上最伟大的一天。"主持了 RAMAC 系统开发的 IBM 公司圣约瑟实验室主任约翰逊因而获得 1987 年计算机先驱奖。

IBM 305 RAMAC 计算机问世。随之一起诞生的是世界上第一款硬盘——IBM Model 350 硬盘,它由 50 块 24 英寸磁盘构成,总容量为 500 万个字符(不到 5MB)。1980 年 6 月,第一块容量上 G 的硬盘——IBM 3380 也诞生在 IBM,其容量为 2.52GB,体积大如冰箱,重 550 磅(250 公斤),造价约 81 000~142 400 美元。IBM Model 350 硬盘见图 3.22。

图 3.22　IBM Model 350——第一块硬盘

1975 年约翰逊离开 IBM 公司,在加利福尼亚州的帕洛阿尔多(Palo Alto,Calif)创办了一个"教育工程联合实验室"(Education Engineering Associates Laboratory),开发帮助学习的工具。其中有一种带指向装置的微型麦克风,当老师念到某个单词时,指向装置就会指向这个单词。它被用在 Fisher-Price 出版社出版的"Talk-to-Me"教科书系列中,赢得了"Toy of the Year"奖,很受学生欢迎。

3.3.4　吴几康与范新弼

吴几康,原名吴畿康,1918年1月9日生于上海,毕业1943年毕业于同济大学机电系,留任电信系助教,见图3.23。1949年年初获奖学金赴丹麦技术大学进修。在该校进修期间研制成频的宽带示波器放大器,从事各类车载无线调频对讲机的研制开发工作。为了参加社会主义祖国的建设事业,几经磨难于1953年年初回到祖国的首都北京。历任中国科学院计算技术研究所研究员、副所长,中国科技大学研究生院技术科学教学部副主任,北京软件研究生院院长,北京市政府计算机顾问组组长,陕西微电子学研究所科技委员会副主任,中国计算机学会副理事长,中国系统工程学会常务理事。任第三至六届全国人大代表。领导筹建了中国科学院计算技术研究所和陕西微电子学研究所。指导研制成功中国第一台104型计算机。组织

图 3.23　吴几康

和参加了国内最早的小、中、大规模集成电路微型计算机的设计工作。参与领导了每秒千万次向量计算机的研制。对创建和发展中国计算机研究事业作出了重要贡献。

1953年年初,中国科学院数学研究所计算机研究小组得知刚从丹麦归国的吴几康在通信和电子学方面具有丰富的实践经验,便立即聘请他参加开创计算机的研究工作。可是数学研究所是一个偏重于理论研究的单位,难以开展实验工作。1954年年初,中科院为了集中使用当时有限的仪器设备,遂将该小组调至近代物理研究所。在建立必要的工作环境和实验条件中,吴几康曾将当时进口的只能观测正弦波的示波器加以改装,通过增设脉冲发生器和同步装置而使其成为能观测脉冲的示波器。

在当时,作为计算机重要部件的存储器,在国外也是一个难点,他们专为此种存储应用而开发出的阴极射线管对我国是严密封锁的。出路是自力更生。该小组通过对国外文献的研究,决定研制阴极射线管(示波管)存储器。在该研究课题的攻克过程中,吴几康先亲自设计了宽频带放大器,使微弱信号达到逻辑运算的电平,继之和同事们经过两年多的共同努力,成功地实现了存储功能:在一个普通的5英寸示波管的屏幕上存储32×32个二进位信息,并可任意组合成汉字,例如使屏幕上显示出"电子计算机"字样,这是我国自制成功的第一台电子计算机存储器。

1965年,中国科学院为了支持我国国防科学技术的发展,集中了计算所、物理所、电子所和应用化学所等单位的一批科技人员,组成了代号为156的工程处,承担起了研制微型空间计算机的攻关项目。吴几康负责电路设计与试制工作。这种电路除要采用微电子工艺来缩小其体积外,还要使整机能在恶劣环境下可靠地工作,因而电路的设计必须与搞半导体工艺的同志密切配合才能使试制工作取得成功。1966年8月,他负责研制成我国首台集成电路的微型空间计算机(东风5号的雏形)。此机不仅为我国研制集成电路计算机开创了道路和培养了一支计算机与工艺相结合的科研队伍,而且为此后历次航天运载工具的发射成功打下了基础。

1969 年,吴几康随工程处迁至陕西临潼,参加筹建七机部 771 研究所(即现在的陕西微电子学研究所),任副所长和研究员。在当时的临潼,生活和工作环境都极其艰苦,但吴几康和同事们义无反顾地继续坚持研制 72 型、77 型中、大规模集成电路的微型空间计算机。在调试上述机器过程中,为了对付严重的相互干扰问题,吴几康亲自为之设计和绕制了抗电源线干扰的低通滤波器;为了克服长线传输引起的干扰与反射,他采取抑制和匹配措施;为了防止部件间的干扰,他设计了零点开关电路。吴几康的这些贡献,使得机器在与其他控制系统联调时,即使受到 200 安培大电流的启停干扰,计算机也能正常运行,从而满足了系统可靠性的要求。

1964 年,中科院计算技术研究所吴几康、范新弼领导并自行设计 119 机(通用浮点 44 二进制位、每秒 5 万次)交付使用,见图 3.24。这是中国第一台自行设计的电子管大型通用计算机,运算速度是 104 机的 5 倍,主存容量大 8 倍,也是当时世界上最快的电子管计算机。该机承担了研制中国第一颗氢弹的有关计算任务和全国首次大油田实际资料动态预报的计算任务。这台计算机,从总体设计到整机系统的研制,都是中国科学家独立完成的。对中国计算机事业的发展具有奠基性的意义。

图 3.24　中国第一台电子计算机(左)和 119 机(右)

吴几康是一位非常重视实践的计算机专家。他知识面广,技术造诣深,经验丰富,动手能力强,在解决关键问题时常能显示出他独到的功力。凡他经手的工作,从总体方案到工程实施,无不亲自参加,而且依靠群众,信任群众,引导大家进行充分论证,精心设计,反复实验,严格施工以及对每一环节采取可靠措施,从而使工程质量与工程进度都得到了有力的保证。吴几康的这种刻苦踏实的作风和认真负责的精神,使他一次次带领大家出色地完成了所承担的各项任务,并被誉为实干家。因而和他一起工作的同志总乐于以他为榜样。吴几康十分重视人才的培养,除参加教学工作和培养研究生外,总是亲切地和年轻同志一起讨论问题,相互切磋,热情地启发和鼓励他们克服困难,努力争取最佳成绩,完成所承担的任务,从而获得了他们的敬重和爱戴。

范新弼,电子计算机专家。湖南长沙人。1944 年毕业于重庆中央大学电机系。1951 年获美国斯坦福大学电子学博士学位。后任中国科学院计算技术研究所研究员。在电子器件的研究与应用上获八项美国专利。领导了我国第一台大型计算机和以后的多台大型计算机的磁芯存储器的研制工作。开创了我国磁芯记忆元件的研制和生产。领导了半导体存储元件的研制,建立了我国第一批测试设备,见图3.25。

图 3.25　范新弼

3.4　本章小结

　　本章主要介绍现代计算机数据编码和存储的基本概念和基本知识,包括计算机内部数据存储的机制和数据操作的机理。通过学习,应掌握信息表示原理、二进制系统、实数的存储、主存储器的结构及功能、辅助存储器和大容量存储器的知识。并对数据发展的历史、新成果、新技术以及相关的科学家有一定的了解。

3.5　习　　题

　　1. 就本章所介绍的数制方法进行讨论,谈谈对每个方法的理解。

　　2. 就本章所介绍的数制方法,找找你身边的进制使用。

　　3. 根据对计算机硬件的实践,谈谈对常用存储器设备使用中的问题和看法。

　　4. 根据本章中介绍的数据发展技术的新成果,谈谈对未来数据存储、处理发展的看法。

　　5. 根据本章中对相关历史人物的介绍,谈谈他们成功的关键因素,对自己的启发。

第4章　数据运算基础

通过本章的学习,掌握计算机数据运算的基本原理,了解计算机组成的基本结构和功能,使读者对计算机程序的执行过程有一个比较清晰的了解。

本章主要介绍数字逻辑和集成电路、指令和指令系统、机器语言和汇编语言、计算机硬件与运行原理、现在计算机的发展过程及相关科学家的研究成果。

4.1　数字逻辑与集成电路

计算机是完成对数字信息的加工和处理的系统,其硬件是由数字系统构成的。在计算机中之所以使用二进制数,是由于二进制具有可行性、简易性、逻辑性和可靠性的优点。也就是二进制只有"0"和"1"两种状态,在物理上很容易实现。在电路中,开关的接通和断开,晶体管的导通与截止,磁场的南极和北极等都可表示这两种状态。这就是我们将要介绍的数字电路。数字系统是用数字逻辑电路构成的,其物理实现是由成千上万个电子器件来完成的。由这些电子器件控制电路中电流的流向和程序的执行,完成各种算术和逻辑运算。本节主要介绍数字逻辑电路的相关知识。

4.1.1　什么是数字电路

在电子设备中,通常把电路分为模拟电路和数字电路两类,前者涉及模拟信号,即连续变化的物理量,例如在 24 小时内某室内温度的变化量;后者涉及数字信号,即离散的物理量。

对模拟信号进行传输、处理的电子电路称为模拟电路。对数字信号进行传输、控制或变换的电子电路称为数字电路。

数字电路工作时通常只有两种状态:高电位(又称"高电平")或低电位(又称"低电平")。通常把高电位用代码"1"表示,称为逻辑"1";把低电位用代码"0"表示,称为逻辑"0"(按正逻辑定义的)。有关产品手册中常用"H"代表"1"、"L"代表"0"。讨论数字电路问题时,也常用代码"0"和"1"表示某些器件工作时的两种状态,例如开关断开代表"0"状态;接通代表"1"状态。

1. 数字电路有哪些特点

(1) 工作信号是二进制的数字信号,在时间上和数值上是离散的(不连续的),反映在电路上就是只有低电平和高电平两种状态(即"0"和"1"两个逻辑值)。

(2) 在数字电路中,研究的主要问题是电路的逻辑功能,即输入信号状态和输出信号状态之间的关系。

(3) 在数字电路中使用的主要方法是逻辑分析和逻辑设计,主要工具是逻辑代数。

(4) 组成数字电路的元器件对精度要求不高,只要在工作时能够可靠地区分 0 和 1 两种状态即可。

实际的数字电路中,到底要求多高或多低的电位才能表示"1"或"0",要由具体的数字电路来定。例如一些 TTL(Transistor-Transistor Logic)数字电路的输出电压等于或小于 0.2V,均可认为是逻辑"0",等于或者大于 3V,均可认为是逻辑"1"(即电路技术指标)。CMOS(Complementary Metal Oxide Semiconductor)数字电路的逻辑"0"或"1"的电位值是与工作电压有关的。

2. 数字电路有哪些分类

(1) 按集成度的不同。数字电路可分为小规模、中规模、大规模和超大规模数字集成电路。集成电路从应用的角度又可分为通用型和专用型两大类。

(2) 按所用器件制作工艺的不同。可分为双极型 TTL 和单极型 MOS (Metal Oxide Semiconductor)两类。

(3) 按照电路的结构和工作原理的不同。可分为组合逻辑电路和时序逻辑电路两类。组合逻辑电路没有记忆功能,其输出信号只与当时的输入信号有关,而与电路以前的状态无关。时序逻辑电路具有记忆功能,其输出信号不仅和当时的输入信号有关,而且与电路以前的状态有关。

4.1.2 基本逻辑运算有哪些

计算机既可以进行算术运算,又可以进行逻辑关系的判断和推理运算。命题内容正确,逻辑值为真(True),用"1"表示;命题内容错误,逻辑值为假(False),用"0"表示。

用逻辑运算符将几个简单命题连在一起构成一个复合命题。

下面介绍逻辑运算符的功能和使用规则。

1. 逻辑或

两个逻辑命题进行逻辑"或"运算的结果是,如果两个命题至少有一个命题的值为真,则结果的值为真,否则为假。也就是说,只有两个命题的逻辑值均为假时,其结果的逻辑值才为假,否则为真。以"+"或"OR"表示或运算,其函数表达式为:$Z=A+B$。其逻辑电路图和逻辑符号如图 4.1 所示。

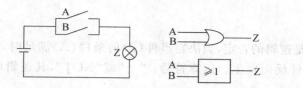

图 4.1　"或"逻辑电路与"或门"逻辑符号

运算规则：

$$1 + 1 = 11 \text{ OR } 1 = 1$$
$$1 + 0 = 11 \text{ OR } 0 = 1$$
$$0 + 1 = 10 \text{ OR } 1 = 1$$
$$0 + 0 = 00 \text{ OR } 0 = 0$$

【例 4.1】　Z：张明是教师或者李四是医生。A：张明是教师。B：李四是医生。A 和 B 两个命题的或运算就是 Z 命题。当 A 和 B 两个命题中有一个的值为"真"时，Z 命题就是"真"的。Z 命题也可由下面的式子表示：

$$Z = A + B$$

2. 逻辑与（逻辑相乘）

两个逻辑命题进行逻辑"与"运算的结果是，如果两个命题至少有一个命题的值为"假"，则结果的值为"假"，否则为"真"。也就是说，只有两个命题的逻辑值均为"真"时，其结果的逻辑值才为"真"，否则为"假"。运算符号："AND"或"·"其函数表达式为：$Z = A \cdot B$。其逻辑电路图和逻辑符号如图 4.2 所示。

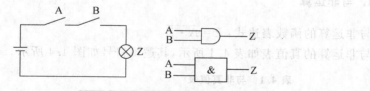

图 4.2　"与"逻辑电路与"与门"逻辑符号

运算规则：

$$1 \cdot 1 = 11 \text{ AND } 1 = 1$$
$$1 \cdot 0 = 01 \text{ AND } 0 = 0$$
$$0 \cdot 1 = 00 \text{ AND } 1 = 0$$
$$0 \cdot 0 = 00 \text{ AND } 0 = 0$$

【例 4.2】　A：今天是元月 13 日。B：今天是礼拜三。Z：今天是元月 13 日并且是礼拜三。A 和 B 两个命题的"与"运算就是 Z 命题。当 A 和 B 两个命题都是"真"时，Z 命题就为"真"；否则为"假"。Z 命题可以由下面的式子表示：

$$Z = A \cdot B$$

3. 逻辑非

逻辑非指的是逻辑的否定,当决定事件(Z)的条件(A)满足时,事件不发生;当条件(A)不满足时,事件反而发生。运算符号:"-"或"NOT",其逻辑电路图和逻辑符号如图4.3所示。

运算规则:

$$NOT\ 1 = 0\quad NOT\ 0 = 1$$

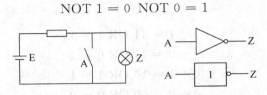

图4.3 "非"逻辑电路与"非门"逻辑符号

【例4.3】 A:李明今天没去北京。Z:李明今天去北京了。Z命题是A命题的逻辑否定。Z命题可由下面的式子表示:

$$Z = NOT\ A$$

4.1.3 常用的复合逻辑运算有哪些

实际的逻辑运算往往比与、或、非要复杂得多,不过它们都可以用与、或、非的组合来实现。最常见的复合逻辑运算有与非、或非、与或非等。

1. 与非运算

与非运算的函数表达式:$Z = \overline{A \cdot B}$

与非运算的真值表如表4.1所示,其逻辑符号如图4.4所示。

表4.1 与非真值表

A	B	Z
0	0	1
0	1	1
1	0	1
1	1	0

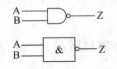

图4.4 与非门逻辑符号

2. 或非运算

或非运算的函数表达式:$Z = \overline{A + B}$

或非运算的真值表如表4.2所示,其逻辑符号如图4.5所示。

表 4.2　或非真值表

A	B	Z
0	0	1
0	1	0
1	0	0
1	1	0

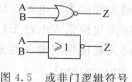

图 4.5　或非门逻辑符号

3. 异或运算

异或运算的函数表达式：$Z=\overline{A}B+A\overline{B}=A\oplus B$

异或运算的真值表如表 4.3 所示,其逻辑符号如图 4.6 所示。

表 4.3　异或真值表

A	B	Z
0	0	0
0	1	1
1	0	1
1	1	0

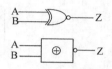

图 4.6　异或门逻辑符号

4. 与或非运算

与或非运算的函数表达式：$Z=\overline{AB+CD}$

逻辑符号如图 4.7 所示。

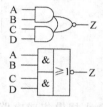

图 4.7　与或非门逻辑符号

4.1.4　什么是集成电路

现在,已没有人制造和销售单个的门电路了,而是以集成电路 IC(Integrated Circuit)或集成芯片取代。一片集成电路是一块大小为 5mm×5mm 的硅片,上面刻了一些门组成的电路,其外形如图 4.8 所示。小集成电路通常封装在 5～15mm 宽,20～50mm 长的长方形塑料或陶瓷外壳中。延长边有两排平行的管脚,每个大约 5mm 长,可插入到插槽中或焊到印刷电路板上。每个管脚可连接到芯片上某个门的输入或输出信号端,也可是电源或接地。这种外面是两排管脚、里面是集成电路的封装方式,技术上称之为双排直插式封装 DIP(Dual In-line Package),人们习惯称之为芯片。这样,就淡化了硅片和封装之间的区别。对于大的芯片也有四边都有管脚或管脚在底部的方形封装,如 CPU (Central Processing Unit)Pentium 4 的芯片就是方形的。

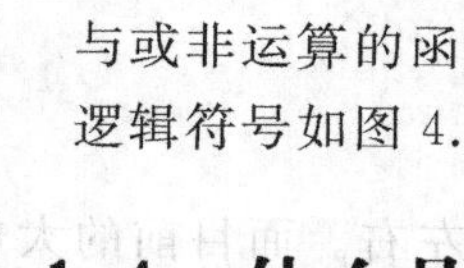

根据芯片所包含的逻辑门的数量,可以粗略地把它们分为以下几类。

小规模集成电路 SSI(Small Scale Integrated)电路：1～9 门;

中规模集成电路 MSI(Medium Scale Integrated)电路：10～99 门;

图 4.8　集成电路

大规模集成电路 LSI(Large Scale Integrated)电路：100～9999 门；

超大规模集成电路 VLSI(Very Large Scale Integrated)电路：大于 10 000 门；

特大规模集成电路 ULSI(Ultra Large Scale Integrated)；

巨大规模集成电路也被称作极大规模集成电路或超特大规模集成电路 GSI(Giga Scale Integration)。

小规模集成电路一般有 2～6 个各自独立的门，每个都可单独使用。图 4.9 是一个常见的包含 4 个与非门的小规模集成电路芯片的示意图。由于每个门都有两个输入信号和输出信号，因此 4 个门至少要 12 个管脚。另外，芯片还需要有电源（VCC）和接地（GND），这两个信号可以供 4 个门使用。封装后靠近管脚 1 的位置一般都会有一个凹槽来表明芯片的方向。为防止电路图的混乱，电源、接地和没有用的门都没有画出。

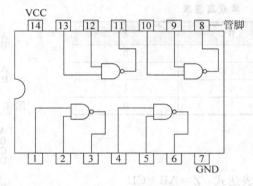

图 4.9　小规模集成电路

一个小规模集成电路芯片一般不到 10 个门，最多有 20 个管脚左右。而目前的大规模集成电路却要复杂得多，整个 CPU，包括一定量存储器（高速缓存 Cache）都可以集成到一块芯片上。

4.2　计算机指令和计算机语言

不管是系统软件还是应用软件都离不开程序，程序又离不开语言，语言也离不开指令，这一节主要介绍指令与语言。

4.2.1　什么是计算机指令

1. 指令

指令(Instruction)是指挥计算机完成每一种基本操作的命令。指令就是计算机进行各种操作的代码。指令分成两部分：操作码和地址码。

指令的一般格式如下：

操作码	操作数（地址）

由于计算机只能识别二进制数，所以计算机中的所有指令都是用二进制编码的方式来表示的。计算机中各种指令完成的操作各不相同，其操作的繁杂程度就不同，指令所占的字节数也不同，参加运算的操作数的多少也不同。其中有单操作数（地址）指令、双操作数（地址）指令和三操作数（地址）指令等。

单操作数指令：

操作码

双操作数指令：

操作码	第一操作数（地址）	第二操作数（地址）

三操作数指令：

操作码	第一操作数（地址）	第二操作数（地址）	第三操作数（地址）

操作码用来指示指令的操作性质，如加法、减法等；地址码给出本条指令的操作数地址或形成操作数地址的有关信息（这时通过地址形成电路来形成操作数地址）。有一种指令称为转移指令，它用来改变指令的正常执行顺序，这种指令的地址码部分给出的是要转去执行的指令的地址。

指令常用十六进制数来书写表示。如在 IBM-PC（CPU 为 Intel 8088）指令系统中，B011H 是一个双字节指令，它是表示将立即数 11H 送到累加器 A 中的传送指令；F4H 是一条单字节指令，它是一条停机指令。

一台计算机的所有指令构成了这台计算机的指令系统，它比较充分地说明了该计算机对数据信息的运算和处理能力。指令系统的丰富完备，可使程序的编制比较方便灵活，编制的程序也会比较简洁并且运行速度比较快。

2. 指令的分类

由于计算机的型号和生产厂家的不同，指令所对应的基本操作的实现是依赖于计算机的逻辑电路，所以指令和指令系统是与计算机的硬件（主要指 CPU）密切相关。不同类型的计算机有着不同的指令系统。就微型机而言，有的只有几十条指令，有的有成百条指令。但无论什么计算机，都应有如下一些基本指令（指令助记符为 8086 宏汇编指令）。

算术运算指令：其功能是实现基本的算术运算操作，如：加法（ADD）、减法（SUB）、乘法（MUL）、除法（DIV）、增量（INC）、减量（DEC）等。

逻辑运算指令：其功能是实现基本的逻辑运算操作，如：逻辑与（AND）、逻辑或（OR）、逻辑非（NOT）、逻辑异或（XOR）等。

移位指令：其功能是实现对操作的数进行移位、比较等操作，如：逻辑左移（SHL）、逻辑右移（SHR）、算术左移（SAL）、算术右移（SAR）、循环左移（ROL）、循环右移

（ROR）等。

　　数据传送指令：其功能是实现 CPU 的寄存器之间及寄存器和存储器之间的数据传送，就是从存储器中取出某单元的数据到累加器 AX 中，或者与之相反等。如：寄存器和寄存器、寄存器和存储器之间的传送指令（MOV）；实现对堆栈操作的入栈（PUSH）和出栈（POP）指令。

　　程序控制指令：其功能是改变程序计数器 PC 的值，使计算机执行指令的顺序按要求改变。如：转移指令（JMP）、子程序调用指令（CALL）、返回指令（RET）等。

　　输入输出指令：其功能是实现计算机主机通过 I/O 接口和外部设备之间数据传送，如：端口输入指令（IN）、端口输出指令（OUT）。

　　此外，还有 CPU 的一些控制指令，如停机指令（HLT）等。

　　一台计算机的指令系统，比较充分地说明了计算机对数据信息的运算和处理能力。指令系统的丰富完备，可使程序的编制比较方便灵活，编制的程序比较简洁并且运行速度比较快。

4.2.2　什么是计算机低级语言

　　人与人交换信息需要语言，人们利用计算机解题必须与计算机交换信息，当然也需要语言，称为程序设计语言。计算机语言从低级到高级经历多个发展阶段，高级语言是面向问题的语言，有很多教科书专门介绍，此处不作介绍。下面仅介绍面向机器的语言：机器语言和汇编语言。

1．机器语言

　　计算机指令系统中的指令是由 0、1 代码组成，并且能被机器直接理解执行，它们被称为机器指令。机器指令的集合就是该计算机的机器语言（Machine Language），即计算机可以直接接受、理解的语言。图 4.10 是一段 8086 的机器语言程序。

　　机器语言的优点是：

　　（1）能利用机器指令精致地描述算法，编程质量高。

　　（2）所占存储空间小。

　　（3）执行速度快。

　　机器语言的缺点是：

　　（1）难记、难读、难修改。编写程序时不仅要记住各条指令的 0、1 代码，而且要写出全部 0、1 代码组成的程序，直观性很差，容易出错，阅读检查和修改调试非常困难。像图 4.10 就是一个 IBM-PC 的机器语言程序，如果不对每条指令加以说明，人们很难看出它是一个计算的程序。

```
10111000
00000101
00000000
00000101
00000011
00000000
10100011
00000000
00000010
11100100
```

图 4.10　机器语言程序

　　（2）需要人工分配内存。使用机器语言编写程序时，需要指明存储器哪些单元存放程序，哪些单元存放数据，对系统不熟悉的用户很难编写程序。

（3）程序通用性差。由于不同类型的计算机的指令系统不同，机器语言也不同，因此机器语言是一种面向机器的语言。如果把 IBM-PC 的机器语言编制的程序复制到其他计算机上，就无法运行并计算出需要的结果。

2. 汇编语言

为解决机器语言的使用不便，在 20 世纪 50 年代中期，人们用一些能反映机器指令的功能和特征英语单词或其缩写作为指令的助记符，例如用 MOV 表示数据传送，ADD 表示加法，SUB 表示减法等；同时，操作数或操作数地址也用符号来表示，例如用 0CH 表示立即数 12，用 AX、BX 表示累加器或寄存器等。这样就有了第二代程序设计语言——汇编语言（Assembler Language）。

在汇编语言中，可以用比较直观的符号来表示机器指令的操作码、地址码、常量和变量等，所以它也被称为符号语言。

例如，图 4.10 的机器语言程序，可用汇编语言重写如下：

```
MOV AX,5
ADD AX,3
MOV [200H],AX
HLT
```

这里，第一条指令语句表示把 5 传送（MOV）到累加器 AX 中；第二条指令语句表示把累加器 AX 中的值加上 3，结果保留在累加器 AX 中；第三条指令是将结果保存到 200H 单元中；第四条指令表示停机。这个汇编语言程序显然要比上面那个机器语言程序直观得多。

由于计算机只能理解接受用机器语言编写的机器语言程序，因此用汇编语言编写的源程序是不能直接在计算机上运行的，必须先把它翻译成机器语言的目标程序。把汇编语言程序（源程序）翻译加工成机器语言程序（目标程序）的过程，称为汇编，汇编工作一般由汇编程序完成，如图 4.11 所示。

汇编语言的语句与机器语言指令是一一对应的，因此它具有机器语言的特点，其优点是：

（1）易于理解与记忆。

（2）能利用机器指令精致地描述算法，编程质量高。

（3）所占存储空间小。

（4）执行速度较快。

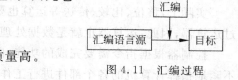

图 4.11　汇编过程

汇编语言的缺点是：

（1）与机器语言一样，程序通用性也差。一种汇编语言只能为某种特定类型的计算机专门设计，不同类型计算机的汇编语言不能通用。

（2）汇编语言与机器语言一样，也是面向机器的语言。汇编语言与机器语言都依赖于机器，与计算机硬件直接相关，故称为低级程序设计语言，也称低级语言。

由于汇编语言执行速度快，目前，在有关过程控制和数据处理等问题的程序设计中，对实效性要求较高的部分仍经常采用汇编语言编写。

4.3 计算机的基本结构是什么

计算机由成千上万个零件组成,这些部件必须按一定的结构连接起来,互相配合才能完成各种运算和操作。计算机的体系结构是指计算机的总体布局、部件的主要性能以及部件间的连接方式。

4.3.1 什么是冯·诺依曼体系结构

按照著名的美籍匈牙利科学家冯·诺依曼所构造的体系结构称为冯·诺依曼体系结构。

1. 冯·诺依曼体系结构

冯·诺依曼体系结构是指一个完整的计算机系统由运算器、控制器、存储器、输入设备和输出设备这五部分组成,如图 4.12 所示。图中虚线为控制信号流向,实线为数据信号流向。

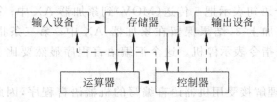

图 4.12 计算机逻辑结构

运算器也称算术逻辑单元,简称 ALU(Arithmetic Logic Unit)。主要完成＋、－、×、÷等算术运算和 OR、AND、NOT、XOR 等逻辑运算操作。

实际上,移位、比较、传送等运算也要通过运算器进行运算。数据的各种处理都要通过运算器,因此,运算器也就是数据处理器。

控制器根据指令需要完成的功能,向各部件发出执行各种操作的命令,协调地、有条不紊地指挥计算机的各个部件进行工作。

存储器是计算机中存储数据和程序的装置,也称计算机的记忆部件。只有把程序和数据保存起来,才能使计算机脱离人的直接干预,自动地工作。

输入设备能把程序、数据、图形图像、声音、控制现场的模拟量等信息,通过输入接口转换成计算机可以接收的电信号。

输出设备能把计算机的运行结果或过程,通过输出接口转换成人们所要求的直观形式或控制现场能接受的形式。

其中运算器、控制器合在一起称为 CPU,即中央处理单元。而运算器、控制器和内存储器合起来被称为计算机的主机。

在 CPU、存储器和外部设备进行连接时,在所有的两个设备之间都用导线连接,线路会十分复杂,微机系统采用了总线结构。所谓总线(Bus)就是在两个以上数字设备之间提供传送信息的公共通路。

2. 冯·诺依曼体系结构主要特点

冯·诺依曼体系结构主要特点如下:

(1) 单处理机结构,以运算器为中心。计算机由运算器、控制器、存储器、输入设备和输出设备五大部分组成。运算器和控制器是其核心部件。

(2) 存储程序工作方式。数据和程序以二进制代码形式存储在单元是定长的一维线性空间存储器中,存储器按线性编址结构进行地址访问。

(3) 通过控制器进行集中控制。输入/输出设备与存储器间的数据传送都是在控制器的统一指挥下协调发展地工作。

(4) 指令的串行执行。控制器根据存放在存储器中的指令序列(程序)进行工作,并由一个程序计数器控制指令的顺序执行。

(5) 使用低级机器语言,指令由操作码和地址码组成。

指令和数据一样可以送到运算器进行运算。

4.3.2 运算器的组成和功能是什么

运算器主要由算术逻辑运算单元、累加器、状态寄存器、通用寄存器组等组成。

算术逻辑运算单元(ALU)的基本功能为加、减、乘、除四则运算,与、或、非、异或等逻辑操作,以及移位、求补等操作。计算机运行时,运算器的操作和操作种类由控制器决定。运算器处理的数据来自存储器;处理后的结果数据通常送回存储器,或暂时寄存在运算器中。图 4.13 为运算器的构成示意图。

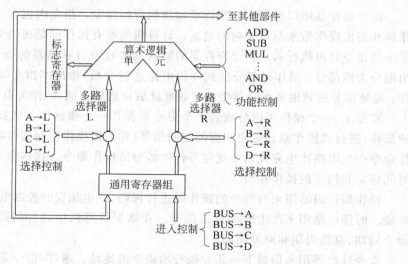

图 4.13 运算器的构成示意图

通用寄存器组由若干通用寄存器组成,这些寄存器用来暂存从内存中取出的数据或运算结果。一般来说,通用寄存器的个数多一些,ALU中可暂存的信息就多一些,从而减少了访问内存的次数,有助于提高计算机的工作速度。

4.3.3　控制器完成什么功能

控制器是整个CPU的指挥控制中心,其功能是对程序规定的指令信息进行解释,根据其要求进行控制,调度程序、数据、地址,协调计算机各部分工作及内存与外设的访问等。

控制器由指令寄存器IR(Instruction Register)、程序计数器PC(Program Counter)和操作控制器OC(Operation Controller)三个部件组成,对协调整个计算机有序工作极为重要。组合逻辑控制器的构成如图4.14所示。

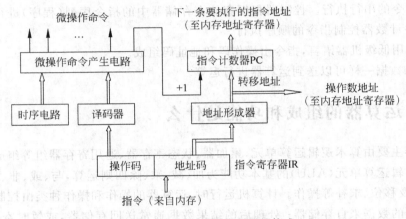

图4.14　组合逻辑控制器的构成

指令寄存器用以保存当前执行或即将执行的指令。指令内包含有确定操作类型的操作码和指出操作数来源或去向的地址。计算机的所有操作都是通过分析存放在指令寄存器中的指令后再执行的。指令寄存器的输入端接收来自存储器的指令,指令寄存器的输出端分为两部分:操作码部分送到译码电路进行分析,指出本指令该执行何种类型的操作;地址部分送到地址加法器生成有效地址后再送到存储器,作为取数或存数的地址。

实际上,一个操作可以分成若干个更小的操作——微操作。微操作是指不可再分解的操作,进行微操作总是需要相应的控制信号(称为微操作控制信号或微操作命令),微操作命令产生电路产生完成指令规定操作的各种微操作命令。这些命令产生的主要依据是时间标志和指令的操作性质。

操作码译码器用来对指令的操作码进行译码,产生相应的控制电平,完成分析指令的功能。时序电路用来产生时间标志信号。在微型计算机中,时间标志信号一般为三级:指令周期、总线周期和时钟周期。

指令计数器用来形成下一条要执行的指令的地址。通常,指令是顺序执行的,而指令在存储器中是顺序存放的。一般情况下,下一条要执行的指令地址可通过将现行地址加 1 形成,图 4.14 中微操作命令"+1"就用于这个目的。如果执行的是转移指令,则地址码段是下一条要执行的指令的地址,因此将其直接送往指令计数器。

4.3.4　主机是如何执行程序的

按照传统的称呼,将运算器、控制器和内存储器合在一起,称为主机,这是因为在早期的计算机中这三者是最重要的,是机器的主体。为了使读者能有一个尽管简单却较为完整的印象,这里介绍一下主机的运行原理。

一条指令在计算机中的执行过程被称为指令周期。指令周期被分为取指周期和执行周期两个阶段:取指周期的操作是取到指令的操作码;执行周期是在对操作码译码后得到的控制信号的控制下,执行该指令指定的操作。

图 4.15 是一台简单模型主机的示意图,其控制器采用组合逻辑方案。图中存储器从 0 号地址单元起,存放了 4 条指令(图中用汇编指令格式表示,实际应为指令的二进制代码)。这段程序的执行过程如下。

(1) 控制器将指令计数器 PC 置 0。

(2) 取第一条指令:PC 中的指令地址 0 被送往地址寄存器,经译码,选中 0 号存储单元;控制器发读命令。第一条指令被读出,经数据缓冲器、数据总线,进入指令寄存器 IR。

(3) 执行第一条指令:这是一条取数指令,主要包含如下操作:

将 8 号存储单元的内容读出,送寄存器 A。IR 中的地址码 8 被送往地址寄存器,经译码,选中 8 号存储单元。

IR 中操作码为取数,微操作命令产生电路根据操作码译码结果和时序标志发出读命令,8 号存储单元的内容(00001011)被读出,经数据缓冲器进入数据总线。

待稳定后,微操作命令产生电路发出命令 BUS→A,于是读出的数据进入寄存器 A。

此期间 PC 在微操作命令"+1"的作用下加 1,形成了下一条要执行的指令的地址。

(4) 取第二条指令:过程同取第一条指令,只是现在 PC 的内容为 1,故将 1 号存储单元中的指令取出,送 IR。

(5) 执行第二条指令:过程同执行第一条指令,将 9 号存储单元的内容(00000101)读出,送寄存器 B。此期间 PC 在命令"+1"的作用下再加 1,变成 2。

(6) 取第三条指令:过程同前。

(7) 执行第三条指令:这是一条加法指令,(A)+(B)→A。微操作命令产生电路发出 A→L,B→R 和 ADD,相加的结果(00010000)被送上数据总线,待稳定后,微操作命令产生电路发出 BUS→A,于是该结果被送入寄存器 A。此期间 PC 同样被加 1,变成 3。

(8) 取第四条指令:过程同前。

(9) 执行第四条指令:这是一条存数指令,(A)→10 号存储单元。

IR 中的地址码 10,经译码选中 10 号存储单元。

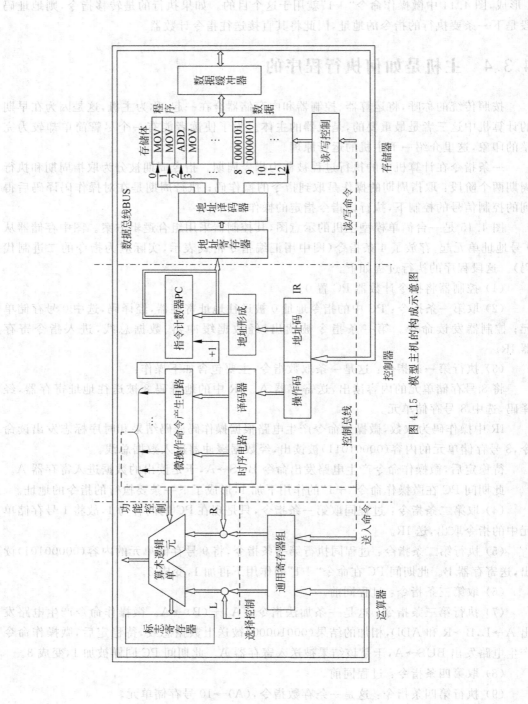

图 4.15 模型主机的构成示意图

微操作命令产生电路根据操作码发出 A→L 和 MOV(MOV 为传送微操作命令,此时右路选择控制信号全为 0,即关闭右路选择器),这时 ALU 仅起数据通路的作用,于是 A 的内容通过左路选择器和 ALU 进入数据总线。

待稳定后,微操作命令产生电路发出写命令,数据总线中的数据(00010000)经数据缓冲器被写入到 10 号存储单元。此期间 PC 同样被加 1,变成 4。

(10) 继续执行下面的程序。

从上面的程序执行过程可以看出,计算机的工作过程是将内存中的指令逐条取出并执行的过程,这个过程是自动的、连续的,不需要人的干预。需要指出,指令的执行过程包括对指令的译码。控制器通过指令译码才知道这条指令是什么指令,才能发出相应的微操作命令。

4.4　总线和系统板

计算机由多个部件组成,这些部件之间如何连接和交换信息是非常重要的,本节主要介绍总线和系统板的组成。

4.4.1　什么是总线

在 CPU、存储器和外部设备进行连接时,在所有的两个设备之间都用导线连接,线路会十分复杂,微机系统采用了总线结构。所谓总线(Bus)就是在两个以上数字设备之间提供传送信息的公共通路。Bus 在日常生活中的含义是公共汽车或巴士。在计算机中,内地译名为总线,港台译名为汇流排。

1. 总线的组成

在物理上,总线是由传输线和三态器件(三态门)构成的。所谓三态器件,是指它的输出值除了为高电平(1)低电平(0)外,还有第三种状态,即输出端和输入端之间呈现高阻抗状态。采用三态器件可使连在(或者说挂接在)总线上的信息源在不发送信息时,对总线呈高阻状态,即和总线是"脱开"的,从而保证总线上信息的正确传输。需要指出,当采用并行传送方式时,一根总线在一个时刻只能传送一位二进制信息,若要同时传送 n 位信息,则需 n 根总线。当然,还需要至少一根线以提供这些信息所对应的公共电位,通常是地电位。也就是说,总线中应包括地线。

2. 总线的类型

从功能上来对数据总线进行划分,通常分为三部分:数据总线 DB(Data Bus)、地址总线 AB(Address Bus)、控制总线 CB(Control Bus)。三者在物理上都做在一起,工作时各司其职。总线可以单向传送数据,也可以双向传送,还可以在多个设备之间选择出唯一的源地址和目的地址。因此,不能把总线理解为多股导线,它还包括相应的控制与驱动电路。

(1) 数据总线，在 CPU 与内存及输入或输出设备之间传送数据。数据总线位数的多少，反映了一次传送数据的能力。显然，CPU 的位数不能少于总线的传输位数。例如，对 8 位的数据总线而言，若 CPU 的字长也是 8 位，则表示 CPU 内的 8 位数据信息的接收或发送可在总线上一次完成；若 CPU 字长是 16 位，则 CPU 中的数据需要在总线上传送两次。数据总线上传送的数据信息是双向的，即有时是送入 CPU 的，有时是从 CPU 送出的。

(2) 控制总线，用来传送控制器的各种控制信号。它基本上分为两类：一类是由 CPU 向内存或外设发送的控制信号；另一类是由外设或有关接口电路向 CPU 送回的信号，包括内存的应答信号。

(3) 地址总线，用来传送存储单元或输入输出接口地址信息。地址总线的根数反映了一个计算机系统的最大内存容量。AB 的数量受 CPU 寻址能力的限制。例如，8 位 CPU 芯片，地址总线一般为 16 位，可寻址内存单元数为 $2^{16}=65\,536$ 个地址，即内存最大容量可达 64KB。又如，8088 CPU 芯片有 20 根地址线，可寻址内存单元数为 $2^{20}=524\,288$ 个地址，即内存最大容量为 1MB。

总线结构决定了计算机系统的基本结构，是决定计算机性能的重要因素。随着计算机系统结构的不断改进，总线也在不断发展。采用系统总线使主传输通道的传输速率大大提高以后，某些局部传输速率开始成为整个系统速率的瓶颈。解决这些问题的方法是采用一些局部总线，如 CPU 内部传输数据的 CPU 内部总线、CPU 与内存储器进行传输数据的存储器总线、系统与外部设备进行数据传输的外部设备总线等，从而形成主板上总线的三个层次：系统总线、局部总线和 CPU 总线。

3. 常见 PC 总线简介

(1) STD 总线：STD 总线由 Pro-Log 公司于 1978 年推出，同年被美国电子电气工程师协会列为 IEEE 961 标准。它是一种面向工业测控领域的总线，主要用于过程控制、数控机床、机器人、仪器仪表、数据采集等。STD 总线原为 8 位总线，后扩展为 16 位。现已出现 32 位的 STD32 总线。

(2) IBM PC/XT 总线：IBM PC/XT 总线是 1981 年 IBM 推出的 PC/XT 所用的总线。该总线针对 Intel 8088 芯片设计，具有开放式结构，可在 IBM PC/XT 机的主板上使用总线扩展插座，通过接口板使外围设备与主机相连。PC/XT 总线定义了 62 根信号线，其中数据线 8 根，地址线 20 根（直接寻址范围为 $2^{20}=1$MB），控制线 26 根（含时钟信号），电源 5 根，地线 3 根。

(3) IBM PC/AT 总线：为了配合 Intel 80286 等微处理器，IBM 公司在 PC/XT 总线的基础上，增加了 8 根数据线，使总线数据宽度增至 16 位；有 24 根地址线（直接寻址范围为 $2^{24}=16$MB）；增加了 4 根中断信号线、8 根 DMA 控制线等；另外还增加了一个 36 线的扩展插座，形成了 AT 总线（98 线）。该总线也称为 IBM 公司的工业标准结构（Industry Standard Architecture，ISA）总线。

(4) MCA(Micro Channel Architecture)总线：微通道结构总线是 IBM 公司 1987 年宣布的系统总线结构。它是为微型、小型、中型和大型计算机设计的，首先用于 PS/2 系列 PC。它引入了多主系统及仲裁控制的概念,在电气和机械方面与 PC/XT/AT 总线不兼容,现已经很少使用 MCA 总线。

（5）EISA(Extended Industry Standard Architecture,扩展工业标准结构)总线:由于 IBM 公司的 32 位 MCA 总线结构与 PC/XT/AT 不兼容,为了继承和发展 ISA 结构,1988 年,以 Compaq 为首的 9 家 PC/XT/AT 兼容机厂商联合起来,为 32 位 PC 设计了一个新的工业标准。EISA 的 32 位地址线可以直接寻址范围为 4GB,32 位数据位,最大传输速率为 33Mb/s,同时与 ISA 总线兼容。

（6）VESA(Video Electronics Standard Association,视频电子标准协会)总线:该总线能支持多种微处理器,不需要专用芯片,因而成本低,其数据总线宽度为 32 位,可扩展为 64 位,也支持 16 位 CPU,如 386SX。最大总线传输速率为 132Mb/s。与 ISA/EISA/MCA 兼容。可支持 0～3 个 VL-Bus 插槽。VL-Bus 主要用于高速视频控制卡、硬盘控制卡和局域网卡。

（7）PCI(Peripheral Component Interconnection,外设组件互连)总线:是一种将系统中外部设备以结构化与可控制方式连接起来的总线标准,包括系统部件连接的电气特性及行为。PCI 总线的数据吞吐量大,总线宽度 32 位/64 位,总线时钟频率 33MHz/66MHz。在时钟频率 33MHz 时,最大数据传输速率为 264Mb/s。该总线和具体的处理器无关,同一个 PCI 设备,可以适用于各种机型。PCI 总线的设计也使各种 PCI 外设卡可即插即用,PCI 总线是 PC 上目前使用最广泛的总线结构。

PCI 总线的主要性能如下:

① 支持 10 台外设。

② 总线时钟频率 33MHz/66MHz。

③ 最大数据传输速率 133Mb/s。

④ 时钟同步式。

⑤ 与 CPU 及时钟频率无关。

⑥ 总线宽度 32 位/64 位。

⑦ 能自动识别外投。

（8）USB(Universal Serial Bus,通用串行总线)总线:允许数据从串行口快速传输到计算机的总线或内部数据通道,在 CD 和 DVD 播放器、视频和声音设备以及游戏杆等外设上已有较强应用。

现在 MCA、EISA、VESA 总线已经淘汰,ISA 总线还有少量应用,PCI 总线已成为主流。各种不兼容的总线插槽的尺寸、颜色都不一样,以避免在连接时相互插错。例如,ISA 总线的颜色为黑色;PCI 总线主要用于声卡等部件的插槽,颜色为白色;AGP(Accelerated Graphic Ports)总线对图形加速具有很好的作用,主要用于显示卡、3D 图形加速卡等部件的插槽,颜色为棕色。

4.4.2　主板的功能是什么

主板(Main Board)又称为母板(Mother Board),安装于主机箱内。主板是一块多层印刷电路板,上面安装组成计算机的主要电路系统包括 BIOS(Basic Input Output System)芯片、I/O 控制芯片、键盘接口、面板控制开关接口、指示灯插接件、扩充插槽、主板及插卡的直流电源供电插座元件。

主板还集成了 CPU 或 CPU 插口及其控制电路,实现 CPU 与外部设备进行数据交换的总线。图 4.16 所示为一款主板的外形结构。

图 4.16　主板的外形结构

1. 主板结构分类

AT 标准尺寸的主板,因 IBM PC/A 机首先使用而得名,有的 486、586 主板也采用 AT 结构布局。

Baby AT 袖珍尺寸的主板,比 AT 主板小,因而得名。很多原装机的一体化主板首先采用此主板结构。

ATX &127 改进型的 AT 主板,对主板上元件布局作了优化,有更好的散热性和集成度,需要配合专门的 ATX 机箱使用。

一体化(All In One)主板上集成了声音、显示等多种电路,一般不需再插卡就能工作,具有高集成度和节省空间的优点,但也有维修不便和升级困难的缺点。在原装品牌机中采用较多。

NLX 主板是 Intel 最新的主板结构,最大特点是主板、CPU 的升级灵活方便有效,不再需要每推出一种 CPU 就必须更新主板设计。此外,还有一些上述主板的变形结构,如华硕主板就大量采用了 3/4 Baby AT 尺寸的主板结构。

2. 主板的构成

(1) 芯片部分

BIOS 芯片:是一块方块状的存储器,里面存有与该主板搭配的基本输入输出系统程序。能够让主板识别各种硬件,还可以设置引导系统的设备,调整 CPU 外频等。

南北桥芯片:横跨 AGP 插槽左右两边的两块芯片就是南北桥芯片。南桥多位于 PCI 插槽的上面;而 CPU 插槽旁边,被散热片盖住的就是北桥芯片。芯片组以北桥芯片为核心,一般情况下,主板的命名都是以北桥的核心名称命名的。北桥芯片主要负责处理

CPU、内存、显卡三者间的"交通"，由于发热量较大，因而需要散热片散热。南桥芯片则负责硬盘等存储设备和 PCI 之间的数据流通。南桥和北桥合称芯片组。芯片组在很大程度上决定了主板的功能和性能。现在在一些高端主板上将南北桥芯片封装到一起，只有一个芯片，这样大大提高了芯片组的功能。

RAID(Redundant Array of Independent Disk，独立冗余磁盘阵列)控制芯片：相当于一块 RAID 卡的作用，可支持多个硬盘组成各种 RAID 模式。目前主板上集成的 RAID 控制芯片主要有两种：HPT372 RAID 控制芯片和 Promise RAID 控制芯片。

（2）扩展槽部分

所谓的"插拔部分"是指这部分的配件可以用"插"来安装，用"拔"来反安装。

内存插槽：内存插槽一般位于 CPU 插座下方。图 4.16 中的是双倍速率同步动态随机存储器 DDR(Double Data Rate)插槽，这种插槽的线数为 184 线。

AGP 插槽：颜色多为深棕色，位于北桥芯片和 PCI 插槽之间。AGP 插槽有 1×、2×、4× 和 8× 之分。AGP 4× 的插槽中间没有间隔，AGP 2× 则有。在 PCI Express 出现之前，AGP 显卡较为流行，其传输速度最高可达到 2133Mb/s(AGP 8×)。

PCI Express 插槽：随着 3D 性能要求的不断提高，AGP 已越来越不能满足视频处理带宽的要求，目前主流主板上显卡接口多转向 PCI Express。PCI Express 插槽有 1×、2×、4×、8× 和 16× 之分。

PCI 插槽：PCI 插槽多为乳白色，是主板的必备插槽，可以插上软 Modem、声卡、股票接受卡、网卡、多功能卡等设备。

CNR 插槽：网络通信扩展卡(Communication and Networking Riser，CNR)，多为淡棕色，长度只有 PCI 插槽的一半，可以接 CNR 的软 Modem 或网卡。这种插槽的前身是 AMR 插槽。CNR 和 AMR 不同之处在于 CNR 增加了对网络的支持性，并且占用的是 ISA 插槽的位置。共同点是它们都是把软 Modem 或是软声卡的一部分功能交由 CPU 来完成。

（3）对外接口部分

硬盘接口：硬盘接口可分为 IDE(Integrated Drive Electronics)接口和 SATA(Serial Advanced Technology Attachment)接口。在型号老些的主板上，多集成 2 个 IDE 口，通常 IDE 接口都位于 PCI 插槽下方，从空间上则垂直于内存插槽。而新型主板上，IDE 接口大多缩减，甚至没有，代之以 SATA 接口。

软驱接口：连接软驱所用，多位于 IDE 接口旁，比 IDE 接口略短一些，因为它是 34 针的，所以数据线也略窄一些。

COM 接口(串口)：目前大多数主板都提供了两个 COM 接口，分别为 COM1 和 COM2，作用是连接串行鼠标和外置 Modem 等设备。但现在市面上已很难找到基于该接口的产品。

PS/2 接口：PS/2 接口的功能比较单一，仅能用于连接键盘和鼠标。虽然现在绝大多数主板依然配备该接口，但支持该接口的鼠标和键盘越来越少。在不久的将来，被 USB 接口所完全取代的可能性极高。

USB 接口：USB 接口是现在最为流行的接口，最大可以支持 127 个外设，并且可以独立供电,其应用非常广泛。USB 接口可以从主板上获得 500mA 的电流,支持热插拔,真正做到了即插即用。高速外设的传输速率为 12Mb/s,低速外设的传输速率为 1.5Mb/s。此外,USB 2.0 标准最高传输速率可达 480Mb/s。USB 3.0 已经开始出现在最新主板中,不久将会被推广。

LPT 接口(并口):一般用来连接打印机或扫描仪。现在使用 LPT 接口的打印机与扫描仪已经基本很少了,多为使用 USB 接口的打印机与扫描仪。

MIDI 接口:声卡的 MIDI 接口和游戏杆接口是共用的。接口中的两个针脚用来传送 MIDI 信号,可连接各种 MIDI 设备,例如电子键盘等,现在市面上已很难找到基于该接口的产品。

SATA 接口:SATA 是串行高级技术附件,一种基于行业标准的串行硬件驱动器接口,是由 Intel、IBM、Dell、APT、Maxtor 和 Seagate 公司共同提出的硬盘接口规范,在 IDF Fall 2001 大会上,Seagate 宣布了 Serial ATA 1.0 标准,正式宣告了 SATA 规范的确立。SATA 规范将硬盘的外部传输速率理论值提高到了 150Mb/s,比 PATA 标准 ATA/100 高出 50%,比 ATA/133 也要高出约 13%,而随着未来后续版本的发展,SATA 接口的速率还可扩展到 2X 和 4X(300Mb/s 和 600Mb/s)。从其发展计划来看,未来的 SATA 也将通过提升时钟频率来提高接口传输速率,让硬盘也能够超频。

4.5 什么是输入/输出设备

我们必须将各种数据通过输入接口转换成计算机可以接收的电信号,计算机才能处理。计算机处理信息的结果必须再转换成人能识别的信息,才能为人们所利用。完成这种转换的设备称为输入/输出设备。

4.5.1 什么是输入设备

输入(Input)设备能把程序、数据、图形、图像、声音、控制现场的模拟量等信息,转换成计算机可以接收的电信号。常用的输入设备有键盘、鼠标、光笔、数字化仪、扫描仪及各种模/数(A/D)转换器等。

1. 键盘

键盘是最常用的输入设备,在键盘上布列了字母、数字、符号等按键,使用者通过按键把字母、数字、符号或控制信号输入到计算机中,如图 4.17 所示。键盘分为机械式和电容式两种键盘。

机械式键盘中每个按键下方有一对机械触点,按下键后触点的闭合和松开键后触点的分离将按键的信号输入。信号的输入是通过机械弹簧使两个导体直接接触,输入信号稳定,但击键时有噪声,且使

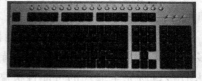

图 4.17 键盘

用寿命短,手感生硬,该类键盘现在已被淘汰。

　　电容式键盘则使用无触点开关,开关内由固定电极和活动电极组成可变电容器。当按键按下或松开时,带动活动电极引起电容变化来设置开关状态。电容键盘解决了机械磨损和接触不良等问题,噪声小,手感柔软。

　　早期键盘有 83 键和 84 键,后来发展到 101 键、104 键,有些厂家还增加一些特殊功能的键,如直接上 Internet 的快捷键等。

　　键盘的插头有 AT 键盘插头和 PS/2 键盘插头之分,可使用转换接头在两者之间转换。

2. 鼠标

　　“鼠标”的标准称呼应该是“鼠标器”,英文名 Mouse,是计算机引入图形操作系统后使用最频繁的输入和控制设备,如图 4.18 所示。

　　根据鼠标的工作原理,鼠标分为机械式鼠标、光电鼠标和光学鼠标。

　　机械式鼠标主要由滚球、辊柱和光栅信号传感器组成。当拖动鼠标时,带动滚球转动,滚球又带动辊柱转动,装在辊柱端部的光栅信号传感器产生的光电脉冲信号反映出鼠标器在垂直和水平方向的位移变化,再通过电脑程序的处理和转换来控制屏幕上光标箭头的移动。目前,机械鼠标已经被淘汰。

图 4.18　鼠标

　　光电鼠标是通过检测鼠标器的位移,将位移信号转换为电脉冲信号,再通过程序的处理和转换来控制屏幕上的光标箭头的移动。光电鼠标用光电传感器代替了滚球。这类传感器需要特制的、带有条纹或点状图案的垫板配合使用。

　　光学鼠标是微软公司设计的一款高级鼠标。它采用 Ntellieye 技术,在鼠标底部的小洞里有一个小型感光头,面对感光头的是一个发射红外线的发光管,这个发光管每秒钟向外发射 1500 次,然后感光头就将这 1500 次的反射回馈给鼠标的定位系统,以此来实现准确的定位。所以,这种鼠标可在任何地方无限制地移动。

4.5.2　什么是输出设备

　　输出(Output)设备能把计算机运行结果或过程,通过输出接口转换成人们所要求的直观形式或控制现场都接受的形式。常见的输出设备有显示器、显示卡、打印机、绘图仪及各种数/模(D/A)转换器等。

1. 显示器

　　显示器是属于计算机的输出设备。它可以分为 CRT(Cathode Ray Tube)、LCD (Liquid Crystal Display)等多种。它是一种将一定的电子文件通过特定的传输设备显示到屏幕上再反射到人眼的显示工具,如图 4.19 所示。

（1）显示器的类型

从显示器的原理或显示器件来分，可以分为阴极射线管 CRT（Cathode Ray Tube）显示器、液晶显示器 LCD（Liquid Crystal Display）、发光二极管 LED（Light Emitting Diode）显示器、等离子体显示器 PDP（Plasma Display Panel）、真空荧光显示器 VFD（Vacuum Fluorescent Display）。常见的是以下三种。

图 4.19　显示器

① 阴极射线管显示器：阴极射线管显示器的工作原理与电视机相似，即由显像管中电子枪发出的电子射线激发屏幕上的荧光粉，从而呈现出彩色的光点，再由大量光点组成图像。CRT 显示器虽然很成熟，显示质量也好，但其物理结构限制了它向更广的显示领域发展。此外，CRT 显示器的电磁辐射，也是它的弱点之一。人们开始寻找新的显示媒体，液晶显示器应运而生。

② LCD 显示器即液晶显示器。工作电压低、功耗小；没有丝毫辐射，对人体健康无损害；完全平面，无闪烁、无失真，用眼不会疲劳；可视面积大，又薄又轻，能大量节省空间，适应更多的应用领域。目前液晶显示器的价格大幅度下降，使其很快替代了 CRT 显示器。

③ LED 显示器，它是一种通过控制半导体发光二极管的显示方式，用来显示文字、图形、图像、动画、行情、视频、录像信号等各种信息的显示屏幕。

LED 显示器集微电子技术、计算机技术、信息处理于一体，以其色彩鲜艳、动态范围广、亮度高、寿命长、工作稳定可靠等优点，成为最具优势的新一代显示媒体，目前，LED 显示器已广泛应用于大型广场、商业广告、体育场馆、信息传播、新闻发布、证券交易等，可以满足不同环境的需要。

（2）液晶显示器的技术参数

可视面积：即为显示器可以显示图形的最大范围。对液晶显示器而言，显示器所标示的尺寸就是实际可以使用的屏幕范围。例如，一个 15.1 英寸的液晶显示器约等于 17 英寸 CRT 屏幕的可视范围。

可视角度：指用户可以从不同的方向清晰地观察屏幕上所有内容的角度。由于提供液晶显示器显示的光源经折射和反射后输出时带有一定的方向性，因此在超出这一范围观看会产生色彩失真现象，而 CRT 显示器则不会有这个问题。液晶显示器的可视角度左右对称，而上下则不一定对称。如果可视角度为左右 80°，表示在始于屏幕法线 80° 的位置时可以清晰地看见屏幕图像。随着科技的发展，有些厂商开发出各种广视角技术，试图改善液晶显示器的视角特性，这些技术能把液晶显示器的可视角度最多增加到 178°，已经非常接近传统的 CRT 显示器。

点距：指用于构成液晶显示器的像素点之间的距离。一般 14 英寸 LCD 的可视面积为 285.7mm×214.3mm，它的最大分辨率为 1024×768 像素，那么点距就等于：可视宽度/水平像素（或者可视高度/垂直像素），即 285.7/1024＝0.279mm（或者是214.3/768＝0.279mm）。

色彩度：指显示器能显示出的颜色数量。液晶显示器中每个像素点由红（R）、绿（G）和蓝（B）这三种基色组成，其他颜色均为这三种基色的不同程度组合。如果每个基色（R、G、B）达到 6 位，即每个基色有 64 种表现度，那么每个独立的像素就有 $64 \times 64 \times 64 = 262\,144$ 种色彩。也有不少厂商使用了所谓的 FRC（Frame Rate Control）技术以仿真的方式来表现出全彩的画面，使每个基本色（R、G、B）能达到 8 位，即 256 种表现度，那么每个独立的像素就有高达 $256 \times 256 \times 256 = 16\,777\,216$ 种色彩了。

对比值：对比值定义为最大亮度值（全白）除以最小亮度值（全黑）的比值。CRT 显示器的对比值通常高达 500：1。LCD 为了要得到全黑画面，液晶模块必须完全把由背光源而来的光完全阻挡，但总是会有一些漏光发生。一般来说，人眼可以接受的对比值约为 250：1。

亮度值：指液晶显示器的最大亮度，通常由冷阴极射线管（背光源）来决定，亮度值一般都在每平方米 $200 \sim 250$ 坎德拉（$\mathrm{cd/m^2}$）间。液晶显示器的亮度略低，会觉得屏幕发暗。如今市场上液晶显示器的亮度普遍都为 $250\mathrm{cd/m^2}$，超过 24 英寸的显示器则要稍高，但也基本维持在 $300 \sim 400\mathrm{cd/m^2}$ 间。但是这并不代表亮度值越高越好，因为太高亮度的显示器有可能使观看者眼睛受伤。

响应时间：指液晶显示器各像素点对输入信号反应的速度。此值当然是越小越好，若显示器响应时间过长将导致明显的拖尾现象，在对比强烈而且快速切换的画面上尤其明显。一般的液晶显示器的响应时间在 $5 \sim 10\mathrm{ms}$ 之间，一线品牌的产品中，普遍达到了 5ms 以下的响应时间，基本避免了尾影拖曳问题产生。

2．显示卡

显示卡全称显示接口卡（Video Card，Graphics Card），又称为显示适配器（Video Adapter），显示器配置卡简称为显卡，是个人计算机最基本组成部分之一，如图 4.20 所示。显卡的用途是将计算机系统所需要的显示信息进行转换驱动，并向显示器提供行扫描信号，控制显示器的正确显示，是连接显示器和个人计算机主板的重要元件。

（1）显卡的基本原理

显示卡的主要作用是对图形函数进行加速。早期的计算机，显示卡有彩色图形适配器 CGA（Color Graphics Adapter）、增强图形适配器 EGA（Enhanced Graphics Adapter）或 VGA（Video Graphics Array）标准，可以对大多数图像进行处理，但是它们只是起一种传递作用，我们所看到一切都是由 CPU 提供的。对组合复杂的图形和高质量的图像的处理，CPU 也无法对众多的图形函数进行处理，最根本的

图 4.20　显示卡

解决方法就是图形加速卡。图形加速卡拥有自己的图形函数加速器和显存，这些都专门用来执行图形加速任务，因此可以大大减少 CPU 所必须处理的图形函数，使 CPU 得以执行其他更多的任务，从而提高了计算机的整体性能。

显存也被称为帧缓存,用来存储要处理的图形的数据信息。在屏幕上所显现的每一个像素,都由 4~32 位数据来控制它的颜色和亮度,加速芯片和 CPU 对这些数据进行控制,显示卡中的 RAMDAC(随机数模转换记忆体)读入这些数据并把它们输出到显示器。最初使用的显存是 DRAM(基本已经绝迹),多为低端加速卡使用的 EDO DRAM,以及现在被广泛使用的 SDRAM 和 SGRAM。这些都是单端口存储器,还有一类就是较昂贵的双端口 VRAM 和 WRAM。

（2）显示卡的类型

在显示系统的发展过程中,根据显示器和显示卡的类型,可以分为 MDA 单色显示器和 MDA 显示卡、CGA 显示器和 CGA 显示卡、EGA 显示器和 EGA 显示卡、VGA 显示器和 VGA 显示卡、TVGA 显示器和 TVGA 显示卡等。根据显示卡的总线类型,可以将显示卡分为 ISA 显示卡、EISA 显示卡、VESA 显示卡、PCI 显示卡和 AGP 显示卡。每一种类型的显示器或某种总线类型,要使用相应类型的显示卡。

（3）显示卡的主要性能指标

显示卡的基本性能指标有三个:刷新率、最大分辨率和颜色数。

刷新率是指影像在显示器上的更新速度,即每秒重绘屏幕的次数,它的标准单位是 Hertz(Hz)。如今 RAMDAC 所提供的刷新率最高可达到 250Hz。过低的刷新率会使用户感到屏幕严重的闪烁,时间一长就会使眼睛感到疲劳,所以刷新率应该大于 72Hz。

最大分辨率指的是在屏幕上所呈现出来的像素数目,它由两部分来计算,分别是水平行的点数和垂直行的点数;例如分辨率为 640×80 像素的图像应由 640 个水平点和 480 个垂直点组成。通常分辨率可以为 640×480 像素、800×600 像素、1024×768 像素、1152×864 像素、1280×1024 像素和 1600×1200 像素或更高。更高的分辨率可以在屏幕上显示更多的东西。

颜色数又称为色深,决定屏幕上每个像素有多少种颜色。每一个像素都用红、绿、蓝三种基本颜色组成,像素的亮度也是由它们控制。当三种颜色都设定为最大值时,像素就呈现为白色,当它们都设定为零时,像素就呈现为黑色。通常色深可以设定为 4 位、8 位、16 位、24 位色,当然色深的位数越高,所能够得到的颜色就越多,屏幕上的图像质量就越好,见表 4.4。

表 4.4　颜色数

色　深	所显示色数	每像素的数据量	一　般　名　称
4 位色	16	0.5 字节	标准 VGA
8 位色	256	1.0 字节	256 色
16 位色	65 536	2.0 字节	高彩
32 位色	1 677 721	4.0 字节	真彩

为了使系统和图形加速卡之间的数据传输获得比 PCI 总线更高的带宽,AGP 便应运而生。AGP 和 PCI 的区别在于 AGP 是一个"图形端口",这意味着它只能连接一个终端,而这个终端又必须是图形加速卡。AGP 为图形加速卡提供了直接通向芯片组的专线。AGP 同样是 32 位的数据宽度,但它的工作频率从 66MHz 开始。

3. 打印机

打印机也是很常用的输出设备。它在来自主机的命令的控制下，能把程序的内容和运行结果打印在纸上，以便保存。打印机的种类很多，常用有针式打印机、喷墨打印机和激光打印机。

（1）针式打印机

针式打印机以针式撞击方式使打印头通过色带在纸上印出计算机输出结果的打印机，如图 4.21 所示。它的打印头由若干个针组成，通过不同的点即可组成所需的字符或图形，打印时让相应的针头接触色带击打纸面来完成打印。

图 4.21 针式打印机

由此可见针数的多少，会直接影响打印质量和速度。一般它有 9 针、18 针、24 针、甚至 48 针的。目前，我们日常使用的主要是 24 针的打印机。需要强调指出的是，打印针并不是排成方阵形式，而只是所打印字符矩阵中的一列，即它们的全部针都排成一条垂线。打印时，本列哪些点需要打印，打印机控制相应的针头撞击色带，打印完一列针头水平移动，紧接着打印下一列。一个 5 号汉字是 24×24 点阵，需要打印 24 次方能完成。针头的伸缩是由电磁铁电流的通断来激励的。

针式打印机的优点是结构简单，价格低廉，维护费用低，可打印较宽的幅面，可以打印蜡纸和多层压感纸。

（2）喷墨打印机

喷墨打印机是非击打式打印机，它是通过向打印纸的相应位置喷射墨点实现图像和文字的输出，其外形如图 4.22 所示。

喷墨打印机可分为固态喷墨和液态喷墨两种。固态喷墨是美国泰克（Tektronix）公司的专利技术，它使用的墨在常温下为固态，打印时墨被加热液化后喷射到纸张上，并渗透其中，附着性相当好，色彩极为鲜艳。但这种打印机昂贵，适合于专业用户选用。

液体喷墨方式又可分为气泡式（CANON 和 HP）与液体压电式（EPSON）。

气泡技术（Bubble Jet）是通过加热喷嘴，使墨水产生气泡，喷到打印介质上的。与此相似，HP 采用的热感技术（Thermal Jet）也是将墨水与打印头设计

图 4.22 喷墨打印机

成一体，遇热将墨水喷射出去。由于墨水在高温下易发生化学变化，性质不稳定，所以打出的色彩真实性就会受到一定程度的影响；另外，由于墨水是通过气泡喷出的，墨水微粒的方向性与体积大小不好掌握，打印线条边缘容易参差不齐，一定程度地影响了打印质

量,这都是它的不足之处。微压电打印头技术是利用晶体加压时放电的特性,在常温状态下稳定地将墨水喷出。它有着对墨滴控制能力强的特点,容易实现 1440dpi 的高精度打印质量,且做压电喷墨时无须加热,墨水就不会因受热而发生化学变化,故大大降低了对墨水的要求。

喷墨打印机的优点是打印质量好,可打印彩色图形和图像,无噪声,打印速度快;其缺点是因墨盒比较贵导致打印成本较高,且对纸的要求较高。

(3) 激光打印机

激光打印机是高档非击打式打印机,它除了具有传统概念上的高质量文字及图形、图像打印效果外,为了更好地适应信息技术发展的需求,新产品中均增加了办公自动化所需要的网络功能,如图 4.23 所示。

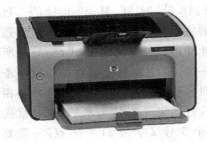

图 4.23　激光打印机

激光打印机是利用电子成像技术进行打印的。当调制激光束在硒鼓上沿轴向进行扫描时,按点阵组字的原理,使鼓面感光,构成负电荷阴影。当鼓面经过带正电的墨粉时,感光部分就吸附上墨粉,然后将墨粉转印到纸上,纸上的墨粉经加热熔化形成永久性的字符和图形。

激光打印机工作速度快、文字分辨率高,作为输出设备主要用于平面设计、广告创意、服装设计等。

激光打印机打印的文字及图像非常清楚,针式打印机和喷墨打印机无法与之比较。新型产品还带有网络功能,为办公室联网打印起到了推动作用。但它的价格较高,尚未普及到小型办公室环境及家庭使用阶段。

计算机的输出设备还有绘图仪等,不再一一介绍。

4.6　CPU 和计算机体系的发展过程

4.6.1　CPU 的发展过程

1. CPU 诞生过程

CPU 这个名称,早期是对一系列可以执行复杂的计算机程序或电脑程式的逻辑机器的描述。从 20 世纪 70 年代开始,由于集成电路的大规模使用,把本来需要由数个独立单元构成的 CPU 集成为一块微小但功能空前强大的微处理器。

1971 年,当时还处在发展阶段的 Intel 公司推出了世界上第一台真正的微处理器——4004。这不但是第一个用于计算器的 4 位微处理器,也是第一款个人有能力买得起的计算机处理器。

4004 含有 2300 个晶体管,功能相当有限,而且速度还很慢,被当时的蓝色巨人 IBM 以及大部分商业用户不屑一顾,但是它毕竟是划时代的产品,从此以后,Intel 公司便与微处理器结下了不解之缘。可以这么说,CPU 的历史发展历程其实也就是 Intel 公司 x86 系列 CPU 的发展历程,就通过它来展开"CPU 历史之旅"。

1978 年,Intel 公司首次生产出 16 位的微处理器,并命名为 i8086,同时还生产出与之相配合的数字协处理器 i8087,这两种芯片使用相互兼容的指令集,但在 i8087 指令集中增加了一些专门用于对数、指数和三角函数等数学计算的指令。由于这些指令集应用于 i8086 和 i8087,所以人们也把这些指令集中统一称之为 x86 指令集。

1979 年,Intel 公司推出了 8088 芯片,它仍旧属于 16 位微处理器,内含 29 000 个晶体管,时钟频率为 4.77MHz,地址总线为 20 位,可使用 1MB 内存。8088 内部数据总线是 16 位,外部数据总线是 8 位,而它的兄弟 8086 则均为 16 位。

2. 微机时代的来临

1981 年,8088 芯片首次用于 IBM 的 PC(Personal Computer,个人计算机)机中,开创了全新的微机时代。也正是从 8088 开始,PC 的概念开始在全世界范围内发展起来。

1982 年,Intel 公司已经推出了划时代的最新产品 80286 芯片,该芯片比 8086 和 8088 都有了飞跃的发展,虽然它仍旧是 16 位结构,但是在 CPU 的内部含有 14.3 万个晶体管,时钟频率由最初的 6MHz 逐步提高到 20MHz。其内部和外部数据总线皆为 16 位,地址总线 24 位,可寻址 16MB 内存。从 80286 开始,CPU 的工作方式也演变出两种来:实模式和保护模式。

1985 年,Intel 公司推出了 80386 芯片,它是 80x86 系列中的第一种 32 位微处理器,而且制造工艺也有了很大的进步,与 80286 相比,80386 内部内含 27.5 万个晶体管,时钟频率为 12.5MHz,后提高到 20MHz、25MHz、33MHz。80386 的内部和外部数据总线都是 32 位,地址总线也是 32 位,可寻址高达 4GB 内存。它除具有实模式和保护模式外,还增加了一种叫虚拟 86 的工作方式,可以通过同时模拟多个 8086 处理器来提供多任务能力。

3. 高速 CPU 时代的腾飞

1990 年,Intel 公司推出的 80386 SL 和 80386 DL 都是低功耗、节能型芯片,主要用于便携机和节能型台式机。80386 SL 与 80386 DL 的不同在于前者是基于 80386 SX 的;后者是基于 80386 DX 的,但两者皆增加了一种新的工作方式:系统管理方式。当进入系统管理方式后,CPU 就自动降低运行速度、控制显示屏和硬盘等其他部件暂停工作,甚至停止运行,进入"休眠"状态,以达到节能目的。

1989 年,大家耳熟能详的 80486 芯片由 Intel 公司推出,这种芯片的伟大之处就在于它突破了 100 万个晶体管的界限,集成了 120 万个晶体管。80486 的时钟频率从 25MHz 逐步提高到了 33MHz、50MHz。80486 是将 80386 和数字协处理器 80387 以及一个 8KB 的高速缓存集成在一个芯片内,并且在 80x86 系列中首次采用了精简指令集 RISC (Reduced Instruction Set Computer)技术,可以在一个时钟周期内执行一条指令。它还采用了突发总线方式,大大提高了与内存的数据交换速度。Intel i486 的外形及针脚如

图 4.24 所示。

图 4.24　Intel i486 的外形及针脚

由于这些改进，80486 的性能比带有 80387 数字协处理器的 80386 DX 提高了 4 倍。80486 和 80386 一样，也陆续出现了几种类型。上面介绍的最初类型是 80486 DX。

4. 奔腾时代

Pentium(奔腾)微处理器于 1993 年 3 月推出，它集成了 310 万个晶体管。它使用多项技术来提高 CPU 的性能，主要包括采用超标量结构，内置应用超级流水线技术的浮点运算器，增大片上的 Cache 容量，采用内部奇偶校验检验内部处理错误等。

双核处理器是指在一个处理器上集成两个运算核心，从而提高计算能力。最近逐渐热起来的"双核"概念主要是指基于 x86 开放架构的双核技术。在这方面，起领导地位的厂商主要有 AMD 和 Intel 两家。其中，两家的思路又有不同。AMD 从一开始设计时就考虑到了对多核心的支持。所有组件都直接连接到 CPU，消除系统架构方面的挑战和瓶颈。两个处理器核心直接连接到同一个内核上，核心之间以芯片速度通信，进一步降低了处理器之间的延迟。而 Intel 采用多个核心共享前端总线的方式。专家认为，AMD 的架构更容易实现双核以至多核，Intel 的架构会遇到多个内核争用总线资源的瓶颈问题。

四核 CPU 实际上是将两个 Conroe 双核处理器封装在一起，英特尔可以借此提高处理器成品率，因为如果四核处理器中如果有任何一个产生缺陷，都能够让整个处理器报废。Core 2 Extreme QX6700 在 Windows XP 系统下被视作四颗 CPU，但是分属两组核心的两颗 4MB 的二级缓存并不能够直接互访，影响执行效率。Core 2 Extreme QX6700 功耗 130W，在多任务及多媒体应用中性能提升显著，但是尚缺乏足够的应用软件支持。

四核处理器是企业内服务器的理想选择，因为大多数数据中心内都是多线程软件，四核可以充分发挥其优势，四核处理器如图 4.25 所示。四核为同时运行多种任务、创建数字内容提供了很好的性能保障，但除了游戏机、高端模型机，桌面计算机几乎不需要四核。由于虚拟化已经越来越重要并且得到更多的应用，因而需要四核来支持运行一个系统上的多负载或者一个服务器上的多重应用和多个操作系统。一个服务器上得以有更多的核，从而减少了数据中心所需要的服务器数量。

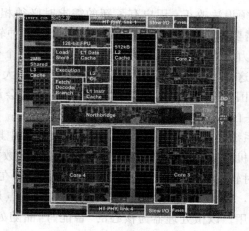

图 4.25　四核处理器架构

4.6.2　计算机系统结构的发展过程

计算机体系结构就是指适当地组织在一起的一系列系统元素的集合。通常包含的系统元素有：计算机软件、计算机硬件、人员、数据库、文档和过程。其中，软件是程序、数据结构和相关文档的集合，用于实现所需要的逻辑方法、过程或控制；硬件是提供计算能力的电子设备和提供外部世界功能的电子机械设备；人员是硬件和软件的用户和操作者；数据库是通过软件访问的大型的、有组织的信息集合；文档是描述系统使用方法的手册、表格、图形及其他描述性信息；过程是一系列步骤，它们定义了每个系统元素的特定使用方法或系统驻留的过程性语境。计算机体系结构也就是程序员所看到的计算机的属性，即概念性结构与功能特性。按照计算机系统的多级层次结构，不同级程序员所看到的计算机具有不同的属性。计算机系统已经经历了四个不同的发展阶段。

第一阶段，20 世纪 60 年代中期以前，是计算机系统发展的早期时代。在这个时期通用硬件已经相当普遍，软件却是为每个具体应用而专门编写的，大多数人认为软件开发是无须预先计划的事情。这时的软件实际上就是规模较小的程序，程序编写起来相当容易，也没有什么系统化的方法，对软件开发工作更没有进行任何管理。这种个体化的软件环境，使得软件设计往往只是在人们头脑中隐含进行的一个模糊过程，除了程序清单之外，根本没有其他文档资料保存下来。

第二阶段，从 20 世纪 60 年代中期到 70 年代中期，是计算机系统发展的第二代。在这十年中，多道程序、多用户系统引入了人机交互的新概念，开创了计算机应用的新境界，使硬件和软件的配合上了一个新的层次。实时系统能够从多个信息源收集、分析和转换数据，从而使得进程控制能以毫秒而不是分钟来进行。在线存储技术的进步导致了第一代数据库管理系统的出现。这一阶段的一个重要特征是出现了"软件作坊"，广泛地使用大量的软件产品，由于"软件作坊"基本上仍然沿用早期形成的个体化软件开发方法，开发出的软件产品均为个人编写的程序，缺乏相应的文档资料，在出错调试、通用性、可维护性等方面都具有一定的局限性。随着计算机应用的日益普及，软件数量急剧膨胀。在程序运行时发现的错误必须设法改正；用户有了新的需求时必须相应地修改程序；硬件或操作系统更新时，通常需要修改程序以适应新的环境。上述种种软件维护工作，以令人吃惊的比例耗费了大量人力物力资源。更严重的是，许多程序的个体化特性使得它们最终成为不可维护的软件。这样，"软件危机"就出现了。1968 年北大西洋公约组织的计算机科学家在联邦德国召开国际会议，讨论软件危机课题，在这次会议上正式提出并使用了"软件工程"这个名词，一门新兴的工程学科就此诞生了。

第三阶段，计算机系统发展的第三代是从 20 世纪 70 年代中期开始的 10 年。分布式系统极大地增加了计算机系统的复杂性，局域网、广域网、宽带数字通信以及对"即时"数据访问需求的增加，都对软件开发者提出了更高的要求。但是，在这个时期软件仍然主要在工业界和学术界应用，个人应用还很少。这个时期的主要特点是出现了微处理器，而且微处理器获得了广泛应用。以微处理器为核心的"智能"产品随处可见，最重要的智能产品是个人计算机。在不到 10 年的时间里，个人计算机已经成为大众化的商品。

第四阶段，在计算机系统发展的第四代已经不再看重单台计算机和程序，人们感受到的是硬件和软件的综合效果。由复杂操作系统控制的强大的桌面机及局域网和广域网，与先进的应用软件相配合，已经成为当前的主流。计算机体系结构已迅速地从集中的主机环境转变成分布的客户机/服务器(或浏览器/服务器)环境。世界范围的信息网为人们进行广泛交流和资源的充分共享提供了条件。软件产业在世界经济中已经占有举足轻重的地位。随着时代的前进，新的技术也不断地涌现出来。面向对象技术已经在许多领域迅速地取代了传统的软件开发方法。

4.7　对计算机诞生和发展有突出贡献的科学家

4.7.1　拉尔夫·帕尔默

拉尔夫·帕尔默(Ralph Lee Palmer)1909 年 6 月出生在美国纽约的卡茨凯尔(N. Y. Catskill)，1931 年毕业于联合学院(Union College)，获工程学学士学位。因"对 IBM 604 电子计算器"(For the IBM 604 Electronic Calculator)所作出的贡献而荣获1989 年的计算机先驱奖。

IBM(国际商用机器公司)公司早在 20 世纪 30 年代就开始生产穿孔卡片计算机，当时主要是为了满足制表的需要。比如煤气公司或电力公司要向用户发出收费账单。穿孔卡片计算机大大减轻了煤气公司或电力公司这方面的工作。IBM 公司这方面的第一个产品叫 IBM 601，是 1935 年开始生产的，很受用户欢迎。之后，IBM 公司又推出了其改进型号 602、602A、603 等，但其运算部件都是基于继电器的，完成一个乘法大约需要 1 秒钟。20 世纪 40 年代中期，IBM 创始人小沃森让帕尔默组织一个小组研究如何进一步改进这种机器，使其有更强大的功能和更好的性能。帕尔默受领这个任务以后，与小组的其他成员经过深入研究以后，大胆决定采用电子电路代替继电器以实现产品的更新换代。

帕尔默作出这一决定是不容易的,因为对于电子元器件的可靠性当时大多数人还心存疑虑,对于它的重要性也还有许多人视而不见。1948 年,采用电子管电路的 IBM 604 问世,如图 4.26 所示。它包含 1400 个电子管,有 8 个内部寄存器(但通常成对使用,因此实际工作寄存器为 4 个),每个寄存器为 8 个十进制数字。它的存储器容量为 50 个十进制数字,比 IBM 603 多一倍。除了前几种型号都能做的加、减、乘三种运算外,604 还能自动做除法,这样,604 就首次实现了全部四则运算。604 在从卡片上读入数据以后,能根据编好的程序自动完成多至 60 步的运算,然后把结果穿在同一张卡片上,所需时间最多 80ms。这样,604 每分钟大约可以处理 100 张卡片,这在当时是一个令人惊叹不已的数字。

图 4.26　IBM 604

IBM 604 的另一个创造是将电路做在可以插拔的电路板上,这样就可以通过更换电路板撤换有故障的电路,大大方便了机器的维修。这一创举很快就在电子工业中推广开来了。

4.7.2　杰克·基尔比

在基尔比之前,电晶体取代笨重不稳定的真空管,但随电路系统不断扩张,元件愈来愈大,却遇到新瓶颈。尤其生产一颗电晶体的成本高达十美元,怎么缩小元件体积,降低成本,变成应用上的大问题。

1958 年 9 月 12 日,美国得克萨斯州达拉斯市得州仪器公司的实验室里,工程师杰克·基尔比(Jack Kilby,1923—2005)成功地实现了把电子器件集成在一块半导体材料上的构想。杰克·基尔比的第一个集成电路只包含一个单个的晶体管和其他的组件。这一天,被视为集成电路的诞生日,而这枚小小的芯片,开创了电子技术历史的新纪元。得州仪器公司很快宣布他们发明了集成电路,基尔比为此申请了专利。1959 年,仙童半导体

图 4.27　杰克·基尔比

公司的罗伯特·罗伊斯申请了更为复杂的硅集成电路,并马上投入了商业领域。但基尔比首先申请了专利,因此,罗伊斯被认为是集成电路的共同发明人。罗伊斯于 1990 年去世,与诺贝尔奖擦肩而过。2000 年,集成电路问世 42 年以后,人们终于了解了基尔比的发明的价值,他被授予了诺贝尔物理学奖。诺贝尔奖评审委员会曾经这样评价基尔比:"为现代信息技术奠定了基础。"这是一个迟来 42 年的诺贝尔物理学奖,见图 4.27。

　　杰克·基尔比发明的集成电路几乎成为今天每个电子产品的必备部件,从手机到调制解调器,再到网络游戏终端,这个小小的芯片改变了世界。

4.7.3　莫里斯·威尔克斯

　　第二届(1967)的图灵奖授予英国皇家科学院院士、计算技术的先驱莫里斯·威尔克斯(Maurice Vincent Wilkes),以表彰他在设计与制造出世界上第一台存储程序式电子计算机 EDSAC 以及其他许多方面的杰出贡献。见图 4.28。

　　威尔克斯 1913 年 6 月 26 日生于英国中西部的达德利(Dudley)。他在 1931 年进入剑桥的圣约翰学院,1934 年以优秀成绩毕业。于 1938 年 10 月取得剑桥大学博士学位,而他的硕士学位是在当年年初才取得的。后来威尔克斯回到剑桥大学,担任数学实验室(后改名计算机实验室)主任。1946 年 5 月,他获得了冯·诺依曼起草的 EDVAC 计算机的设计方案的一份复印件。EDVAC 是 Electronic Discrete Variable Automatic Computer 的缩写,是宾夕法尼亚大学莫尔学院于 1945 年开始研制的一台计算机,是按存储程序思想设计的,并能对指令进行运算和修改,因而可自动修改其

图 4.28　莫里斯·威尔克斯

自身的程序。但由于工程上遇到困难,EDVAC 迟至 1952 年才完成,造成"研制开始在前,完工在后"的局面,而让威尔克斯占去先机。威尔克斯仔细研究了 EDVAC 的设计方案,8 月又亲赴美国参加了莫尔学院举办的计算机培训班,广泛地与 EDVAC 的设计研制人员进行接触、讨论,进一步弄清了它的设计思想与技术细节。回国以后,威尔克斯立即以 EDVAC 为蓝本设计自己的计算机并组织实施,起名为 EDSAC(Electronic Delay Storage Automatic Calculator,但有的文献写成 Electronic Discrete Sequential Automatic Computer)。EDSAC 采用水银延迟线作存储器,可存储 34bit 字长的字 512 个,加法时间 1.5ms,乘法时间 4ms。威尔克斯还首次成功地为 EDSAC 设计了一个程序库,保存在纸带上,需要时送入计算机。但是 EDSAC 在工程实施中同样遇到了困难,不是技术,而是资金缺乏。在关键时刻,威尔克斯成功地说服了伦敦一家面包公司 J. Lyons & Co. 的老板投资该项目,终于使计划绝处逢生。1949 年 5 月 6 日,EDSAC 首次试成功,它从带上读入一个生成平方表的程序并执行,正确地打印出结果。作为对投资的回报,Lyons 公司

取得了批量生产 EDSAC 的权利,这就是于 1951 年正式投入市场的 LEO 计算机(Lyons Electronic Office),这通常被认为是世界上第一个商品化的计算机型号。因此,这也成了计算机发展史上一件趣事:第一家生产出商品化计算机的厂商原先竟是面包房。Lyons 公司后来成为英国著名的"国防计算机有限公司"即 ICL 的一部分。

到 20 世纪 90 年代,威尔克斯已进入古稀之年,但我们仍能在《ACM 通信》等杂志上经常看到他写的评论,1995 年还出版了《计算技术展望》(*Computing Perspectives*,Morgan-Kanfmann),令人肃然起敬。

4.7.4 特道格拉斯·恩格尔巴特

特道格拉斯·恩格尔巴特(Douglas Engelbart)是计算机界的奇才,人机交互领域的大师。早在半个世纪之前,这位伟大的"计算机界爱迪生"就预见性地提出了视窗(Windows)的理论框架。直到 Windows 95 取得巨大成功后,这一概念得以证明。他的发明涉及一系列创新,如操作系统、文字处理系统、电子邮件、在线呼叫集成系统、超媒体、电脑交互输入设备、层次超文本等。他的"鼠标之父"头衔只是他那些气势恢弘的计算机理论的一个边角料而已。他还获得了第三十二届图灵奖(1997)。

1948 年在俄勒冈州立大学获得学士学位。1964 年在斯坦福研究所 SRI 工作期间发明了鼠标,当时叫做"显示器系统 X-Y 位置指示器"。在此工作期间还力推美国国防部 ARPANET 计划(Internet 的前身)。1968 年,在旧金山举行的美国秋季计算机会议(FJCC)上,他用其发明操作一台 25 英里之外的 192KB 原始大型机。未来几十年的计算机技术都可以在这里找到源头。

1964 年,年轻的美国科学家特道格拉斯·恩格尔巴特发明了鼠标器。他最初的想法是为了让电脑输入操作变得更简单、容易。这个新型装置是一个小木头盒子,里面有两个滚轮,但只有一个按钮,如图 4.29 所示。它的工作原理是由滚轮带动轴旋转,并使变阻器改变阻值,阻值的变化就产生了位移信号,经电脑处理后屏幕上指示位置的光标就可以移动了。1967 年 6 月 21 日,恩格尔巴特将他的此项发明用"X-Y 定位器"的名称申请了专利,并于 1970 年获得了专利。由于该装置像老鼠一样拖着一条长长的连线(像老鼠的尾巴),因此,特道格拉斯·恩格尔巴特和他的同事在实验室里把它戏称为"Mouse",特道格拉斯·恩格尔巴特也被称为"鼠标之父",见图 4.30。

图 4.29 鼠标

图 4.30 特道格拉斯·恩格尔巴特

4.8 本章小结

本章首先介绍了数字逻辑电路和集成电路的基本知识,计算机硬件系统由数字逻辑电路组成。读者应掌握逻辑基本的逻辑运算和各类门电路的功能。接着介绍了冯·诺依曼体系结构的存储程序式计算机的基本结构与工作原理。读者应重点掌握运算器、控制器及微处理器的基本组成和功能。对指令和语言一节,读者应重点理解指令的基本格式及指令的执行过程;对于硬件系统,应该了解和掌握总线和主板的功能及分类;对于输入和输出系统应该了解哪些是输入设备,哪些是输出设备;同时,应该了解现代计算机的发展过程,以及相关科学家对计算机发展所作的贡献。

4.9 习　题

1. 计算机为什么要采用数字电路?

2. 算术运算和逻辑运算有什么区别? 逻辑代数能完成什么运算?

3. 冯·诺依曼计算机的结构特点是什么? 它由哪几部分组成?

4. 结合一条指令,描述计算机的工作过程。

5. 什么是外部设备? 外部设备都包括什么?

6. 为什么外部设备的工作速度都比较慢? 如何解决高速 CPU 和慢速外部设备的匹配问题?

7. 什么是计算机的总线? 总线有哪些类型? 为什么要用总线结构?

8. 主板的功能是什么? 找一块主板,逐个说出主板上的部件名称。

第 5 章　程序设计语言及编译软件

目标

通过本章的学习,要求掌握计算机程序自动执行和程序设计语言的基本概念、分类、面向过程和面向对象程序设计的基本概念,了解计算机程序设计语言的基本内容,了解各种常见程序设计语言。认识学习程序设计语言的意义。

教学内容

本章主要介绍程序设计语言的分类、时代划分及几种常见的高级语言,高级程序设计语言中数据定义的方法,程序设计语言的实现过程,常用程序设计语言及程序设计风格,同时介绍了程序设计语言领域的几位代表人物。

5.1　什么是程序设计语言

为什么说计算机是自动机? 首先,我们来看看什么是程序设计语言,程序运行过程中,编译软件是如何工作以及如何运行的。

5.1.1　什么是程序设计语言

程序设计语言也是一门语言,是人与计算机进行交流的一门特殊语言,是人与计算机之间的对话。在生活中,两个母语不同的人交流方式有两种:一种是一方学另一方的语言;另一种是双方都学习第三方语言。那人与计算机如何对话呢? 人与计算机的对话方式概括说有三种:计算机学习人的语言(自然语言理解);人学习计算机的语言(机器语言);学习第三方语言(程序设计语言)。

程序设计语言通常是一个能完整、准确和有规则地表达人们的意图,并用于指挥或控制计算机工作的“符号系统”来实现的一门语言。简单地说,程序设计语言是一种用来进行人与计算机之间的交流,让计算机理解人的意图并按照人的意图完成工作的符号系统。本质上程序设计语言和汉语、英语、俄语等人类语言是一致的,只不过程序设计语言相对比较单调、严谨和富有逻辑性而已。

程序设计语言具有语言的三个基本要素:语义、语法和语序。我们控制计算机为我们完成某个工作,比如说玩一个计算机游戏或者是控制一个大型生产线,实际上就是通过一定的形式和顺序把我们的目的和目标通知计算机,由计算机完成相应的动作。例如,在显示器屏幕上输出一幅图像或者是控制生产线上的某一个阀门或开关等。我们为完成某个任务而传达的指令序列的集合就是计算机程序,而规定指令的含义、形式和顺序的就是计算机语言,或程序设计语言。要想比较深入地掌握计算机,就必须学习有关程序设计语言的知识,运用软件来与计算机进行交流,以便更好地应用计算机。

所以说,程序设计语言是一组用来定义计算机程序的语法规则。它是一种被标准化了的交流技巧,用来向计算机发出指令。程序设计语言能够让程序员准确地定义计算机所需要使用的数据,并精确地定义在不同情况下所应当采取的行动。

5.1.2　程序设计语言的数据如何定义

用计算机解决实际问题不可避免地要使用各种各样的数据。比如我们要用 Word 编辑一篇文章,我们输入的文字就是数据;我们用计算机播放音乐,音频文件就是数据;我们要用高斯消元法求解线性方程组,线性方程组的系数矩阵就是数据。本节主要讨论在程序设计语言中如何表示和使用数据。

1. 程序设计语言中数据类型有哪些

计算机进行计算时不可避免地要处理各种计算对象(数据),而这些对象又往往需要划分为性质上既有联系又有区别的各种不同类型。例如,累计当前已报到的入学新生人数,则这个人数就只能在整数集中取值,而不应该把它扩大到实数范围;而一份学生登记表,则应由学号、姓名、类别、年龄、考分等项数据所组成。因此,在进行实际计算之前,对计算机加工的对象,从性质和组织方式上分门别类给予讨论是非常有必要的,这就是数据类型概念的大致含义。确切地说,数据类型定义了数据的取值范围、数据间的相互关系以及建立在这些数据上的一组操作。

各种语言所提供的数据类型是各不相同的,但总体上我们可以按照表 5.1 来划分数据类型。

表 5.1　数据类型的划分

	整型
	实型
标准类型	字符型
	布尔型
	日期型
	浮点型
	数组类型
构造类型	结构体类型
	文件类型
	对象类型
指针类型	指针类型

最基本、最基础的数据类型有整型、实型、字符型、布尔型、日期型和浮点型等。

　　构造类型数据一般由其他数据类型按一定的规则构造而成,结构比较复杂,如数组类型。数组是程序中最常用的结构数据类型,用来描述由固定数目的同一类型的元素组成的数据结构。数组中的每个元素和下标相关联,根据下标指示数组元素所在的位置。例如,我们可以设定一个数组 a 来存放连续的偶数。

a(1)	a(2)	a(3)	a(4)	a(5)
2	4	6	8	10

　　所谓指针,是为了方便对内存的直接访问而提供的一种语言机制。众所周知,旅店提供的房间有住房号,根据住房号旅客就可以方便地找到客房;同样,访问计算机在内存中存放的数据时也需要内存地址,每一个内存单元都有一个唯一的内存地址与之对应。指针存放的是内存单元的地址,通过指针可以访问相应的内存单元,引入指针数据类型大大增强了程序设计的灵活性,但指针很容易被错误使用而造成混乱。

　　很多程序设计语言还提供了一种叫变体类型的特殊的数据类型,可以存放任何类型的数据,由系统根据用户使用的数据来确定具体的数据类型。例如 Visual Basic 语言中的 Variant 类型和 PowerBuilder 中的 Any 类型数据。

2. 常量与变量应如何定义

　　常量(Constant)是在程序运行过程中,其值不可改变的量。如 1234、—12 之类的整型常量;123.4、—123.4 之类的实型常量;"a"、"China"之类的字符型常量。这些能够从字面看出数值的常量称为直接量,或称为数值常量。另外还可以使用一个标识符来代表一个常量,称为符号常量,例如用标识符 PI 来代表圆周率值 3.14。

　　相对于常量,值在程序运行过程中可以被改变的量称为变量。程序中变量的数值是如何被改变的呢? 一个变量首先应该有一个变量名,在对程序编译连接时由系统给每一个变量名分配一个内存地址,同时根据该变量的数据类型分配一定的内存单元。在程序中从变量中取得数值就是通过变量名找到相应的内存地址,再从其存储单元中读取数据。而对变量赋值就是通过变量名找到相应的内存地址,然后将数据写入其存储单元。

　　一般来说,对于变量采用"先声明,再使用"的原则。例如在 C 语言中,以下的定义都是合法的。

```
int    a,b;
char   sex;
float  weight;
```

　　在一些语言中对变量不要求强制声明,例如 Visual Basic 语言。这类语言中变量可以直接使用,如变量未声明类型,则默认为变体类型变量。

　　变量可以直接在表达式中使用,比如在求圆周长的例子中使用了表达式 2 * PI * r,其中 r 就是一个变量。在程序设计语言中,可以通过赋值语句(或者是赋值运算)给变量指定一个值,赋值语句的格式一般为:

　　变量名 = 表达式

其作用是将表达式的结果作为变量的值存储起来。在不同的语言中赋值语句的格式略有不同。

3. 运算符和表达式有哪些

运算符表示数据间的运算关系,包括算术运算符、赋值运算符、关系运算符、逻辑运算符、位运算符等。下面介绍常用的三种:算术运算符、关系运算符和逻辑运算符。

(1)算术运算符

算术运算符用来完成算术运算,参与对象可以是整型、字符型或实型数据,一般包括加、减、乘、除及求余、整除等操作,如表5.2所示。

表 5.2　算术运算符

运算符	运 算	运 算 对 象	运 算 结 果
＋	加	整型、实型	如果有一个运算对象是实型,结果就是实型;如果全部运算对象都是整型并且运算不是除法,则结果是整型;若运算是除法,则结果是实型
－	减	整型、实型	
＊	乘	整型、实型	
/	除	整型、实型	
DIV	整除	整型	整型
％	求余	整型	整型

(2)关系运算符

关系运算符用来比较两个操作数(或表达式)之间的关系,其运算结果为一个逻辑值,即"真"(用1表示)或"假"(用0表示)。关系运算符常常与逻辑运算符的运用相关。在关系运算符的运算中,要注意与数学中的应用区别,如:$5>4>3$在数学中是成立的,即其表达式的终值为"真",但在计算机中,该表达式的最终结果为"假",因为考虑运算符的结合方向,先求得$(5>4)$值为"1",再求$1>3$的值就为逻辑值"0"或"假"了。

关系运算符两侧的运算对象必须是兼容的,也就是可比较的。如整型数据不能和日期型数据进行关系运算。

关系运算符一共有六个,如表5.3所示。

表 5.3　关系运算符

运算符	运 算	运算对象	运算结果
＞	大于	简单类型	布尔类型
＞＝	大于等于	简单类型	
＜	小于	简单类型	
＜＝	小于等于	简单类型	布尔类型
＝＝	等于	简单类型	
＜＞ 或 !＝	不等于	简单类型	

(3)逻辑运算符

逻辑运算符用来对两个布尔型变量完成逻辑运算,一般有与、或、非三个运算符。其中非运算为一元运算,其他为二元运算,如表5.4所示。

表 5.4　逻辑运算符

运算符	运 算	运算对象	运算结果
AND 或者 &&	逻辑与		
OR 或者 ‖	逻辑或	布尔类型	布尔类型
NOT 或者 ！	逻辑非		

有些语言中还提供诸如字符串运算符、日期运算符、位运算符等运算符,这里就不一一介绍了。

表达式是求值规则,即表示把有关运算符施加于运算对象的顺序,我们可以对表达式做出如下的定义。

(1) 单一的变量或常量都是表达式。

(2) 用运算符连接起来的表达式依然是表达式。

运算结果是整型或实型数据的表达式,我们称为算术表达式;运算结果是布尔型的表达式,我们称为布尔表达式。

表达式表示了运算的顺序,在语言的设计中也应该表现出人们通常使用的优先关系,我们按如下的优先级别定义运算符的运算顺序。

(1) 圆括号(…(…(…)…)…),按照由内到外,逐层展开的规则进行。

(2) 逻辑非运算符:NOT。

(3) 乘除类型运算符:＊、/、DIV、％。

(4) 加减类型运算符:＋、－。

(5) 关系类型运算符:＝、<>、>、<、>＝、<＝。

同一级的运算符按书写顺序从左到右依次进行。

5.1.3　程序设计语言的语句如何表达

高级语言用语句来向计算机系统发出操作指令。一条语句经编译后产生若干条机器指令,一个实际的程序应当包含若干语句。一般程序设计语言都提供注释语句、赋值语句、控制语句和输入输出语句几类语句,赋值语句我们在上节已经进行了说明,下面主要对其他几类语句进行说明。

1. 注释语句

注释语句不参与也不影响程序的运行,只是用来帮助人们阅读和理解程序。注释语句通常可以放在程序的任何部分。注释语句主要用来提高程序的可读性,让即使从未接触过你的程序的人也可以非常方便地理解你的思路。良好的可读性是一个优秀程序必须具备的属性,通常一个规范的程序,1/3 以上的篇幅是注释语句。在不同语言中注释语句的语法各不相同,如 C 语言中采用/＊　＊/来表示注释,而 Visual Basic 语言的注释语句的语法则为:

Rem 注释内容

117

或

'注释内容

2. 输入/输出语句

编写程序总是需要从键盘等输入设备上获取数据,计算结果也要存放到磁盘或者是输出到显示器上,所以各种语言都有输入/输出语句以完成主机和外部设备的交互。各种语言的输入/输出语句有很大的差别,下面列出 C 语言部分输入/输出语句。

输入语句:

scanf(格式控制字符串,参数地址表)

输出语句:

printf(格式控制字符串,输出值参数列表)

3. 程序结构控制语句

控制语句用来规定程序中语句的执行顺序。在程序设计中,只需要三种程序结构就能实现所有可以完成的任务。三种结构分别是顺序结构、分支结构和循环结构,如图 5.1所示。

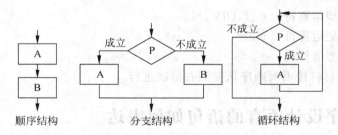

图 5.1　三种基本的程序结构

在默认情况下,程序是按顺序执行的,即每一个模块依次进行。根据实际需要,常常要求改变程序中某些模块的执行顺序,这就应运用分支结构或循环结构等控制语句来解决。

4. 函数和过程如何实现和应用

如果要对一个复杂的问题进行程序设计,该怎么做呢?最普通的方法是对该问题仔细分析,将它分解成在逻辑上相对独立的若干个子问题。这样,一个大问题由于被分解成了一些子问题,它的复杂度就分散到了各个子问题中,解决了每个子问题,整个问题也就迎刃而解了。如果这些子问题仍较复杂,可以继续对它们进行分解,从而分解成更小的问题。若把每个子问题看成一个模块,这种分析问题的方法就称为"模块化"程序设计方法。对复杂问题按照模块化的思想进行程序设计是非常自然的,符合人的思维习惯。按照模块化思想设计出来的程序,不是"铁板一块",而是由若干个部分构成,这对今后的程序修改和维护带来了极大的方便。每一个小的部分称作一个函数或过程。在有的语言中,将带有返回值的模块叫函数,不带返回值的模块叫过程,比如 Visual Basic;有的则把所有的模块都称作函数,如 C 语言。

从用户使用的角度看,可将函数或过程分为两种:标准函数或过程和用户自定义的函数或过程。标准函数或过程就是系统预先定义好的函数或过程,这些函数用户可以在程序中直接调用。标准函数或过程虽然有很多,但也不能满足用户的所有需求,这时用户就必须根据自身的需要,定义新的函数或过程,这样的函数或过程就叫用户自定义的函数或过程。函数或过程一般可以按如下的形式定义。

```
函数(过程)名(形式参数表)
    函数体
```

例如在 C 语言中,一个函数的形式如下:

```
类型标识符    函数名(<形式参数表>)
{
    函数体
}
```

从中可以看出,子模块的定义与主函数的定义形式上是相似的,每个模块完成一个独立的功能,模块都由主函数直接或间接地调用,模块之间也可以相互调用。

5.1.4　程序设计如何实现——编译软件

我们使用程序设计语言编写程序来控制计算机,帮助我们解决实际问题的过程,对编译型程序设计语言来说,这个过程包括了编写源程序、对源程序进行编译生成目标代码、连接目标代码生成可执行文件、执行可执行文件完成任务等几个过程。而如果使用解释性程序设计语言则需要编写源程序和解释执行源程序两个过程。在前面章节中介绍了程序设计语言的基本知识,而用程序设计语言编写的程序仅仅是源程序,还需要进行编译和连接或经过解释才能得到执行。由于目前绝大多数程序设计语言都是编译型语言,这里只介绍编译型语言的实现过程。

1．程序的编译

源程序是不能被计算机直接识别的,将源程序翻译成计算机能识别的机器语言的过程称为编译。编译包括了以下几个步骤。

（1）词法分析

词法分析的任务是从左到右逐个字符扫描源程序,进行词法检查并将源程序从字符序列转换成词序列。在这个过程中还要完成过滤注释及发现词法错误的任务。

（2）语法分析

语法分析是编译程序的核心部分,它的主要任务是确认词法分析的结果——单词序列是否是给定语言的一个正确程序。在语法分析中,给定语言用文法表示,如果给定的单词序列能够识别成符合文法的句子,则程序是正确的,否则就是错误的。

（3）中间代码生成

中间代码生成这个阶段主要完成两个工作，一是检查每个语法结构的静态语义，即验证语法结构合法的程序是否具有真正意义；二是将程序转换成一种便于处理的中间表达形式，例如逆波兰式、三元式或四元式。

（4）中间代码优化

中间代码优化这个阶段的任务是对中间代码进行等价变换，使得变换后的代码比变换前的代码更有效率（执行速度提高及存储空间减小）。

（5）目标代码生成

目标代码生成这个阶段负责将优化后的中间代码转换成特定机器的机器语言并输出目标代码。

2. 程序的连接

通常一个应用程序会包含若干个模块，每个模块都可能是一个独立的目标代码文件。即使程序只有一个目标代码文件，也可能使用到一些像库函数这样的不在目标代码文件内的内容，所以需要将几个编译好的目标代码连接到一起形成一个完整的可执行文件的过程，这个过程就称为连接。

连接是编译完成后的下一个程序加工步骤。在这个步骤中，连接程序的工作对象是：

（1）编写的程序源文件产生的目标文件（一个或者几个）。

（2）语言系统提供的一些目标代码文件，包括基本运行模块（也称为运行系统）和库文件。

连接程序的工作包括两部分。

（1）将所有需要的目标代码拼装到一个文件中（这是最后可执行文件的基础）。

（2）将外部对象的使用和定义连接起来，包括所有函数调用的实际调用代码的建立，正确设置所有外部变量的使用并形成可执行文件。

3. 程序的执行

编译连接好的程序文件就可以执行了。但是在编写程序的过程中总是认为程序的起始地址是从零地址处开始的，而实际上程序在执行时在内存的实际地址通常都不会从零开始，这就需要一个地址转换的过程。这个过程被称为重定位。

重定位方式可以分为静态重定位、动态重定位两类。静态重定位的方式是在将程序装入内存时一次性完成从程序空间的逻辑地址转换成物理空间的物理地址，这种方式实现比较简单，但程序装入内存后就难以再移动，现在已经不再使用。另一种方式则是在指令执行时再进行地址的转换，称为动态重定位，这种方式灵活性好，有利于提高资源利用率，目前程序的重定位都是采用这种方式。

4. 软件开发包

现在的软件规模越来越大，开发的工作量和难度也日益增加。为了简化软件开发，缩短开发周期，充分利用已完成的代码及提高软件开发质量，软件商就把一些能完成比较通用功能的程序集中打包在一起提供给编程者，称为软件开发包。编程者在使用这些功能时不再需要自己编写程序,而是直接调用开发包中提供的功能就可以了。软件开发包对简化程序设计难度,提高程序设计效率具有显著的作用。

5.1.5　如何学习程序设计语言

程序设计语言是人与计算机交流的工具语言,为了更好地驾驭计算机,我们必须掌握一门计算机语言,编写程序代码,控制计算机完成更多更复杂的任务。

如何学习程序设计语言呢?对于初学者来说,程序设计语言的学习如按以下几步进行,就可以很好地掌握程序设计语言的基础,完成一定量的程序设计任务。

第一步,验证性练习。要求初学者按照教材上的程序实例进行原样输入,运行一下程序是否正确。在这一步了解程序设计语言编程软件的环境,掌握其使用方法(包括新建、打开、保存、关闭,熟练地输入、编辑程序代码;初步记忆新学章节的知识点,养成良好的程序设计编程风格等)。

第二步,照葫芦画瓢。在第一步输入的源程序基础上,进行试验性的修改、扩充,再运行一下程序,看一看结果发生了什么变化,分析结果变化的原因,加深新学知识点的理解。事实上这和第一步是同步进行的,用“输入”来加深知识的记忆,用“修改或扩充”来加深对知识的理解和应用,它们是相辅相成的,相互促进。

第三步,独立完成一定量的小程序。有了前两步的基础,独立编写一些小程序,要求能正确地输入并运行,若出现编译或运行的相关错误,尝试着将其改正,使其能正确运行通过。

第四步,增强程序的调试能力。调试程序是件实践性很强的事,光纸上谈兵是没用的,就像游泳运动员只听教练讲解示范,而不亲自下水练习,是永远学不会游泳的。即使非常优秀的程序员编写程序也会犯错误,也就是说,掌握程序调试能力是关键。

第五步,研究课程设计源程序,提高程序设计和调试较大程序的能力。计算机专业本科生在学完“高级语言程序设计”课程后,往往会开设一定学时的课程设计,课程设计的目的就是让学生综合利用所学的 C 语言知识,解决一些接近实际问题题目,提高程序设计和调试较大程序的能力,为进一步进行软件开发打下坚实的基础。

5.1.6　常用的程序设计语言有哪些

通常情况下,完成一项任务可选用多种程序语言。为一项任务选择程序语言通常要考虑很多因素:如软件开发人员是否熟悉该语言;语言的应用领域;软件的运行环境;语言的能力因素,是否支持你所需要的一些功能;数据结构的复杂性等。因此我们有必要多了解一些程序语言的特点,运用时能做出合理的选择,得到更有价值的程序。下面就来介绍一些常用的程序语言。

1. 面向过程的编程语言

(1) BASIC 语言

BASIC 是 Beginner's All-purpose Symbolic Instruction Code 的缩写,是一种易学易

用的高级语言,特点是简单易学,基本 BASIC 只有 17 种语句,故语法简单,结构分明,容易掌握;具有人机会话功能,程序易于修改与调试,非常适合初学者学习运用。

BASIC 语言早期是以直译程式的方式创始,也演化出许多不同名称的版本,如:BASICA、GW-BASIC、MBASIC、TBASIC 等等。微软公司也在 MS-DOS 时代即推出 Quick BASIC,并逐渐将之改良为兼具直译与编译的双重翻译方式。为了适应当今 Windows 操作系统,现在的 BAISC 已发展成为将面向对象技术、视图化、网络化等融为一体的 Visual BASIC,成为当今世界上使用人数最多的程序设计语言。

（2）FORTRAN 语言

FORTRAN 于 1954 年问世,于 1957 年由 IBM 公司正式推出,是最古老的高级程序语言。允许使用数学表达式形式的语句来编写程序,主要用于科学计算方面。

程序分块结构是 FORTRAN 的基本特点,该语言数据类型丰富,书写紧凑,灵活方便,结构清晰。自诞生以来至今不衰,先后经历了 FORTRAN Ⅱ、FORTRAN Ⅳ、FORTRAN 77 的发展过程,现又发展了 FORTRAN 结构程序设计语言。

（3）PASCAL 语言

PASCAL 程序设计语言是沃思（N. Wirth）教授于 20 世纪 60 年代末在瑞士苏黎世联邦工业大学创立的。

PASCAL 语言是系统地体现结构程序设计思想的第一种语言,适用于数值计算和数据处理。其特点是结构清晰,便于验证程序的正确性,简洁精致;控制结构和数据类型都十分丰富,表达力强、实现效率高、容易移植。

（4）C 语言

C 语言是一种面向过程的计算机程序设计语言,它是目前众多计算机语言中举世公认的优秀结构程序设计语言之一。它由美国贝尔研究所的 D. M. Ritchie 于 1972 年推出。1978 后,C 语言已先后被移植到大、中、小及微型机上。

C 语言发展如此迅速,而且成为最受欢迎的语言之一,主要因为它具有强大的功能。许多著名的系统软件,如 DBASE Ⅳ 都是由 C 语言编写的。用 C 语言加上一些汇编语言子程序,就更能显示 C 语言的优势了,像 PC-DOS、WordStar 等就是用这种方法编写的。

C 语言是面向过程的一种高级程序设计语言,它是使用率较高的软件开发工具,同时具有广泛的实用性,目前成为高校电子电气、计算机科学与技术及计算机网络工程等理工科专业程序设计的主要教学应用语言。C 语言程序设计的学习,是为了培养一定的软件开发能力,也为数据结构、操作系统、嵌入式系统等后续课程的学习打好扎实的基础。

C 语言不但可以编写系统软件,而且可以根据用户的需要编写出满足用户要求的应用软件,尤其是 C 语言具有很好的对计算机的硬件编程能力。同时,C 语言具有逻辑性强和处理问题周密、严谨的特点,是集知识与技能于一体、实践性很强的程序设计语言。

2. 面向对象的编程语言

面向对象程序设计的基本原则是:按照人们通常的思维方式建立问题的解空间,要求解空间尽可能自然地表现问题空间。为了实现这个原则,必须抽象出组成问题空间的主要事物,建立事物之间相互联系的概念,还必须建立按人们一般思维方式进行描述的准则。在面向对象程序设计中,对象(Object)和消息传递(Message Passing)分别表现事物以及事物之间的相互关系。类(Class)和继承(Inheritance)是按照人们一般思维方式的描述准则,方法(Method)是允许作用于该类对象上的各种操作。这种对象、类、消息(Message)和方法的程序设计的基本点在于对象的封装性和继承性。通过封装能将对象的定义和对象的实现分开,通过继承来体现类与类之间的相互关系,以及由此带来的实体的多态性(Polymorphism),从而构成了面向对象的基本特征。

(1) 面向对象相关内容

① 对象(Object):对象是具有某些特殊属性(数据)和行为方式(方法)的实体。可以把现实生活中的任何事物都看做是对象。对象可以是有生命的个体,比如一个人或一只鸟;对象也可以是无生命的个体,比如一辆汽车或一台计算机;对象还可以是一件抽象的概念,如天气的变化或鼠标所产生的事件。

在面向对象程序设计中,对象的概念由现实世界对象而来,也可以看做是一组成员变量和相关方法的集合。对象的属性保存在成员变量(Variables)或数据字段(Data Field)里,而行为则借助方法来实现。对象占据存储空间,一旦给对象分配了存储空间,相应的属性赋了值,就确定了对象的状态,而与每个对象相关的方法定义了该对象的操作。

② 消息(Message):单一对象本身并不是很有用处,而通常是成为一个包含许多对象的较大型程序的一个组件。对象之间需要进行交互,通过程序中对象的交互,程序可以达成更高级的功能以及更复杂的行为。就如汽车自己本身并不会产生行为,而是当你(另一个对象)发动汽车,踩油门(交互)后,汽车内部就发生一连串复杂的行为。

对象是通过传送消息给其他对象来达到交互及沟通的作用。而消息是用来请求对象执行某一处理或回答信息的要求。

③ 类(Class):在真实世界里,有许多相同"种类"的对象,而这些同"种类"的对象可被归类为一个"类"。例如,我们可将世界上所有的汽车归类为汽车类,所有的动物归为动物类。在面向对象程序设计中,类的定义实质是一种对象类型,它是对具有相同属性和相似行为对象的一种抽象。例如,汽车类有些共同的状态(汽缸排气量、排挡数、颜色、轮胎数等)和行为(换挡、开灯、开冷气等),见图 5.2。

对象是在程序中根据需要动态生成的,一个类可以生成许多状态不同的对象。同一个类的所有对象具有相同的性质,即它们的属性和行为相同。一个对象的内部状态只能由其自身来修改,任何别的对象都不能改变它。因此,同一个类的对象虽然属性相同,但它们可以有不同的状态,这些对象是不同的。

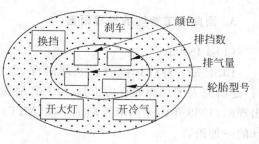

图 5.2　汽车对象

(2) 面向对象的基本特征

① 封装(Encapsulation):从图 5.2 中,可以看到对象的核心是由对象的变量所构成。对象的方法包围此核心,使核心对其他的对象隐藏,而将对象的变量包裹在其对象方法的保护性监护之下就称为封装。封装用来将对其他对象不重要的细节隐藏起来。就好比开

车换挡时,并不需要知道变速箱、齿轮等机械是如何运作的,只要知道将挡排到那里即可。同样在软件程序中,并不需要知道一个类的完整结构是如何的,只要知道要调用哪一个方法即可。面向对象程序设计将数据成员(Data Member)和属于此数据的操作方法(Operating Method),都放在同一个实体(Entity)或称对象(Object)中,这就是所谓的封装。

封装的用意是避免数据成员被不正当地存取,以达到信息隐藏(Information Hiding)的效果,避免错误的存取发生。将相关的变量及方法封装到一个软件包里,是一个简单但却很好的想法,此想法为软件开发者提供了两个主要的好处,模块化和信息隐藏。

② 继承(Inheritance):通常我们认识一个对象是通过它的类,面向对象程序设计便是以类来定义一个对象的。当我们要使用一个对象(的变量或方法)时,首先要想到它是属于哪一种类的。不仅对象是以类来定义,更进一步地,类也可以其他类来定义。例如轿车、出租车、巴士都是汽车,故属汽车类,我们称其继承(Inherit)汽车类,而轿车、出租车、巴士也都可自成一类。这样汽车类就称为超类(Super Class)、基类(Base Class)或父类,而轿车、出租车、巴士就称为次类(Sub Class)、继承类(Derived Class)或子类。

继承的好处是实现代码重用。利用超类程序代码,在编写子类时,只要针对其所需的特别属性与行为来写即可,提高程序编写的效率。

③ 多态(Polymorphism):多态是面向对象程序设计的又一个特殊特性。利用面向过程的语言编程,主要工作是编写一个个的过程或函数,这些过程和函数各自对应一定的功能,它们之间是不能重名的,否则在用名字调用时,就会产生歧义和错误。而在面向对象的程序设计中,有时却需要利用这样的“重名”现象来提高程序的抽象度和简洁性。多态这个词是从希腊文而来,意思是“多种状态”,在同一个类中有许多同名的方法,但其参数数量与数据类型不同,而且操作过程与返回值也可能会不同。面向对象的程序设计中多态的情况有多种,可以通过子类对父类方法的覆盖实现多态,也可以利用重载在同一个类中定义多个同名的不同方法。多态可以最大限度地降低类与程序模块之间的耦合性,使得它们不需要了解对方的具体细节,就可以很好地共同工作,这对程序的设计、开发和维护都有很大的好处。

3. 面向人工智能的编程语言

(1) LISP 语言

LISP 是一种计算机的表处理语言,也是函数型语言。它是 LIST Processing 的缩写,是研究人工智能的有力工具。LISP 最初是作为书写字符与表的递归函数的形式系统出现的,1958 年由美国麻省理工学院(MIT)的人工智能(AI)小组提出,是为问答系统设计的一种语言。

LISP 语言一般为解释型语言,但也有了编译型的 LISP 语言,并已经有了专用的 LISP 机。

LISP 语言具有和图灵机相同的计算能力,一切功能由函数来实现,程序的运行就是求值,LISP 语言的控制结构以递归为主,具有表的结构形式和规模的灵活性、不必预先设定等主要特点。但 LISP 语言数据类型少(常用的只有表和原子),使其表达能力受限,规范性差(无标准版本,不同的 LISP 文本间差别较大),程序的可读性不及一般的高级语言。

(2) Prolog 语言

20 世纪 70 年代出现的 Prolog 对 LISP 在人工智能中的地位提出了挑战。Prolog 是逻辑型语言。逻辑程序设计首先由英国爱丁堡大学的 Robert Kowalski 从理论方面提出,由爱丁堡的 Marten van Emden 进行实验性论证,1972 年在法国马赛大学由 Alain Colmerauer 等设计实现一种逻辑程序设计的解释程序,随着不断发展,它逐渐成为在欧洲人工智能中普遍使用的语言。

Prolog 语言的主要特点有:是 WHAT 型语言,基于一阶谓词逻辑,既有坚实的理论基础,又有较强的表现能力;Prolog 自动实现模式匹配(合一功能),自动回溯,这两种是人工智能系统中常用的基本操作,内部的回溯能力及不确定性使 Prolog 对同一个问题可给出多个解;但 Prolog 语言在编译系统实现难、执行效率低和系统开销大的问题上,遇到了比 LISP 更大的困难;大型的 Prolog 程序不容易调试。

5.1.7　程序设计的风格重要吗

程序设计的风格重要吗?回答是肯定的。程序设计风格,指一个人编制程序时所表现出来的特点、习惯逻辑思路等。在程序设计中要使程序结构合理、清晰,形成良好的编程习惯,对程序的要求不仅是可以在机器上执行,给出正确的结果,而且要便于程序的调试和维护,这就要求编写的程序不仅自己看得懂,而且也要让他人能看懂。

有相当长的一段时间,许多人认为程序只是给机器执行的,而不是供人阅读的,所以只要程序逻辑正确,能被机器理解并依次执行就足够了。至于"文体(即风格)"如何无关紧要。但随着软件规模增大,复杂性增加,人们逐渐看到,在软件生存期中需要经常阅读程序。特别是在软件测试阶段和维护阶段,编写程序的人与参与测试、维护的人都要阅读程序。人们认识到阅读程序是软件开发和维护过程中的一个重要组成部分,而且读程序的时间比写程序的时间还要多。

因此,程序实际上也是一种供人阅读的文章,既然如此,就有一个文章的风格问题。20 世纪 70 年代初,有人提出在编写时,应该使程序具有良好的风格。这个想法很快就为人们所接受。人们认识到,程序员在编写程序时,应当意识到今后会有人反复地阅读这个程序,并沿着自己的思路去理解程序的功能。所以应当在编写程序时多花些功夫,讲求程序的风格,这将大量地减少人们阅读程序的时间,从整体上看,效率是提高的。

1. 源程序文档化

标识符即符号名,包括模块名、变量名、常量名、子程序名等,这些名字在命名时要能"见名知义",有助于程序功能的理解。例如,表示次数的量用 Times,表示总量的量用 Total,表示平均值的量用 Average,表示和的量用 Sum 等。名字不是越长越好,应当选择精练的意义明确的名字。必要时可使用缩写名字,但这时要注意缩写规则要一致,并且要给每一个名字加注释。同时,在一个程序中,一个变量只应用于一种用途。

注释是程序员和程序读者通信的重要手段,用自然语言或伪码描述,正确的注释非常有助于对程序的理解。它说明了程序的功能,特别在维护阶段,为理解程序提供了明确指导。注释分序言性注释和功能性注释。序言性注释应置于每个模块的起始部分,主要内容如下。

(1) 说明每个模块的用途、功能。

(2) 说明模块的接口:调用形式、参数描述及从属模块的清单。

(3) 数据描述:重要数据的名称、用途、限制、约束及其他信息。

(4) 开发历史:设计者、审阅者姓名及日期、修改说明及日期。

功能性注释嵌入在源程序内部,说明程序段或语句的功能以及数据的状态。需注意以下几点。

(1) 注释用来说明程序段,而不是每一行程序都要加注释。

(2) 使用空行或缩格或括号,以便很容易区分注释和程序。

(3) 修改程序也应修改注释。

2. 数据说明

虽然在设计期间已经确定了数据结构的组织和复杂程度,然而数据说明的风格却是在编写程序时确定的。为了使数据更容易理解和维护,以下有一些比较简单的原则应该遵循。

(1) 数据说明的次序应当规范化。使数据属性容易查找,也有利于测试、排错和维护。

(2) 当多个变量名在一个语句中说明时,应当按字母顺序排列这些变量。

(3) 如果设计时使用了一个复杂的数据结构,则应该用注释说明用程序设计语言实现这个数据结构的方法和特点。

3. 语句结构

设计期间确定了软件的逻辑结构,然而构造个别语句却是编码阶段的任务。构造语句时应该遵循的原则是,每个语句都应该简单而直接,不能为了提高效率而使程序变得过分复杂。下述规则有助于语句简单明了。

(1) 不要为了节省空间而把多个语句写在同一行。

(2) 程序编写首先应考虑清晰性,不要刻意追求技巧性。

(3) 程序要能直截了当地说明程序员的用意。

(4) 除非对效率有特殊要求,否则程序编写要做到清晰第一,效率第二。

(5) 首先要保证程序正确,然后才要求提高速度。

(6) 避免过多的循环嵌套和条件嵌套。

(7) 尽量减少对"非"条件的测试。

(8) 不要修补不好的程序,要重新编写。也不要一味地追求代码的复用,要重新组织。

(9) 要模块化,使模块功能尽可能单一化,模块间的耦合能够清晰可见。

(10) 利用信息隐蔽,确保每一个模块的独立性。

(11) 利用括号使逻辑表达式与算术表达式的运算次序清晰直观。

(12) 对太大程序要分块编写、测试,然后再集成。

4. 输入和输出

输入与输出信息是要与用户的使用直接相关的,输入与输出的方式和格式应当尽可能方便用户的使用,一定要避免因使用不当给用户带来的麻烦。系统能否被用户接受,有时就取决于输入和输出的风格。在设计和编写程序时应该考虑下述有关输入与输出的规则。

(1) 对所有输入的数据都进行检验。

(2) 检查输入相的各种重要组合的合法性。

(3) 输入的步骤和操作尽可能简单,保持输入格式简单。

(4) 输入数据时,应允许使用自由格式输入。

(5) 应允许缺省值。

(6) 输入一批数据时,最好使用数据结束标志,不要要求用户指定输入数据的数目。

(7) 明确提示交互式输入的请求,详细说明可用的选择或边界数值。

(8) 当程序设计语言对输入格式有严格要求时,应保持输入格式与输入语句要求的一致性。

(9) 给所有的输出加注释,并设计良好的输出报表格式。

5. 程序效率

程序效率主要是指处理时间和存储器容量两个方面。虽然值得提出提高效率的要求,但是应该首先考虑以下三条原则。

(1) 效率是性能要求,因此应该在需求分析阶段确定效率方面的要求。软件应该像对它要求的那样有效,而不应该如同人类可能做到的那样有效。

(2) 效率是靠好的设计来提高的。

(3) 程序的效率和程序的简单程度是一致的。不要牺牲程序的清晰性和可读性来不必要地提高效率。

5.2　程序设计语言的发展历程

5.2.1　程序设计语言发展历程如何

程序设计语言是与现代计算机共同诞生、共同发展的,至今已有 40 余年的历史,早已形成了规模庞大的家族。进入 20 世纪 80 年代以后,随着计算机的日益普及和性能的不断改进,程序设计语言也相应得到了迅猛的发展。

程序设计语言的发展是一个不断演化的过程,其根本的推动力就是抽象机制更高的要求,以及对程序设计思想更好的支持。具体地说,就是把机器能够理解的语言提升到能够很好地模仿人类思考问题的形式。程序设计语言的演化从最开始的机器语言,到汇编语言,再到各种结构化高级语言,最后到支持面向对象技术的面向对象语言。

1. 机器语言

由于计算机只能识别二进制代码,所以计算机的指令系统实际上是一组二进制代码的组合,它们规定了计算机在一个指令周期内应进行的一些动作。如果以二进制代码来直接编写程序控制计算机,这些二进制代码就称为机器语言。

【例 5.1】 机器语言代码例——在 8086/8088 兼容器上,用机器语言完成求和运算。

```
10111000
00000001
00000000
10111011
00000010
00000000
00000001
11011000
```

将二进制代码输入到以 8086 微处理器为 CPU 的计算机中,机器就能直接执行它。机器语言是计算机中唯一不经过翻译就能直接识别的语言,它与具体机器有关,不同的机器识别的机器语言也不同,这就要求程序员不仅要非常熟悉硬件的组成及其指令系统,而且必须熟记计算机的指令代码。

用机器语言编制的程序是非常难以阅读和理解的,程序员必须记住繁杂的指令系统。同时,书写、辨认冗长的二进制代码会消耗程序员太多的精力和时间,使得程序员很难在程序编制的方法方面下功夫,极大地限制了程序的质量和应用范围,而且编写出的程序只能在某一特定类型的机器上运行,可移植性差,局限性大。实际上很少会有人直接使用机器语言编写程序。

2. 汇编语言

汇编语言实际上就是指令助记符语言的扩展。汇编语言程序较机器码程序易读,也更容易理解,并且所有机器码均有一条汇编语句与之对应。在很多系统中,汇编语句与机器码具有一一对应的关系,所以在编程时完全可以用它来代替机器码。

【例 5.2】 汇编语言代码例——在 8086/8088 兼容器上,用汇编语言完成求和运算。

```
MOV AX,0001
MOV BX,0002
ADD AX,BX
```

由于计算机只能识别二进制代码,要用汇编语言程序控制计算机,首先必须先将其转换为二进制代码。这种翻译工作用人工来做虽然可行,但相当烦琐。这里可以借助于程序来自动完成,这个中间程序称为"汇编程序"。目前在几乎所有的计算机系统中均配备了汇编程序,见图 5.3。

有关机器语言和汇编语言在 4.2.2 小节已经有所介绍,下面重点介绍高级程序设计语言。

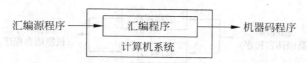

图 5.3　汇编程序运行示意图

3. 高级程序设计语言

尽管与机器语言相比,汇编语言在程序的复杂性、可读性和查错等方面都有了很大进步,但是人们仍然需要了解计算机的指令系统,也就是要对计算机硬件很熟悉,需要记住机器语言的助记符。另外,在程序的可移植性方面,汇编语言并没有多大改进,在一台机器上编写的汇编语言程序在不同型号的另一台机器上还是不能运行的。也就是说,对于同一个问题,程序员不得不针对每种型号的计算机,编写不同的汇编语言程序。

为解决这些问题,便出现了高级程序设计语言(常常简称为高级语言)。所谓高级语言是一种由表达各种意义的"词"和"公式",按照一定的"语法规则"来编写程序的语言,又称为程序设计语言或算法语言。高级语言并不是指一种特定的程序设计语言,它包含了上千种计算机程序设计语言,例如常见的 BASIC 语言、C 语言、C++语言、PASCAL 语言、JAVA 语言、C♯语言、PL/SQL 语言等。

高级语言之所以"高级",最主要是指它独立于计算机硬件结构,编写程序与该程序在什么型号的机器上运行是完全无关的。由于与具体机器无关,那么在一种机器上运行的高级语言程序可以不经改动地移植到另一种机器上运行,从而大大提高了程序的可移植性,大大降低了程序员的工作量,提高了效率。

高级程序设计语言的另一特点,是它可以让用户使用面向问题的形式,而不是使用面向计算机的形式描述任务。在编程中,高级语言把很多物理上的概念抽象化,例如把存储空间抽象成一个变量。这样,程序员完全不用与计算机的硬件打交道,在编写程序时也不必了解机器的指令系统,而是将大部分精力放在理解和描述需要解决的问题上,编程效率大大提高。

此外,由于高级语言与自然语言(尤其是英语)很相似,因此高级语言程序易学、易懂,也易查错,下面是一个用高级语言 C 语言书写的程序例子。

【例 5.3】 用 C 语言完成 $1+2=3$。

```
void  main()
{int a,b,c;
a = 1;b = 2;
 c = a + b;
 printf("%d + %d = %d",a,b,c);}
```

这个例子可以看出,高级语言和自然语言是比较接近的。即使完全没有学习过计算机高级语言的人,只要有一定的英语基础,都能很容易理解用高级语言编写的程序。

使用高级语言编写的程序我们称为源程序。由于计算机只能识别二进制代码,所以源程序是不能直接运行的,而是必须翻译成机器语言程序。高级语言源程序可以用解释、编译两种方式执行,见图 5.4。

129

图 5.4　高级语言源程序"翻译"过程示意图

解释类：解释方式类似于我们日常生活中的"同声翻译"，源程序一边由相应语言的解释器"翻译"成目标代码（机器语言），一边执行，因此效率比较低，而且不能生成可独立执行的可执行文件，应用程序不能脱离其解释器，但这种方式比较灵活，可以动态地调整、修改应用程序。典型的解释类高级语言如早期的 BASIC 语言。

编译类：编译是指在源程序执行之前，就将源程序"翻译"成目标代码（机器语言），因此其目标程序可以脱离其语言环境独立执行，使用比较方便、效率较高。但应用程序一旦需要修改，必须先修改源代码，再重新编译生成新的目标文件。典型的编译类高级语言如 C 语言、PASCAL 语言等。

由于解释类语言的效率比编译类语言的效率要低得多，同时也不利于源程序的保护和保密，所以目前应用的大多数高级语言都是编译类高级语言。

5.2.2　高级语言发展现状如何

在高级程序设计语言中，又可以分为几个阶段：面向过程的编程语言、面向对象的编程语言、面向组件的编程语言以及标准化的 Web Service 编程语言。

1. 面向过程的编程

面向过程编程（Process Oriented Programming，POP）语言可以说是最早出现的大众化编程语言，结构化程序设计是程序设计发展史中一个比较重要的思想。C 语言是最典型的代表，是一种紧密耦合的软件语言技术，用 C 语言编写的应用程序完成一大堆函数的编写，整个应用程序依赖于一些预先定义的全局变量。函数的可重用性很差。

面向过程的最小抽象单位，是"函数"的设计与实现。面向过程编程，常常会导致所有的代码都包含在几个模块中，使程序难以阅读和维护。在做一些修改时常常牵一动百，使以后的开发和维护难以为继。

2. 面向对象的编程

面向对象编程（Object Oriented Programming，OOP）是将面向过程的相关函数封装起来，消除全局变量，形成能够独立调用的对象。常用的编程语言有 C++、Java、C♯等。相对于面向过程的含有全局变量的编程，其耦合性已经降低。对象可以重用、继承和派生。基于对象的各种设计模式也随之产生，然而对象之间还有相互调用的现象，还存在一定的耦合性。这些对象只能本地调用，不能远程调用。面向对象的是以对象作为基本的抽象单位，一个对象可以有自己的数据属性和行为属性。

使用 OOP 技术，常常要使用许多代码模块，每个模块都只提供特定的功能，它们是彼此独立的,这样就增大了代码重用的几率,更加有利于软件的开发、维护和升级。

3. 面向组件的编程

面向组件编程(Component Oriented Programming,COP)是对 OOP 的补充,帮助实现更加优秀的软件结构。将面向对象的程序进行封装,定义一些接口让外部调用。如 J2EE(EJB)、CORBA、DCOM、.NET 等。组件的粒度可大可小,需要取决于具体的应用。

COP 是对一种组织代码的思路,尤其是服务和组件这两个概念。比如 Spring 框架中,就采用了 COP 的思路,将系统看做一个个的组件,通过定义组件之间的协作关系(通过服务)来完成系统的构建。这样做的好处是能够隔离变化,合理地划分系统。而框架的意义就在于定义一个组织组件的方式。

COP 最初的动机是为了实现远程分布式的调用。它有接口类,另外专门有实现方法类,因为它要事先定义接口类,客户端调用的也是接口类。接口类和接口实现类之间实现了一定程度的解耦。也就是说,客户端调用接口类时,不需要知道接口类是如何具体实现的,不需要引用服务器端的实现类,见图 5.5。

在 COP 中有以下几个重要的概念。

服务:服务(Service)是一组接口,供客户端程序使用。例如,验证和授权服务、任务调度服务等。服务是系统中各个部件相互调用的接口。

组件:组件(Component)实现一组服务,组件必须符合容器设定的规范,例如初始化、配置、销毁。组件不是一个新的概念,Java 中的 Java Bean 规范和 EJB 规范都是典型的组件。组件的

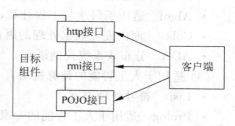

图 5.5　面向组件编程结构示意图

特点在于它定义了一种通用的处理方式。例如,Java Bean 拥有内视的特性,这样就可以通过工具来实现 Java Bean 的可视化。而 EJB 规范定义了企业服务中的一些特性,使得 EJB 容器能够为符合 EJB 规范的代码增添企业计算所需要的能力,例如事务、持久化等。

面向组件编程需要和特定的程序实现语言绑定。传输协议也是非标准化的,传输协议的不一致,导致各种不同组件之间无法互相调用,例如 J2EE 和 DCOM 无法互相调用。

4. 面向服务的编程

面向服务编程(Service Oriented Programming,SOP)是一个服务提供者为另一个服务消费者获得其想要的最终结果的一个工作单元。服务者与消费者都以软件代理代表各自的角色。SOP 主要是面向 Web Service 的编程。面向 Web Service 的编程采用标准化的 SOAP 传输协议,不同厂商实现的 Web Service 之间可以相互调用。如 J2EE 所提供的 Web Service 服务可以被.NET 来调用。反过来,.NET 也可以调用 J2EE 所提供的 Web Service 服务。

作为 Web Service,客户端不需要知道服务器端是如何实现的,服务器端所用的是哪种程序语言,客户端也不需要安装特定的 Stub 程序。

尽管 Web Service 的 SOAP 传输协议是一种标准的传输协议,但它毕竟还是一种特

殊的传输协议,一种特定的技术。Web Service 并不支持其他的传输协议,如 RMI 等。所以说 Web Service 还是和特定的 SOAP 技术绑定在一起的。

5. 高级程序设计语言

高级程序设计语言的种类虽然很多,但并没有明显的优劣之分,只是应用范围的侧重各有不同,如 Fortran 主要应用于科学计算领域,而 Cobol 主要用于商业数据处理领域。实际上各种高级语言的结构都有相似之处,如果掌握了这点,就可以获得触类旁通的效果。下面列出了一些影响较大、使用较为广泛的高级语言。

(1) 通用结构化计算机语言

- Basic   适用于初学者的计算机语言;
- Pascal   结构化的程序设计语言,适用于科研和教学;
- C   具有高级数据结构和控制结构,亦可调用底层功能的通用语言。

(2) 专用结构化计算机语言

- Fortran   适用于科学计算的语言;
- Algol   适用于科学与工程计算,但不如 Fortran 应用广泛;
- Cobol   面向商业数据处理的语言;
- ADA   分布式系统控制语言。

(3) 适用于人工智能的计算机语言

- Lisp   符号处理语言;
- Prolog   适用于人工智能的专家系统的逻辑性语言。

(4) 面向对象的计算机语言

- C++   扩展的 C 语言,具有面向对象的特性;
- Java   纯面向对象语言。

(5) 可视化的第四代计算机语言

- PowerBuilder   Sybase 公司开发的可视化数据库应用软件开发工具;
- Delphi   Borland 公司开发的可视化数据库应用软件开发工具;
- Visual FoxPro   微软公司设计开发的可视化数据库开发工具;
- Visual Basic   Basic 语言的扩展,微软公司设计开发的可视化开发工具。

5.2.3   程序设计语言发展前景如何

网络近几年发展迅速,Internet 现在几乎是妇孺皆知,它极大影响了人们的生活,对各行各业都带来了一次革命。当然,它对程序语言的发展也产生了巨大的影响。非常明显的例子就是 Java 的出现,可以说 Java 语言的出现是网络对程序语言发展影响最大的事件之一。概括来说,编程语言未来会着重发展在以下几个方面。

1. 易用性

易用性一直是计算机编程语言的主要发展趋势,从机器语言—符号语言—高级语言这个发展过程就可以明显看出这个趋势。随着 Internet 的普及,越来越多的用户,不管其计算机知识基础如何,都会有按照自己需要定制软件的需求。这样一来,提供更高层次的开发方法便成为主要需求之一。

2. 高效与安全性

在 IT 业的发展过程中,社会对软件的需求增长得更快。这就要求软件开发具有一定的时效性,从而导致对高效程序语言的需求,这可以从几个方面来加以促进,例如可以消除传统开发语言容易出错的地方,保证语言开发的应用安全性。

3. 可移植性

Internet 的精神是自由、开放和共享,然而全世界的计算机各种各样,传统高级语言只能做到代码级上的可移植性,不同的程序到不同的计算机或操作系统平台上还需要重新编译,这远远不能满足现在的需要。"一次编译,到处执行",一直是人们的目标,Java 语言从某方面上实现了这种功能。

4. 网络性

随着 Internet 的发展,越来越多的网络编程语言得到重视,比如说目前比较流行的 JSP、ASP、. NET 语言,就可以作为网站开发的首选语言。微软推出不久的 C♯语言,紧密与现有的 Web 开发标准结合,能将任何组件转变为 Web 服务,并且可以被运行于 Internet 上的任何平台的任何应用所调用。在未来网络的需求下,还会有更好的网络编程语言面世。

5.2.4　面向未来的汉语程序设计语言

从计算机诞生至今,计算机从硬件到软件都是以印欧语为母语的人发明的。所以其本身就带有印欧语的语言特征,在硬件上 CPU、I/O、存储器的基础结构都体现了印欧语思维状态的"焦点视角"、精确定义、分工明确等特点。计算机语言也遵照硬件的条件,使用分析式的结构方法,严格分类、专有专用,并在其发展脉络中如同他们的语言——常用字量和历史积累词库量极度膨胀。实际上,计算机硬件的发展越来越强调整体功能,计算机语言的问题日益突出。为解决这一矛盾,自 20 世纪 60 年代以来相继有 500 多种计算机语言出现,历经五代,至今仍在变化不已。

汉语是没有严格的语法框架,字词可以自由组合,突出功能的整体性语言。在计算机语言问题成为发展瓶颈的今天,汉语言进入计算机程序设计语言行列,已经成为历史的必然。

1. 发展汉语程序设计语言的理由

(1) 计算机语言问题解决,只能从人类语言中寻找解决方案。

(2) 计算机语言的现存问题是形式状态与功能需求的矛盾。

（3）计算机硬件的发展已为整体性语言——汉语进入计算机程序设计语言提供了条件。

2．汉语程序设计语言的技术特点

（1）汉文字的常用字高度集中，生命力极强，能灵活组合，简明准确地表达日新月异的词汇，这些优点是拼音文字无法企及的。

（2）汉语言的语法简易灵活，语词单位大小和性质往往无一定规，可随上下语境和逻辑需要自由运用。汉语言的思维整体性强，功能特征突出。

（3）汉语程序设计语言的发明者采用核心词库与无限寄存器相结合的方法，实现了汉语言的词素自由组合；将编译器与解释器合一，使汉语程序设计语言既能指令又能编程；以独特的虚拟机结构设计，将数据流与意识流分开，达到汉语程序设计语言与汉语描述完全一致，通用自如。

具有汉语言特性的汉语程序设计语言的出现，打破了汉语言不具备与计算机结合的条件而不能完成机器编码的神话。还为计算机科学与现代语言学研究提出了一条崭新的路径，它从计算机语言的角度，从严格的机械活动及周密的算法上，向世人证实汉语的特殊结构状态及其特殊的功能。

5.3　程序设计语言国内外杰出人物

5.3.1　克里斯汀·尼盖德

克里斯汀·尼盖德（Kristem，1926—　　）是奥斯陆大学的教授，发展了 Simula 编程语言，为 MS-DOS 和因特网打下了基础而享誉国际，为计算机业作出了巨大贡献，被誉为"计算机语言之父"。其对计算机语言发展趋势的掌握和认识，以及投身于计算机语言事业发展的精神，都将激励我们向着计算机语言无比灿烂的明天前进。

图 5.6　克里斯汀·尼盖德

克里斯汀·尼盖德于 1926 年在奥斯陆出生，1956 年毕业于奥斯陆大学并取得数学硕士学位，此后致力于计算机计算与编程研究。1961—1967 年，尼盖德在挪威计算机中心工作，参与开发了面向对象的编程语言。因为表现出色，2001 年，尼盖德和同事奥尔·约安·达尔获得了 2001 年 A.M.图灵机奖及其他多个奖项。当时为尼盖德颁奖的计算机协会认为他们的工作为 Java、C++ 等编程语言在个人电脑和家庭娱乐装置的广泛应用扫清了道路，"他们的工作使软件系统的设计和编程发生了基本改变，可循环使用的、可靠的、可升级的软件也因此得以面世"，见图 5.6。

5.3.2　格蕾丝·霍波

格蕾丝·霍波(Grace Hopper,1906—1992)是计算机语言领域的开拓者。

霍波,1906 年出生于美国纽约一个中产家庭。她在自然科学,特别是数学和物理方面表现出超群的能力。1928 年她获得美国优等生的荣誉,同年,取得数学物理学士学位,留校担任了教师,被聘为韦莎学院的副教授。利用所获得的奖学金,霍波再次考进著名的耶鲁大学深造。1930 年,她获得耶鲁大学数学硕士学位;1934 年成为耶鲁大学历史上第一位女数学博士。幸运地被任命为著名计算机专家霍德·艾肯(H. Aiken)博士的助手,参与 Mark Ⅰ 计算机的研制。她后来回忆说:"我成了世界上第一台大型数字计算机的第三名程序员。"从此,格蕾丝·霍波走上了软件大师的成功之路,见图 5.7。

霍波的主要任务是编写程序,她为 Mark Ⅰ,以及后续机器 Mark Ⅱ、Mark Ⅲ 编写出大量软件。有趣的是,霍波在软件设计领域的第一项重大的"发明",竟是创造出一个著名的计算机术语——"bug"。1946 年,她在发生故障的 Mark Ⅱ 计算机的继电器触点里,找到了一只被夹扁的小飞蛾,正是这只小虫子"卡"住了机器的运行。霍波顺手将飞蛾夹在工作笔记里,并诙谐地把程序故障称为"bug"。Bug 的意思是"臭虫",而这一奇怪的称呼,后来演变成计算机行业的专业术语。虽然现代计算机再也不可能夹扁任何飞蛾,大家还是习惯地把排除程序故障叫作 Debug(除虫)。

图 5.7　格蕾丝·霍波

1949 年,霍波加盟第一台电子计算机 ENIAC 发明人莫契利和埃克特创办的公司,为世界上第一台储存程序的商业计算机 UNIVAC 编写了许多软件,开始第一次使用所谓"简短指令代码"。

1952 年,在斯佩里·兰德公司兼任系统工程师,她率先研制出世界上第一个编译程序 A-O,能够将类似英语的符号代码转换成计算机能够识别的机器指令,并发表了第一篇关于编译器的论文。到了 20 世纪 50 年代中期,她又开发出 Flow-Matic 语言,为 COBOL 高级语言诞生创造了基础。

1992 年 1 月 1 日,这位优秀的科学家在睡梦中再也没有醒来,在阿灵顿美国国家公墓,霍波的身边放满了勋章和鲜花,她是世界妇女的楷模,也是计算机界崇拜的软件大师。

5.3.3　丹尼斯·里奇

C 语言是 1972 年由美国的丹尼斯·里奇(Dennis M. Ritchie,1941—　)设计发明的,并首次在 UNIX 操作系统的 DEC PDP-11 计算机上使用,见图 5.8。

C 语言由早期的编程语言 BCPL(Basic Combind Programming Language)发展演变而来。在 1970 年,AT&T 贝尔实验室的 Ken Thompson,根据 BCPL 语言设计出较先进的并取名为 B 的语言,最后导致了 C 语言的问世。

丹尼斯·里奇是哈佛大学数学博士,见图 5.9。丹尼斯·里奇担任朗讯科技公司贝尔实验室(原 AT&T 实验室)下属的计算机科学研究中心系统软件研究部主任一职。1978 年 Brian W. Kernighan 和 Dennis M. Ritchie 出版了名著《C 程序设计语言》(*The C Programming Language*),现在此书已翻译成多种语言,成为 C 语言方面最权威的教材之一。

图 5.8　Ritchie 和 Thompson 在开发 UNIX

图 5.9　丹尼斯·里奇

5.3.4　艾兰·凯

艾兰·凯(Alan Kay)以面向对象程序设计和 Smalltalk 创始人的身份被世人铭记,以软件大师和计算机界泰斗的高度被我们仰视,见图 5.10。

1940 年,艾兰出生在美国马萨诸塞州。1968 年秋,艾兰在 MIT 人工智能实验室第一次见到 Logo 语言的创始人 Seymour Papert;他观看了 Papert 和他的同事教孩子们如何使用 Logo,使艾兰有关计算机社会作用的整套观念受到极大冲击。

艾兰·凯的毕业论文是关于图形面向对象方面的研究,他由此获得犹他州立大学的博士学位。接着在斯坦福人工智能实验室担任教学工作。在这两年工作期间,他开始构想一本像书本大小的计算机,用户(尤其是儿童)可以用它来代替纸张。他将这个项目称之为"Kiddie Komp"。这期间,他也开始着手 Smalltalk 语言的研发。Smalltalk 是以艾兰的博士论文为理论

图 5.10　艾兰·凯

支持,应用自己之前的单独个体(即"细胞")生物学模型来设计的,个体之间可通过"信息"相互交流;另外,Smalltalk 使用"鼠标驱动"的"多窗口环境",这是图形界面操作系统的雏形。

Smalltalk 是第一门纯面向对象的程序设计语言,OPP 的思想使 Smalltalk 的语言结构方面有许多与其他语言不同的特点,例如在 Smalltalk 语言中没有条件语句,取而代之的是一些发送给对象 true 或者 false 的消息,因此它们不属于语言部分,而属于 Smalltalk 的类库;也没有循环重复语句(C 语言中的 for/while),Smalltalk 用向数字对象或块对象发送消息来实现重复执行。

1971 年,艾兰来到施乐的 PARC 小组,虽然当时的位图显示器十分昂贵,但是艾兰依然说服了 PARC 让他使用这些位图显示器,使得艾兰和他的小组能够实现不同大小和字体的文字,使用多窗口环境,以及一些对图像处理的高端支持。这实现了艾兰设计 Smalltalk 的初衷,为儿童教学而开发的语言。

2003 年 4 月 19 日,计算机学会(ACM)宣布,2003 年度有"计算机界诺贝尔奖"之称的图灵奖授予第一个完全面向对象的动态计算机程序设计语言 Smalltalk 的发明者——艾兰·凯。

5.3.5　姚期智

姚期智(Andrew Chi-Chih Yao),祖籍湖北省孝感市孝昌县,1946 年 12 月生于上海,著名物理学家、计算机学家。1967 年获得台湾大学物理学士学位,1972 年获得美国哈佛大学物理博士学位,1975 年获得美国伊利诺伊大学计算机科学博士学位;1975—1986 年先后在美国麻省理工学院数学系、斯坦福大学计算机系、加利福尼亚大学伯克利分校计算机系任助教授、教授;1998 年被选为美国科学院院士,2000 年被选为美国科学与艺术学院院士,2004 年当选为中国科学院外籍院士,见图 5.11。

多年来,姚期智先生以其敏锐的科学思维,不断向新的学术领域发起冲击,在数据组织、基于复杂性的伪随机数生成理论、密码学、通信复杂性乃至量子通信和计算等多个尖端科研领域,都作出了巨大而独到的贡献。正是由于他在计算理论领域的基础性的卓越贡献(包括产生伪随机数的复杂性理论,密码系统和通信复杂性等),获得了 2000 年度的图灵奖。他所发表的近百篇学术论文,几乎覆盖了计算复杂性的所有方面,并在获图灵奖之前,就已经在不同的科研领域屡获殊荣,曾获美国工业与应用数学学会乔治·波利亚奖和以算法设计大师克努特命名的首届克努特奖,是计算机理论方面国际上最拔尖的学者之一。

图 5.11　姚期智

5.4　本章小结

计算机语言通常是一个能完整、准确和规则地表达人们的意图,并用于指挥或控制计算机工作的"符号系统",可以分为机器语言、汇编语言和高级语言三类,经历了从第一代机器语言、第二代汇编语言、第三代面向过程的高级语言及第四代非过程语言四个发展阶段。

编译型程序设计语言编写程序来控制计算机帮助人们解决实际问题的过程包括了编写源程序、对源程序进行编译生成目标代码、连接目标代码生成可执行文件、执行可执行文件完成任务四个过程。使用解释性程序设计语言则需要编写源程序、解释执行源程序两个过程。

程序实际上也是一种供人阅读的文章,因此编写程序应具有良好的风格。良好的风格包括规范的程序内部文档、清晰的数据说明、友善的输入/输出设计和良好的程序效率。

5.5 习 题

1. 尝试写一段 200 字左右的短文,向非计算机专业人士介绍"什么是程序设计语言"。
2. 试着编写几个不太大的程序,要求尽可能多地用到本章提及的语法知识。
3. 你对"程序设计风格"是如何理解的? 你如何评价自己的程序设计风格,觉得有哪些优点和需要改进的地方?
4. 你认为程序设计语言未来的发展方向是什么? 你认为汉语程序设计语言未来会替代印欧语程序设计语言吗?

第6章　数学与计算机科学

教学目标

　　通过本章的学习,要求学生理解数学与计算机科学的关系,能初步了解一些基本的数学知识,对计算机专业要学习的数学相关课程有一个全面的了解和认识,为学习这些后续课程做好准备。

教学内容

　　数学与计算机科学是相辅相成的。计算机科学离不开数学,数学的核心基础课程是学习计算机专业理论知识不可缺少的数学工具。同时计算机科学的发展给数学研究带来了新领域和新课题。二者已成为一个紧密相关的系统。本章首先介绍了与计算机密切相关的一些重要而基本的数学知识,然后介绍了作为一个计算机专业的本科生应该学习的数学方面的课程。其中特别介绍了这些课程在计算机中的重要作用。通过本章的学习,使读者在计算机这门学科学习的初期,认识计算机科学与数学的关系及学习数学的重要性。

6.1　数学与计算机科学之间的关系

　　计算机与数学的关系一直处于一种相互依存、相互促进的良性循环之中。从计算机的发明直到它的最新进展,数学无不在起着关键性的作用;同时,在计算机的设计、制造、改进和使用过程中提出的大量带有挑战性的问题,又为数学理论发展注入了新鲜活力,推动着数学本身向前发展。

6.1.1　数学是计算机科学的基础

　　计算机最初是作为计算工具被人们发明并使用的,它的前身是我国古代发明的算筹,用算筹进行计算的方法称为筹算。算筹的产生年代已不可考,但据史料推测,算筹最晚出现在春秋晚期战国初年(公元前722年至前221年),一直到算盘发明推广之前都是中国最重要的计算工具,中国古代数学的许多辉煌成就都是在筹算的基础上取得的。直到人们发明了算盘并在15世纪得到普及后才取代了算筹;算盘是在算筹基础上发明的,比算筹更加方便实用,同时还把算法口诀化,从而加快了计算速度,用算盘进行计算的方法称为珠算。

19世纪50年代中期,数学家通过逻辑代数学从理论上解决了用电子管作为计算机元件的核心问题,为二进制计算机的产生打下了基础。20世纪30年代末,美国科学家用布尔代数进行开关电路分析,证明了布尔代数的逻辑运算可以通过继电器电路来实现。由此可见,数学的发展为电子计算机的产生提供了重要的理论基础。

数学不但是计算机产生的基础,而且也是其发展的理论依据,计算机的每一步进展都离不开数学,并且随着计算机更深入的发展,对数学知识、数学方法和思想的要求越来越高。与数学有联系的学科越来越多,关系也越来越密切。下面先对数学这门学科作一简单的介绍。

6.1.2 数学的基本特征

1. 高度的抽象性

任何学科都有其抽象性。数学的抽象化程度远远超过自然科学中一般的抽象,它最大的特点在于抛开现实事物的物理、化学和生物学等特性而只保留了量的关系和空间形式,主要研究内容是抽象概念和它们之间的相互关系。不仅数学的概念是抽象的、思辨的,数学的方法也是抽象的、思辨的。

2. 逻辑上的严密性和精确性

数学高度的抽象性和逻辑的严密性与精确性是紧密相关的。如果数学没有逻辑的严密性,那么用数学方法对现实世界进行抽象研究就失去了其本身的意义。正是以数学的逻辑严密性为出发点,在需要用数学工具解决具体问题时只有严格遵守形式逻辑的基本法则,充分保证逻辑的可靠性才能保证最终结论的正确性。数学的严密性和精确性体现在定义的准确性、逻辑的严密性和结论的确定性。

3. 普遍适用性

数学的高度抽象性决定了它的普遍适用性。数学被广泛地应用于其他科学与技术甚至人们的日常生活之中。数学在各方面的应用促使了数学本身的发展,其中数学在经济学中的成功应用使数学得到了空前的重视。

计算机学科对数学具有很大的依赖性;计算机硬件制造的基础是电子科学和技术,而计算机系统设计、算法设计的基础则是数学。可以这样说,数学在计算机学科中占有举足轻重的地位。数学对计算机科学的贡献主要表现在:数学模型方法使得各种问题可以定量刻画,而计算机则使得定量化分析成为可能。

6.1.3 数学方法在计算机科学中的应用

理论上,凡能被计算机处理的问题均可以转换为一个数学问题,换言之,所有能被计算机处理的问题均可以用数学方法加以解决。数学方法是以数学为工具进行科学研究的方法、策略、途径和步骤,即用数学语言来表达事物的状态、关系和过程,经过推导、运算与分析,以形成解释、判断和预言的方法,它是计算机学科中最根本的研究方法。

数学方法是联系数学知识和问题的媒介。它是在数学知识、概念之上的更高层次的学习,是在数学知识、数学活动经验基础上,创造性地解决问题的手段和方法。正确的数学方法不但可以解决问题,也常常使问题变得简单,以便更容易处理和更好地理解,达到事半功倍的效果。它甚至可以忽略一些非本质的东西,而提炼成一种全新的解决问题的方法。由此可见,数学方法是一种更高能力的学习,是以已掌握的知识、经验为出发点,寻求问题解决的必由之路。

数学方法在计算机科学中的作用主要表现在以下三个方面。

1. 为计算机科学的研究提供简洁精确的形式化语言

随着计算机科学与技术研究的深层次发展,对于微观和宏观世界中存在的复杂的自然规律,需要抽象、准确、简洁地进行表述,这正是数学的形式化语言所做的工作。数学模型就是运用数学的形式化语言,在观测和实验的基础上建立起来的,它有助于人们从本质上认识和把握客观世界。数学中众多的定理和公式就是典型的简洁而精确的形式化语言。

2. 为计算机科学的研究提供定量分析和计算的方法

一门科学从定性分析发展到定量分析是成熟的标志,是量变到质变的结晶,数学方法在其中起到了至关重要的作用。计算机的问世为科学的定量分析和理论计算提供了必要条件,使一些过去虽然能用数学语言描述,但无法求解或不能及时求解的问题找到了解决的方法。

如及时准确的天气预报、汛期水库水量调度等都是借助于精确的数值计算和理论分析得到的。其中数学和计算机都发挥了非常重要的作用,没有数学找不到计算模型,没有高性能计算机,就不能及时计算出结果。

3. 为计算机科学的研究提供了严密的逻辑推理工具

数学严密的逻辑性使它成为建立一种理论体系的重要工具。计算机科学中的各种公理化方法、形式化方法都是用数学方法研究推理过程,把逻辑推理形式加以公理化、符号化,为建立和发展计算机科学的理论体系提供了有效的途径。

6.2　计算机科学中的数学基础知识简介

本节将介绍在计算机科学中常用的一些数学基础知识,包括集合论、数理逻辑、图论、数值计算方法中的一些基本概念,以及密码学、人工神经网络等方面的知识。计算机学科中应用的数学知识远不止这些内容,计算机科学与数学的关系是非常密切的,在相应的数学课程中将有详细介绍,希望读者能重视。

6.2.1　集合

1. 集合的定义及运算

中学里已经学过集合的基本概念。集合是具有某种共同特性的一组对象的全体；其中每一个对象 a 称为集合 A 的元素，记作 $a \in A$。如果对象 a 不在集合 A 中，即称 a 不是集合 A 的元素，记作 $a \notin A$。易知，对任何对象 x，$x \in A$ 与 $x \notin A$ 中有且只有一个成立；给定两集合 A 与 B，若 A 与 B 的元素完全相等，则称 A 与 B 相等，记作 $A = B$；不含任何元素的集合称为空集，记作 $\varnothing$。

集合的包含关系和运算规律如下：

集合的包含关系：设 A、B 是两个集合，若对 $\forall x \in A$，都有 $x \in B$，则称 A 是 B 的子集，记为 $A \subseteq B$，读作 A 包含于 B 或 B 包含 A；若对 $\forall x \in A$，都有 $x \in B$，且 $\exists y \in B$，而 $y \notin A$，则称 A 是 B 的真子集，记为 $A \subset B$，读作 A 真包含于 B 或 B 真包含 A。空集是任何集合的子集。

集合的运算：设 A、B 是两个集合，则 A 与 B 的并定义为 $A \cup B = \{x \mid x \in A \text{ 或 } x \in B\}$；$A$ 与 B 的交定义为 $A \cap B = \{x \mid x \in A \text{ 且 } x \in B\}$；集合 A 对 B 的差 $A - B = \{x \mid x \in A \text{ 但 } x \notin B\}$；集合 A 的补集为全集 E 与 A 的差，记为 A'。

笛卡儿积：设 A、B 是两个非空的集合，元素对的集合 $R = \{\langle x, y \rangle \mid x \in A, x \in B\}$ 称为 A 与 B 的笛卡儿积，记作 $A \times B$，即 $A \times B = \{\langle x, y \rangle \mid x \in A, x \in B\}$。

2. 关系的定义及运算

二元关系：设 A、B 是两个集合，如果 $R \subseteq A \times B$，则称 R 是 A 到 B 的二元关系，即对任意 $x \in A, x \in B$，如果 $(x, y) \in R$，则称 x 与 y 有关系 R，记作 $x R y$。特别地，如果 R 是 A 到 A 的二元关系，则称 R 是 A 上的二元关系。

等价关系：如果集合 A 上的一个二元关系 R 满足

自反性：对任意 $x \in A$，有 $x R x$；

对称性：对任意 $x, y \in A$，如果 $x R y$，则 $y R x$；

传递性：对任意 $x, y, z \in A$，如果 $x R y, y R z$，则 $x R z$；

则称 R 是 A 上的一个等价关系。

关系的概念在计算机中的应用很广泛。例如，数据库、数据语言、计算机程序等都离不开它。

6.2.2　集合论新技术与新成果

康托尔集合论是德国数学家 G. Cantor 在 19 世纪 70 年代创立的，它是数学中最富创造性的伟大成果之一，目前其基本概念已渗透到数学的所有领域，且不断促进着许多数学分科的发展，是整个现代数学的基础。进入 20 世纪后，集合论得到迅速发展和创新，相继出现 Fuzzy 集合论（模糊集合论）与可拓集合论，以解决实际中出现的新问题。

1. 模糊集合论

经典集合论只能把自己的表现力限制在那些有明确外延的概念和事物上,它明确地限定:每个集合都必须由明确的元素构成,元素对集合的隶属关系必须是明确的,绝不能模棱两可。对于那些外延不分明的概念和事物,经典集合论是暂时不去反映的,属于待发展的范畴。

在较长时间里,精确数学及随机数学在描述自然界多种事物的运动规律中,获得显著效果。但是,在客观世界中还普遍存在着大量的模糊现象和模糊概念,如多、少、年轻、暖和等,这些对象的属性不能简单地用"是"或"否"来回答。以前人们回避对这些对象的处理,但是,由于现代科技所面对的系统日益复杂,模糊性总是伴随着复杂性出现。随着电子计算机、控制论、系统科学的迅速发展,要使计算机能像人脑那样对复杂事物具有识别能力,就必须研究和处理模糊性。

1965 年美国控制论学者 L. A. 扎德发表论文《模糊集合》,标志着这门新学科的诞生。该学科以模糊数学为基础,研究大量非精确即模糊的现象,把待考察的对象及反映它的模糊概念作为一定的模糊集合,建立适当的隶属函数,通过模糊集合的有关运算和变换,对模糊对象进行分析。

2. 可拓集合论

经典 Cantor 集合论与模糊集合论都是从静态的角度对事物进行分类,无法把矛盾问题转化为不矛盾问题。1983 年,中国人蔡文提出可拓集合论,研究在条件发生变化下事物的分类并研究分类的变化,既可描述事物是与非的相互转化,又可描述事物具有某种性质的程度,即既可描述事物质变的过程,又可描述事物量变的过程。

集合是描述人脑对客观事物的识别和分类的数学方法。客观事物是复杂的,处于不断运动和变化之中,因此,人脑思维对客观事物的识别和分类并不是只有一种模式,而是多种形式的,因而,描述这种识别和分类的集合论也不应是唯一的,而应是多样的。经典集描述的是事物的确定性概念,用 0、1 两个数来表征对象属于某一集合或不属于该集合;模糊集描述的是事物的模糊性,用 $[0,1]$ 中的数来描述事物具有某种性质的程度;可拓集描述的是事物的可变性,用 $(-\infty,+\infty)$ 中的数来描述事物具有某种性质的程度,用可拓域描述事物"是"与"非"的相互转化。

作为一个能从已有的信息和知识生成解决问题的策略工具,目前可拓集合论已被广泛地应用于计算机决策系统与专家系统等与人工智能相关的学科中。

6.2.3　集合论在计算机科学中的应用

由于集合论的语言适合于描述离散对象及其关系,因此它是计算机科学与工程的理论基础,在各种科学和技术领域,如程序设计、形式语言、关系数据库、操作系统等计算机学科中都得到了广泛应用。

关系和函数是数学中最重要的两个概念,在计算机科学的各个分支中,也是应用极为广泛的概念。人与人之间有父子、兄弟、同学关系等;两个数之间有大于、等于、小于关系等;元素与集合之间有属于、不属于关系;计算机程序之间有调用和被调用关系……集合论为刻画这种联系提供了一种数学模型——关系,它仍然是一个集合,以那种具有联系的对象组合为其成员。例如,在关系数据库模型中,每个数据库都是一个关系;计算机程序的输入和输出构成一个二元关系。在各种计算机程序设计语言中,关系和函数都是必不可少的概念。

6.2.4 数理逻辑

人们在交往活动中,尽管自然语言是一种非常好的交流思想的工具,但它不适合用来进行严格的推理,因为自然语言在叙述时往往不够确切,易产生二义性。因此,就需要制定一种符号语言(也称为客观语言、形式语言、目标语言)。在这种符号语言中,为了避免二义性,需要引进一些符号,并对这些符号给出明确的定义。

逻辑是探索、阐述和确立有效推理原则的学科,最早是由古希腊学者亚里士多德创建的。数理逻辑是用数学方法即建立一套符号体系的方法来研究推理的形式结构和规律的一门学科,包括逻辑演算、集合论、证明论、模型论、递归论等内容。由于在逻辑学中使用了符号,故数理逻辑也称为符号逻辑。数理逻辑研究的主要问题是推理。所谓推理是指研究前提和结论之间的关系与思维规律。数理逻辑的特点是语言叙述简单明了,通俗流畅,逻辑性强。

数理逻辑的主要分支包括逻辑演算(包括命题演算和谓词演算)、模型论、证明论、递归论和公理化集合论。下面对逻辑运算中最基本也是最重要的逻辑演算进行简单介绍。

数理演算分为命题演算和谓词演算,这两种逻辑演算构成了数理逻辑的基础。

(1) 命题演算

命题演算即 Ls,是研究关于命题如何通过一些逻辑连接词构成更复杂的命题以及逻辑推理的方法。命题逻辑是数理逻辑的基本组成部分,是谓词逻辑的基础。

所谓命题,是指具有非真必假,能判断真假的陈述句。命题仅有两种可能的值:真和假,二者只能取其一,真用 1 或 T 表示,假用 0 或 F 表示。命题的真假具有客观性质,而不由人的主观决定。由于命题只有两种可能的值,故称命题逻辑为二值逻辑。例如,6 是偶数;我是学生;1+6=10 等。

简单命题(或称为原子命题):不能再分解为更简单命题的命题。原子命题是命题逻辑的基本单位。

复合命题:由若干个简单命题和如"或者"、"并且"、"非"、"如果……则……"、"当且仅当"等命题连接词、标点符号或圆括号构成的命题。

(2) 谓词演算

命题逻辑中,形式化的对象及命题演算的对象都是语句。但是,在数学乃至一般推理过程中,许多常见的逻辑推理并不能建立在命题演算的基础上。例如,张三的每位朋友都是李四的朋友,王五不是李四的朋友,所以王五不是张三的朋友。这类推理无法用命题逻辑中的运算操作得到,因此,我们必须深入到语句的内部,也就是要把语句分解为主语和谓语。

谓词演算也叫命题涵项演算。在谓词演算里,把命题的内部结构分解成具有主词和谓词的逻辑形式,由命题涵项、逻辑连接词和量词构成命题,然后研究这样的命题之间的逻辑推理关系。谓词逻辑是命题逻辑的延伸。

6.2.5　数理逻辑的新进展

1930 年以后,数学逻辑开始蓬勃发展,出现了许多新的分支,如递归论、模型论、公理集合论等。

递归论主要研究可计算性的理论,讨论的是从形式上刻画一个运算或一个进程的"能行"性这种直观的概念,也就是从原则上讲,它们能机械地进行而产生一个确定的结果,"能行"这个概念含有可具体实现的、有效的、有实效的意思。递归的概念并不难理解,它就是由前面的结果可以递推得到后面的结果,递归可以将一个复杂的重复性问题归结为一个简单函数。递归论和计算机的发展和应用有密切的关系,由于计算机具有速度快、精度高、存储容量大等特点,因此可以用计算机来解决以前难以求解的具有回溯操作的数学问题,如 Hanoi 塔问题、八皇后问题等。

模型论主要是研究形式语言及其对应的数学模型之间的关系。可以说,模型论是研究形式语言的语法和语义之间关系的学科。模型论给数学带来许多新成果,大致可以分成三大部分:在代数方面的应用主要是在群论和域论方面;在分析方面的应用主要是非标准分析;在拓扑学、代数几何学方面的应用主要是拓扑斯理论。

数理逻辑近年来发展特别迅速,主要原因是这门学科对于数学其他分支如集合论、数论、代数、拓扑学等的发展有重大的影响,特别是对新近形成的计算机科学的发展起了推动作用。反过来,数学中其他学科的发展也推动了数理逻辑的发展。

6.2.6　数理逻辑在计算机科学中的应用

数理逻辑和计算机科学有着十分密切的关系,两者都属于模拟人类认知机理的科学。无论是数字电子计算机雏形的图灵机,还是数字电路的布尔代数,以及作为程序设计工具的语言、程序设计方法学、关系数据库、知识库、编译方法、人工智能等领域均离不开数理逻辑。许多计算机科学的先驱者既是数学家,又是逻辑学家,如阿兰·图灵、邱奇等。

学好数理逻辑对于计算机科学理论的研究有重要的作用。首先,通过对数理逻辑中所揭示的思维规律和所用方法的学习,能培养自己严密的逻辑思维能力,为计算机科学后继课程的学习奠定良好的基础。其次,在程序验证、程序变换、程序综合、软件形式说明、程序设计语言的形式语义学、人工智能以及人脑力劳动自动化过程中都要用到数理逻辑的基本方法和理论。

从计算模型和可计算性的研究看,计算可以用函数演算来表达计算模型,也可以用逻辑系统来表达可计算性。作为一种数学形式系统,图灵机及其与它等价的计算模型的基础是数理逻辑,人工智能领域的一个重要方向就是基于逻辑的人工智能。

在实际计算机的设计与制造中,使用数字逻辑技术实现计算机的各种运算的理论基础是代数和布尔代数。布尔代数只是在形式演算方面使用了代数的方法,其内容的实质仍然是逻辑。

程序设计语言中的许多机制和方法,如子程序调用中的参数传递、赋值等都出自数理逻辑的方法。也就是说,数理逻辑的发展为语言学提供了方法论的基础。语言可视为某种计算模型的外在表现形式。到目前为止,程序的语义及其正确的理论基础仍然是数理逻辑,或是其基础上的模型。

在计算机体系结构的研究中,像容错计算机系统、Transputer 计算机、阵列式向量计算机、可变结构的计算机系统结构及其计算模型等都直接或间接与逻辑与代数密不可分。如容错计算机的重要基础之一是多值逻辑,Transputer 计算机的理论基础是 CSP 理论,阵列式向量计算机必须以向量运算为基础,可变结构的计算机系统结构及其计算模型主要采用逻辑与代数的方法。

6.2.7　图论

图论(Graph Theory)是组合数学的一个分支,是把图作为研究对象的一门数学学科。图论研究的图形与普通几何学研究的图形不同,图论中的“图”是由许多给定的点及连接两点的线所构成的图形,这种图形主要用来描述事物之间的某种特定关系,一般用点代表事物,用连接两点的线表示相应两个事物间的某种关系。可以说,图论是一门专门研究事物(点)之间相互关系(线)的数学分支。

1. 图的基本概念

一个图是由点集 V 和边集 E 组成的图形。其中 $V=\{v_1,v_2,\cdots,v_n\}$ 表示一个非空的有限点集合,其中的元素 $v_i(i=1,2,\cdots,n)$ 称为顶点或节点;E 是由 V 的不同元素的无序对偶组成的有限集合,其中的元素称为边。图由一些点与连接于其中的某些点对应的连线所构成,图可以直观地表示离散对象之间的相互关系,研究它们的共性和特性,从而解决具体的实际问题。

有向边(弧):在图 $G=\langle V,E\rangle$ 中,由 $V=\{v_1,v_2,\cdots,v_n\}$ 中的元素 v_i 与 v_j 组成的有序对 $\langle v_i,v_j\rangle$ 称为图 $G=\langle V,E\rangle$ 的一条有向边(弧),否则称为无向边(弧)。这里的 v_i 代表边的始点(也称为弧头),v_j 代表边的终点(也称为弧尾)。显然,$\langle v_i,v_j\rangle$ 和 $\langle v_j,v_i\rangle$ 是两条不同的有向边。

邻接点:在一个图中,由一条有向边或无向边关联的两个顶点,称为邻接点。否则称为不邻接点。

环(自回路):关联于同一个顶点的边称为环或自回路。

平行边:关联于同一对节点的一些边称为平行边。平行边的条数称为重数。

2. 图的分类

图分为有向图和无向图两种。所谓有向图是指所有边都是有向边的图,无向图是指所有边都是无向边的图。也有一些特殊图,例如混合图(有有向边,也有无向边的图)、平凡图(只有一个节点的图)、零图(边集为空集,即仅有节点的图)、简单图(不含多重边和环的图)等。

有时在实际应用中,还会遇见图中的各个边具有一定权值的情况,例如对于一个交通路线图来说,需要对每条边上标以路程长短或成本多少。将边上带有权值的图称为带权图,边上无权值的图称为无权图。

3. 图在计算机中的表示

在利用计算机处理图的算法时,应首先解决如何定义和存储图。由图的定义可知,只要将图中所有顶点及所有边都进行存储和表示,这个图就是唯一确定的,因此可以用计算机中最常用的数据结构——矩阵来对图进行表示和研究。下面介绍一个图如何用矩阵来表示,这里仅介绍简单图,且假设图的节点已编号。

设 $G=\langle V,E\rangle$ 是简单图,它有 n 个节点 $V=\{v_1,v_2,\cdots,v_n\}$,则可用一个 n 阶方阵 $A(G)=(a_{ij})$ 来表示顶点之间的相邻关系,对无权图而言,如果节点 v_i 与 v_j 之间有边(即两节点相邻),则矩阵 $A(G)$ 中 a_{ij} 的取值为 1,否则为 0;对有权图而言,如果两节点之间有边且边上带有权值,则矩阵 $A(G)$ 中 a_{ij} 的取值为权值大小。则用这种规则定义的矩阵称为图 G 的邻接矩阵。

对于一个无向图,邻接矩阵一定是对称的,而且对角线一定为零,有向图的邻接矩阵则不一定对称;如果给定的图是零图,那么其对应的矩阵中元素全为零,它是一个零矩阵,反之,邻接矩阵是零矩阵的图一定是零图。

6.2.8　图论发展的三个阶段

图论是组合数学的一个分支,也是近几十年来最活跃的数学分支之一。到目前为止,它已有二百六十多年的发展历史。图论的发展历史大体可以分为三个阶段。

第一阶段是图论的萌芽阶段,它从 18 世纪中叶到 19 世纪中叶。这时,图论的多数问题是围绕游戏而产生的,以柯尼斯堡七桥问题为代表。1736 年 L. Euler 发表了他著名的柯尼斯堡七桥问题的论文,他用抽象分析法将这个问题化为第一个图论问题:即把每一块陆地用一个点来代替,将每一座桥用连接相应的两个点的一条线来代替,从而相当于得到一个“图”,这是图论的第一篇文章。欧拉不仅证明了这个问题没有解,并且推广了这个问题,给出了对于一个给定的图可以某种方式走遍的判定法则,这项工作使欧拉成为图论(及拓扑学)的创始人。

第二阶段从 19 世纪中叶到 20 世纪中叶。在此阶段,图论问题大量出现。如著名的四色问题、Hamilton 问题以及图的可平面问题等。该阶段应该特别提到 Arthur Cayley,见图 6.6。凯利和西尔维斯特是不变量理论的奠基人,他首创代数不变式的符号表示法,给代数形式以几何解释,然后再用代数观点去研究几何学;他第一次引入 n 维空间概念,详细讨论了四维空间的性质,为复数理论提供佐证,并为射影几何开辟了道路;他还首先引入矩阵概念以化简记号,规定了矩阵的符号及名称,讨论矩阵性质,得到凯利—哈密顿定理,因而成为矩阵理论的先驱。他的矩阵理论和不变量思想产生很大影响,特别对现代物理的量子力学和相对论的创立起到了推动作用。

20 世纪中叶以后是图论发展的第三阶段,即图论的应用阶段。在生产管理、军事、交通运输、计算机网络、计算机科学、数字通信、线性规划、运筹学等各个方面都提出实际问题的需求下,特别是许多离散性问题的出现、刺激和推动,以及大型电子计算机的诞生,图论及其应用的研究得到了飞速的发展。这个阶段的开创性工作是以 Ford 和 Fulkerson 建立的网络流理论为代表的。图论与其他学科的相互渗透,以及图论在生产实际中的广泛应用,都使图论的发展更加充满活力。

6.2.9　图论的新技术与新进展

随着大型计算机系统的出现,使大规模问题的求解成为可能,图论中的理论在物理、化学、运筹学、计算机科学、电子学、信息论、控制论、网络理论、社会科学及经济管理等几乎所有学科领域中应用研究都得到了爆炸性的发展,图论越来越受到全世界数学界和其他科学界的广泛重视。

目前,图论已发展为代数图论、拓扑图论、随机图论、计数图论、算法图论、无限图论等多个分支多个学术派别的现代数学学科。

6.2.10　图论在计算机中的应用

图论是一个古老的但又十分活跃的数学学科,也是一门很有实用价值的学科,它在自然科学、社会科学等各领域均有很多应用。近年来它受计算机科学蓬勃发展的刺激,发展极其迅速。应用范围不断拓展,已经渗透到诸如语言学、物理学、化学、电信工程、计算机科学以及数学的其他分支当中,特别在计算机科学汇总,如形式语言、数据结构、计算机网络、分布式系统和操作系统等各个方面均扮演重要的角色。例如,计算机鼓轮设计是进行网络分析的主要工具,现用于管网的水力平衡计算,既充分发挥了图论理论的优势,使计算变得简便、迅捷,又可将管网附件加入计算,使结果更准确、更符合实际。

6.3　相关杰出人物和代表人物

6.3.1　格奥尔格·康托尔

格奥尔格·康托尔(Cantor Georg Ferdinand,1845—1918)德国数学家,集合论的创始人,见图 6.1。

图 6.1　格奥尔格·康托尔

集合论(Set Theory)是现代数学的基础,是数学中最富创造性的伟大成果之一。它的起源可追溯到 16 世纪末期。集合论的实际发展是由 19 世纪 70 年代德国数学家康托尔(G. Cantor)在无穷序列和分析的有关课题的理论研究中创立的,他从三角级数出发,对具有任意特性的无穷集合进行了深入的探讨,提出了关于基数、序数、超穷数和良序集等理论,奠定了集合论的深厚基础,于 1871 年给出了集合的定义,定义了集合的交与并等;在 1872 年利用有理数的"基本序列"概念定义了无理数,把实数的理论严格起来,并建立了点集论;1874 年康托尔发表第一篇关于无穷集合的文章,对超越数的存在且远远"多"于代数数作出了集合论的证明,轰动了当时世界数学界;1875—1897 年,康托尔发表了他最著名的《超穷数理论基础》,在数学史上标志着集合论的诞生。

1891 年,他组建了德国数学家联合会,康托尔被选为第一任主席,1904 年,他被伦敦皇家学会授予当时数学界最高荣誉——西尔维斯特奖章。

康托尔是数学史上最富有想象力、最有争议的人物之一,他的集合论富有革命性,其理论很难被立即接受,引起了激烈的争论乃至严厉的谴责,然而数学的发展最终证明康托尔是正确的。集合论被誉为 20 世纪最伟大的数学创造,对 19 世纪末、20 世纪初的数学基础的研究产生了深远的影响,现在集合论已渗透到各数学分支,成为分析理论、测度论、拓扑学及数理科学中必不可缺之理论。

6.3.2　乔治·布尔

乔治·布尔(George Boole,1815—1864)是 19 世纪最重要的数学家之一,见图 6.2。1848 年,布尔出版了 *The Mathematical Analysis of Logic*,这是它对符号逻辑诸多贡献中的第一次。1849 年,他被任命为位于爱尔兰科克皇后学院(现 National University of Ireland, College Cork 或 UCC)的数学教授。1854 年,他出版了 *The Laws of Thought*,在这本书中布尔介绍了现在以他的名字命名的布尔代数。布尔撰写了微分方程和差分方程的课本,这些课本在英国一直使用到 19 世纪末。由于其在符号逻辑运算中的特殊贡献,很多计算机语言中将逻辑运算称为布尔运算,将其结果称为布尔值。

图 6.2　乔治·布尔

6.3.3　弗雷格

弗雷格(Gottlob Frege,1848—1925),见图 6.3。1869 年弗雷格进入耶拿大学学习,两年后转至哥廷根大学,1873 年在那里获得数学领域的哲学博士学位。1875 年,他回到耶拿担任讲师,1879 年成为助理教授,1896 年成为教授。

图 6.3 弗雷格

弗雷格对现代数理逻辑贡献最大，他在 1879 年出版的《概念文字》一书中不仅完备地发展了命题演算，而且引进了量词概念以及实质蕴涵的概念，他还给出一阶谓词演算的公理系统，这可以说是历史上第一个符号逻辑的公理系统。1884 年，弗雷格的《算术基础》出版，后来又扩展成《算术的基本规律》。不过由于他的符号系统烦琐复杂，从而限制了它的普及，因此在 19 世纪时，他的著作流传不广。后来由于罗素的独立工作，才使得弗雷格的工作受到重视。

对建立这门学科作出贡献的，还有美国人皮尔斯，他在著作中引入了逻辑符号，从而使现代数理逻辑最基本的理论基础逐步形成，成为一门独立的学科。

6.3.4 克劳德·艾尔伍德·香农

克劳德·艾尔伍德·香农（Claude Elwood Shannon）是美国数学家、信息论的创始人。1940 年在麻省理工学院获得硕士和博士学位，1941 年进入贝尔实验室工作。香农提出了熵的概念，为信息论和数字通信奠定了基础，见图 6.4。

图 6.4 克劳德·艾尔伍德·香农

香农 1938 年的硕士论文《继电器与开关电路的符号分析》首次用布尔代数对开关电路进行了相关的分析，并证明了可以通过继电器电路来实现布尔代数的逻辑运算，同时明确地给出了实现加、减、乘、除等运算的电子电路的设计方法。这篇论文成为开关电路理论的开端。其后，数理逻辑开始应用于所有开关线路的理论中，并在计算机科学等方面获得应用，成为计算机科学的基础理论之一。

香农理论的重要特征是熵（Entropy）的概念，1948 年香农长达数十页的论文《通信的数学理论》成了信息论正式诞生的里程碑。在他的通信数学模型中，清楚地提出信息的度量问题，他证明熵与信息内容的不确定程度有等价关系。他把哈特利的公式扩大到概率 pi 不同的情况，得到了著名的计算信息熵 H 的公式：$H = \sum - pi \log pi$。如果计算中的对数 log 是以 2 为底的，那么计算出来的信息熵就以比特（bit）为单位。今天在计算机和通信中广泛使用的字节（Byte）、KB、MB、GB 等词都是从比特演化而来。比特的出现标志着人类知道了如何计算信息量。香农的信息论为明确什么是信息量概念作出决定性的贡献。

香农在进行信息的定量计算的时候，明确地把信息量定义为随机不定性程度的减少。表明了他对信息的理解：信息是用来减少随机不定性的东西。事实上，香农最初的动机是把电话中的噪音除掉，他给出通信速率的上限，这个结论首先用在电话上，后来用到光纤，截至 2013 年又用在无线通信上。我们能够清晰地打越洋电话或卫星电话，都与通信信道质量的改善密切相关。

在二次世界大战时,香农博士也是一位著名的密码破译者,他在 Bell Lab 的破译团队主要是追踪德国飞机和火箭,尤其是在德国火箭对英国进行闪电战时起了很大作用。1949 年香农发表了另外一篇重要论文《保密系统的通信理论》(*Communication Theory of Secrecy Systems*),正是基于这种工作实践,它的意义是使保密通信由艺术变成科学。

6.3.5　莱昂哈德·欧拉

莱昂哈德·欧拉(Leonhard Euler,1707—1783)是瑞士数学家和物理学家,见图 6.5。他被一些数学史学者称为历史上最伟大的两位数学家之一(另一位是卡尔·弗里德里克·高斯)。欧拉是第一个使用"函数"一词来描述包含各种参数的表达式的人,例如:$y = F(x)$(函数的定义由莱布尼兹在 1694 年给出)。他是把微积分应用于物理学的先驱者之一。

图 6.5　莱昂哈德·欧拉

欧拉 17 岁在巴塞尔大学获得硕士学位,23 岁成为圣彼得斯堡科学院物理学教授,26 岁成为数学所所长。欧拉实际上支配了 18 世纪的数学,对于当时的新数学分支——微积分,他推导出了很多结果。欧拉是 18 世纪最优秀的数学家,也是历史上最伟大的数学家之一。他的全部创造在整个物理学和许多工程领域里都有着广泛的应用。欧拉的数学和科学成果简直多得令人难以相信。欧拉是有史以来最多遗产的数学家,他的全集共计 75 卷,还写下了许许多多富有创造性的数学论文和科学论文。总计起来,他的科学论著有 70 多卷。欧拉的天才使纯数学和应用数学的每一个领域都得到了充实,他的数学物理成果有着无限广阔的应用领域。

欧拉特别擅长论证如何把力学的基本定律运用到一些常见的物理现象中。例如,他把牛顿定律运用到流体运动,建立了流体力学方程。同样他通过认真分析刚体的可能运动并应用牛顿定律建立了一个可以完全确定刚体运动的方程组。欧拉的天才还在于他用数学来分析天文学问题,特别是三体问题,即太阳、月亮和地球在相互引力作用下怎样运动的问题。这个问题尚未得到完全解决。欧拉丰富的头脑常常为他人作出成名的发现开拓前进的道路。例如,法国数学家和物理学家约瑟夫·路易斯·拉格朗日创建一方程组,叫做"拉格朗日方程"。此方程在理论上非常重要,而且可以用来解决许多力学问题。但是由于基本方程是由欧拉首先提出的,因而通常称为欧拉—拉格朗日方程。

在数学方面他对微积分的两个领域——微分方程和无穷级数特别感兴趣。他在这两方面作出了非常重要的贡献。欧拉公式表明了三角函数和虚数之间的关系,可以用来求负数的对数,是所有数学领域中应用最广泛的公式之一。欧拉对目前使用的数学符号制作出了重要的贡献。例如,常用的希腊字母 π 代表圆周率就是他提出来的。他还引出许多其他简便的符号,现在的数学中经常使用这些符号。

欧拉的著述浩瀚,不仅包含科学创见,而且富有科学思想,他给后人留下了极其丰富的科学遗产和为科学献身的精神。历史学家把欧拉同阿基米得、牛顿、高斯并列为数学史上的"四杰"。如今,在数学的许多分支中经常可以看到以他的名字命名的重要常数、公式和定理。浏览一下数学和物理教科书的索引就会找到如下查找:欧拉角(刚体运动)、欧拉常数(无穷级数)、欧拉方程(流体动力学)、欧拉公式(复合变量)、欧拉数(无穷级数)、欧拉多角曲线(微分方程)、欧拉变换(无穷级数)、伯努利—欧拉定律(弹性力学)、欧拉—傅里叶公式(三角函数)、欧拉—拉格朗日方程(变分学、力学)以及欧拉—马克劳林公式(数字法),这里举的仅仅是最重要的例子。

6.3.6　凯利

　　凯利(Arthur　Cayley,1821—1895)是英国数学家,见图 6.6。他 17 岁时考入剑桥大学的三一学院,毕业后留校讲授数学,几年内发表论文数十篇。1846 年转攻法律学,三年后成为律师,工作卓有成效。任职期间,他仍业余研究数学,并结识数学家西尔维斯特(Sylvester)。1863 年应邀返回剑桥大学任数学教授。他得到牛津大学、都柏林大学和莱顿大学的名誉学位。1859 年当选为伦敦皇家学会会员。

图 6.6　凯利

　　凯利和西尔维斯特是不变量理论的奠基人,他首创代数不变式的符号表示法,给代数形式以几何解释,然后再用代数观点去研究几何学;他第一次引入 n 维空间概念,详细讨论了四维空间的性质,为复数理论提供佐证,并为射影几何开辟了道路;他还首先引入矩阵概念以化简记号,规定了矩阵的符号及名称,讨论矩阵性质,得到凯利—哈密顿定理,因而成为矩阵理论的先驱。他的矩阵理论和不变量思想产生很大影响,特别对现代物理的量子力学和相对论的创立起到了推动作用。

　　凯利一生仅出版一本专著,即 1876 年的《椭圆函数初论》,但发表了近 1000 篇论文,其中一些影响极为深远。凯利对劝说剑桥大学接受女学生起了很大作用。他在生前得到了他所处时代一位科学家可能得到的几乎所有重要荣誉。

6.3　计算机专业开设的数学课程

　　数学是计算机科学的基础,在计算机专业的本科教程中,会涉及许多与计算机相关的数学课程。例如高等数学、离散数学、线性代数、数值计算方法、计算机图形学、复变函数等。下面对这些课程做一简要介绍。

6.3.1　高等数学

　　高等数学相对于小学和中学学到的初等数学而言(初等数学研究的是常量和匀变量)研究的是匀变量。高等数学具有高度的抽象性、严密的逻辑性。随着计算机的出现和普及,高等数学中的各类知识被广泛地应用在社会科学的各个领域。

1．计算机专业的学生为什么一定要学习高等数学

高等数学是近代数学的基础,是理科(非数学)本科各个专业学生的一门必修的重要基础理论课,也是在现代科学技术、经济管理、人文科学中应用最广泛的一门课程,学好这门课程对学生今后的发展是至关重要的。高等数学是其他数学学科和计算机科学的基础,所以本课程是学生进入大学后学习的第一门重要的数学基础课。

学习高等数学,更重要的是学习处理数学问题的思想和方法,锻炼逻辑思考能力、缜密的推断能力和较高的数理分析能力,用理性而不是感性的思维去考虑问题,同时为后续课程的学习奠定良好的基础。

数学方法的合理运用,可以给编程带来很大方便。现在编写软件越来越多地用到数学推导归纳,要在如此众多的程序编写员里面取得优异成绩,坚实的数学基础和推理能力是很重要的;不仅是在编程方面,在计算机的其他领域,如电子技术、数字信号处理、数字图像处理、通信工程、模式识别及分类等,数学也都有很广泛的应用。

2．高等数学都学些什么内容

计算机专业的本科学生,要求能系统地了解和掌握高等数学的基本理论和常用方法,内容包括函数与极限、导数与微分、中值定理与导数的应用、不定积分、定积分、定积分的应用、空间解析几何与向量代数、多元函数微分法及其应用、重积分、曲线积分与曲面积分、无穷级数、微分方程等。

除了学习上述基本内容,计算机本科生的高等数学教学更强调的是培养学生的思维能力与推理能力,以及用计算机求解各种实际数学问题的实践能力。

6.3.2　离散数学

由于数字电子计算机是一个离散结构,它只能处理离散的或离散化了的数量关系,因此,无论计算机科学本身,还是与计算机科学及其应用密切相关的现代科学研究领域,都面临着如何对离散结构建立相应的数学模型,又如何将已用连续数量关系建立起来的数学模型离散化,从而可由计算机加以处理。

离散数学是现代数学的一个重要分支,主要研究离散性的结构及相互间的关系,能充分体现出计算机科学离散性的特点,因此被广泛地应用在计算机科学的各项技术中,另一方面,离散数学这门学科本身也因计算机的发展而获得更大的发展。

1．计算机专业为什么要开设"离散数学"课程

"离散数学"课程是计算机科学与技术专业的专业基础课,作为计算机科学基础理论的核心课程之一,该课程不仅充分地描述了计算机科学的离散性特点,而且为后继课程,如数据结构、逻辑设计、计算机系统结构、容错诊断、编译系统、操作系统、数据库原理和计算机网络等的学习提供必要的数学基础。

作为计算机科学与技术学科的专业基础课之一,"离散数学"课程中介绍的各分支的基本概念、基本理论和基本方法,已被大量地应用在数字电路、编译原理、数据结构、操作系统、数据库系统、算法的分析与设计、人工智能、计算机网络、过程控制等专业课程中。例如,离散数学中的数理逻辑理论是计算机硬件设计中数字逻辑电路的基础;笛卡儿积概念则是关系数据库的一个重要操作;布尔代数理论则在数据结构、数据安全、逻辑电路设计等各个计算机分支学科中发挥着重要的意义;此外,通过对该课程的学习,还能培养和提高学生的概括抽象能力、逻辑思维能力、归纳构造能力以及严格证明推理的能力,为学生今后从事计算机科学各方面的工作提供重要的工具。

2. "离散数学"的基本内容

离散数学形成于 20 世纪 70 年代,随着计算机科学的发展逐步建立起来,是研究离散量的结构及其相互关系的数学学科,是现代数学的一个重要分支。该课程内容主要涉及以下几个分支。

(1) 集合论部分:集合及其运算、二元关系与函数、自然数及自然数集、集合的基数;

(2) 图论部分:图的基本概念、图的矩阵表示、一些特殊图介绍、带权图及其应用;

(3) 代数结构部分:代数系统的基本概念、几个典型的代数系统介绍;

(4) 组合数学部分:组合存在性定理、组合计数方法;

(5) 数理逻辑部分:命题逻辑、一阶谓词演算。包括数理逻辑、图论等内容。

6.3.3　线性代数

现代线性代数的历史可以上溯到 1843 年和 1844 年。1843 年,哈密顿发现了四元数,1844 年,格拉斯曼发表了他的著作 *Die Lineare Ausdehnungslehre*,1857 年,阿瑟·凯莱介入了矩阵,这是最基础的线性代数思想之一。线性代数最初主要对二维和三维直角坐标系进行研究,现代线性代数已经扩展到研究任意或无限维空间。线性代数方法是指使用线性观点看待问题,并用线性代数的语言描述它、解决它(必要时可使用矩阵运算)的方法。这是数学与工程学中最主要的应用之一。

在实际应用的很多领域,我们不仅要研究单个变量之间的关系,还要进一步研究多个变量之间的关系,各种实际问题在大多数情况下可以线性化,而由于计算机的发展,线性化了的问题又可以计算出来,线性代数正是解决这些问题的有力工具。线性代数不仅是计算机专业的必修课,更是经济类、管理类专业的基础课程。

1. 计算机专业为什么要开设"线性代数"课程

线性代数最重要的特点之一就是它主要对离散型变量进行分析,在数学、力学、物理学和技术学科中有各种重要应用,因而它在各种代数分支中占据首要地位。在计算机广泛应用的今天,计算机图形学、计算机辅助设计、密码学、虚拟现实等各项新技术也均以线性代数为其理论和算法基础的一部分,如在计算机图形学中用矢量和矩阵来描述二维图像的旋转、平移、阴影或缩放等。

作为计算机专业的专业基础课，"线性代数"是"离散数学"、"数据结构"、"编译原理"课程的先行课，"线性代数"的基本概念、理论和方法具有较强的逻辑性、抽象性和广泛的实用性，该学科所体现的几何观念与代数方法之间的联系，从具体概念抽象出来的公理化方法以及严谨的逻辑推证、巧妙的归纳综合等，既为计算机专业的本科生学习后续相关课程提供必要的数学知识，为进一步深造奠定基础，也可以学习到在科学研究及工程实际中对离散变量的基本分析方法，更可以加强自己的抽象思维能力与严密的逻辑推导能力。

2. "线性代数"的基本内容

线性代数主要研究有限维线性空间上的线性映射，具有较强的抽象性与逻辑性。它的主要内容包括行列式、矩阵、线性方程组、向量空间、矩阵的特征值和特征向量、二次型等内容。通过对本课程的学习，学生不仅要掌握科学研究中常用的行列式计算、矩阵理论、线性方程组、二次型等有关基本知识，更重要的是要具有熟练的矩阵运算能力和用矩阵方法解决实际问题的能力，为学习后续课程及进一步扩大数学知识面奠定必要的数学基础，同时也使学生的抽象思维能力得到进一步训练。

6.3.4　概率论与数理统计

现实世界中形形色色的自然现象、社会现象大致可分为两类：一类是事先能确定其结果的现象，即确定性现象，如同性电荷互相排斥、零度水会结冰、边长为 a、b 的矩形其面积必为 $a \times b$；另一类是事先不能确定其结果的现象为随机现象，这类现象的可能结果不会是一种。如把同样的若干种子播种到肥力均匀的田地里，每粒种子是否发芽；掷一枚骰子，可能结果有 6 种；今天股市的涨跌情况等。这些现象与确定性现象相反，它的结果无法事先确定。

这种随机现象是否有规律，便成为数学研究中的一个问题。概率论就是运用数学方法研究随机现象统计规律性的一门数学学科。概率，简单地说，就是随机现象出现的可能性大小的一种度量。随机现象，或者说不确定性，是自然界和现实生活中普遍存在的一种现象。不确定性既给人们许多麻烦，同时又常常是解决问题的一种有效手段甚至是唯一手段。例如，"抓阄"就是运用不确定性来进行公平分配的常用办法。在模拟计算、统计运筹中无不运用概率论的思想和方法。因此概率论具有明显的实际背景和广阔的应用范围，另外又和数学、计算机科学的诸多分支有密切的联系。

1. 计算机专业为什么要开设"概率论"课程

机器智能化是未来计算机科学与技术的发展趋势，要想使计算机与人脑一样具有智能和一定的判别决策能力，概率模型是必不可少的。人工智能、模式分类、模式识别、机器学习等领域中的诸多算法均涉及概率论的相关知识。"概率论"主要研究随机现象规律性，是认识、刻画、分析各种随机现象的入门课，它一方面有自己独特的概念和方法，内容丰富，理论深刻；另一方面，作为近代数学的重要组成部分，它与其他数学分支和计算机科学又有紧密的联系,目前概率论的理论与方法已广泛应用于工业、农业、军事和科学技术的各项领域中。

2."概率论"的基本内容

计算机专业的"概率论与数理统计"课程中概率论的主要内容包括:随机事件与概率,随机变量与分布函数,数字特征,极限定理;数理统计是在概率论基础上专门研究统计基础理论的一门学科,是所有统计课程的理论出发点。主要内容包括统计学基本概念、抽样分布、估计理论、假设检验、置信区间。要求学生掌握基本的统计背景和思想以及处理统计问题的方法,特别是统计归纳的思想。

学习"概率论"的目的是对随机现象有充分的感性认识和比较准确的理解,初步掌握处理不确定性事件的理论和方法。

6.3.5 数值计算方法(数值计算)

近年来,随着计算机技术的普及和计算速度的不断提高,数值计算在工程设计和分析中得到了越来越广泛的重视,已经成为解决复杂工程分析计算问题的有效途径。现在从汽车到航天飞机几乎所有的设计制造都离不开数值计算,数值计算是一门有效使用数字计算机求数学问题近似解的方法与过程,以及由相关理论构成的学科。该学科主要研究如何利用计算机更好地解决各种数学问题。

1.计算机专业为什么要开设"计算方法"课程

随着计算机和计算方法的飞速发展,几乎所有学科在向着定量化和精确化的方向发展,从而产生了一系列计算性的学科分支,如计算物理、计算化学、计算生物学、计算地质学、计算气象学和计算材料学等,从而产生大量而又复杂的计算问题,而这些问题单单用手工或简单的计算工具是很难解决的,必须依靠现代化的工具——电子计算机来帮助实现,计算数学中的数值计算方法则是解决"计算"问题的桥梁和工具,在计算机上用数值计算方法进行科学与工程计算,已经成为平行于理论分析和科学实验的第三种科学研究方法,也是现代科学技术人员必备的基本技能,同时数值计算方法的发展又为计算机软件研发提供了理论依据。如今科学计算已被广泛用到科学技术和社会生活的各个领域中。

例如,在工程设计和机械制造中,有大量问题常常归结到求非线性方程 $f(x)=0$ 解的问题,当次数小于 5 时,可用求根公式求出方程组的解,但对次数大于 5 的代数方程则没有求根公式,用数学方法就很难求出它的精确解。这时只能使用数值方法来求得满足一定精确度的近似解。常用的数值计算方法有插值法(先构造一个简单函数,然后通过计算逼近的关系式来得到所研究函数的近似值)、二分法(求解方程根的最简单有效的方法之一)、迭代法(利用计算机运算速度快、适合做重复性操作的特点来求解代数方程与超越方程)等。

2. "数值计算方法"的基本内容

"数值计算方法"也称计算方法或数值分析,是研究用计算机来解决各种数学问题(或数学模型)的数值计算的算法和理论。主要内容包括代数方程、线性代数方程组、微分方程的数值解法,函数的数值逼近问题,矩阵特征值的求法,最优化计算问题,概率统计计算问题等,还包括解的存在性、唯一性、收敛性和误差分析等理论问题。它是数学的一个分支,是一门与计算机密切结合的实用性较强的数学课程。计算方法既有数学类课程中理论上的抽象性和严谨性,又有实用性和实验性的技术特征,是一门理论性和实践性都很强的学科。

作为计算机科学与技术专业的专业必修课,数值分析这门课程主要研究用计算机求解各种数学问题的数值计算方法及其理论与软件。通过本课程的学习,使学生不仅能系统地了解和掌握数值分析的常用算法,更能培养学生运用计算机求解各种数学问题的实践能力。

6.3.6　误差分析

1. 什么是误差

误差是一个实验科学术语,是人们用来描述数值计算中近似解的精确程度,或者说是近似解偏离真值的程度,是科学计算中的一个十分重要的概念。与物理学和测量学中的测量误差不同,计算机系统中,由于精度的问题,在对计算结果要求很严格的情况下,常常出现计算误差,这种误差是由计算机系统本身造成的,是不可避免的,区别于通常所说的错误和物理学误差。

例如,如何编写计算机程序,求解函数 e^x 在某点 X_0 的值?我们可以用高等数学中的泰勒展开式来进行:

$$e^x = 1 + x + \frac{x^2}{2!} + \cdots + \frac{x^n}{n!} + \cdots$$

上述展开式其实有无穷多项,而计算机却无法做无限运算,因此要计算 e^x,可用展开式的前 $n+1$ 项代替无穷项来计算 e^x,即取近似公式

$$e^x = 1 + x + \frac{x^2}{2!} + \cdots + \frac{x^n}{n!}$$

来计算 e^x 的值,这样就使实际结果与真实结果产生了偏差,这就是误差。上例中的误差是对参与计算的数学公式做简化可行处理后所产生的误差,这样产生的误差称为截断误差。由于科学计算经常需要一些数学函数变成计算机易于处理的形式,并且由于计算机计算的有穷性,总会产生截断误差。

一个数的误差是其真值减去它的近似值,若用 X_r 和 X_A 分别表示数的真值和近似值,则

$$X_A \text{ 的绝对误差} = X_r - X_A$$

有时我们更需研究 X_A 的相对误差或称百分误差。

$$X_A \text{ 的相对误差} = (X_r - X_A)/X_r (\text{设 } X_r \neq 0)$$

截断误差及其有关问题是在数值分析领域工作的人每天都需要考虑的问题。很多好的数值计算方法都是巧妙处理截断误差得出的。截断误差的处理过程不仅计算量大,而且要求精度高,因为小的误差一旦在计算中积累起来就可能最终导致严重的后果。

2. 误差的来源与种类

在数值计算过程中误差是不可避免的,根据它们的来源不同,分为以下几种。

(1) 模型误差:数学模型与实际问题之间出现的误差。

(2) 测量误差:由于测量工具的限制,或者在数据获取时由于随机因素的影响,在测量或获取数据时引起的误差。

模型误差和观测误差是用计算机通过科学计算来解决实际问题所必然会产生的,是固有误差。

(3) 截断误差:数学模型的精确解与用数值方法求出的近似解之间出现的误差,产生该误差的原因主要是用有限的计算过程代替无限的计算过程造成的。由于这种误差是由于计算方法本身带来的,因此也称为方法误差。

(4) 舍入误差:用四舍五入方法对初始数据或中间结果进行限位处理所产生的误差。

3. 数值计算中避免大误差产生的一些原则

(1) 避免绝对值太小的作除数。

(2) 避免两个相近的数做相减运算。

(3) 简化计算步骤,减少计算次数。

(4) 防止大数吃掉小数。

(5) 采用数值稳定的算法(即在运算过程中舍入误差不增长的算法)。

6.3.7　数学建模

数学建模是一门新兴的学科,20 世纪 70 年代初诞生于英美等现代化工业国家。由于新技术特别是计算机技术的迅速发展,大量的实际问题需要用计算机来解决,而计算机与实际问题之间需要数学模型来沟通,所以这门学科在短短几十年的时间迅速辐射地球上大部分国家和地区。

数学建模是对工程技术、管理科学中的实际问题简化加工,通过对实际问题的抽象、简化、确定变量和参数,并应用某些规律建立起变量、参量间的确定的数学问题,通过设计算法对数学问题求解,进而解决实际问题的过程。数学建模着重有以下三个步骤:建立模型(将实际问题转化为数学问题)→数学解答(从数学问题转变为数学解)→模型检验(将数学解转为实际问题的解)。

数学是一门历史性或者说累积性很强的学科,重大的数学理论总是在继承和发展原有理论的基础上建立起来的,数学作为一种工具已渗透到几乎所有学科,为其他学科的发展奠定了理论基础。数学建模课程使学生利用数学理论和方法去分析和解决问题,提高分析问题和解决问题的能力;并能提高学习数学的兴趣和应用数学的意识与能力,使学生在以后的工作中能经常性地想到用数学去解决问题；另外，还能提高学生使用计算机软件及当代高新科技成果的能力，能将数学和计算机有机地结合起来去解决实际问题。

6.4　本 章 小 结

计算机与数学的关系是不言而喻的。数学不仅是计算机科学产生的理论和技术基础，而且还是其发展的理论依据。计算机的每一步进展都离不开数学，并且随着计算机更深入的发展，它对数学知识、数学方法和思想的要求也越来越高。与数学中相联系的学科越来越多，关系也越来越密切。

本章首先介绍了与计算机密切相关的一些重要而基本的数学知识，然后介绍了作为一个计算机专业的本科生应该学习的数学方面的课程。其中特别介绍了这些课程在计算机中的重要作用，而对这些课程的基本内容仅作了描述性的简单介绍，因为它们在后续课程中将作为重点来进一步地学习和研究。本章的目的是让那些准备学习计算机的读者了解要学习和学好计算机首先要学习和掌握数学知识的重要性，有兴趣的同学可以查阅相关参考文献和书籍，以此激发他们学习数学的兴趣，进而为学好计算机打下牢固的基础。

6.5　习　　题

1. 为什么说数学是计算机的基础？数学在现代科学技术中有什么作用？
2. 作为一个计算机专业的本科生，谈谈你对大学中开设数学课程的看法。
3. 就你对计算机这个学科的认识，你觉得应该学习哪些数学知识或课程？不应该学习哪些知识或课程？

第 7 章　数据管理和数据处理

　　理解数据与信息的关系,掌握数据库与数据库系统的联系与区别,理解概念数据模型和关系数据模型,了解结构化查询语言的基础知识,知晓在数据库技术发展过程中出现的重大事件,铭记为此作出贡献的重要人物。

　　数据库是数据的集合,信息是数据处理的结果。数据处理需要数据库管理系统的支撑,我们常用的是关系型数据库管理系统。结构化查询语言是简洁的一体化语言,已经成为关系数据库系统的标准语言。很多人为数据库的发展作出了杰出贡献。

7.1　数据库系统简述

　　数据库是数据管理的工具。数据管理经历了从手工管理阶段、文件管理阶段到数据库管理阶段的变迁。

7.1.1　什么是数据库

　　数据库(DataBase,DB)简单地说就是数据存放的地方。课程表、图书馆都是一个数据库。数据库是指长期存储在计算机内,有组织的、统一管理的相关数据的集合。

1. 什么是数据和信息

　　数据是对事实、概念或指令的一种表达形式,可由人工或自动化装置进行处理。数据的形式可以是数字、文字、图形、图像、声音或视频等。数据经过解释并赋予一定的意义之后,便成为信息。所以说数据是信息的载体,信息是数据的内涵。

　　数据处理是对数据的采集、存储、检索、加工、变换和传输。数据处理的基本目的是从大量的、可能是杂乱无章的、难以理解的数据中抽取并推导出对于某些特定的人们来说是有价值、有意义的数据。数据处理贯穿于社会生产和生活的各个领域,比如高考录取工作就是一个典型的数据处理过程。

　　信息、数据和数据处理的关系可以表示为:

$$信息 = 数据 + 数据处理$$

2. 数据管理技术的发展经历了哪几个阶段

数据库技术的发展,与计算机硬件、软件的快速发展有着密切的联系。至今,数据管理技术的发展经历了人工管理阶段、文件系统阶段和数据库系统阶段三个发展阶段。

(1) 人工管理阶段数据管理有什么特点

在 20 世纪 50 年代中期以前,计算机主要用于计算,一般不长期保存数据,硬件中的外存只有卡片、纸带、磁带,没有磁盘等直接存取设备。软件只有汇编语言,没有操作系统和管理数据的软件。

人工管理阶段数据管理的特点有如下几点。

数据不保存:此时计算机主要用于科学计算,在计算某一课题时直接输入数据,计算处理后将结果输出。

没有专用的软件对数据进行管理:每个应用程序都要包括存储结构、存取方法和输入/输出方式等内容,数据的组织方式必须由程序员自行设计与安排,程序员的负担很重。

数据无法共享:数据面向程序,即使两个程序用到相同的数据,也必须各自定义、各自组织,数据无法共享、无法相互利用和相互参照,从而导致程序和数据之间有大量重复的数据。

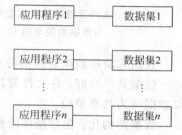

数据不具有独立性:程序依赖于数据,如果数据的类型、格式或输入/输出方式等逻辑结构或物理结构发生变化,必须对应用程序作出相应的修改。

在人工管理阶段,程序与数据之间的关系可用图 7.1 表示。

图 7.1 人工管理阶段数据管理
程序与数据的关系图

(2) 文件管理阶段数据管理有什么特点

在 20 世纪 50 年代后期至 60 年代后期,计算机不仅用于科学计算,还大量用于信息管理,对大量的数据进行存储、检索和维护成为紧迫的需求。此时,硬件有了磁盘、磁鼓等直接存取设备;在软件方面,出现了高级语言和操作系统。操作系统中有了专门管理数据的软件,一般称为文件系统。

文件管理阶段数据管理的特点有如下几点。

数据以文件形式长期保存:在文件管理阶段,数据以“文件”形式可长期保存在外部存储器上。由于计算机的应用转向信息管理,因此对文件要进行大量的查询、修改和插入等操作。

文件系统可对数据的存取进行管理:数据不再属于某个特定的程序,可以重复使用,即数据面向应用。程序员只与文件名打交道,不必关心数据的物理结构。

程序与数据之间具有一定独立性:数据由文件系统进行管理,程序与数据之间由软件提供的存取方法进行转换,数据存储发生变化不一定影响程序的运行。

文件组织多样化:文件有索引文件、链接文件和直接存取文件等。但文件之间相互独立、缺乏联系。文件的建立、存取、查询、插入、删除、修改等所有操作,都要用程序来实现。

在文件管理阶段,程序与数据之间的关系可用图 7.2 表示。

（3）数据库阶段数据管理有什么特点

从 20 世纪 60 年代后期开始，计算机应用于管理的规模更加庞大，数据量急剧增加，硬件方面出现了大容量磁盘，使计算机联机存取大量数据成为可能。硬件价格下降，而软件价格上升，使开发和维护系统软件的成本增加，文件系统的数据管理方法已无法适应开发应用系统的需要。于是为解决多用户、多个应用程序共享数据的需求，出现了统一的、专门管理数据的软件系统，即数据库管理系统，见图 7.3。

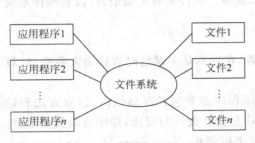
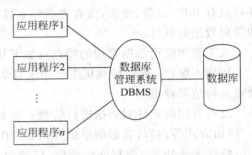

图 7.2　文件管理阶段数据管理程序　　　　图 7.3　数据库阶段应用程序与数据的关系图
　　　　　与数据的关系图

数据库阶段数据管理的特点有如下几点。

数据共享性好：在文件管理阶段数据共享性是以文件为单位，而在数据库阶段可以以数据项为共享单位。

数据结构化：在数据库阶段，采用数据模型表示复杂的数据结构。数据模型不仅能描述数据本身的特征，还可以描述数据之间的联系。

数据独立性高：数据逻辑结构与物理结构间的差别可以很大，而用户只需使用简单的逻辑结构对数据进行各种操作，无须考虑数据的物理结构。

用户接口方便：用户可以使用查询语言或终端命令操作数据库，也可使用程序方式操作数据库。

提供统一的数据控制功能：如数据库的并发控制、数据库的恢复、数据的完整性、数据的安全性等。

3. 什么是数据库系统

数据库系统（DataBase System，DBS）是实现有组织地、动态地存储大量关联数据，方便多用户访问的计算机硬件、软件和数据资源组成的系统，即它是基于数据库技术的计算机应用系统。数据管理由数据库管理系统来实现。数据库管理系统（DataBase Management System，DBMS）是位于用户与操作系统之间的一层数据管理软件，它为用户或应用程序提供访问数据库的方法，包括数据库的建立、查询、更新和各种数据控制。在我国运行较多的关系型数据库管理系统有 ORACLE、SQL Server、Sybase、DB2、Informix、Access、DBase、FoxPro 等。

一个完整的数据库系统由数据库、硬件、软件和数据库管理员组成。

（1）数据库：与一个特定组织各项应用有关的全部数据的集合。

（2）硬件：包括中央处理机、内存、外存、输入/输出设备、数据通道等硬件设备。在数据库系统中特别要关注内存、外存、I/O 存取速度、可支持终端数和性能稳定性等指标，若是网络数据库还应考虑支持联网能力和配备必要的后备存储器等因素。此外，还要求系统有较高的通道能力，以提高数据的传输速度。

（3）软件：包括数据库管理系统、操作系统、各种高级程序设计语言和应用开发支撑软件等。

（4）数据库管理员（DataBase Administrator，DBA）：控制数据整体结构，负责数据库系统的正常运行，承担创建、监控和维护数据库结构的责任。开发数据库系统时，一开始就应设置 DBA 的职位或相应的机构，以明确 DBA 职责、权限。此外，数据库系统的用户还包括应用程序员和最终用户（使用应用程序的非计算机人员）。

7.1.2　数据模型有哪几类

模型是对现实世界的抽象，数据模型则是对现实世界中各类数据特征的抽象，是指数据库中数据的存储和组织方式，即如何表示实体以及实体之间的联系。数据库的数据模型反映了数据库中数据的整体逻辑组织，是数据库系统的核心和基础，了解数据库的数据模型特征，可以帮助用户在建立和配置数据库时确定合理的系统应用结构，在使用中灵活高效地发挥不同数据库系统的优势。

数据模型按不同的应用层次分成三种类型，分别是概念数据模型、逻辑数据模型和物理数据模型。

数据模型的种类很多，目前被广泛使用的可分两种：概念数据模型和结构数据模型。

1. 组成数据模型有哪些要素

（1）数据结构

数据结构包括所研究的对象类型及其逻辑关系，这些研究对象就是数据库的组成部分。数据结构描述了数据的静态特征。

（2）数据操作

数据操作是一组定义在数据上的操作，主要包括检索、插入、删除、修改等。数据操作描述了数据的动态特征。

（3）数据的约束条件

数据的约束条件是指完整性规则的集合。完整性规则描述了给定的数据模型中数据及其联系所具有的制约和依存规则，用以限定符合数据模型的数据库状态以及状态的变化，以保证数据的正确、有效、相容。

2. 什么是概念数据模型

概念数据模型又叫实体联系模型（Entity Relationship Model，简记 E-R 模型），是直接从现实世界中抽象出实体类型及实体间联系，然后用 E-R 图表示的数据模型。

（1）信息世界的基本概念

实体（Entity）：是指客观存在并可相互区别的事物。比如学生、课程、学生与课程的关系等。

属性（Attribute）：是指实体所具有的某一特性。若干属性可以刻画一个实体，例如学生实体可以由学号、姓名、性别和年龄等属性组成。

码（也称关键字，Key）：是指唯一标识实体的属性集。比如学号是学生的码。

域（Domain）：是指某一属性的取值范围。如性别的域为"男"或"女"的集合。

实体型（Entity Type）：是指用实体名及其属性集合来抽象和刻画同类实体。如学生（学号、姓名、性别、年龄）就是一个实体型。

实体集（Entity Set）：是指同类实体的集合。如全体学生就是一个实体集。

联系（Relationship）：反映为实体（型）内部的联系和实体（型）之间的联系。

两个实体型之间的联系分为三类：一对一（1：1）、一对多（1：n）和多对多（m：n）。

一对一联系：如果实体集 E1 中每个实体至多和实体集 E2 中的一个实体有联系，反之亦然，那么实体集 E1 和 E2 的联系称为"一对一联系"，记为"1：1"。如大学与校长，班级与班长，观众与座位。

一对多联系：如果实体集 E1 中每个实体可以与实体集 E2 中任意个（零个或多个）实体间有联系，而 E2 中每个实体至多和 E1 中一个实体有联系，那么称 E1 对 E2 的联系是"一对多联系"，记为"1：n"。如班级与学生，公司与职员，汽车与轮胎。

多对多联系：如果实体集 E1 中每个实体可以与实体集 E2 中任意个（零个或多个）实体有联系；反之亦然，那么称 E1 和 E2 的联系是"多对多联系"，记为"m：n"。如教师与学生，学生与课程，汽车与零件。

（2）E-R 图由哪些要素组成

① 矩形框：表示实体类型，即问题的对象。

② 菱形框：表示联系类型，即实体间联系。

③ 椭圆形框：表示实体类型和联系类型的属性。

④ 连线：联系与属性之间，实体与属性之间用直线连接；联系类型与涉及的实体类型之间也用直线相连，用以表示它们间的联系，然后在直线底部标注联系类型——1：1、1：n或 m：n。

一个学生需要学习多门课程，一门课程可以供多个学生学习，因此学生与课程之间是多对多的联系。联系"选修"的属性是"成绩"。见图 7.4。

3. 结构数据模型有哪些

常用的结构数据模型主要有四种：层次模型、网状模型、关系模型和面向对象模型。

（1）层次模型

层次模型是用树形（即层次）结构表示实体类型及实体间联系的数据模型，树的节点是记录模型，每个非根阶段有且只有一个父节点，上一

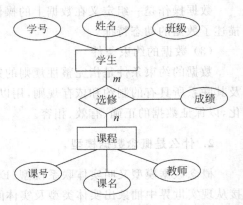

图 7.4　学生选修课程 E-R 图

层记录类型和下一层记录类型间联系是 1：n 联系。

（2）网状模型

网状模型是用有向图结构表示实体类型及实体间联系的数据模型,有向图中节点是记录类型,箭头表示从箭尾的记录类型到箭头的记录类型间联系是 1：n 联系。网状模型的特征是:有一个以上的节点没有父节点;至少有一个节点可以有多于一个父节点。

层次模型和网状模型是从过去应用程序处理数据时所用的数据结构概括和发展来的,层次数据模型基于树,网状数据模型基于图,这两种模型具有一定的通用性,但其中保留了不少的细节,使得用户观察和访问数据的抽象级别还不够高,数据独立性还不够好,数据库的使用也不够方便,但它们为数据库技术奠定了基础,打起了框架,打开了应用局面,至今还有许多这样的系统在运行。

（3）关系模型

数据库技术最有意义的成就是关系数据库的发展,关系数据库采用关系模型作为数据模型,将数据库中的各种实体及实体间的联系均用关系（Relation）来表示。关系模型由若干个关系模式组成,它的实例称为关系,每个关系相当于一张二维表格。

（4）面向对象模型

面向对象模型的基本概念是对象和类。对象是现实世界中实体的模型化,每个对象有唯一的标识符,把状态（State）和行为（Behavior）封装在一起。类是属性集和方法集相同的所有对象的组合。

7.1.3　什么是关系模型

关系模型是指用二维表格结构表示实体及实体间联系的数据模型。

1. 关系模型有什么特点

关系模型是以关系代数为依据,建立在严格的数学基础之上。它概念单一,关系模型中无论是数据还是数据之间的联系都用关系来表示。不论是原始数据、中间数据还是结果数据都用二维表来表示。关系数据库的操作对象是由若干属性（或记录）组成的一个集合,而非一次操作一条记录。关系模型中把数据的物理布局和存取路径向用户隐蔽起来,用户只需要了解怎么查找、更新所关心的数据,而不必详细说明存取路径,从而方便了用户的操作。这样做可以更好地保证数据的安全性和完整性。

2. 关系的性质有哪些

严格地说,关系是一种规范化了的二维表中行的集合,为了使相应的数据操作简化,在关系模型中,对关系作了种种限制,关系具有如下特性。

（1）关系中每一分量必须是不可分的数据项,即每个属性都是不可再分解的,通俗地说,就是不可"表中有表"。这是关系数据库对关系最基本的限定。

（2）关系中不允许出现相同的元组（即数据库中的每条记录）。因为数学上集合中没有相同的元素,而关系是元组的集合,所以作为集合元素的元组应该是唯一的。

（3）关系中元组的顺序（即行序）是无关紧要的，在一个关系中可以任意交换两行的次序。因为集合中的元素是无序的，所以作为集合元素的元组也是无序的。

（4）关系中属性的顺序是无关紧要的，即列的顺序可以任意交换，但一定是整体交换，即属性名和属性值必须作为整列同时进行交换。

（5）同一属性名下的各个属性值必须来自同一个域（属性值的取值范围），是同一类型的数据。

（6）关系中各个属性必须有不同的名字，不同的属性可来自同一个域。

7.1.4　什么是 SQL 语言

1. SQL 语言

SQL 是 Structured Query Language（结构化查询语言）的缩写。可以说查询是 SQL 语言的重要组成部分，但不是全部，SQL 还包含数据定义（Data Definition）、数据操纵（Data Manipulation）和数据控制（Data Control）功能等部分。

SQL 已经成为关系数据库的标准语言，所以现在所有的关系数据库管理系统都支持 SQL，就连个人计算机上的使用的 FoxPro 也不例外。

最早的 SQL 标准是于 1986 年 10 月由美国 ANSI（American National Standards Institute）公布的。随后，ISO（International Standards Organization）于 1987 年 6 月也正式采纳它成为国际标准，并在此基础上进行了补充，到 1989 年 4 月，ISO 提出了具有完整性特征的 SQL，并称之为 SQL 89。SQL 89 公布之后，对数据库技术的发展和数据库的应用都起了很大的推动作用。尽管如此，SQL 89 仍有许多不足或不能满足应用需求之处。为此，在 SQL 89 的基础上，经过三年的研究和修改，ISO 于 1992 年 11 月又公布了 SQL 的新标准，即 SQL 92。

SQL 语言之所以能够为用户和业界所接受，并成为国际标准，是因为它是一个综合的、功能极强同时又简洁易学的语言。

2. SQL 语言主要特点

（1）SQL 是一种一体化的语言。SQL 包括了数据定义、数据查询、数据操纵和数据控制等方面的功能，它可以完成数据库活动中的全部工作。以前的非关系模型的数据语言一般包括存储模式描述语言、概念模式描述语言、外部模式描述语言和数据操纵语言等，这种模型的数据语言，一是内容多；二是掌握和使用起来都不像 SQL 那样简单、实用。

（2）SQL 是非过程化的语言。SQL 语言没有必要一步步地告诉计算机"如何"去做，而只需要描述清楚用户要"做什么"，SQL 语言就可以将要求交给系统，自动完成全部工作。

（3）SQL 非常简洁。虽然 SQL 语言功能很强，但它只有为数不多的几条命令，表 7.1 给出了分类的命令动词。另外，SQL 的语法也非常简单，它很接近自然语言（英语），因此容易学习、掌握。

表 7.1　SQL 语言命令动词

SQL 功能	命 令 动 词
数据查询	SELECT
数据定义	CREATE、DROP、ALTER
数据操纵	INSERT、UPDATE、DELETE
数据控制	GRANT、REVOKE

（4）SQL 使用方便灵活。SQL 语言既可以直接以命令方式交互使用，也可以嵌入到程序设计语言（如 VC、VB、Delphi 等）中以程序方式使用。现在很多数据库应用开发工具，都将 SQL 语言直接融入自身的语言之中，使用起来更方便。这些使用方式为用户提供了灵活的选择余地。此外，尽管 SQL 的使用方式不同，但 SQL 语言的语法基本是一致的。

随着计算机网络化的发展，Microsoft 公司开发和推广了网络数据库管理系统（NDBMS）SQL Serve。其中，SQL Server 6.5、SQL Server 7.0、SQL Server 2000 和 SQL Server 2005 是比较成熟的几个版本。

SQL Server 特点有：真正的客户机/服务器体系结构；图形化用户界面，使系统管理和数据库管理更加直观、简单；丰富的编程接口工具，为用户进行程序设计提供了更大的选择余地；SQL Server 与 Windows NT 完全集成，SQL Server 也可以很好地与 Microsoft Back Office 产品集成，可跨越从运行 Windows 95/98 的膝上型计算机到运行 Windows 2000 的大型多处理器等多种平台使用；对 Web 技术的支持，使用户能够很容易地将数据库中的数据发布到 Web 页面上。

7.1.5　SQL 语言可分为哪几类

SQL 语言的命令通常分为四类：数据定义语言、查询语言、数据操纵语言和数据控制语言。

1. 数据定义语言

数据定义语言（Data Definition Language，DDL）用来创建、修改或删除数据库中各种对象，包括表、视图、索引等。例如：

CREATE TABLE：创建表；

CREATE VIEW：创建视图；

CREATE INDEX：创建索引；

ALTER TABLE：修改表；

DROP TABLE：删除表；

DROP VIEW：删除视图；

DROP INDEX：删除索引。

下面是创建学生表的代码。

```
CREATE TABLE  学生表 -- 表名(学号 char(10); 姓名 char(8); 年龄 int; 班级 char(16); )
```

2. 查询语言

查询语言(Query Language,QL)是按照指定的组合、条件表达式或排序检索已存在的数据库中数据,但不改变数据库中数据。

命令格式为:

SELECT 列名 FROM 表名 WHERE 条件

3. 数据操纵语言

数据操纵语言(Data Manipulation Language,DML)对已经存在的数据库进行元组的插入、删除、修改等操作。命令有 INSERT、UPDATE、DELETE。

4. 数据控制语言

数据控制语言(Data Control Language,DCL)用来授予或收回访问数据库的某种权限。命令有 GRANT、REVOKE。

7.1.6 数据库技术的发展分为哪几个阶段

数据库技术从 20 世纪 60 年代中期产生到今天仅仅 30 多年的历史,经历了三代演变,发展成为以数据建模和 DBMS 核心技术为主,内容丰富的一门学科;带动了一个巨大的软件产业 DBMS 产品及其相关工具和解决方案。30 多年的辉煌成就,从第一代层次与网络数据库系统和第二代关系数据库系统,发展到第三代以面向对象数据库模型为主要特征的新一代数据库系统。

1. 第一代数据库系统

第一代数据库系统是 20 世纪 70 年代研制的层次和网状数据库系统。1969 年,IBM 公司研制了基于层次模型的数据库管理系统——IMS(Information Management System)。美国数据系统语言协会 CODASYL(Conference On Data System Language)下属的数据库任务组 DBTG 对网络数据库方法进行了系统的研究,于 20 世纪 60 年代末到 70 年代初提出了若干报告,称为 DBTG 报告。DBTG 报告确定并建立了网络数据库系统的许多概念、方法和技术。DBTG 所提供的方法是基于网状结构的,它是数据库网状模型的典型代表。

2. 第二代数据库系统

第二代数据库系统是关系数据库系统。1970 年 IBM 公司工程师 E. F. Codd 发表了题为"大型共享数据库数据的关系模型"的论文,提出了关系数据模型,开创了关系数据库方法和关系数据库理论,为关系数据库技术奠定了理论基础。20 世纪 70 年代是关系数据库理论研究和原型系统开发的时代。关系数据库系统的研究取得了一系列的成果,主要包括以下几个方面。

（1）奠定了关系模型的理论基础，给出了被人们普遍接受的关系模型的规范说明。

（2）提出了关系数据语言，如关系代数、关系演算、SQL 语言、QBE 等。这些描述性语言一改以往程序设计语言和网状、层次数据库语言的面向过程的风格，以其易学易懂的优点得到了最终用户的欢迎，为 20 世纪 80 年代数据库语言标准化打下了基础。

（3）研制了大量的关系数据库系统原型，攻克了系统实现中查询优化、并发控制、故障恢复等一系列关键技术。不仅大大丰富了数据库管理系统实现技术和数据库理论，更重要的是促进了关系数据库系统产品的蓬勃发展和广泛应用。

3. 新一代数据库技术的研究和发展

20 世纪 80 年代以来，数据库技术在商业领域的巨大成就刺激了其他领域对数据库需求的迅速增长。例如，计算机辅助设计与制造、计算机集成制造系统、计算机辅助软件工程、地理信息系统、办公自动化和面向对象程序设计环境等。

正是因为人们致力于对数据库系统的理论研究和系统开发，数据库技术与网络通信技术、人工智能技能、面向对象程序设计技术、并行计算技术等互相渗透、有机结合，使数据库技术得到发展和广泛推广。新一代数据库技术的研究和发展导致了众多不同于第一、第二代数据库的系统特征，构成了当今数据库系统的大家族。这些新的数据库系统无论是基于扩展关系数据模型的，还是面向对象模型的；是分布式、客户/服务器还是混合式体系结构的；是在 SMP 还是在 MPP 并行机上运行的并行数据库系统；或者是用于某一领域的工程数据库、统计数据库、空间数据库……我们都可以广泛地称之为新一代数据库系统。

新一代数据库技术的研究，新一代数据库系统的发展呈现了百花齐放的局面。其特点如下：

（1）面向对象的方法和技术对数据库发展的影响最为深远。

（2）数据库技术与多学科技术的有机结合。

（3）面向应用领域的数据库技术的研究。

20 世纪 80 年代出现的面向对象的方法和技术对计算机各个领域，包括程序设计语言、软件工程、信息系统设计，以及计算机硬件设计等都产生了深远的影响，也给面临新挑战的数据库技术带来了机会和希望。数据库研究人员借鉴和吸收了面向对象的方法和技术，提出了面向对象数据模型（简称对象模型）。该模型克服了传统数据模型的局限性，为新一代数据库系统的探索带来了希望，促进了数据库技术在一个新的技术基础上继续发展。

数据库技术与多学科技术的有机结合是当前数据库技术发展的重要特征。传统的数据库技术和其他计算机技术互相结合、渗透，使数据库中新的技术内容层出不穷。数据库的许多概念、技术内容、应用领域，甚至某些原理都有了重大的发展变化，建立和实现了一系列新型数据库，如分布式数据库、并行数据库、演绎数据库、知识库、多媒体数据库等。

此外，为了适应专门的应用领域，还研究和开发出了面向专门应用领域的数据库技术。如工程数据库、统计数据库、科学数据库、空间数据库、地理数据库等。这是当前数据库技术发展的又一重要特征。

7.2 数据库的发展历史

1963 年,美国 Honeywell 公司的 IDS(Integrated Data Store)系统投入运行,揭开了数据库技术的序幕。IDS 奠定了网状数据库的基础,并在当时得到了广泛的发行和应用。

1968 年,IBM 公司推出的 IMS(Information Management System)是 IBM 公司研制的最早的大型层次数据库系统程序产品。

1969 年,美国的 CODASYL 组织提出了一份"DBTG(DataBase Task Group)报告"。根据 DBTG 报告实现的系统一般称为 DBTG 系统。现有的网状数据库系统大都是采用 DBTG 方案的。

1970 年,IBM 公司的研究员 E. F. Codd 的论文《大型共享数据库数据的关系模型》拉开了关系数据库时代的序幕。

1974 年,Donald Chamberlin 和 Boyce 在 IBM 的研究所定义了语言 SEQUEL(Structured English Query Language)(结构化英语查询语言)。后改名为 SQL(Structured Query Language)。SQL 已经成为最流行的关系查询语言。

1976 年,P. S. Chen(陈品山)提出实体-联系方法(Entity-Relationship Approach),该方法用 E-R 图来描述现实世界的概念模型。

7.3 为数据库作出重大贡献的人物

在数据库短短的发展史中,有些人我们需要铭记,他们为数据的发展作出了杰出贡献。

7.3.1 查尔斯·威廉·巴赫曼

查尔斯·威廉·巴赫曼(Charles William Bachman,1924—   ),巴赫曼在宾夕法尼亚大学取得硕士学位。巴赫曼的整个职业生涯基本上是在工业界里,而没有在学术界里做过研究或教职工作。1950 年他进入位于密歇根州米德兰的陶氏化工,任工程师,后来升至数据处理经理;1960 年加入通用电气,在这里他开发出了第一代网状数据库管理系统——IDS(Integrated Data Store,集成数据存储),并和韦尔豪泽·朗伯(Weyerhaeuser Lumber)一起开发了第一个用于访问 IDS 数据库的多道程序(Multi Programming);离开通用电气后,他加入了一家小公司——Cullinane 信息系统公司,该公司为 IBM 主机提供与 IDS 类似的数据管理系统 IDMS;1983 年,他创建了自己的公司——巴赫曼信息系统公司,见图 7.5。

图 7.5 查尔斯·威廉·巴赫曼

　　巴赫曼也为许多标准化组织工作,他积极推动与促成了数据库标准的制定,在美国数据系统语言委员会 CODASYL 下属的数据库任务组 DBTG 提出了网状数据库模型以及数据定义(DDL)和数据操纵语言(DML)规范说明,于 1971 年推出了第一个正式报告——DBTG 报告。

　　1973 年,他因"数据库技术方面的杰出贡献"而被授予图灵奖,并做了题为《作为导航员的程序员》(*The Programmer as Navigator*)的演讲。1977 年因其数据库系统方面的开创性工作而被选为英国计算机学会的杰出研究员(Distinguished Fellow)。

7.3.2　埃德加·弗兰克·科德

　　埃德加·弗兰克·科德(Edgar Frank Codd,1923—2003)由于发表了《大型共享数据库的关系模型》而颇负盛名,获得 1981 年的图灵奖,见图 7.6。

　　埃德加·弗兰克·科德就读于牛津大学,主修数学和化学。"二战"中,他毅然从戎,作为一名机长在英国皇家空军服役。战争结束后的 1948 年,他来到纽约,成为 IBM 公司的程序员,后来参与了 IBM 第一台商用科学计算机 701 中逻辑设计等重要项目的开发。因为感到自己硬件知识的不足,埃德加·弗兰克·科德于 1960 年代初,年近 40 岁时重新回到校园,在密歇根大学深造,1963 年获得硕士学位,1965 年取得博士学位。1970 年,他发表了一篇创新性的技术论文《大型共享数据库的关系数据模型》。这篇论文首次明确而清晰地为数据库系统提出了一种崭新的模型,即关系模型。他创造的关系模型是计算机科学最引人注目的成就之一,也是关系数据库的理论基础。

图 7.6　埃德加·弗兰克·科德

7.3.3　詹姆士·尼古拉·格雷

　　詹姆士·尼古拉·格雷(James Nicholas Gray,1944—　　)。格雷在著名的加州大学伯克利分校计算机科学系获得博士学位。其博士论文是有关优先文法语法分析理论的。学成以后,他先后在贝尔实验室、IBM、Tandem、DEC 等公司工作,研究方向转向数据库领域。在 IBM 期间,他参与和主持过 IMS,System R、SQL/DS、DB2 等项目的开发,其中除 System R 仅作为研究原型,没有成为产品外,其他几个都成为 IBM 在数据库市场上有影响力的产品。在 Tandem 期间,格雷对该公司的主要数据库产品 ENCOM PASS 进行了改进与扩充,并参与了系统字典、并行排序、分布式 SQL、NonStop SQL 等项目的研制工作。格雷的另一部著作是 *The Benchmark Handlook : for Database and Transaction Processing Systems*,第 1 版于 1991 年,第 2 版于 1993 年出版,也是 Morgan

图 7.7　詹姆士·尼古拉·格雷

Kanfmann 出版社出版的。格雷还是该出版社"数据管理系统丛书"的主编,见图7.7。

1998 年度的图灵奖授予了声誉卓著的数据库专家詹姆士·格雷。这是图灵奖诞生 32 年的历史上,继数据库技术的先驱查尔斯·威廉·巴赫曼(Charles W. Bachman,1973)和关系数据库之父埃德加·弗兰克·科德(Edgar F. Codd,1981)之后,第 3 位因在推动数据库技术的发展中做出重大贡献而获此殊荣的学者。

詹姆士·格雷于 2007 年 1 月 28 日在旧金山出海去一个小岛上抛撒其去世的母亲骨灰时失踪。詹姆士·格雷失踪后,各方面进行了大规模的搜寻。其中也包括 2007 年 2 月 1 日,Digital Globe 的卫星拍摄并发布了大量附近海面的卫星地图图像在 Amazon Mechanical Turk 上,并呼吁互联网用户查看图像从而可以定位詹姆士·格雷的小船。对詹姆士·格雷的寻找活动在 2007 年 5 月 31 日正式停止。

7.3.4　劳伦斯·埃里森

劳伦斯·埃里森(Lawrence Ellison,1944—　)从小就表现出了在数学方面的天赋,他先后进入芝加哥大学和伊利诺伊大学,后来进入西北大学,但都没有等到毕业就离开了。1970 年,IBM 公司的研究员 E. F. Codd 的论文《大型共享数据库数据的关系模型》,介绍了关系数据库理论和查询语言 SQL。埃里森非常仔细地阅读了这篇文章,被其内容震惊,这是第一次有人用全面一致的方案管理数据信息。在这个启发下,埃里森和他的同事开始着手编写关系数据库,他们是第一个在市场上推出了关系数据库产品的公司,见图7.8。

那时大多数人认为关系数据库不会有商业价值,因为速度太慢,不可能满足处理大规模数据或者大量用户存取数据,关系数据库理论上很漂亮而且易于使用,但不足就是太简单实现速度太慢。埃里森认为这是他们的机会,他们决定开发通用商用数据库系统 Oracle,这个名字来源于他们曾给中央情报局做过的项目名。不过也不是只有他们独家在行动。几个月后,他们就开发了 Oracle 1.0,但这只不过是个玩具,除了完成简单关系查询不能做任何事情,他们需要花相当长的时间才

图 7.8　劳伦斯·埃里森

能使 Oracle 有用,维持公司运转主要靠承接一些数据库管理项目和做顾问咨询工作。埃里森向客户宣称 Oracle 能运行在所有的机器上,事实上当然不可能,但这是非常聪明的市场策略,大型公司和机构都拥有各种类型的电脑和操作系统,他们愿意购买一种能通用的数据库。

埃里森十分好战,"我需要的不仅仅是成功,所有其他人都必须失败"。虽然埃里森后来否认了他对新闻周刊记者说过的这段话,但这是他的一贯作风,即使是在工作之余的体育比赛中他也总要争取胜利。

早期的 Oracle 版本无法正常地工作,程序充满了错误,用户抱怨不断,但埃里森相信较早占领大块市场份额是最主要的,"当市场已建立好,你知道百事可乐要花多少钱才能

夺得可口可乐1%的市场,非常非常昂贵"。IBM的作风大相径庭,如果用户不满意就不会推出新产品。

　　1982年,埃里森把公司的名称改为ORACLE(甲骨文),Oracle是殷墟出土的甲骨文(Oracle Bone Inscriptions)的英文翻译的第一个单词,在英语里是"神谕"的意思。Oracle直到1986年的5.0版本才是基本可靠运转的系统,到了1989年,他的ORACLE公司已经成为仅次于微软的世界第二大独立的软件公司。

7.3.5　陈品山

　　陈品山(Pin-Shan Chen),1968年自台湾大学电机系毕业,1973年获得哈佛大学计算机科学博士学位。他曾在麻省理工学院及加州大学洛杉矶分校任教,他所研发的计算机软件广泛应用于信息系统、数据库和网际网络等方面。陈品山博士于1976年3月发表了 *The Entity-Relationship Model—Toward a Unified View of Data* 一文。由于大众广泛使用实体联系模型,而这篇文章已成为计算机科学38篇被广泛引用的论文之一,陈品山被誉为全世界最具计算机软件开发技术的16位科学家之一,也是唯一获选的华裔科学家。据《美国世界日报》报道,同时他也因此被邀请到德国波昂参加一场国际性会议,在会中发表演说,与其他获选的科学家分别谈论他们对未来计算机软件开发的构想,见图7.9。

图 7.9　陈品山

7.3.6　萨师煊

　　萨师煊(1922—2010)是中国人民大学经济信息管理系的创建人,是我国数据库学科的奠基人之一,数据库学术活动的积极倡导者和组织者。原中国计算机学会常务理事、软件专业委员会常务委员兼数据库学组组长,中国计算机学会数据库专业委员会名誉主任委员,原中国人民大学经济信息管理系主任、名誉系主任,见图7.10。

　　1983年,萨师煊与弟子王珊合作编写出版专著《数据库系统概论》。这是国内第一部系统阐明数据库原理、技术和理论的教材。1988年该书(第一版)获得国家级优秀教材奖,2002年(第三版)获得全国普通高等学校优秀教材一等奖。

图 7.10　萨师煊

　　萨师煊十分重视理论联系实际,他领衔主持了国家"七五"科技攻关项目"国家经济信息系统分布式查询系统"的研制,这是在IBM大型机上实现的大型软件项目。该项目于1991年获得国家计委"杰出贡献奖"。

　　从1983年开始萨师煊多次率领中国学者代表团参加国际著名的数据库学术会议,如VLDB(International Conference on Very Large Databases)、ICDE(International Conference on

Data Engineering)等。1984 年萨师煊担任第十届国际 VLDB 会议程序委员会委员,这是大陆中国人第一次担任这个职务。

萨师煊对我国数据库技术的发展、应用和学术交流起了很大的推动作用,对我国数据库技术跟踪国际前沿、缩短与国际的差距作出了杰出贡献。

7.4 本 章 小 结

数据是经过处理以后对人们有价值的信息。数据管理技术的发展经过人工管理阶段、文件系统阶段和数据库系统阶段三个阶段。数据库管理数据具有共享性好、独立性高和用户接口方便等优点。数据库系统由数据库、硬件、软件和用户组成,实质上是一个人机系统,人的作用特别是 DBA 的作用非常重要。关系模型是当今数据模型的主流,结构化查询语言 SQL 已经成为数据库语言的工业标准。在数据库发展历史上有很多人作出了重大贡献。

7.5 习 题

1. 为什么要使用数据库技术管理数据?

2. 关系数据理论是 IBM 公司的工程师提出的,但第一个关系数据库管理系统却是 ORACLE,分析一下其中的原因。

3. 利用数据库管理系统可以直接开发计算机应用系统吗?

4. 如何做好一名数据库管理员?

5. 为什么说新一代数据库系统的发展呈现百花齐放的局面?

第8章　高效规范地开发软件

教学目标

　　通过本章的学习,要求了解如何高效、规范地开发软件,理解软件的生命周期、开发过程模型和软件开发方法,初步掌握软件工程概念、软件工程基本原则,了解软件工程工具、软件工程课程研究内容、软件工程师的未来、软件工程发展历程中的重要事件和著名的软件工程大师。

教学内容

　　本章主要介绍了软件工程概念、软件工程基本原则、软件的生命周期、开发过程模型、软件开发方法、软件工程工具、软件工程课程研究内容和软件工程师的未来,简述软件工程发展历程中的里程碑事件和几位著名的软件工程大师,使学生对软件工程有一个基本认识,对软件工程的发展有一个比较清晰的了解。

8.1　什么是软件工程

　　随着计算机技术的飞速发展,软件已经成为科学和技术各个领域、工业和社会各个部门不可缺少的重要部分。遗憾的是,计算机在使社会生产力得到迅速解放、社会高度自动化和信息化的同时,却没有使计算机本身的软件生产得到类似的巨大进步。软件开发面临着过分依赖人工、开发大量重复和生产率低下等问题,特别是软件危机的出现,促使人们努力探索软件开发的新思想、新方法和新技术,软件工程学科便应运而生。

8.1.1　软件工程的概念是什么

　　Fritz Bauer曾经为软件工程下了定义:"软件工程是为了经济地获得能够在实际机器上有效运行的可靠软件而建立和使用的一系列完善的工程化原则。"

　　1983年IEEE(美国电气及电子工程师协会)给出的定义为:"软件工程是开发、运行、维护和修复软件的系统方法。"

　　后来尽管又有一些人提出了许多更为完善的定义,但主要思想都是强调在软件开发过程中需要应用工程化原则的重要性。

　　软件工程是涉及计算机科学、工程科学、数学等领域的一门综合性的交叉学科。计算机科学中的研究成果均可用于软件工程,但计算机科学着重于原理与理论,而软件工程着重于如何建造一个软件系统。

软件工程要用工程科学中的观点来进行费用估算、制定进度、制订计划和方案;要用管理科学中的方法和原理进行软件生产管理;要用数学的方法建立软件开发中的各种模型和各种算法。

软件工程的主要目标包括以下几点。

(1)合理预算开发成本,付出较低的开发费用。

(2)实现预期的软件功能,达到较好的软件性能,满足用户的需求。

(3)提高所开发软件的可维护性,降低维护费用。

(4)提高软件开发生产率,及时交付使用。

图 8.1 表明了软件工程目标之间存在的相互关系。其中有些目标之间是互补关系,例如,易于维护和高可靠性之间,低开发成本与按时交付之间。还有一些目标是彼此互斥的,例如,低开发成本与软件可靠性之间,提高软件性能与软件可移植性之间,就存在冲突。

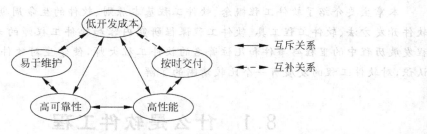

图 8.1　软件工程目标之间的关系

又例如,提高软件生产率有利于降低软件开发成本,但过分追求高生产率和低成本便无法保证软件的质量,容易使人急功近利,留下隐患。但是,片面强调高质量使得开发周期过长或开发成本过高,由于错过了良好的市场时机,也会导致所开发的产品失败。因此,我们需要采用先进的软件工程方法,使质量、成本和生产率三者之间的关系达到最优的平衡状态,见图 8.1。

软件工程包括三个要素:方法、工具和过程。

软件工程方法为软件开发提供了"如何做"的技术。它包括了多方面的任务,如项目计划与估算、软件系统需求分析、数据结构、系统总体结构的设计、算法过程的设计、编码、测试以及维护等。

软件工具则为软件工程方法提供了自动或半自动的软件支撑环境。目前,已经推出了许多软件工具,这些软件工具集成起来,建立起称之为计算机辅助软件工程(CASE)的软件开发支撑系统。

软件工程的过程是将软件工程的方法和工具综合起来以达到合理、及时地进行计算机软件开发的目的。过程定义了方法使用的顺序、要求交付的文档资料、为保证质量和协调变化所需要的管理,以及软件开发各个阶段完成的任务。

8.1.2　有关软件的错误观点有哪些

人们对软件存在着许多错误的观点,这些观点表面上看起来很有道理,符合人们的直觉,但实际上给管理者和开发人员带来了严重的问题,培植了拙劣的管理和技术习惯。

观点之一:我们拥有一套讲述如何开发软件的书籍,书中充满了标准与示例,可以帮助我们解决软件开发中遇到的任何问题。

客观事实:好的参考书无疑能指导我们的工作,充分利用书籍中的方法、技术和技巧,可以有效地解决软件开发中大量常见的问题。但实践者并不能完全依赖于书籍,因为在现实工作中,由于条件千差万别,即使是相当成熟的软件工程规范,常常也无法套用。另外,软件技术日新月异,没有哪一种软件标准能长盛不衰。

观点之二:如果我们已经落后于计划,可以增加更多的程序员来赶上进度。

客观事实:软件开发不同于传统的机械制造,人多不见得力量大。如果给落后于计划的项目增添新人,可能会更加延误项目。因为新人会产生很多新的错误,使项目混乱,并且原有的开发人员向新人解释工作和交流思想都要花费时间,使实际的开发时间更少,所以制订恰如其分的项目计划是很重要的。假设一个项目估计需要 12 人月工作量,指定由 3 个人在 4 个月内完成,如果第 1 个月的任务花了 2 个月才完成,那么增加人力的结果如何?假设增加 2 个人参加项目,不论新增加的人适应能力有多强,总需要有人去帮助了解熟悉情况,如果这些工作占用了 1 个月的时间,这样又有 3 个人月工作量在新计划之外。由于人员增加,工作任务需要重新划分,到第 3 个月结束时虽然有 5 个人在工作,实际上余留下 7 个人的工作量。

观点之三:项目需求总是在不断变化,但这些变化能够很容易地满足,因为软件是灵活的。

客观事实:软件需求确实是经常变化的,但这些变化产生的影响会随着其引入时间的不同而不同。对需求把握得越准确,软件的修修补补就越少。有些需求在一开始时很难确定,在开发过程中要不断地加以改正。软件修改越早代价越少,修改越晚代价越大,就跟治病一样的道理。

观点之四:有了对目标的一般描述就足以开始写程序了,我们可以以后再补充细节。

客观事实:不完善的系统定义是软件项目失败的主要原因。关于待开发软件的应用领域、功能、性能、接口、设计约束和标准等需要详细的描述,而这些只有通过用户和开发人员之间的通信交流才能确定。越早开始写程序,就要花越长时间才能完成它。

观点之五:一旦我们写出了程序并使其正常运行,我们的工作就结束了。人们有时认为,只有差的软件产品才需要维护。

客观事实:从统计数据来看,软件投入的 $50\% \sim 70\%$ 是花费在交付给用户之后。品质差的产品被丢弃,只有好的产品才需要维护和改进。

观点之六:一个成功的项目唯一应该提交的就是运行程序。

客观事实:软件包括程序、数据和文档,其中文档是成功开发的基础,为软件维护提供了指导。

8.1.3　软件工程的基本原则是什么

为了达到软件工程目标,软件工程设计、工程支持以及工程管理在软件开发过程中必须遵循一些基本原则。著名软件工程专家 Barry Boehm 综合有关专家和学者的意见并总结了多年来开发软件的经验,提出了软件工程的八条基本原则。

1. 用分阶段的生存周期计划进行严格的管理

这条基本原则意味着,应该把软件生命周期划分成若干个阶段,并相应地制订出切实可行的计划,然后严格按照计划对软件的开发与维护工作进行管理。在软件的整个生命周期中应该制订并严格执行六类计划,即项目概要计划、里程碑计划、项目控制计划、产品控制计划、验证计划、运行维护计划。不同层次的管理人员都必须严格按照计划各尽其职地管理软件开发与维护工作,绝不能由于受到客户或上级人员的影响而擅自背离预订计划。

2. 坚持进行阶段评审

软件的质量保证工作不能等到编码阶段结束之后再进行。这样说至少有两个理由:第一,大部分错误是在编码之前造成的,根据统计,设计错误占软件错误的 63%,编码仅占 37%;第二,错误发现与改正得越晚,付出的代价也越高。因此,在每个阶段都必须进行严格的评审,以便尽早发现在软件开发过程中所犯的错误。这是一条必须遵循的重要原则。

3. 实行严格的产品控制

在软件开发过程中不应随意改变需求,因为改变一项需求往往需要付出较高的代价。但是,在软件开发过程中改变需求又是难免的,由于外部环境的变化,相应地改变用户需求是一种客观需要,显然不能硬性禁止客户提出改变需求的要求,而只能依靠科学的产品控制技术来顺应这种要求。也就是说,当改变需求时,为了保持软件各个配置成分的一致性,必须实行严格的产品控制,其中主要是实行基线配置,它们是经过阶段评审后的软件配置成分(各个阶段产生的文档或程序代码)。基线配置管理也称为变动控制,一切有关修改软件的建议,特别是涉及对基准配置的修改建议,都必须按照严格的规程进行评审,获得批准以后才能实施修改,绝对不能谁想修改软件(包括尚在开发过程中的软件),就随意进行修改。

4. 采用现代程序设计技术

实践表明,采用先进的程序设计技术既可以提高软件开发的效率,又可以提高软件维护的效率。从提出软件工程的概念开始,人们一直把主要精力用于研究各种新的程序设计技术。例如 20 世纪 60 年代末提出的结构程序设计技术,以后又进一步发展出各种结构分析(SA)与结构设计(SD)技术;之后又出现了面向对象分析(OOA)技术和面向对象设计(OOD)技术等。

5．软件工程结果应能清楚地审查

软件产品不同于一般的物理产品，它是看不见摸不着的逻辑产品。软件开发人员（或开发小组）的工作进展情况可见性差，难以准确度量，从而使得软件产品的开发过程比一般产品的开发过程更难于评价和管理。为了提高软件开发过程的可见性，更好地进行管理，应该根据软件开发项目的总目标及完成期限，规定开发组织的责任和产品标准，从而能够清楚地审查所得到的结果。

6．开发小组的人员应该少而精

软件开发小组的组成人员的素质应该好，而人数则不宜过多。开发小组人员的素质和数量是影响软件产品质量和开发效率的重要因素。素质高的人员的开发效率比素质低的人员的开发效率可能高几倍甚至几十倍，而且素质高的人员所开发的软件中的错误明显少于素质低的人员所开发的软件中的错误。此外，随着开发小组人员数目的增加，因为交流情况、讨论问题而造成的通信开销也急剧增加。因此，组成少而精的开发小组是软件工程的一个基本要求。

7．承认不断改进软件工程实践的必要性

遵循上述六条基本原则，就能够实现软件的工程化生产，但是，仅有上述六条原则并不能保证软件开发与维护的过程能赶上时代前进的步伐，跟上技术的不断进步。因此，承认不断改进软件工程实践的必要性作为软件工程的第七条基本原则。按照这条原则，不仅要积极主动地采纳新的软件技术，而且要注意不断总结经验。

根据"与时俱进"的原则，还有一条基本原则在软件的开发和管理中特别重要，需要补充进去，作为软件工程的第八条基本原则。

8．二八定律

对软件项目进度和工作量的估计：一般人主观上认为已经完成了 80%，但实际只完成了 20%；对程序中存在问题的估计：80% 的问题存在于 20% 的程序之中；对模块功能的估计：20% 的模块，实现了 80% 的功能；对人力资源的估计：20% 的人，解决了软件中 80% 的问题；对投入资金的估计：企业信息系统中 80% 的问题，可以用 20% 的资金来解决。

研究二八定律的现实意义在于科学指导软件开发计划的制订与执行。如果事先掌握了二八定律，就能自觉地用二八定律去制订、跟踪与执行软件开发计划。也就是说，计划中要用开始的 20% 时间，去完成 80% 的开发进度；剩下 20% 的进度，要留下 80% 的时间去完成。只有这样，项目的开发计划与开发进度才能吻合。

8.1.4　什么是软件生命周期

作为软件工程中最基本的概念，软件生命周期是指软件产品从考虑其概念开始到该软件产品交付使用,直至最终退役为止的整个过程。

根据软件开发的特点,常将软件生命周期划分为若干相对独立的阶段,每一阶段完成一些特定的任务,一般包括计划、分析、设计、编码、测试、交付及维护等阶段。

1. 计划阶段

确定待开发系统的总体目标和范围,研究系统的可行性和可能的解决方案,对资源、成本及进度进行合理的估算。软件计划的主要内容包括所采用的软件生命周期模型、开发人员的组织、系统解决方案、管理的目标与级别、所用的技术与工具,以及开发的进度、预算和资源分配。

没有一个客户会在不清楚软件预算的情况下批准软件的方案,如果开发组织低估了软件的费用,便会造成实际开发的亏本。反之,如果开发组织过高地估计了软件的费用,客户可能会拒绝所提出的方案。如果开发组织低估了开发所用的时间,则会推迟软件的交付,从而失去客户的信任。反之,如果开发组织过高地估计了开发所用的时间,客户可能会选择进度较快的其他开发组织去做。因此,对一个开发组织来说,首先必须确定所交付的产品、开发进度、成本预算和资源配置。

2. 分析阶段

分析阶段又称需求分析阶段,它的基本任务是准确地回答"系统必须做什么"这个问题,通过分析、整理和提炼所收集到的用户需求,建立完整的分析模型,将其编写成软件需求规格说明书和初步的用户手册。通过评审需求规格说明书,确保对用户需求达到共同的理解与认识。需求规格说明书明确地描述了软件的功能,列出软件必须满足的所有约束条件,并定义软件的输入和输出接口。分析阶段的结果是系统开发的基础,关系到工程的成败和软件产品的质量。因此,必须用行之有效的方法对需求规格说明书进行严格的审查验证。

在开发的初期,客户从概念上描述软件的概貌,但是这些描述可能是模糊的、不合理的或不可能实现的。由于软件的复杂性,软件开发人员很难将待开发的软件及其功能可视化,这对于一个不懂得计算机专业知识的客户来说是一件十分糟糕的事情。因此,需求阶段常常产生错误,也许当开发人员将软件交付给客户时,客户会说:"这个软件是我们要求的,但并不是我们真正需要的。"为了避免或减少需求的错误,需要采用合适的需求获取和需求分析技术,如快速原型方法等。

3. 设计阶段

设计阶段的目标是决定软件怎么做,设计人员依据软件需求规格说明文档,采用合适的设计方法进行系统结构、数据和过程的设计。其中,系统结构的设计定义软件组成及各主要成分之间的关系,构造软件系统的整体框架;数据设计完成数据结构的定义;过程设计则是对软件系统框架和数据结构进行细化,对各结构成分所实现的功能,用很接近程序的软件表示形式进行过程性描述。

4. 编码阶段

编码阶段是将所设计的各个模块编写成计算机可接受的程序代码,与该阶段实现相关的文档就是源程序以及合适的注释。

5. 测试阶段

一旦生成了代码,就可以开始进行模块测试,这种测试一般由程序员完成。但是,对于用户来说,软件是作为一个整体运行的,而模块的集成方法和运行顺序对最终的产品质量具有重大的影响。因此,除了单个模块的测试外,还需要进行集成测试、确认测试和系统测试等。

6. 交付及维护阶段

一旦产品被交付运行之后,对产品所做的任何修改都是维护的过程。维护是软件过程中一个重要组成部分,应当在软件的设计和实现阶段就要充分考虑软件的可维护性。维护阶段需要测试是否正确地实现了所要求的修改,并保证在产品的修改过程中,没有做其他无关的改动。

维护时,最常见的问题是文档不齐全,甚或没有文档。由于追赶开发进度等原因,开发人员修改程序时往往忽略对相关的规格说明文档和设计文档进行更新,从而造成只有源代码是维护人员可用的唯一文档。由于软件开发人员的频繁变动,当初的开发人员在维护阶段开始前也许已经离开了该组织,这就使得维护工作变得更加困难。因此,维护常常是软件生命周期中最具挑战性的一个阶段,其费用是相当昂贵的。

8.1.5 软件开发过程模型有哪些

软件开发过程模型也称生命周期模型,是反映整个软件生命周期中系统开发、运行维护等实施活动的一种结构框架,也可简单理解为用一定的流程将各个开发阶段连接起来,并用规范的方式操作全过程,如同工厂的生产线。使用软件开发过程模型能清晰、直观地表达软件开发的全过程,明确规定软件生命周期划分的阶段,以及各个阶段要完成的主要活动和任务,作为指导软件项目开发的基础。到目前为止,已经提出了多种软件开发过程模型。

1. 瀑布模型

瀑布模型规定了各项软件工程活动,包括:制订开发计划、进行需求分析和说明、软件设计、程序编码、测试及运行维护等,如图 8.2 所示。并且规定了它们自上而下、相互衔接的固定次序,如同瀑布流水,逐级下落。

在瀑布模型中,软件开发的各项活动严格按照线性方式进行,当前活动接受上一项活动的工作结果,实施完成所需的工作内容。当前活动的工作结果需要进行验证,如果验证通过,则该结果作为下一项活动的输入,继续进行下一项活动,否则返回修改。

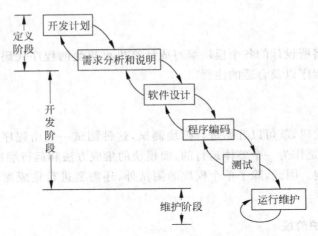

图 8.2 软件生命周期的瀑布模型

（1）瀑布模型强调文档的作用，每个阶段都必须完成规定的文档，每个阶段结束前都要对完成的文档进行评审。但是，这种模型的线性过程太理想化，其主要问题在于：各个阶段的划分完全固定，阶段之间产生大量的文档，极大地增加了工作量。

（2）由于开发模型是线性的，用户只有等到整个过程的末期才能见到开发成果，从而增加了开发的风险。

（3）早期的错误可能要等到开发后期的测试阶段才能发现，进而带来严重的后果。

虽然有以上问题，作为最早出现的瀑布模型在软件工程中仍占有肯定和重要的作用。它提供了一个模板，使开发计划、需求分析和说明、软件设计、程序编码、测试、运行维护的方法可以在该模板的指导下展开，瀑布模型仍然是软件工程中应用最广泛的过程模型。

2. 原型模型

常有这种情况，用户定义了软件的一组一般性目标，但不能标识出详细的输入、处理及输出需求；还有一些情况，开发者可能不能确定算法的有效性、操作系统的适应性或人机交互的形式。在这些及很多情况下，原型模型可能是最好的选择。

通常，原型是指模拟某种产品的原始模型。在软件开发中，原型是软件的一个早期可运行的版本，它反映最终系统的部分重要特性。首先根据用户给出的基本需求，通过快速实现构造出一个小型的可执行模型，满足用户的基本要求，这就是系统界面原型。让用户在计算机上实际运行这个用户界面原型，在试用的过程中得到亲身感受和受到启发，做出反应和评价，提出同意什么和不同意什么。然后开发者根据用户的意见对原型加以改进。随着不断试验、纠错、使用、评价和修改，获得新的原型版本，如此周而复始，逐步减少分析和通信中的误解，弥补不足之处，进一步确定各种需求细节，适应需求的变更，从而提高最终产品的质量，见图 8.3。

由于运用原型的目的和方式不同，原型可分为以下两种不同的类型。

（1）废弃型：先构造一个功能简单而且质量要求不高的模型系统，针对这个模型系统反复进行分析修改，形成比较好的设计思想，据此设计出更加完整、准确、一致、可靠的最终系统。系统构造完成后,原来的模型系统就被废弃不用。

(2) 追加型或演化型:先构造一个功能简单而且质量要求不高的模型系统,作为最终系统的核心,然后通过不断地扩充修改,逐步追加新要求,最后发展成为最终系统。

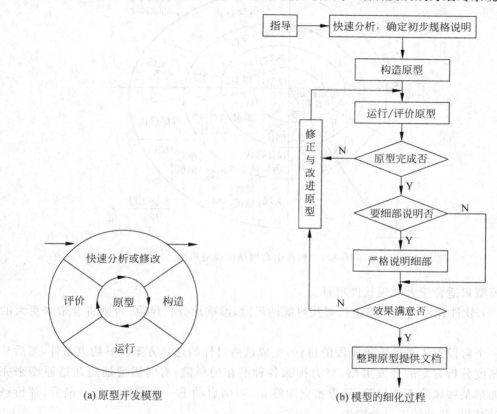

(a) 原型开发模型　　　　　　　　　　(b) 模型的细化过程

图 8.3　软件生命周期的原型模型

3. 螺旋模型

1988 年,Barry Boehm 正式发表了软件系统开发的"螺旋模型",它将瀑布模型和快速原型模型结合起来,强调了其他模型所忽视的风险分析,特别适合于大型复杂的系统。

螺旋模型沿着螺线进行若干次迭代,图 8.4 中的四个象限代表了以下活动。

(1) 制订计划:确定软件目标,选定实施方案,弄清项目开发的限制条件。

(2) 风险分析:分析评估所选方案,考虑如何识别和消除风险。

(3) 实施工程:实施软件开发和验证。

(4) 客户评估:评价开发工作,提出修正建议,制订下一步计划。

螺旋模型由风险驱动,强调可选方案和约束条件从而支持软件的重用,有助于将软件质量作为特殊目标融入产品开发之中。但是,螺旋模型也有一定的限制条件,具体如下:

(1) 螺旋模型强调风险分析,但要求许多客户接受和相信这种分析并做出相关反应是不容易的,因此,这种模型往往适应于内部的大规模软件开发。

(2) 如果执行风险分析将大大影响项目的利润,那么进行风险分析毫无意义,因此,

183

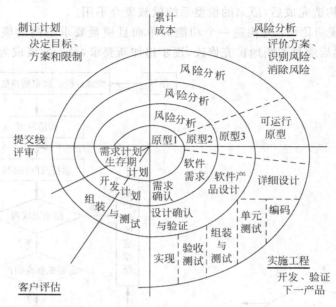

图 8.4 软件生命周期的螺旋模型

螺旋模型只适合于大规模软件项目。

（3）软件开发人员应该擅长寻找可能的风险，准确地分析风险，否则将会带来更大的风险。

一个阶段首先是确定该阶段的目标，完成这些目标的选择方案及其约束条件，然后从风险角度分析方案的开发策略，努力排除各种潜在的风险，有时需要通过建造原型来完成。如果某些风险不能排除，该方案立即终止，否则启动下一个开发步骤。最后，评价该阶段的结果，并设计下一个阶段。

4. RUP 模型

针对瀑布模型的缺陷，人们提出了迭代模型（Iterative Model）。在多种迭代模型中，美国的 RUP（Rational Unified Process）模型最为成功。统一软件开发过程 RUP 模型的原型，如图 8.5 所示。

所谓迭代，是指活动的多次重复。从这个意义上讲，原型不断完善和增量不断产生，都是迭代的过程。但这里所讲的迭代模型是 RUP 推出的一种"逐步求精"的面向对象的软件开发过程模型，被认为软件界迄今为止最完善的、商品化的开发过程模型。

图 8.5 表面上是一个二维图，实质上是用一张二维图来表示一个多维空间模型。从宏观上看，它是一个大的迭代过程：横坐标表示软件产品所处的四个阶段状态：先启（初始）、精化、构建、产品化（移交），纵坐标表示软件产品在每个阶段中的工作流程。从微观上看，任何一个阶段本身，其内部工作流程也是一个小的迭代过程。

迭代模型的特点是：迭代或迭代循环驱动，每一次迭代或迭代循环，均要走完初始（先启）、精化、构建、产品化（移交）四个阶段。RUP 的主要特征如下：采用迭代的、增量

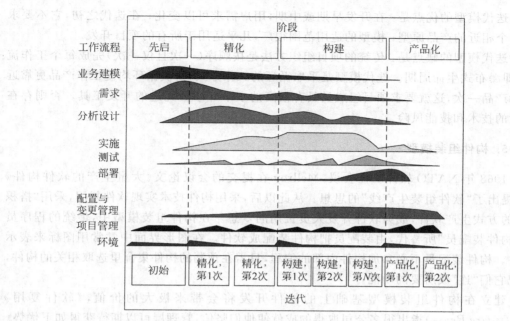

图 8.5　统一软件开发过程 RUP 模型

式的开发过程；采用 UML 语言描述软件开发过程；有功能强大的软件工具 Rational
Rose 支撑。面向对象的方法，尤其是面向对象的 CASE 工具 Rational Rose，适合于迭代
模型。

RUP 把一个开发周期划分为四个连续的阶段。

（1）初始阶段。本阶段主要工作是确定系统的业务模型和定义项目的范围。

（2）精化阶段。本阶段主要工作是分析问题域、细化产品定义，定义系统的构架并建
立基线，为构建阶段的设计和实施工作提供一个稳定的基础。

（3）构建阶段。本阶段主要工作是反复地开发，以完善产品，达到用户的要求。

（4）产品化（移交）阶段。本阶段主要工作是将产品交付给用户，包括安装、培训、交
付、维护等工作。

RUP 中有 9 个核心工作流：业务建模（Business Modeling）、需求（Requirements）、分析
设计（Analysis & Design）、实施（Implementation）、测试（Test）、部署（Deployment）、配置与变
更管理（Configuration & Change Management）、项目管理（Project Management）、环境
（Environment）。9 个核心工作流在项目中轮流被使用，在每一次迭代中以不同的重点和
强度重复。

RUP 中的每个阶段可以进一步分解为迭代。一个迭代是一个完整的开发循环，产生
一个可执行的产品版本，是最终产品的一个子集，它增量式地发展，从一个迭代过程到另
一个迭代过程到成为最终的系统。

传统上的项目组织是顺序通过每个工作流，每个工作流只有一次，也就是我们熟悉的
瀑布生命周期。这样做的结果是到实现末期产品完成并开始测试，在分析、设计和实现阶
段所遗留的隐藏问题会大量出现，项目可能要停止并开始一个漫长的错误修正周期。

迭代模型的优点是：在开发早期或中期，用户需求可以变化；在迭代之初，它不要求有一个相近的产品原型；模型的适用范围很广，几乎适用于所有的项目开发。

迭代模型的缺点是：传统的项目组织方法是按顺序（一次且仅一次）完成每个工作流程，即瀑布式生命周期。迭代模型是采取循环的工作方式，每次循环均使工作产品更靠近目标产品一次，这就要求项目组成员具有很高的水平并掌握先进的开发工具。否则存在较大的技术和技能风险。

5. 构件组装模型

1968 年 NATO 软件工程会议，Mcllroy 在提交的会议论文《大量生产的软件构件》中，提出了"软件组装生产线"的思想。从此以后，采用构件技术实现软件复用，采用"搭积木"的方式生产软件，成为软件开发人员长期的梦想。在构件组装模型中，传统的程序员被"构件装配员"所替代，由装配员把构件装配成软件。在图形界面中常常用图标来表示构件。构件装配员不必参加构件内部的编程，只需在预制的构件集合里选取相关的构件，再把它们"连"成所要的功能。

建立在构件组装模型基础上的软件开发将会带来极大的价值，《软件复用》(Software Reuse)指出很多公司取得的成就使他们坚信，管理层可以期待获得如下优势。

（1）投放市场时间：减少为原来的 1/2~1/5。

（2）缺陷密度：降低为原来的 1/5~1/10。

（3）维护成本：降低为原来的 1/5~1/10。

（4）整体软件开发成本：降低大约 15%，长期项目可降低高达 75%。

因此构件技术一直被视为解决软件危机现实可行的途径。在过去几十年里，尽管软件开发的主流思想几经变革，软件业一直没有放弃构件技术的尝试。

构件可以由一个以上的对象所构成，代表完成一个或多个功能的特定服务，为用户提供了多个接口。整个构件隐藏了具体的实现，只用接口提供服务。这样，在不同层次上，构件均可以将底层的多个逻辑组合成高层次上的粒度更大的新构件，甚至直接封装到一个系统，使模块的重用从代码级、对象级、架构级到系统级都可能实现，从而使软件像硬件一样，使能任人装配定制而成的梦想得以实现，见图 8.6。

目前构件技术标准已走向成熟，主流的软件构件技术标准有：微软提出的 COM/COM+、SUN 公司提出的 Java Bean/EJB、OMG 提出的 CORBA。它们为应用软件的开发提供了可移植性、异构性的实现环境和健壮平台，解决了构件在通信、互操作等环境异构的瓶颈问题。

6. XP 模型

XP 模型(eXtreme Programming Model)即极限编程模型，它本来是敏捷企业文化现象，但是不少人将它当作一种软件开发模型。

XP 模型属于轻量级开发模型，它由一组简单规则（需求、实现、重构、测试、发布）组成，既保持开发人员的自由创造性，又保持对需求变动的适应性，即使在开发的后期，也不怕用户需求的变更。XP 模型的迭代开发过程，如图 8.7 所示。

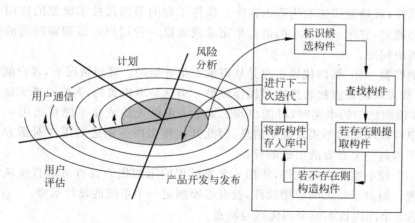

图 8.6　构件组装模型

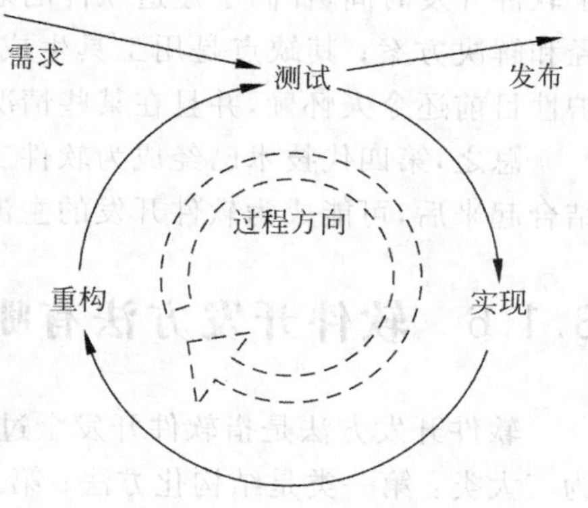

在需求、实现、重构、测试、发布的迭代过程中，XP 模型有四条核心原则："交流"、"简单"、"反馈"和"进取"。XP 开发小组不仅包括开发人员，还包括管理人员和客户。XP 模型强调小组内成员之间要经常进行"交流"，结对编程，在尽量保证质量的前提下力求过程和代码的"简单"化。来自客户、开发人员和最终用户的具体"反馈"意见，可以提供更多的机会来调整设计，保证把握正确的开发方向。在 XP 模型中，采取讲"用户场景故事"的方法，来代替传统模型中的需求分析。

图 8.7　XP 模型

XP 模型克服了传统模型不灵活机动的缺陷，是一种面向客户场景的轻量级模型。它只适合于中小型开发小组。实践表明，XP 模型特别适合于情投意合的青年人群的小项目。

XP 模型的优点如下：

（1）由于采用简单策略，不需要长期计划和复杂管理，因而开发周期短。

（2）由于采用迭代增量开发，反馈修正和反复测试的方法，因而软件质量有保证。

（3）由于适应用户需求的变化，因而与用户关系和睦。

XP 模型作为一种新的模型，在实际应用中还存在着一些问题，引起了许多争议。它只适用于小型项目、小型项目组，不大适用于大型项目、大型项目组。同时，它与 ISO 9001、CMMI 的精神也存在冲突。

7. 基于第四代技术的模型

（1）基于第四代技术模型的特点

第四代技术（4GT）包含一系列软件工具，它们的共同点是：能在较高级别上使软件设计者说明软件的某些特征，然后软件工具可根据说明自动生成源代码。因此在越高级别上说明软件,就越能快速地构造出程序。软件工程的第四代技术模型的应用关键在于软件描述的能力,它用一种特定的语言来完成或者以一种用户可以理解问题的描述方法来描述待解决问题。

与其他模型一样,第四代技术也是从需求收集开始的。理想情况下,客户能够描述出需求,而这些需求能被直接转换成可操作原型。但这是不现实的,客户可能无法确定需要什么;或在说明已知的事实时,可能出现二义性;可能无法或是不愿意采用一个第四代技术工具中可以理解的形式来说明信息,因此其他模型中所描述的用户对话方式在第四代技术中仍然是一个必要的组成部分。

对于一个较小型的应用软件,使用一个非过程的第四代语言有可能直接从需求分析过渡到实现。但对于较大的应用软件,就有必要制定一个系统的设计策略。

(2) 基于第四代技术模型的优点与缺点

与其他所有软件过程模型一样,第四代技术模型也有其优点和缺点。其优点是缩短了软件开发时间,提高了建造软件的效率,并为很多不同的应用领域提供了一种可行性途径和解决方案;其缺点是用工具生成的源代码可能是"低效"的,生成的大型软件的可维护性目前还令人怀疑,并且在某些情况下可能需要更多的时间。

总之,第四代技术已经成为软件工程的一个重要方法。当它与基于构件的开发方法结合起来后,可能成为软件开发的主流方法。

8.1.6 软件开发方法有哪些

软件开发方法是指软件开发全过程中所应遵循的方法和步骤。软件开发方法可以分为三大类:第一类是结构化方法;第二类称为面向数据结构的开发方法,以 Jackson 系统方法为代表;第三类即面向对象的方法。

1. 结构化方法

结构化方法是由 E. Yourdon 和 L. Constantine 提出的,是 20 世纪 80 年代使用最广泛的软件开发方法。

结构化设计方法是基于模块化、自顶向下细化、结构化程序设计等程序设计技术基础上发展起来的。在设计当前模块时,先把这个模块的所有下层模块定义成"黑箱",并在系统设计中利用它们,暂时不考虑它们的内部结构和实现方法。在这一步定义好的"黑箱",由于已确定了它的功能和输入、输出,在下一步就可以对它们进行设计和加工。这样,又会导致更多的"黑箱"。最后,全部"黑箱"的内容和结构应完全被确定。这就是我们所说的自顶向下、逐步求精的过程。使用"黑箱"技术的主要好处是使设计人员可以只关心当前的有关问题,暂时不必考虑进一步的琐碎次要的细节,待进一步分解时才去关心它们的内部细节与结构。

结构化方法是采用结构化分析方法(Structured Analysis,SA)对软件进行需求分析,然后用结构化设计方法(Structured Design,SD)进行总体设计和详细设计,最后是结构化编程(Structured Programming,SP)。

　　结构化分析最初是针对普通的数据处理应用而发展起来的,它的主要工作是按照功能分解的原则,自顶向下、逐步求精,直到实现软件功能为止。在分析问题时,为了使系统分析人员方便描述用户需求,且保证分析过程易于学习和掌握,分析结果准确、清晰、无二义性,一般利用图表的方式进行描述。使用的工具有:数据流图(Data Flow Diagram,DFD)、数据词典(Data Dictionary,DD)、问题描述语言(Problem Describe Language,PDL)、判定表和判定树等。其中,数据流图用来描述系统中数据的处理过程,处理并不一定是一个程序,它可以是一个模块、一个程序或一系列程序,还可以是某个人工处理过程;数据词典用来查阅数据的定义;问题描述语言、判定表和判定树用来详细描述数据处理的细节问题。

　　结构化设计是以结构化分析为基础,将分析得到数据流图推导为描述系统模块之间关系的结构图。

　　结构化方法的主要问题是构造的软件系统不稳定,它以功能分解为基础,而用户的功能是经常改变的,必然导致系统框架结构不稳定。另外,从数据流图到软件结构图之间的过渡有明显的断层,导致设计回溯到需求有困难。但由于该方法非常简单、实用,并可有效地控制系统的复杂度,至今仍然有许多开发机构在使用结构化方法,或根据机构的具体情况采用改进的结构化方法。

2. 面向数据结构的开发方法

　　面向数据结构的软件开发方法有两种:一种是 1974 年由 J. D. Warnier 提出的结构化数据系统开发方法(Data Structured Systems Development,DSSD),又称 Warnier 方法;另一种是 1975 年由 M. A. Jackson 提出的系统开发方法(Jackson Systems Development,JSD),又称 Jackson 方法。

　　面向数据结构开发的基本思想是:从目标系统的输入/输出数据结构入手,导出程序的基本框架结构,在此基础上,对细节进行设计,得到完整的程序结构图。

　　从表面上看,Warnier 方法与 Jackson 方法十分相似,开发的重点都在于数据结构,通过对数据结构的分析导出软件结构。但它们之间仍存在许多差别,而且两种方法使用不同的图形工具(Warnier 图和 Jackson 图)描述信息的层次结构。Jackson 方法包括分析和设计两方面内容。分析方法主要是用数据结构来分析和表示问题的信息域;设计方法是针对不同性质的数据结构,分别选择相应的控制结构(顺序、选择和循环)来进行处理,将具有层次性的数据结构映射为结构化的程序。

　　由于 Jackson 方法无法构架软件系统的整体框架结构,因此比较适合对中小型软件进行详细设计。

3. 面向对象的方法

　　当软件规模较大,或者对软件的需求是模糊的或随时间变化的时候,使用结构化方法开发软件往往不成功。结构化方法只能获得有限成功的一个重要原因是,这种技术要么面向行为(即对数据的操作),要么面向数据,没有既面向数据又面向行为的结构化技术。众所周知,软件系统本质上是信息处理系统。离开了操作便无法更改数据,而脱离了数据的操作是毫无意义的。数据和对数据的处理原本是密切相关的,把数据和处理人为地分离成两个独立的部分,自然会增加软件开发与维护的难度。与传统方法相反,面向对象方法把数据和行为看成同等重要,它是一种以数据为主线,把数据和对数据的操作紧密地结合在一起的方法。概括地说,面向对象方法具有下述四个要点。

(1) 把对象作为融合了数据及在数据上的操作行为的统一的软件构件。面向对象程序是由对象组成的,程序中任何元素都是对象,复杂对象由比较简单的对象组合而成。

(2) 把所有对象都划分成类。每个类都定义了一组数据和一组操作,类是对具有相同数据和相同操作的一组相似对象的定义。数据用于表示对象的静态属性,是对象的状态信息,而施加于数据之上的操作用于实现对象的动态行为。

(3) 按照父类(或称为基类)与子类(或称为派生类)的关系,把若干个相关类组成一个层次结构的系统(也称为类等级)。在类等级中,下层派生类自动拥有上层基类中定义的数据和操作,这种现象称为继承。

(4) 对象彼此之间仅能通过发送消息互相联系。对象与传统数据有本质区别,它不是被动地等待外界对它施加操作,相反,它是进行处理的主体,必须向它发消息请求它执行它的某个操作以处理它的数据,而不能从外界直接对它的数据进行处理。也就是说,对象的所有私有信息都被封装在该对象内,不能从外界直接访问,由于对象是面向对象的软件的基本模块,对象是数据及操作所组成的统一体,而且对象是以数据为中心的,操作围绕对其数据所需做的处理来设置,没有无关的操作,因此,对象内部各种元素彼此结合得很紧密,内聚性相当高,而完成对象功能所需的元素基本上是被封装在对象内部,它与外界的联系自然应比较少,因此对象之间的耦合性通常比较低。

面向对象方法的出发点和基本原则,是尽可能模拟人类习惯的思维方式,使开发软件的方法与过程尽可能接近人类认识世界解决问题的方法与过程,从而使描述问题的问题空间(也称为问题域)与实现解法的解空间(也称为求解域)在结构上尽可能一致。面向对象方法成为当前计算机软件工程学中的主流方法。

软件工程学家 Codd 和 Yourdon 认为:面向对象=对象+类+继承+通信,如果一个软件系统采用这些概念来建立模型并予以实现,那么它就是面向对象的。

为了表述面向对象设计,近年来在建立标准的标记体系方面有了很大进展,最突出的例子是统一建模语言(Unified Modeling Language,UML),这是一个能表示各种面向对象概念的系统。

4. 形式化方法

形式化方法最早可追溯到 20 世纪 50 年代后期对于程序设计语言编译技术的研究,研究高潮始于 20 世纪 60 年代后期。针对当时的"软件危机",人们提出种种解决方法,归纳起来有两类:一是采用工程方法来组织、管理软件的开发过程;二是深入探讨程序和程序开发过程的规律,建立严密的理论,以其指导软件开发实践。前者导致"软件工程"的出现和发展,后者则推动了形式化方法的深入研究。

经过多年的研究和应用,如今人们在形式化方法这一领域取得了大量重要的成果,从早期最简单的一阶谓词演算方法到现在的应用于不同领域、不同阶段的基于逻辑、状态机、网络、进程代数、代数等众多形式化方法,形式化方法的发展趋势逐渐融入软件开发过程的各个阶段。

8.1.7　软件工程工具有哪些

软件工程的工具对软件工程中的过程和方法提供自动的或半自动的支持。可以帮助软件开发人员方便、简捷、高效地进行软件的分析、设计、开发、测试、维护和管理等工作。有效地利用工具软件可以提高软件开发的质量,减少成本,缩短工期,方便软件项目的管理。

软件工程工具通常有三种分类标准。

(1) 按照功能划分:功能是对软件工程工具进行分类的最常用的标准,按照功能划分,软件工程工具可分为可视化建模工具、程序开发工具、自动化测试工具、文档编辑工具、配置管理工具、项目管理工具等。

(2) 按照支持的过程划分:根据支持的过程,软件工程工具可分为设计工具、编程工具、维护工具等。

(3) 按照支持的范围划分:根据支持的范围,软件工程工具可以分为窄支持、较宽支持和一般支持工具。窄支持工具支持软件工程过程中的特定任务,一般将其称之为工具;较宽支持工具支持特定的过程阶段,一般由多个工具集合而成,称为工作台;一般支持工具支持覆盖软件过程的全部或大部分阶段,包含多个不同的工作台,称为环境。

具体地说,在实际软件工程项目执行过程中,经常会使用到的软件工程工具包括以下几类。

(1) 分析设计工具:Microsoft Visio、Rational Rose、Together、PowerDesigner、CASE Studio 等。

(2) 程序开发工具:Microsoft Visual Studio、Eclipse、NetBeans、Delphi、Dev C++ 等。

(3) 测试工具:Load Runner、Win Runner、Segue 等。

(4) 配置管理工具:Microsoft Visual SourceSafe、Clear Case 等。

(5) 项目管理工具:Microsoft Project、CA-SuperProject、Time Line 等。

8.1.8　软件工程面临的挑战是什么

在 21 世纪,软件工程面临三大挑战。

1. 遗留系统的更新与维护

目前很多软件系统都是很多年以前开发的,虽然仍然在继续使用,但需要在功能、性能上进一步适应新的要求。对这一类软件系统的更新,会存在巨大的问题,因为以前的系统遵循的软件规范比较少,修改起来会很困难,而且过去的开发方法同现在的方法有很大的不同,软件工程师需要运用现在的方法修改过去的程序。

2. 软件应用的复杂性

软件的应用范围越来越广泛,复杂程度在增加,如何更好地运用软件工程思想开发各种各样的不同的引用领域的软件系统,并且适应规模大、复杂度高的系统开发,成为软件工程探究的热门话题。

3. 支付上的挑战

创新时代企业发展速度的加快和全球化软件交付模式的出现,给软件交付团队带来了很多挑战。软件市场面临着激烈的竞争,更快、更准确、更能够满足用户需求的软件系统是现代软件开发的最终目标,如何既能够充分地运用软件工程方法规范地开发软件系统,又能够及时地发布软件,适应社会的需要,成为软件工程不断寻求改进方法的动力源泉。全球化经济、分布的软件交付,都增加了软件交付过程的复杂性和挑战性。

21 世纪软件工程的发展方向是利用各种先进的知识和工具,在对现有理论和实践加以发展创新的同时,研究降低软件开发成本、缩短开发周期、实现软件复用的途径和方法,从根本上解决软件危机问题,逐步实现软件工程的标准化、规模化和柔性化。

8.1.9 "软件工程"课程研究的内容有哪些

"软件工程"的研究内容至今没有统一的说法。可以这么认为,"软件工程"课程研究的内容,应该涵盖"软件生命周期模型、软件开发方法、软件支持过程、软件管理过程"这四个方面,如表 8.1 所示。

表 8.1 "软件工程"课程研究的内容

序号	研究方面	具体内容
1	软件生命周期模型	瀑布模型、增量模型、原型模型、迭代模型、XP 模型
2	软件开发方法	面向过程的方法、面向元数据的方法、面向对象的方法
3	软件支持过程	CASE 工具 Rose、北大青鸟系统、Power Designer、ERWin
4	软件管理过程	CMMI、软件企业文化、敏捷(XP)文化现象

尽管软件生命周期模型和软件支持过程非常重要,但是软件开发方法和软件管理过程也是现代软件工程研究的重点。在软件管理过程的内容中,也将软件企业文化列入其中,如微软企业文化、敏捷文化现象。

8.1.10 软件工程师的未来是什么

软件工程作为一门新兴的学科,从最初的思想、简单方法到现在的规范、系统化的方法、工具等变化过程,逐渐走向成熟。在软件工程作为独立专业出现以后,就像所有其他工程类的专业人员一样,软件工程师开始成为一项独立职业。由于计算机专业和软件的特性,该职业不同于其他工程行业的工程师。因此,软件工程师作为独立的职业会随着社会需求的增加而更加规范化,同样会出现各种资格认证,以及规范化的操作规程,促进软件工程学科领域的发展与壮大。

软件工程师必须结合软件工程理论与实践,将软件工程知识渗透到任何的应用领域中并为之服务,必须具有商业知识、工程知识、管理知识、经济知识等作为基础知识结构,并且不能脱离计算机知识。此外,软件工程师必须具备其他领域知识。

构建可靠的软件是软件工程师的一个技术目标,但是它也有职业道德和社会内涵,交付有故障的软件、不规范的软件就是缺乏职业道德。为了提供指导软件工程师做出道德决策的框架,ACM(美国计算协会)和 IEEE(美国电气及电子工程师协会)计算机学会制定了"软件工程职业道德准则"(Software Engineering Code of Ethics and Professional Practices)。该准则的核心是"公众利益",它强调了软件工程师对全体公众的义务:关心公众的健康、安全和幸福是第一位的。

该准则的导言陈述如下:"计算机在商业、工业、政府、医学、教育、娱乐和整个社会中起到越来越重要的作用。软件工程师是那些直接参与软件系统的分析、规范、设计、开发、认证、维护和测试的人,或者通过教学间接参与的人。为了尽量保证他们的工作用于做好事,软件工程师必须承诺使软件工程成为一个有益的且庄重的职业。按照上述承诺,软件工程师应该遵循如下职业道德准则。"

该准则列出了软件工程师要遵守的八个原则。这些原则将准则的道德问题划分成不同类别,并陈述了每种类别的特定义务。这八个原则如下。

（1）公众:软件工程活动应该与公众利益一致。

（2）客户和雇主:应该以最有利于客户和雇主的方式行事,并与公众利益一致。

（3）产品:应该保证他们的产品以相关的方式行事,与公众利益一致。

（4）判断:应该保证他们的产品以及相关的修改满足现行的最高标准。

（5）管理:软件工程管理者和领导应该支持并促进用一种道德方法来进行软件的开发和维护。

（6）职业:应该提升该职业的完整性和名声,并与公众利益一致。

（7）同事:应该公正地对待同事,并且支持他们。

（8）自我:应该终身参与有关职业实践的学习,并且应该促进道德方法在职业中的实践。

对于上述的每个原则,该准则给出了更加详细的建议。虽然该道德准则没有使工程师容易地选择他们在职业实践中面对的选择,但是它确实提供了一个思考问题和运用最佳判断的框架。这样的问题很少是清晰的。而该准则也不企图建立一种约束。相反,必要时,工程师必须修改准则以适应指定的情况。随着社会的进步、技术的发展,在各行各业都会出现软件工程师,成为企业信息化道路的支持者、推进者。

8.2 软件工程发展历程

8.2.1 软件发展历史

20世纪中期软件产业从零开始起步,在短短50年的时间里迅速发展成为推动人类社会发展的龙头产业。随着信息产业的发展,软件对人类社会越来越重要。软件发展的50年历史中,人们对软件的认识经历了一个由浅到深的过程。

第一个编写软件的人是 Ada(Augusta Ada Lovelace),1860年她尝试为 Babbage(Charles Babbage)的机械式计算机编写软件。尽管失败了,但她被永远载入了计算机发展的史册。1950年,软件伴随着第一台电子计算机的问世诞生了。以写软件为职业的人也开始出现,他们多是经过训练的数学家和电子工程师。1960年美国大学开始出现授予计算机专业的学位,教授人们如何编写软件。

软件发展的历史可以大致分为如下三个阶段。

第一个阶段是20世纪五六十年代,是程序设计阶段,基本属于个体手工劳动的生产方式。这个时期,一个程序是为一个特定的目的而编制的,软件的通用性很有限,软件往往带有强烈的个人色彩。早期的软件开发没有什么系统方法可以遵循,软件设计是在某个人的头脑中完成的一个隐藏的过程。而且,除了源代码外,往往没有软件说明书等文档,因此这个时期尚无软件的概念,基本上只有程序、程序设计概念,不重视程序设计方法,开发的软件主要用于科学计算,规模很小,采用简单的编程工具(基本上采用低级语言),硬件的存储容量小,运行可靠性差。

第二个阶段是20世纪六七十年代,是软件设计阶段,属于小组合作生产方式。在这一时期软件开始作为一种产品被广泛使用,出现了"软件作坊"。这个阶段,基本采用高级语言开发工具,开始提出结构化方法。硬件的速度、容量、工作可靠性有明显提高,而且硬件的价格降低。人们开始使用产品软件(可购买),从而建立了软件的概念。程序员数量猛增,但是开发技术没有新的突破,软件开发的方法基本上仍然沿用早期的个体化软件开发方式,软件需求日趋复杂,维护的难度越来越大,开发成本令人吃惊地高,开发人员的开发技术不适应规模大、结构复杂的软件开发,失败的项目越来越多。

第三个阶段是从20世纪70年代至今,为软件工程时代,属于工程化的生产方式。这个阶段的硬件向超高速、大容量、微型化以及网络化方向发展,第三、第四代语言开始出现,数据库、开发工具、开发环境、网络、分布式、面向对象技术等工具方法都得到了应用。软件开发技术有很大进步,但未能获得突破性进展,软件开发技术的进步一直未能满足发展的要求。软件的数量急剧膨胀,一些复杂的、大型软件开发项目提出来了,在那个时代,很多软件最后都得到了悲惨的结局:很多软件项目的开发时间大大超出了规划的时间表,一些项目导致了财产的流失,甚至某些软件导致了人员伤亡。同时软件开发人员也发现软件开发的难度越来越大,在软件开发中遇到的问题找不到解决的办法,使问题积累起来,形成了尖锐的矛盾;失败的软件开发项目屡见不鲜,因而导致了软件危机。

8.2.2　软件工程的产生

软件危机指的是在计算机软件的开发和维护过程中所遇到的一系列严重问题。概括来说,软件危机包含两方面问题:一是如何开发软件,以满足不断增长,日趋复杂的需求;二是如何维护数量不断膨胀的软件产品。落后的软件生产方式无法满足迅速增长的计算机软件需求,从而导致软件开发与维护过程中出现一系列严重问题的现象。

最为突出的例子是美国 IBM 公司于 1963—1966 年开发的 IBM 360 系列机的操作系统。该项目的负责人 Frederick P. Brooks 在总结该项目时无比沉痛地说:"……正像一只逃亡的野兽落到泥潭中做垂死挣扎,越是挣扎,陷得越深,最后无法逃脱灭顶的灾难……程序设计工作正像这样一个泥潭……一批批程序员被迫在泥潭中拼命挣扎……谁也没有料到问题竟会陷入这样的困境……"IBM 360 操作系统的历史教训已成为软件开发项目中的典型事例被记入历史史册。由于软件危机的产生,迫使人们不得不研究、改变软件开发的技术手段和管理方法,软件的生产至此进入了软件工程时代。

1968 年北大西洋公约组织的计算机科学家在联邦德国召开的国际学术会议上第一次提出了"软件危机"这个名词,同时,还讨论和制定了摆脱"软件危机"的对策。在那次会议上第一次提出了软件工程(Software Engineering)这个概念,从此一门新兴的工程学科"软件工程学"为研究和克服软件危机应运而生。

从微观上看,软件危机的特征表现在完工日期一再拖后、经费一再超支,甚至工程最终宣告失败等方面。而从宏观上看,软件危机的实质是软件产品的供应赶不上需求的增长。

"软件工程"的概念正是为了有效地控制软件危机的发生而被提出来的,它的中心目标就是把软件作为一种物理的工业产品来开发,要求"采用工程化的原理与方法对软件进行计划、开发和维护"。软件工程是一门旨在开发满足用户需求、及时交付、不超过预算和无故障的软件的学科。软件工程的主要对象是大型软件,它的最终目的是摆脱手工生产软件的状况,逐步实现软件开发和维护的自动化。

自从软件工程概念提出以来,经过几十年的研究与实践,虽然"软件危机"没得到彻底解决,但在软件开发方法和技术方面已经有了很大的进步。尤其应该指出的是,自 20 世纪 80 年代中期,美国工业界和政府部门开始认识到,在软件开发中,最关键的问题是软件开发组织不能很好地定义和管理其软件过程,从而使一些好的开发方法和技术都起不到所期望的作用。也就是说,在软件过程没有得到很好定义和管理的软件开发中,开发组织不可能从好的软件方法和工具中获益。

8.2.3　《人月神话》

《人月神话》(*The Mythical Man-Month*)是一书畅销 20 年经久不衰、具有深远影响的书。作者被认为是 IBM System/360 和 OS/360 之父,曾担任美国 IBM 公司 360 系统项目经理的 Frederick P. Brooks 博士。1975 年,Brooks 就在他的《没有银弹:软件工程的根本和次要问题》(*No Silver Bullet:Essence and Accidents of Software Engineering*)中预言,在 10 年内,没有任何编程技巧能够给软件的生产率带来数量级上的提高。在《人月神话》的第 2 章里,Brooks 提出了著名的人月神话法则:向进度落后的项目中增加人手,只会使进度更加落后。Brooks 的著名观点:人月神话是不存在的(这就是人月神话的出处)。

10 年后(1986)Brooks 博士再次发表了《没有银弹》的经典文章,表明:在 10 年内,没有任何单独的软件工程进展,可以使软件生产率有数量级的提高。

而在 1996 年,即《人月神话》发表 20 年后,Brooks 对 20 年前的推断,又提出了新的认识,"整个软件开发工作中的哪些部分与概念性结构的精确和有序表达相关(次要问题),哪些部分是创造那些结构的思维活动(根本问题)。在我看来,开发的次要问题,已经下降到整个工作的一半或一半以下。"

8.2.4　瀑布模型和螺旋模型

1970 年,Winston Royce 在他的《管理大型软件系统的开发》提出了著名的"瀑布模型",直到 20 世纪 80 年代早期,它一直是唯一被广泛采用的软件开发模型。直至今日,该模型仍然具有强大的生命力。Winston Royc 也因此被誉为"瀑布方法之父"。

1988 年,Barry Boehm 正式发表了软件系统开发的"螺旋模型",它将瀑布模型和快速原型模型结合起来,强调了其他模型所忽视的风险分析,特别适合于大型复杂的系统。

8.2.5　面向对象与 UML

1967 年由挪威的 Ole-Johan Dahl 和 Kristen Nygaard 设计的 Simula-67 是第一门面向对象语言。虽然 Simula 没有后继版本,但这个语言对后来的许多面向对象语言的设计者产生了很大的影响。20 世纪 80 年代初,Alan Kay 在 Palo Alto 研发的 Smalltalk 语言被广泛使用,掀起了一场"面向对象运动",许多面向对象的程序设计语言随之诞生。面向对象的思想就是:假设系统由"对象"这样一种东西构成。对象封装了结构和行为,这种思考方式和人类的认知相当贴近,更有利于人脑去把握问题的复杂性。

由于结构化分析设计和面向对象编程之间不能很好地过渡,到 20 世纪 80 年代后期,不同的方法学家开始提出自己的面向对象分析设计方法学。这些方法学主要有:Booch、Shaler/Mellor、Wirfs-Brock 责任驱动设计、Coad/Yourdon、Rumbaugh OMT、Jacobson OOSE。

这种百花齐放的局面带来了一个问题:各方法学都有自己的一套概念、定义、标记符号和术语,尽管总的来说大同小异,但这些细微的差异通常会造成混乱,使开发人员无从选择,也妨碍了面向对象分析设计的推广。1994 年,在 Rational 工作的 J. Rumbaugh 和 G. Booch 开始合并 OMT 和 Booch 方法后,I. Jacobson 带着他的 OOSE 方法学也加入了 Rational 公司,一同参与这项工作。于 1996 年 6 月和 10 月分别发布了 UML 0.9 和

UML 0.91，当时就获得了广泛支持，1996 年年底 UML 成为默认的可视化建模语言的工业标准，1997 年 11 月，UML 被 OMG（国际对象管理组织）全体成员一致通过，并采纳为标准。

　　UML 提供了为系统进行面向对象建模的机制，但没有指定应用 UML 的过程和方法。UML 的设计目标之一是在尽可能多的领域内得到广泛的应用，但要想成功使用UML，科学的过程是必要的。合理的过程能够有效测度工作进程，控制和改进工作效率。简单地说，软件工程过程描述做什么、怎么做、什么时候做以及为什么要做，它描述了一组以某种顺序完成的活动；过程的结果是一组有关系统的文档，例如模型和其他一些描述，以及对最初问题的解决方案；过程描述的一个重要部分是定义如何使用人力、机器、工具和信息等资源的一些规则来完成某个确定的目标，为用户的问题提供解决方案。

　　UML 是一种直观化、明确化、构建和文档化软件系统产物的图形化语言，UML 最主要的目标是成为所有建模人员可以使用的通用建模语言，它包含了当前主流建模技术的概念，并针对许多当前软件开发的问题，如大规模、分布、并发和团队开发等，它可以作为开发团队的公共语言。

　　UML 不是完整的开发方法，不包括逐步的开发流程。对于软件开发来说，良好的开发过程非常重要。UML 规范没有定义标准的过程，但是可以用于迭代的开发过程，并支持现有的大多数面向对象的开发过程，而 RUP 则是有效使用 UML 的指南。

8.2.6　RUP

　　1998 年美国 Rational 软件公司面向对象领域三位杰出的专家 I. Jacobson、G. Booch 和 J. Rumbaugh 提出了统一过程模型（Rational Unified Process，RUP），该模型以 Rational 公司的面向对象为核心提出，因此在这个过程中使用 UML 是很自然的。RUP 是 Rational 公司开发的过程产品，是软件工程化的过程。RUP 提供了在开发机构中分派任务和责任的纪律化方法。它的目标是在可预见的日程和预算前提下，确保满足最终用户需求的高质量产品。1999 年，RUP 5.0 成为流行的构造面向对象系统的迭代软件开发过程。2003 年 IBM 公司收购了 Rational 公司，重新编写了该工具，RUP 成为一组模块化产品。

　　对于一个组织而言，开发队伍的成员能够以一种通用的方式沟通至关重要，不同的参与者对系统的设计和实现有不同的看法，只有使用通用的语言表达，才可能统一开发团队的活动。因此，要成功解决软件开发中的矛盾，必须将软件开发作为一种团队活动，团队中从事开发和部署的不同参与者统一使用公共的过程、公共的表达语言以及支持该语言和过程的工具。

　　Rational 统一过程就是这样一种公共过程，而且已经在多个软件开发组织的实践中被证实可以有效解决上述矛盾。RUP 提供了在开发机构中分派任务和责任的纪律化方法，其目标是在可预见的日程和预算前提下，确保满足最终用户需求的高质量产品。RUP 是风险和用例驱动的过程，它鼓励系统可执行版本的迭代和增量式交付，其迭代以用例为依据。除此之外,RUP还是体系结构优先的过程,系统的体系结构在早期就稳定下来,以便对设计进行验证,在后续的迭代中逐步进行精化。RUP的中心思想是:用例驱动、架构为中心、迭代和增量。虽然是一个商业产品,但详尽的内容和灵活的组织,使得RUP成为软件团队中流传最广的软件过程模型,也成为团队学习软件工程和实施过程改进的重要资料。

8.2.7　敏捷开发

敏捷开发方法也称轻量级开发方法,启动于"敏捷软件开发宣言"。在 2001 年 2 月,17 位编程大师分别代表极限编程、Scrum、特征驱动开发、动态系统开发方法、自适应软件开发、水晶方法等开发流派,在美国犹他州召开了长达两天的会议,制定并签署了"敏捷软件开发宣言"。敏捷软件开发是一个开发软件的管理新模式,用来替代以文件驱动开发的瀑布开发模式。"敏捷软件开发宣言"声明如下:

我们正在通过亲身实践以及帮助他人实践的方式来揭示更好的软件开发之路,通过这项工作,我们认为:

(1) 个体和交互胜过过程和工具。

(2) 可工作软件胜过宽泛的文档。

(3) 客户合作胜过合同谈判。

(4) 响应变化胜过遵循计划。

发表"敏捷软件开发宣言"的 17 位编程大师组成了"敏捷联盟","敏捷联盟"为了帮助希望使用敏捷方法来进行软件开发的人们定义了 12 条原则。

(1) 我们首先要做的是通过尽早和持续交付有价值的软件来让客户满意。

(2) 需求变更可以发生在整个软件的开发过程中,即使在开发后期,我们也欢迎客户对于需求的变更。敏捷过程利用变更为客户创造竞争优势。

(3) 经常交付可工作的软件。交付的时间间隔越短越好,最好 2~3 周一次。

(4) 在整个软件开发周期中,业务人员和开发人员应该天天在一起工作。

(5) 围绕受激励的个人构建项目,给他们提供所需的环境和支持,并且信任他们能够完成工作。

(6) 在团队的内部,最有效果和效率的信息传递方法是面对面交谈。

(7) 可工作的软件是进度的首要度量标准。

(8) 敏捷过程提倡可持续的开发速度。责任人、开发人员和用户应该能够保持一种长期稳定的开发速度。

(9) 不断地关注优秀的技能和好的设计会增强敏捷能力。

(10) 尽量使工作简单化。

(11) 好的架构、需求和设计来源于自组织团队。

(12) 每隔一定时间,团队应该反省如何才能有效地工作,并相应调整自己的行为。

敏捷模型避免了传统的重量级软件开发过程复杂、文档繁琐和对变化的适应性低等各种弊端,相对于传统的软件工程方法,它更强调软件开发过程中各种变化的必然性,通过团队成员之间充分的交流与沟通以及合理的机制来有效地响应变化;强调软件开发过程中团队成员之间的交流、过程的简洁性、用户反馈、对所作决定的信心以及人性化的特征。

敏捷过程模型中比较有代表性的是 XP 模型(eXtreme Programming)。XP 是由Kent Beck 在 1996 年提出的。它由一系列与开发相关的规则、规范和惯例组成。其规则和文档较少,流程灵活,易于小型开发团队使用。XP 认为软件开发有效的活动是:需求、设计、编码和测试,并且在一个极限的环境下使它们发挥到极致,做到最好。XP 偏重于软件过程的描述,表现为激进的迭代,组织模型和建模方法比较薄弱。

8.2.8 CMM 和 CMMI

1984 年美国国防部为解决采购风险,委托卡耐基-梅隆大学的软件工程研究所(SEI)制定用于软件过程改进和评估的模型。该项目成果之一就是“软件能力成熟度模型”,其英文全称为 Capability Maturity Model for Software,英文缩写为 SW-CMM,简称 CMM。该模型于 1991 年正式推出,迅速得到广大软件企业及其顾客的认可,它侧重于软件开发过程管理能力的提高,是软件生产过程改进的标准和软件企业成熟度等级评估的标准。

CMM 的定义是:有关软件企业或组织的软件过程进程中各个发展阶段的定义、实现、质量控制和改善的模型化描述。这个模型用于确定软件企业或组织的软件过程能力和找出软件质量及过程改进方面的最关键问题,为企业或组织的过程改进提供指南。

CMM 的核心思想是将软件开发视为一组过程,并根据统计质量管理的理论对软件开发进行过程管理,以使其满足工程化、标准化的要求,使企业能够更好地实现商业目标。它侧重于软件开发的管理及软件工程能力的提高,因此 CMM 可以作为企业软件过程改进的指南,帮助软件开发机构建立严格的、规范的软件开发过程,最有效地提高软件工程能力。

从 1987 年推出 SW-CMM 框架开始,SEI 又开发了其他成熟度模型,包括:系统工程、采购、人力资源管理和集成产品开发等。为了整合不同模型中的最佳实践,建立统一模型,覆盖不同领域,供企业进行整个组织的全面过程改进,SEI 在 2001 年 12 月正式推出了 CMMI 1.1 版整套产品,宣称它是 CMM 2.0 的新版本。此后 SEI 还宣布:到2005 年之后,CMMI 将完全替代 CMM,成为 IT 企业集成化过程改进的新模型,而且将终止对原模型 CMM 的支持。可见,CMMI 是 CMM 的继承与发展。

CMMI 是一套融合多学科、可扩充的产品集合,其英文全称为 Capability MaturityModel Integration。该模型包含了从产品需求提出、设计、开发、编码、测试、交付运行到产品退役的整个生命周期里各个过程的各项基本要素;是过程改进的有机汇集,旨在为各类组织包括软件企业、系统集成企业等改进其过程和提高对产品或服务的开发、采购以及维护的能力提供指导。

8.2.9　软件工程工具

20 世纪 80 年代,由于软件需求急剧增加,软件规模越来越复杂,开发周期越来越短,传统的人工方法已经不能足够快速地完成相应的功能。这使得计算机辅助软件工程(CASE)和面向对象的思想和方法终于发展成熟起来。在 Rational 公司推出 UML 和 RUP 时,一并推出了辅助软件开发过程的 Rational Rose 工具,使得面向对象方法成为主流的软件开发方法,UML 成了主流的建模工具,RUP 成了主流的开发过程,Rational Rose 成了主流的 CASE 工具。

8.2.10　软件工程在中国

为了满足中国软件产业发展的需求,中国自 1980 年开始进行软件工程的研究与实践。1980 年在北京大学召开了我国第一届软件工程科学研讨会;1983 年正式成立北京软件工程研究中心,正式将软件列入国家科技攻关项目,"软件工程"正式列入"六五"科技攻关项目;1985 年中国软件工程的第一本书籍——由朱三元等人编著的《软件工程指南》出版。

20 世纪 80 年代开展软件开发方法学研究时,软件产业才开始起步,开发仍停留在手工作坊式;到了 20 世纪 90 年代,开展了以构件技术为主线的前沿研究,而且开始建立较为全面的软件工程环境,软件企业也开始使用软件工具;2000 年展开网构软件技术体系的研究,建立软件构件库体系和标准及人才培养,软件企业开始尝试工业化生产技术。从这个发展历程来看,其过程和成果和国际发展趋势是一致的。

8.3　软件工程大师

8.3.1　弗雷德里克·布鲁克斯

弗雷德里克·布鲁克斯(Frederick P. Brooks,1931—)1953 年从美国杜克大学毕业,并进入哈佛大学深造,1956 年取得博士学位。他的博士论文课题工作是在哈佛著名的计算机实验室进行的,最终完成的博士论文题目为《自动数据处理系统的分析设计》。布鲁克斯博士曾是北卡罗来纳大学 Kenan-Flagler 商学院的计算机科学教授,见图 8.8。

布鲁克斯曾荣获美国计算机领域最具声望的图灵奖桂冠。美国计算机协会(ACM)称赞他"对计算机体系结构、操作系统和软件工程作出了里程碑式的贡献"。他被认为

图 8.8　弗雷德里克·布鲁克斯

是"IBM 360 系统之父",曾担任了 360 系统的项目经理,以及 360 操作系统项目设计阶段的经理。凭借在上述项目中的杰出贡献,布鲁克斯博士以及 Bob Evans 和 Erich Bloch 在 1985 年荣获了美国国家技术奖(National Medal of Technology)。布鲁克斯博士创立了北卡罗来纳大学的计算机科学系,并在 1964—1984 年期间担任系主任。他还曾任职于美国国家科技局和国防科学技术委员会。

8.3.2　伊瓦尔·雅各布森

伊瓦尔·雅各布森(Ivar Jacobson)博士 1939 年 9 月出生于瑞典的一个小镇 Ystad。1962 年从位于海港城市歌德堡的 Chalmers 工学院获电子工程硕士学位。1985 年从斯德歌尔摩皇家工学院获得博士学位,他的博士论文是关于大型实时系统的语言构造方面的研究。1983—1984 年他是麻省理工学院 MIT 的 Functional Programming and Dataflow Architecture Group 的访问学者。2003 年 5 月,Ivar 博士获得 Chalmers 校友会的 Gustaf Dalen 奖章,见图 8.9。

Ivar Jacobson 博士是瑞典 Objectory AB 的创始人,1995 年 Rational 收购了 Objectory AB 后直至在 2003 年 IBM 收购 Rational 之前,Ivar Jacobson 博士一直在 Rational 工作,这期间也是 Rational 飞速发展的时期。之后,Ivar Jacobson 博士作为雇员离开了 Rational 公司,但直到 2004 年 5 月他仍然担任 Rational 公司的高级技术顾问。

图 8.9　伊瓦尔·雅各布森

现代软件开发之父 Ivar Jacobson 博士被认为是深刻影响或改变了整个软件工业开发模式的几位世界级大师之一。他是模块和模块架构、用例、现代业务工程、Rational 统一过程等业界主流方法、技术的创始人。

Ivar Jacobson 博士与 Grady Booch 和 James Rumbaugh 一道共同创建了 UML 建模语言,被业界誉为 UML 之父。Ivar Jacobson 的用例驱动方法对整个 OOAD 行业影响深远,他因此而成为业界的一面"旗帜"。

Ivar Jacobson 博士是两本影响深远的畅销书的主要作者:《面向对象的软件工程——一种用例驱动方法》(1992 年计算机语言生产力奖获得者)和《对象的优势——采用对象技术的业务过程再工程》。他还写过有关软件重用的书,发表过一些有关对象技术的广为引用的论文。其中最有名的是他的第一篇 OOPSLA'87 论文,题为《工业环境中的面向对象开发》。Ivar Jacobson 的用例驱动方法对整个 OOAD 行业影响深远。他经常被邀请为主题演讲者和研讨会成员,在全球主要的面向对象会议上与业界同行和方法学家探讨 OOAD 主题,比如 Grady Booch、Jim Rumbaugh、StevenMellor 和 Rebecca Wirfs-Brock。

Ivar Jacobson 博士还定期在 OOPSLA、ECOOP 和 TOOLS 委员会工作,他是 *Object-Oriented Programming* 期刊的顾问团成员之一。

8.3.3　戴维·帕纳斯

　　戴维·帕纳斯(David Parnas)教授生于 1941 年,被公认为是现代计算机技术和软件工程领域的先驱和奠基者之一。他提出的模块化设计、信息隐藏、抽象接口等一系列重要思想对软件工程在理论和实践中的发展都产生了深刻的影响,他是唯一一位在国际软件工程会议(ICSE)上两次荣获"最有影响力论文奖"的学者,还曾获得美国计算机协会软件工程领域的"最佳论文奖"、"杰出研究奖"、"重要影响论文奖"以及国际电子电气工程师协会计算机学会(IEEE)的"实践洞察力奖"等。2007 年 Parnas 教授获得 IEEE 计算机学会

图 8.10　戴维·帕纳斯

六十周年奖,该奖旨在奖励在过去的一个世纪中对计算机科学与技术做出实质性重要贡献的个人(目前获奖者只有两个人)。他的工作得到了广泛的认同,发表了 200 多篇学术论文,尤其是在模块化、软件规范、软件文档和并发性方面所发表的文章被认为是经典。他积极倡导"软件工程"的职业化和软件工程领域职业道德。他是美国计算机专业社会责任协会(CPSR)诺伯特·维纳奖的第一位获得者。David Parnas 教授是加拿大皇家学会院士、加拿大工程院院士、美国计算机协会院士、德国信息学协会院士、国际电子电气工程师协会院士,见图 8.10。

8.3.4　肯特·贝克

　　肯特·贝克(Kent Beck)全家似乎都弥漫着技术的味道:生长在硅谷,有着一个对无线电痴迷的祖父,以及一个电器工程师父亲,这些因素从小就引导 Kent Beck 成为业余无线电爱好者。Kent Beck 一直倡导软件开发的模式定义。早在 1993 年,他就和 Grady Booch(UML 之父)发起了一个团队进行这方面的研究。虽然著有 *Smalltalk Best Practice Patterns* 一书,但这可能并不是 Kent Beck 最大的贡献。他于 1996 年在 DaimlerChrysler 启动的关于软件开发的项目,才真正地影响了后来的软件开发。这次的杰作就是 XP(极限编程)的方法学,见图 8.11。

　　Kent Beck 和软件开发大师 Martin Fowler 合著的 *Planning Extreme Programming* 可谓是关于 XP 的奠基之作。从此,一系列的作品如 *Test Driven Development:By Example*、*Extreme Programming Explained:Embrace Change* 让更多的人领略到了极限编程的精髓,也逐步导致了极限编程的流行。Kent Beck 的贡献远不止如此,对于众多的 Java 程序员来说,他和 Erich Gamma 共同打造的 JUnit,意义更加重大。也许正是这个简单而又强大的工具,让众多的程序员更加认可和信赖极限编程,从而引起了 Java 敏捷开发的狂潮。

图 8.11　肯特·贝克

8.3.5 阿利斯泰尔·科伯恩

阿利斯泰尔·科伯恩（Alistair Cockburn），软件工程大师，水晶开发方法（Crystal Methodologies）的创始人，《编写有效用例》和《敏捷软件开发》的作者，见图 8.12。

Alistair Cockburn 凭借自己在面向对象领域的丰富经验，并参考其他专家的良好建议，扩展了典型的用例处理方法，为软件开发人员编写用例提供了一种"基本、具体和实用的"指南。《编写有效用例》完整地叙述了有关用例的初级概念、中级概念以及高级概念，并提供了大量的好用例和坏用例的编写实例，该书荣获 2001 年度美国"软件开发"杂志的 Productivity Award 奖，被认为是迄今为止最好的用例教材。

图 8.12 阿利斯泰尔·科伯恩

8.3.6 爱德华·约当

爱德华·约当（Edward Yourdon）生于 1944 年，结构化分析/设计方法研究的领导者，发表 200 多篇重要技术文章，写作或协同写作了几十本书，包括《死亡之旅》（*Death March*），直面软件项目管理问题，被很多人认为是最新版的《人月神话》；《美国程序员的衰退和失落》（*The Decline and Fall of the American Programmer*）和《美国程序员的崛起和复兴》（*The Rise and Resurrection of the American Programmer*）。不但被公认为软件领域最有影响力的人士之一，而且还被选入计算机名人堂，成为与 Charles Babbage、Seymour Cray、James Martin、Grace Hopper、Gerald Weinberg 及 Bill Gates 比肩的著名人物。作为著名的 Coad/Yourdon 面向对象方法学的开发者之一，他曾建立并领导了 YOURDON 咨询公司，世界各地有超过 25 万人在这里接受过培训，见图 8.13。

图 8.13 爱德华·约当

"如果你还没有对某个程序花费至少一个月的时间——一天工作 16 小时，其余 8 小时也睡得不安稳，老是梦到它，为解决'最后错误'连熬几夜——你就算没有编过真正复杂的程序，你也不会感受到编程中激动人心的东西。"——Edward Yourdon

8.3.7 彼得·科德

彼得·科德（Peter Coad）生于 1953 年，作为世界上最杰出的软件设计师之一、Color UML 和 FDD 的创始人，曾经设计过数以百计优秀的组件和对象系统。科德与别的软件工程大师最大的区别是其参与的实际项目众多、经验极为丰富，包括以其名称命名的

Coad 方法、FDD 等。曾一手创建 Together 公司,后随公司一起加入 Borland。Peter Coad 著书很多,包括 *Object Oriented Analysis*、*Java Modeling In Color With UML* 和《对象模型:策略模式应用》等,见图 8.14。

图 8.14 彼得·科德　　　　　　　　　图 8.15　瓦·汉弗莱

8.3.8　瓦·汉弗莱

瓦·汉弗莱(Watts Humphrey,1927—2010)在软件工程领域享有盛誉,被美国国防软件工程杂志 *Cross Talk* 评为影响软件发展的十位大师之一,被软件界人士尊称为"CMM 之父"。他于 2005 年 2 月 15 日被授予美国国家科技奖章,这是美国总统颁发给杰出科学家的最高荣誉,见图 8.15。

Watts Humphrey 能提出 CMM 理论,应该得益于他在 IBM 公司 27 年的工作经历,他最后在 IBM 负责管理产品研发。1986 年他从 IBM 辞职加入美国卡耐基-梅隆大学软件工程学院(SEI),受美国国防部委托,提出了软件能力成熟度模型,即 CMM。

在 CMM 浪潮席卷软件工业界之时,他又力推个体软件过程(Personal Software Process,PSP)和团队软件过程(Team Software Process,TSP),这两个过程理论在解决软件零缺陷方面取得了令人瞩目的成绩。

他的主要著作有:《软件工程规范》、《个体软件过程》、《小组软件开发过程》、《软件过程管理》、《技术人员管理》、《软件制胜之道》等。

8.3.9　杨芙清

杨芙清院士,1932 年出生,江苏无锡人,计算机软件专家,中国科学院院士(1991)。1958 年北京大学数力系研究生毕业。曾任北京大学信息与工程科学学部主任、教授,见图 8.16。

杨芙清主要从事系统软件、软件工程、软件工业化生产技术和系统等方面的教学和研究工作。主持研制成功我国第一台百万次集成电路计算机多道运行操作系统和第一个全部用高级语言书写的操作系统;倡导和推动成立了北京大学计算机科技系,1983—1999 年在她担任系主任期间,将该系建成为国内一流和国际知名的计算机科学技术研究

图 8.16　杨芙清

和人才培养基地；在国内率先倡导软件工程研究，创办了国内第一个软件工程学科；开创了软件技术的基础研究领域；主持了历经四个五年计划的国家重点科技攻关项目——青鸟工程和国家"863"计划若干重点课题的研究；创建了软件工程国家工程研究中心；提出"人才培养与产业建设互动"的理念，创建了以新机制、新模式办学的示范性软件学院。

几十年来杨芙清院士一直从事计算机科学技术的研究和教学工作，其研究工作主要集中于系统软件、软件工程基础理论和软件工程环境、软件工业化生产技术等方面。她对程序自动化的早期研究成果，被西方杂志称为是"程序自动化研究早期的优秀工作"；20 世纪 70 年代中后期，她开展系统软件研究，主持研制了中国第一台百万次集成电路计算机的操作系统和我国第一个全部用高级语言书写的多道操作系统，具有首创性和开拓性；20 世纪 80 年代以来，她又在国内首先倡导开展软件结构与工具、软件设计技术等软件工程基础研究。"六五"、"七五"、"八五"和"九五"计划期间，她一直主持国家重点科技攻关课题（项目）——青鸟工程的研究开发工作，在大型软件工程开发环境、软件工业化生产技术及系统研究方面取得了重大成果，促进了中国软件产业基础建设，对软件产业规模经济的形成提供了良好技术支持；承担了多项"863"高技术课题研究工作，在软件复用和软件构件技术的理论体系研究方面取得了若干重要成果。

8.4　本　章　小　结

本章首先介绍软件工程的基本概念，澄清了关于软件及软件开发中的一些错误观念，详细地介绍了软件工程的七条基本原则、软件开发过程模型、软件开发方法、软件工程的工具、软件工程面临的挑战、软件工程课程研究的内容、软件工程师等内容。

以软件工程发展历程为线索，首先介绍了软件发展历史，为解决软件危机，软件工程的概念产生了。然后介绍了软件工程几十年中的里程碑事件：《人月神话》、面向对象与UML、RUP、CMM、CMMI、敏捷开发等。

最后介绍了软件工程领域杰出的软件工程大师：Frederick P. Brooks、Ivar Jacobson、David Parnas、Kent Beck、Alistair Cockburn、Edward Yourdon、Peter Coad、Watts Humphrey 和杨芙清。

8.5　习　　　题

1. 谈谈你对软件工程的理解？

2. 软件危机主要是指什么？为什么会产生软件危机？现在还存在软件危机吗？

3. 假设你被任命为一家软件公司的项目负责人，你的工作是管理该公司已被广泛应用的字处理软件的新版本开发。由于市场竞争激烈,公司规定了严格的完成期限并且已对外公布。你打算采用哪种软件生命周期模型? 为什么?

4. 试述常见的软件开发过程模型各自的特征和优缺点。

5. 敏捷开发是什么?(可参考以下几方面:敏捷开发的含义和核心理念是什么? 有哪些敏捷方法? 敏捷方法与其他方法有何不同?)

6. CMM 和 CMMI 有什么联系与区别?(可参考以下几方面:CMM 是什么? CMMI 是什么? CMM 和 CMMI 有何区别? CMM 和 CMMI 作用各是什么?)

第 9 章　系统软件和应用软件

通过本章的学习,要求建立软件系统的概念,掌握操作系统和应用软件的基本知识、特点和主要功能。

本章分别介绍计算机软件系统的基础知识,包括操作系统和应用软件基本概念、功能和常用操作。计算机软件系统可以划分为系统软件和应用软件两大类。系统软件以操作系统为代表,直接管理各类复杂的硬件设备,并为应用软件提供支撑;应用软件多种多样,它直接面向用户,提供丰富的应用功能。

9.1　什么是系统软件和应用软件

计算机软件系统可分为系统软件和应用软件两大类。系统软件以操作系统为代表,它直接管理各类复杂的硬件设备,并为应用软件提供支撑;应用软件多种多样,它直接面向用户,提供丰富的应用功能。

9.1.1　什么是操作系统

计算机系统由硬件子系统和软件子系统组成。操作系统(Operating System,OS)位于硬件和其他软件之间,向下直接管理硬件,向上为其他软件提供支撑。因此,它是计算机系统中最重要的软件,也是最庞大、最复杂的软件。

1. 硬件和软件的关系

一个完整的计算机系统可以划分为四个层次,分别面向不同类型的用户,如图 9.1 所示。

硬件就是通常所说的"裸机",它是软件运行的物质基础。如果用户直接使用硬件是非常麻烦的。在计算机发展的早期,操作人员必须熟记机器语言(二进制指令),并且需要了解各种外围设备的物理特性,这不仅不方便而且容易出错。

软件是提高计算机使用效率、扩大计算机功能的程序,它可以分为三个层次。最靠近硬件,处于最下层的是操作系统;在其之上的是支撑软件,包括汇编程序、编译连接程序、

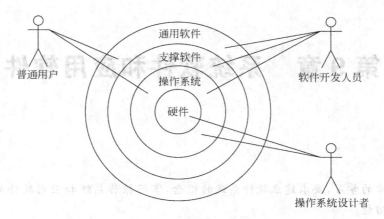

图 9.1　计算机系统结构

调试维护程序等；直接面向用户，处于最上层的是应用软件，包括我们熟悉的办公软件、财务软件、娱乐软件和数据库系统等。

2．操作系统

可以看出，操作系统在整个计算机系统中处于中心的地位，把用户和其他软件同各种各样复杂的硬件设备隔离开来，一方面对硬件系统进行管理和扩充；另一方面又对其他软件和终端用户提供服务。需要指出的是，现代的操作系统往往都包括了常用的支撑软件，从而可以为用户和应用软件提供更为直接的服务。

下面给出操作系统的定义：操作系统是一种系统软件。它管理和控制计算机系统的资源，为用户使用计算机提供方便有效的工作环境。这里的定义包含了两层含义。

（1）资源管理

操作系统负责管理和控制计算机系统的各类资源，这些资源包括硬件资源（中央处理器、存储器以及各类终端设备）和软件资源（用户的数据、文档和程序）。它可以监控资源的使用状态，合理地分配各种资源，并可以在多用户之间实现资源的共享。

（2）用户的工作环境

计算机硬件种类繁多，特性各异，这为用户直接使用计算机带来了很大的障碍。而如果应用软件直接控制硬件，也会为软件开发者带来很大的难度，降低软件的开发效率。所以操作系统在管理和控制各类硬件资源的基础上，为用户和应用软件提供统一的"接口"，方便使用和开发。

3．操作系统提供的接口种类

一类是"操作命令"。例如用户在"命令行窗口"中输入的各种命令，以及在图形化窗口中的各种鼠标操作和键盘操作。操作命令面向终端用户，提供文件管理、程序安装、程序运行、打印等服务。

另一类是"程序接口"，也称为系统调用。每种操作系统都提供自己的一套程序接口，面向各类应用软件，为软件的运行和操作硬件资源提供底层的服务。例如 Windows 操作系统提供一整套规范的 API（Application Programming Interface，应用编程接口），而 UNIX 和 Linux 也提供了包括进程控制、文件操纵、通信和信息维护等方面的系统调用。

9.1.2　操作系统的发展经历了哪几个阶段

操作系统经历了一个从无到有，从低级到高级的发展过程。

1. 手工操作阶段

早期的电子管计算机运行速度慢，没有操作系统。用户直接用机器语言编制程序，并将程序和数据以穿孔纸带（卡片）输入计算机，利用控制台的开关开启计算机进行运算。计算机的操作结果也是以纸带和卡片的方式输出。当时的用户既是程序员又是操作员。

这种手工操作方式有几个缺点：用户独占资源；人工干预多；计算效率低下。随着计算机速度的不断提高，这种矛盾也变得日趋严重。

2. 批处理操作系统

20 世纪 50 年代 General Motors 研究室在 IBM 701 计算机上实现了第一个操作系统，它是一个"批处理操作系统"。用户将数据、程序以及用作业控制语言书写的"作业说明书"作为作业信息"成批"地输入到计算机中，操作系统识别每一个作业，并进行自动处理。借助于作业控制语言，操作系统变革了计算机的手工操作方式。

批处理操作系统可以分为"单道批处理"和"多道批处理"两类。

（1）单道批处理系统每次只允许一个作业执行。当把一批作业的程序和数据交给系统后，系统将顺序控制作业的执行，只有当前一个作业执行结束后才转入下一个作业的执行。

（2）多道批处理系统允许若干个作业同时装入主存储器，一个中央处理器可以轮流地执行各个作业。当一个作业暂时不使用中央处理器时（如进行其他输入输出操作），其他作业可以占用空闲的中央处理器。各个作业也可以同时使用各自所需的外围设备，从而大幅提高了计算机资源的使用效率。

批处理操作系统的缺点是：作业执行时用户不能直接干预作业的执行，如果出现错误，必须重新修改后再次装入重新执行。

3. 分时操作系统

为了更好地共享主机资源，提高人-机交互功能，20 世纪 60 年代出现了"分时操作系统"。这种系统是在一台计算机上连接多台终端设备，允许多个用户通过自己的终端与计算机进行一系列的交互。如图 9.2 所示。用户从终端上可以直接输入、调试和运行自己的程序，能直接修改程序中的错误，并且直接获得结果。

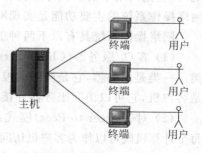

图 9.2　分时操作系统

分时操作系统将中央处理器的时间划分为小的时间间隔(又称时间片),轮流地为每个终端上的作业服务,使每个用户都感觉好像各自有一台独立的、支持自己请求服务的计算机。

4. 实时操作系统

在分时操作系统产生的同时,还出现了用于控制生产流水线、进行工业处理控制、监督的"实时操作系统"。在实时操作系统的控制下,计算机系统接收到外部信号后及时进行处理,并且要在严格的时限内处理完接收的事件。

按执行的任务可以把实时操作系统划分为如下两类。

(1) 周期性实时任务:要求按指定的周期循环执行,以便周期性地控制某个外部事件。

(2) 非周期性实时任务:任务的执行无明显的周期性,但都必须联系着一个截止时间。它又可分为开始截止时间(任务在某时间以前必须开始执行)和完成截止时间(任务在某时间以前必须完成)。

5. 个人计算机操作系统

随着微处理器技术的发展,个人计算机(Personal Computer,PC)越来越普及。PC通常由中央处理器、主存储器、硬盘、显示器、键盘、鼠标组成。

个人计算机的用户一般要求操作系统提供两类服务。一类是文件的管理,用户把各种数据和信息以文件的方式存储在硬盘或其他介质上,并可以对文件进行修改、复制、删除、打印等操作;另一类是程序的执行,用户可以在计算机上运行各种应用软件。

从20世纪70年代以来,具有代表性的个人计算机操作系统有MS-DOS、Windows、Mac OS、OS/2、UNIX/Linux等。目前的操作系统具有多用户多任务的特点,它允许多个用户并发地执行多个任务,同时具有GUI(Graphic User Interface,图形用户接口)、网络通信、数据库支持、多媒体、应用编程支持等功能。

6. 网络操作系统

个人计算机的功能相对有限,因此为了满足较大规模的应用,可以把多台个人计算机用通信线路连接起来构成计算机网络。为计算机网络配置的操作系统称为"网络操作系统"。它把网络中的多台计算机有机地联合在一起,使各个计算机实现相互间传送数据。网络操作系统的主要功能是实现网络通信和网络内多种资源的共享。

网络操作系统具有以下两种工作模式。

(1) 客户/服务器(Client/Server,C/S)模式:这种模式把网络内的计算机分成两大类。一类是服务器,它是网络的控制中心,其任务是向客户机提供多种公共服务;另一类是客户机,它可以访问服务器并接受服务。

(2) 对等(Peer-to-Peer)模式:在采用这种模式的网络中,各个计算机都是对等的。每个计算机既可以作为客户机访问其他计算机,也可以作为服务器为其他计算机提供服务。

需要指出:因为现代操作系统的主要特征之一就是支持网络通信,如Windows

2000/XP 和 Linux 都同时具备了个人计算机操作系统和网络操作系统的功能。因此,除了 20 世纪 90 年代初期时,Novell 公司的 Netware 系统被称为网络操作系统之外,人们一般不再特指某个操作系统为网络操作系统。

7. 分布式操作系统

分布式计算机系统是有多台计算机组成的一种特殊的计算机网络。网络中各台计算机没有主次之分(类似于对等模式),任意两台计算机之间可以通过通信来交换信息,可以共享网络中的所有资源。

为分布式计算机系统配置的操作系统称为"分布式操作系统"。它虽然与网络操作系统有许多类似之处,但两者又各有特点。它们最突出的区别有两点。

(1) 并发执行。分布式操作系统可以将一个任务分解成若干个子任务,并分配到多个计算机上并发执行,从而提高任务的执行效率;而在计算机网络中,一个任务通常在一台计算机上执行,没有任务的分配和并发执行。

(2) 透明访问。分布式操作系统可以很好地隐藏系统的实现细节,计算机之间的通信对于用户是"透明"的,让用户感觉是一个整体。例如用户访问某个文件,只需提供文件名,而无须知道它具体存储在哪台计算机上。而在计算机网络中,用户必须明确提供访问的目标机器的地址。

8. 嵌入式操作系统

伴随着智能家电、手机、PDA(Personal Digital Assistant,个人数字助理)等电子消费产品的发展,嵌入式操作系统的应用越来越普及,成为计算机应用的重要组成部分。嵌入式(计算机)系统的硬件不再以物理上独立的装置或设备形式出现,而是大部分甚至全部都隐藏和嵌入到其他设备中。

为嵌入式计算机系统配置的操作系统称为"嵌入式操作系统"。它具有微型化、可定制、实时性和可靠性的特点。

9.1.3　操作系统有哪些特征

综合各类操作系统,都具有以下四个特征。

1. 并发性

并发性是指在计算机系统中同时存在有多个程序。单 CPU 环境下,由于每一时刻只能执行一道程序,从宏观上看,这些程序是同时向前推进的,而在微观上,这些程序实际是在 CPU 上交替运行的。在多处理器环境下,多个程序的并发特征,就不仅在宏观上是并发的,而且在微观(即在处理机一级)上也是并发的。

2. 共享性

所谓共享性,是指系统中的多个资源可以被内存中多个并发执行的程序(包括操作系统本身)共同使用。根据资源的特性,程序对资源的共享方式有两种。

(1) 互斥共享方式:在这种方式下,资源在某一特定的时间段内只允许一个程序访问和使用。当资源已经被占用时,其他访问该资源的程序必须等待,直到资源被释放。我们把这种一段时间内只允许一个程序使用的资源称为"临界资源",例如打印机。

(2) 同时访问方式:在这种方式下,资源允许多个程序同时访问和使用,例如磁盘。但要知道,这种"同时"是宏观上的,在微观上,往往是多个程序交替使用该资源。

3. 异步性

操作系统允许多个程序的并发执行,但由于资源的限制,这些程序的执行并非是连续的。例如两个程序同时访问"临界资源",操作系统就必须强制某一程序暂时停止,等待其他程序使用完资源,才能继续运行。因此并发执行的每个程序何时执行、何时暂停、共需多少时间才能完成,都是不可预知的。

4. 虚拟性

这里所谓的"虚拟"是指把物理上的一个实体变成逻辑上的多个对应物,或者把物理上的多个实体变成逻辑上的一个对应物的技术。例如在分时系统中,操作系统可以把一个处理器虚拟成多个,让用户感觉每个处理器都是被一个特定的用户独占。

在这四个特征中,并发和共享是操作系统最基本的特征,它们是相互依存的。一方面,资源共享是由多个程序的并发执行所引起的;另一方面,操作系统必须对资源共享进行有效的管理,否则必将影响到程序的正常执行。

9.1.4 常见的操作系统有哪些

下面介绍几种有代表性的操作系统。

1. DOS

DOS(Disk Operating System,磁盘操作系统)是微软(Microsoft)公司的发家之宝,也是第一个真正意义上的个人计算机操作系统。

1980 年,IBM 公司和微软公司正式签约委托微软为其即将推出的 IBM-PC 机开发一个操作系统,这就是 PC-DOS,又称 IBM-DOS。1981 年,微软公司推出了 MS-DOS 1.0 版,两者的功能基本一致,统称 DOS。其后,微软公司又陆续推出了多个升级版本,直到 1994 年推出了最后的版本 DOS 6.22。之后在 Windows 中又有集成的 DOS 7 版本。

DOS 是一个典型的单用户多任务操作系统,可以适应 16 位和 32 位处理器。它提供了完善的处理器管理、内存管理、文件管理和设备管理功能,高版本的 DOS 还提供了一定的网络支持。DOS 提供字符的操作界面,属于典型的命令界面,允许和用户以操作命令进行互动,同时提供规范的系统调用接口,所有的任务都必须以命令方式来运行,所以对操作人员来说要求较高,需掌握相关的命令语句。

1995 年后,DOS 逐渐被 Windows 操作系统取代。但在目前的 Windows 98/2000/

XP 中还保留了 DOS 的功能,我们可以通过"开始"→"运行",输入 cmd 或 command 调出命令行窗口,并在其中用 DOS 命令完成基本的计算机操作。

2. Windows

Windows 是迄今为止最为成功的操作系统,它同样是由微软公司开发,并最终使微软公司垄断了个人计算机操作系统领域,成为全世界最大的软件公司。Windows 以直观的图形用户界面替代了 DOS 呆板的字符界面,为用户使用计算机提供了极大的方便,只需要通过鼠标的拖动和单击图标,就可以完成原来必须通过命令行的输入才能完成的操作,大大解放了操作人员,降低了使用难度,所以可以说 Windows 是一个创世纪的产品,改变了人们对计算机的操作印象,为随后的计算机普及做出了不可磨灭的贡献。早期的 Windows 为了与之前的 DOS 兼容,还保留了 DOS 的基本功能界面,但随着 Windows 的逐步发展,Windows 早已全部取代了 DOS。

Windows 从 1983 年诞生开始,已经历了 Windows 3.1、Windows 95/98/ME/XP、Windows NT/2000/2003 等多个版本,覆盖了 PC 机、服务器、嵌入式设备等多个领域。

Windows 操作系统是多用户多任务系统,支持 32 位和 64 位处理器,提供了硬件管理、软件管理、网络通信和多媒体等强大的功能。以"窗口"的方式为用户提供方便的交互操作。Windows 还提供了一整套完整、规范的应用编程接口(API),支持应用软件的开发和运行。

3. UNIX

UNIX 操作系统是世界上公认的最优秀的分时操作系统。1969 年美国贝尔实验室的 K. Thompson 和 D. M. Ritchie 设计了第一个 UNIX 版本,并首先在 DEC 公司的 PDP-11 机上使用。1973 年,他们又用 C 语言重写了 UNIX,使其具有高度易读性和可移植性。

UNIX 具有良好的系统开放性,并且源代码公开。用户可以方便地向 UNIX 系统中逐步添加新功能和工具,这样可使它越来越完善,能提供更多服务,成为有效的程序开发支撑平台。

目前 UNIX 主要应用在服务器和大型主机上,特别是军事、银行、科学计算等大规模应用上。应当说在短时间内,Windows 尚无法在这些领域取代 UNIX。

4. Linux

Linux 是 UNIX 的一个分支,它是由芬兰籍科学家 Linus Torvalds 于 1991 年编写完成的一个操作系统。Linux 最大的特点就是源代码完全公开,并在 Internet 上允许全世界所有的人自由下载。用户可以在开放源代码规范的约束下修改 Linux 的代码,增加自己的功能。

目前,Linux 已经受到越来越多的软件开发人员和公司的喜爱和支持,并发展出了多个版本,例如 RedHat Linux、Turbo Linux、红旗 Linux 等。通过不到 10 年的发展,Linux 已经覆盖了 PC 机、服务器和嵌入式设备等领域,并对 Windows 提出了强有力的挑战。

9.1.5 操作系统有什么功能

从资源管理的观点看,操作系统应具有处理器(CPU)管理、存储器管理、文件管理和设备管理功能。此外,为了方便用户使用计算机,操作系统还应该提供方便、有效的接口(使用界面)。

1. 处理器管理

处理器管理的功能的主要工作是进行处理器的分配调度。现代操作系统一般均需要满足多用户、多任务的应用场景,系统运行的程序数目往往大于处理器的个数,这就需要按照一定的策略进行分配调度。不同的操作系统可以根据自身的特点选择不同的分配调度策略。

2. 存储器管理

存储器管理的功能主要是管理主存储器资源(也称为"内存"),根据用户程序的要求分配主存空间,提供运行环境。同时,还要保护用户存放的程序和数据不被破坏,以及能从逻辑上扩充主存空间。存储器管理的目的是尽可能地方便用户和提高主存储器的使用效率,使主存储器在成本、速度和规模之间获得较好的平衡。为了解决主存资源不足的问题,可采用虚拟存储技术,主要通过外存和内存产生置换来实现,虚拟存储技术已经是现代操作系统必备的基本功能之一,通过它可以有效地提高系统的并发进程数目,提高硬件的利用率。同时也符合目前程序规模越来越大的趋势。

3. 文件管理

文件管理的功能面向用户,实现按名存取,支持文件存储、检索和修改,解决文件共享、保密和保护等问题,以方便用户安全、方便地访问文件。

用户软件的运行需要各种各样的信息,包括源代码、数据等。通常把逻辑上具有完整意义的信息集合称为文件,文件通常被存储在外存储器中。文件系统是指文件和对文件进行操纵和管理的软件集合。

每个文件除了包含的数据信息,还具有自身的属性信息,包括如下方面。

(1) 文件名。每个文件必须有一个名字作为标识。文件名一般由英文、符合和汉字组成。它可以分为两个部分,一部分反映文件的内容(也称作基本名,反映了文件的内容),一部分反映文件的类型(也称作扩展名,反映了文件的类型和打开方式),两部分用"."分隔。如下所示。

<u>myHomeWork . doc</u>
基本名　　扩展名

(2) 文件类型。代表文件的用途和格式,以扩展名指定。

(3) 文件长度。以字节为单位衡量文件的大小。

(4) 文件的物理位置。指明文件实际存放在哪一个设备及设备上的哪一个位置。

（5）文件存取控制。一般分为只读、可写、可执行等。

（6）文件创建时间。创建的准确时间，有些操作系统还提供文件的最后修改时间。

以 Windows 操作系统为例，我们可以选择某个文件，然后通过"文件"→"属性"查看该文件的属性信息。

对用户而言，文件系统提供的最主要功能是"按名访问"。用户提供一个文件名，系统可以将逻辑名称自动转换成物理介质上实际存储的文件。在此基础上，文件系统提供多种文件操作功能。包括创建新文件、删除文件、读文件、写文件等。

在现代计算机系统中，往往要存储大量的文件。为了对文件进行按名存取，就需要把它们组织起来，这主要依赖于目录管理功能。

"目录"是操作系统中一个很重要的数据结构，它类似于索引存储结构中的索引表。目录表中的每条记录对应一个文件，记录内容包含文件的存储位置、文件属性信息等。

在多用户操作系统中，会有多个目录表。其中有一个称为"主文件目录表"，其他的称为"用户文件目录表"。主文件目录表的每条记录对应一个用户，记录保存该用户的文件目录表的位置；用户文件目录表对应特定用户，表中每条记录对应该用户的一个文件。这种目录结构又称为"二级目录结构"。

在目录管理中，用户要访问一个文件，必须提供该文件的"全路径名"。所谓全路径名就是从根目录（硬盘分区或特定用户目录）开始到该文件的通路上所有的目录名及该文件名拼接而成，各目录名与文件名之间用"\"分隔。下面就是一个以 Windows 操作系统为例的全路径名。

C:\My Documents \My Pictures \ 样本.JPG

硬盘分区　　　　目录名　　　　目录名　　　　文件名

4. 设备管理

设备管理的功能提供对 I/O 设备的管理和控制。现代计算机系统一般分为两个部分：主机和外围设备。主机包括处理器、主板和内存；外围设备包括键盘、鼠标、显示器、硬盘、打印机等，它介于用户和主机之间，负责完成程序和数据的输入以及程序执行结果的输出，因而又称为"输入/输出（Input/Output，I/O）设备"。现在 I/O 设备种类繁多，特性各异，为了方便用户的操作，操作系统提供对这些 I/O 设备的管理和控制。

5. 用户接口

用户接口的功能为用户提供使用计算机系统的手段。操作系统为用户提供两类使用接口。一类是操作用户接口，又可分为联机命令和图形用户接口；另一类是程序员接口，即系统调用。

（1）联机命令

联机命令是操作系统提供给操作用户的一种接口，用户通过键盘输入系统的操作指令，操作系统完成相应的操作，从而实现用户和计算机之间的交互。几乎所有的操作系统均提供联机命令接口。

一个联机命令通常由两部分组成。命令的开头是"命令名"，它代表所要执行的操作类型；在命令名后可以有选择地加上一些参数,这些参数指明了命令具体执行时的信息。
下面就是一个 DOS 系统中的命令。

dir C:/p

其中,dir 是命令名,表明该命令是列出指定目录下的所有文件和子目录的信息。C: 是该
命令的参数,表明指定目录是 C 盘根目录,即列出 C 盘下的文件信息。/p 是该命令另一
个参数,表明显示文件信息时按分页显示。

每个操作系统都提供自己的一套联机命令,命令种类有几十个甚至上百个。可以完
成系统访问、磁盘操作、文件操作等功能。

（2）图形用户接口

联机命令的界面非常呆板,操作人员必须熟记各个命令的正确格式,并且命令的输入
非常耗费时间,这都为计算机的使用带来了很大不便。因此,以 Windows 为代表的现代
操作系统都为用户提供了方便、直观、个性化的图形用户接口。

图形接口允许用户综合使用鼠标、键盘等多种输入工具,同时界面非常漂亮和直观,因
而操作起来非常方便。可以说图形用户接口的诞生是计算机发展的一个跨越式进步,它是
计算机这个原本"高不可攀"的工具进入了寻常百姓家,极大地促进了计算机应用的普及。

（3）系统调用

系统调用接口是专门为软件开发人员（程序源）所提供的,因此又称为程序接口。一
个应用软件的设计和开发经常会碰到一些"底层"操作的问题。例如访问打印机,执行打
印操作；或者中止某个进程的执行,转而执行其他的进程。如果让应用软件亲自处理这
些问题,则会给软件的设计者造成很大的障碍。他必须熟悉每种硬件的特性,了解很多计
算机运行的低层知识,这很显然会加大软件开发的难度。而实际上,操作系统早已完成了
这些功能的实现。因此操作系统会以服务的形式提供这些功能的接口,应用软件只需要
按照一定的规范调用这些接口,完成相应的操作即可。

每个操作系统,如 Windows、UNIX 都提供了自己一套完整的系统调用接口。这些
接口的具体调用方法和编程语言中的函数调用是一致的,因此可以在代码中非常方便地
使用操作系统提供的各种系统功能。

9.1.6 应用软件及使用方法

应用软件主要是指用户利用计算机及其提供的系统软件解决各种实际问题而编制的
计算机程序。它主要是为用户提供在各个具体领域中的辅助功能而设计的,同时也是绝
大多数用户学习、使用计算机时比较感兴趣的内容。由于计算机已渗透到了各个领域,因
此,应用软件是多种多样的。

1. 应用软件的分类

应用软件具有很强的实用性,专门用于解决某个应用领域中的具体问题。因此,又有很
强的专用性。由于计算机应用的日益普及,各行各业各个领域的应用软件越来越多,也正是
这些应用软件软件的不断开发和推广,显示出了计算机无比强大的威力和无限广阔的前景。

应用软件的内容很广泛,涉及社会的许多领域,很难概括齐全,也很难确切地进行分类。

常见的应用软件有以下几类。

（1）办公自动化软件

办公自动化软件主要是指利用计算机进行公文处理、电子表格制作、幻灯片制作、电脑通信等的相关软件。Microsoft Office 是目前世界上使用较多的办公软件,该软件为大型套装软件,其中包括 Word、Excel、PowerPoint、FrontPage 等。WPS 是我国使用较多的电脑办公软件,其功能类似 Office。

（2）图形图像处理软件

图形图像处理软件主要是指可辅助用户进行艺术创作（如制作图书封面、海报、绘画）,以及对图片进行艺术化处理等操作的相关软件。目前使用较多的图像处理软件主要有 Photoshop、Painter、CorelDRAW 等,它们可以方便地进行简单的绘画以及进行图像处理、图像合成等操作。

（3）多媒体及动画制作软件

多媒体及动画制作软件主要用于辅助用户制作带有声音、文字、图片等的动画或辅助用户制作动画片、影视广告、电视节目片头等的相关软件。主要有 3ds max、Authorware、Director 等。

（4）网页制作软件

网页制作软件主要用于网页制作和站点管理以及准备网页制作图像和动画素材的相关软件。主要有 Dreamweaver、Fireworks 与 Flash 等。

（5）各种实用工具

各种实用工具这类软件主要用于辅助管理和使用电脑,如磁盘分区软件 Partition Magic、磁盘复制软件 Ghost、文件压缩/解压缩软件 WinZip 与 WinRAR、电子词典与翻译软件——金山词霸、杀毒软件——瑞星、图像浏览软件 ACDSee、系统测试与系统优化软件等。

（6）科学计算软件

科学计算软件主要用于科学计算的辅助工作,如 MATLAB,它将数值分析、矩阵计算、科学数据可视化以及非线性动态系统的建模和仿真等诸多强大功能集成在一个易于使用的视窗环境中,为科学研究、工程设计以及必须进行有效数值计算的众多科学领域提供了一种全面的解决方案。

（7）仿真软件

仿真软件是专门用于仿真的计算机软件,它与仿真硬件同为仿真的技术工具,它的发展与仿真应用、算法、计算机和建模等技术的发展相辅相成,如 SimuWorks 等。仿真软件主要作用是为大型科学计算、复杂系统动态特性建模研究、过程仿真培训、系统优化设计与调试、故障诊断与专家系统等提供通用的、一体化的、全过程支撑的基于微机环境的开发与运行支撑平台。

（8）游戏软件

游戏软件通常是指用各种程序和动画效果相结合起来的软件产品,我们称为"游戏软件"。目前,在网络上经常看到的大型 3D 网络游戏和 WebGame 网页游戏等都是通过用

3ds max、Maya、Flash 等动画软件和 Java、C++、VB 等程序语言相结合而开发出来的,所以叫游戏软件。

此外,还有其他类型的应用软件,在此不再一一介绍。

2. 应用软件的常规使用方法

在 Windows 中,系统只提供了一些如"画图"、"写字板"等简单的软件,如果要执行其他任务,如编排文档、处理图像等,还应安装相应的软件。总的来说,在 Windows 中安装和删除软件的方法都非常类似,并且操作也较为简单。

（1）应用软件的安装

对于某些具有自动安装程序的软件而言,当用户将相应的光盘插入光驱后,系统会自动启动运行程序,用户只需简单地单击安装画面中的"安装"或"下一步"等按钮即可。

对于不具自动安装功能的软件,其安装方法大致有两种,一是利用资源管理器,即在资源管理器对软件所在软盘或光盘进行列表,找到其安装程序（通常是 Setup. exe 或 Install. exe）并双击,此后只需按提示回答问题即可。

安装软件的第二种方法是使用"运行"对话框,操作步骤如下:

① 单击"开始"按钮,选择"运行"菜单,打开"运行"对话框。

② 单击"浏览"按钮,打开"浏览"对话框,选择安装程序。

③ 单击"打开"按钮,返回"运行"对话框,此时选择的安装程序及其路径将出现在"打开"编辑框中。单击"确定"按钮,运行安装程序,按照提示安装软件。

对于某些软件来说,安装结束后,可能会要求重新启动系统,此时用户只要按要求操作就可以了。

另外,现在互联网的应用十分普及,网络上有很多可以免费下载的软件,用户只需把下载后的文件包放在本地计算机的某一位置（可能有的需要解压缩）,然后找到安装程序,再依次按上面所述步骤进行安装。

（2）应用软件的启动

通常情况下,安装好某个软件后,系统都要在"开始"菜单中为其创建必要的菜单项或菜单组。因此,要使用所安装的软件,可首先单击"开始"按钮,将光标移至选定的菜单项单击即可。大多数软件在安装后都会创建一个程序组,其中包含了多个程序项,如主程序、帮助、卸载程序项和其他子程序等。某些软件在安装后还会同时在桌面上为该软件创建一个桌面快捷图标,此时用户只需双击该图标,即可启动软件。

（3）应用软件的删除

为了提高系统运行速度,或者希望节约硬盘空间,可卸载近一段时间内不再需要的程序项。但是,用户通常不能通过直接将该软件所在的文件夹删除的方法来卸载软件。这是由于用户在安装软件时并非所有程序都安装至某一个文件夹,而是还有部分文件被安装到了其他地方。此外,安装软件还涉及应用程序向 Windows 注册表写入内容,以及向"开始"菜单或"程序"菜单增加菜单项的问题。

通常情况下,如果某一软件的子菜单项中已有"卸载××××"或"Uninstall ××××",则可直接选中该菜单项,然后按提示执行后面的步骤。如果在该软件的子菜单中没有"卸载××××"或"Uninstall ××××"菜单项,则可使用"添加或删除程序"对话框,其操作步骤如下。

①　单击"开始"按钮,选择"设置"→"控制面板"菜单,打开"控制面板"窗口。

②　在控制面板窗口中双击"添加或删除程序"图标,打开"添加或删除程序"对话框。

③　在"添加或删除程序"对话框中的已安装程序列表中,选择希望卸载的程序,然后单击"删除"按钮,即可按照提示卸载所安装的程序。

④　卸载完所选程序后,返回"添加或删除程序"对话框。如果不再卸载其他程序,可关闭该对话框。对于某些软件来说,卸载完成后,可能会要求重新启动系统,此时用户只要按要求去操作就可以了。

9.1.7　基本应用软件有哪些

在所有的应用软件中,基本应用软件较为通用,常用的有文字处理软件、电子表格处理软件、文稿演示处理软件等。

1. 文字处理软件

Word 中文版是一套文字处理软件,其操作便捷,易学易用,尤其是新版本的 Word 2007 中文版增加了许多功能,能向使用者提供完整的一套工具,供在新的界面中创建文档并设置格式,从而帮助使用者制作具有专业水准的文档。同时具有丰富的审阅、批注和比较功能,有助于使用者快速收集和管理来自同事的反馈信息。高级的数据集成可确保文档与重要的业务信息源时刻相连。可很方便地将 Word 文档转换为 PDF 或 XPS 文件格式。Word 2007 具体的功能相当丰富,有关它的详细操作将在后续章节有专门介绍。

2. 电子表格处理软件

Microsoft 公司的 Excel 2007 是 Microsoft Office 软件包的组成部分之一,是 Windows 环境下的电子表格系统。Excel 2007 是一个功能强大的工具,可用于创建电子表格并设置其格式,分析和共享信息以做出更加明智的决策。使用 Microsoft Office Fluent 用户界面、丰富的直观数据以及数据透视表视图,可以更加轻松地创建和使用专业水准的图表。Excel 2007 融合了 Microsoft Office SharePoint Server 2007 提供的 Excel Services 这项新技术,从而在更安全地共享数据方面有了显著改进。用户可以更广泛、更安全地与同事、客户以及业务合作伙伴共享敏感的业务信息。通过使用 Excel 2007 和 Excel Services 共享电子表格,用户可以直接在 Web 浏览器上导航、排序、筛选、输入参数,以及与数据透视表视图进行交互。有关它的详细操作在后续章节有专门介绍。

3. 文稿演示处理软件

PowerPoint 2007 是微软公司套装办公自动化软件 Microsoft Office 2007 中的一个重要组成部分。PowerPoint 是在 Windows 平台下开发的,专门用于制作和演示幻灯片的应用软件,能够制作出集文字、图形、图像、声音以及视频剪辑等多媒体元素于一体的演示文稿,把需要表达的信息组织在一组图文并茂的画面中,可以用于介绍公司的产品、展示自己的学术成果等活动。PowerPoint 的特点及基本功能如下。

(1) PowerPoint 的特点

① 可视化界面:学习简单,操作快捷。

② 交互性强:可直观表达某种观点、演示工作成果、传达各种信息。

③ 丰富的媒体支持:可方便地加入图像和声音、电影。

④ 支持 Web 页功能:可以插入超级链接。

(2) PowerPoint 的基本功能

PowerPoint 的功能相当丰富,有关它的详细操作在后续章节有专门介绍。

9.1.8 专用软件有哪些

专用软件是指为解决某一特定问题而开发的软件,比如专门的图像处理软件、音频与视频处理软件、多媒体及网页制作软件、各种实用工具软件等。

1. 图像处理软件

图像处理通常主要是指平面图像作品的设计,如图书封面、平面广告、店堂海报、照片的艺术处理等。我们以优秀的图像处理软件 Photoshop 中文版为例来介绍它的功能。

(1) 图像处理的任务

从大的方面讲,图像处理主要包括两个方面的任务:一是平面作品设计;二是对现有图像进行颜色、亮度、对比度等方面的处理。其中,平面作品设计是图像处理的主要任务。要进行平面作品设计,主要包含如下几个方面的工作:根据要求对作品进行构思,根据构思准备相应的图像素材,利用图像处理软件进行作品设计。

(2) 常用的图像处理软件

用于图像处理的软件主要有 Photoshop、CorelDRAW、Illustrator、Painter 等。在这些图像处理软件中,由于 Photoshop 运行稳定、使用方便、功能强大从而受到许多用户的欢迎。

(3) Photoshop 中文版功能简介

Photoshop 是目前较为优秀的图像处理软件之一,利用它可方便地对图像进行处理,如调整图像的色彩和色调(图像的整体明暗程度)、利用工具修饰图像、在图像中进行绘画、使用图层叠加多幅图像等。Photoshop 的功能主要体现在以下几个方面。

① 良好的操作环境:系统提供了一个工具箱和众多调色板。同时,选中某个工具后,还可利用工具属性栏快速设置工具属性。

② 强大的"抠图"功能:"抠图"是进行图像处理的一项基本功能,它用于从一幅图像中选出需要的部分。"抠图"之所以重要,主要原因有两个:首先,"抠图"是进行图像合成的基础;其次,很多图像处理工作都是针对选区的,如图像的色彩与色调调整,图案和颜色的填充等。

③ 图层与通道的运用:图层是图像处理的最有效的手段之一,当用户对一个图层进

行处理时,可以不影响其他图层中的图像。此外,还可通过为图层增加各种效果、调整图层的色彩混合模式与不透明度、为图层增加蒙版等手段,快速设计各种作品。

④ 绘画与修饰:利用 Photoshop 提供的各种绘画、图像修饰工具与色彩调整命令,用户可方便地对图像进行各种修饰。

⑤ 使用文字、形状与路径:要输入文字,可通过工具箱中的文字工具。Photoshop 还提供了功能强大的路径和形状绘制工具,利用这些工具可快速绘制出各种标志、卡通等。

⑥ 图像的色彩校正:利用色彩校正命令,用户可对偏色、太亮或太暗的图像进行校正,也可根据需要调整图像的色彩、色调、亮度、对比度等。

⑦ 花样繁多的滤镜:滤镜在 Photoshop 中也占据着重要的位置,它实际上相当于一组命令的综合应用,因此,系统提供了包括美术效果、模糊、扭曲、风格化、噪声、渲染等种类繁多的滤镜,利用它们可制作出各种特殊效果。

2. 音频与视频处理软件

过去要编辑影视特技,只能由拥有昂贵设备的专业人士进行。随着计算机技术的迅速发展,数字电影也已逐渐进入公众的视野,如我们常见的 AVI、VCD 光盘、网上流行的 REAL 等,另外,还有众多的好莱坞大片也都运用了数字电影技术。在多媒体创作中,比较让人激动的是合成数字电影,下面介绍几种常用的音视频处理软件。

(1) Premiere

Premiere 是 Adobe 公司推出的非常优秀的视频编辑软件,能对视频、声音、动画、图片、文本进行编辑加工,并最终生成电影文件。新版本的 Premiere 完善地解决了 DV 数字化影像和网上的编辑问题,为 Windows 平台和其他跨平台的 DV 及所有网页影像提供了全新的支持。同时它可以与其他 Adobe 软件紧密集成,组成完整的视频设计解决方案。新增的 Edit Original(编辑原稿)命令可以再次编辑置入的图形或图像。另外在 Premiere 6.0 中,首次加入关键帧的概念,用户可以在轨道中添加、移动、删除和编辑关键帧,对于控制高级的二维动画游刃有余。总之,只要在 PC 电脑上装有 Premiere,制作数字电影将变得相当容易。

(2) ULEAD Media Studio Pro

Premiere 算是比较专业人士普遍运用的软件,但对于一般网页上或教学、娱乐方面的应用,Premiere 的亲和力就差了些,ULEAD Media Studio Pro 在这方面是相对好的选择。Media Studio Pro 主要的编辑应用程序有 Video Editor(类似 Premiere 的视频编辑软件)、Audio Editor(音效编辑)、CG Infinity、Video Paint,内容涵盖了视频编辑、影片特效、2D 动画制作,是一套整合性完备、面面俱到的视频编辑套餐式软件。它在 Video Editor 和 Audio Editor 的功能和概念上与 Premiere 的相差并不大,主要的不同在于 CG Infinity 与 Video Paint 这两个在动画制作与特效绘图方面的程序。

CG Infinity 是一套矢量基础的 2D 平面动画制作软件,它绘制物件与编辑的能力可说是麻雀虽小、五脏俱全,用起来类似于 CorelDRAW,但是比一般的绘图软件功能强大许多,例如移动路径工具、物件样式面板、色彩特性、阴影特色等。

Video Paint 的使用流程和一般 2D 软件非常类似,在 Media Studio 家族中的地位就像 After Effects 与 Premiere 的关系。Video Paint 的特效滤镜和百宝箱功能非常强大。

（3）ULEAD Video Studio

虽然 Media Studio Pro 的亲和力高、学习容易，但对一般的上班族、学生等家用娱乐的领域来说，还是显得太过专业、功能繁多，并不是非常容易上手。ULEAD 的另一套编辑软件 ULEAD Video Studio（又名"会声会影"），则是完全针对家庭娱乐、个人纪录片制作使用的简便型编辑视频软件。

ULEAD Video Studio 在技术、功能上有一些特殊功能，例如动态电子贺卡、发送视频 E-mail 等。它采用目前流行的"在线操作指南"的步骤引导方式来处理各项视频、图像素材，共分为开始→捕获→故事板→效果→覆叠→标题→音频→完成 8 大步骤，并将操作方法与相关的配合注意事项，以帮助文件显示出来，称之为"会声会影指南"，快速地学习每一个流程的操作方法。

ULEAD Video Studio 提供了 12 类 114 个转场效果，可以用拖曳的方式应用，每个效果都可以做进一步的控制，不只是一般的"傻瓜功能"。另外还可在影片中加入字幕、旁白或动态标题的文字功能。它的输出方式也多种多样：可输出传统的多媒体电影文件，例如 AVI、FLC 动画、MPEG 电影文件；也可将制作完成的视频嵌入贺卡，生成一个可执行文件.exe；抑或通过内置的 Internet 发送功能，将视频通过电子邮件发送出去或者自动将它作为网页发布；如果有相关的视频捕获卡还可将 MPEG 电影文件转录到家用录像带上（VHS）等。用 ULEAD Video Studio 可以制作新奇有趣的视频影片，达到合家欢乐、保留珍贵回忆的目的，算是一套能让一般的计算机使用者也能应用的视频软件。

（4）ULEAD DVD PictureShow

在制作家庭相片 VCD 时，通常希望将家庭中多年收藏的相片以高清晰的质量制作成 VCD/DVD，由于相片的数量很多，因此，所选择的工具要具有快捷、方便、高质量的特点。ULEAD DVD PictureShow 是友立公司新推出的 DVD/VCD 相册制作软件，它具有以下一些特点。

① 创建高质量电子相册无须高精度图像：可以创建分辨率达 704×576 像素的 DVD 质量的电子相册，即使从 35 万像素的数码相机、摄像头或扫描仪取得的相片，也可获得极佳的效果；简易的、向导式的工作流程、拖放相片自由排序和随取即用的菜单模板使电子相册的制作非常简单。

② 一张光盘中可包含多个电子相册：允许在一张光盘上加入多达 30 个相册（每相册 36 张相片），可方便记录我们多彩多姿的生活；便捷的菜单使选择要查看的电子相册的操作与单击遥控器上的按钮一样简单。

③ 建立个性化的电子相册：用户可在每个菜单及相册添加自己喜爱的 MPEG 音频（MPA）、WAV 或 MP3 音乐文件，也可将每个菜单更换成自己的背景相片，轻松创建个性化的电子相册。

④ 制作 VCD 和 DVD：可以自动检测到已安装的刻录机。先进的 BURN-Proof（刻不死）技术可以减少缓冲区中断错误，以避免发生刻坏光盘的情况；制作出来的电子相册与大多数的家用 VCD/DVD 播放机兼容，可在任何地方播放自带音乐和自定义背景菜单的精彩电子相册。

222

3. 多媒体及网页制作软件

随着 Internet 的普及，越来越多的单位和个人都希望在 Internet 上"安个家"，建立自己的网站，这就需要用户了解有关网页设计软件的相关知识。要制作网站，主要用到两类软件：一类是网站管理与网页设计软件；另一类是与网页设计相关的辅助软件。

（1）网站管理与网页设计软件

目前用于网站管理与网页设计的软件主要有 FrontPage 与 Dreamweaver。这两个软件都具有完善的网站管理、上传内容等功能，其网页设计特点如下。

① FrontPage：该软件是一个使用简单、容易上手，且功能强大的主页制作利器，特别适合网页初学者使用，基本上，如果用户会用 Word，就会用 FrontPage。不过，FrontPage 也有不少缺点：首先，兼容性不好，利用 FrontPage 做出来的网页往往不能用 Netscape 浏览器正常显示；其次，生成的垃圾代码多；此外，FrontPage 缺乏对动态网页的支持，不支持 Flash。

② Dreamweaver：是现在使用较多的网页编辑工具，它支持 DHTML 动态网页、Flash 动画、插件，能实现很多 FrontPage 无法实现的功能，如动态按钮、下拉菜单等。该软件的缺点是站点管理功能较弱、模板较少。

（2）与网页设计相关的辅助软件

用户在进行网站建设时，除了需要 FrontPage、Dreamweaver 等软件外，还会用到 Fireworks、Flash 等软件，这些软件的特点如下。

① Fireworks：主要用于制作网页图像、标志、GIF 动画、图像按钮与导航栏等。

② Flash：主要用于制作矢量动画，如广告、网站片头动画、动画短片、MTV 等。此外，利用该软件还可以制作交互性很强的游戏、网页、课件等。

此外，常见的图像处理与动画制作软件还有：CorelDRAW 与 FreeHand（矢量绘图软件，也可用来制作网页图像）、GIF Animator（GIF 动画制作软件）、Cool 3D（特效字动画制作软件）等。

上述应用软件由于专业性比较强，涉及的内容较多，还需要具备一些其他方面的知识，限于篇幅，有关操作不再详细叙述，可参考相关专业书籍。

4. 各种实用工具软件

随着计算机技术日新月异的发展，各种工具软件的功能日益强大和完善，已经成为用户使用和维护计算机时不可缺少的助手。下面主要介绍一些常用工具软件的功能和用法。

（1）经典压缩工具 WinRAR

目前互联网络上可以下载的文件大多属于压缩文件，如 file1. rar、file2. zip 等。当我们从 Internet 上将文件下载后必须先解压缩才能够使用，将这些经过压缩处理的文件还原成可以处理或执行的文件格式；另外在使用电子邮件"附加文件"功能的时候，最好也能事先对附加文件进行压缩处理。这样做的结果，除了减轻网络的负荷，更能省时省钱。目前网络上的压缩文件格式有很多种，其中常见的有：Zip、RAR 和自解压文件格式 EXE

等。WinRAR 可以解压缩绝大部分压缩文件,所以,我们主要介绍 WinRAR。它采用了独特的多媒体压缩算法和紧固式压缩法,这点更是针对性地提高了其压缩率,它默认的压缩格式为 RAR,该格式压缩率要比 ZIP 格式高出 10%~30%,同时它也支持 ZIP、ARJ、CAB、LZH、ACE、TAR、GZ、UUE、BZ2、JAR 类型压缩文件。

WinRAR 主要实现两种操作:压缩文件操作与解压缩文件操作,下面分别进行介绍。

压缩文件操作:由于 WinRAR 支持鼠标右键快捷菜单功能,所以一般情况下,在压缩文件时,只需在资源管理器中用鼠标右击要压缩的文件或文件夹,在弹出的快捷菜单中,WinRAR 提供了"添加到压缩文件(A)…"和"添加到×××.rar"两种压缩方法。选择其中的"添加到×××.rar"命令,WinRAR 就可以快速地将要压缩的文件在当前目录下创建一个 RAR 压缩包。WinRAR 系统运行界面见图 9.3。

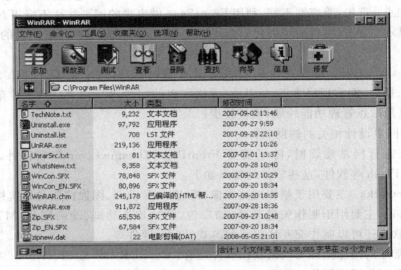

图 9.3　WinRAR 系统运行界面

如果需要对压缩文件进行一些复杂的设置(如分卷压缩、给压缩包加密、备份压缩文件、给压缩文件添加注释等),可以在右键菜单中选择"添加到压缩文件(A)…"命令,在随后弹出的"压缩文件名字和参数"对话框中,WinRAR 共提供了"常规"、"高级"、"文件"、"备份"、"时间"、"注释"六个选项。

在"常规"标签项中输入一个压缩文件的名称(默认扩展名为"＊.rar"),并选择压缩文件格式,WinRAR 提供了 RAR 和 ZIP 两种格式(默认为 RAR 格式);同时可根据需要对"更新方式"和"压缩选项"进行相关的设置;在"高级"标签项下还可以通过"设置密码"按钮,对压缩文件进行加密设置,这样可以起到保护压缩文件的作用;"压缩方式"的适当选择,可提高压缩时间,如若对压缩率要求不是很高时可选"最快"等;在"文件"标签项中,WinRAR 提供添加和删除文件的功能,通过此项可以及时向该压缩包中添加文件或删除压缩包中的某一无用文件;"备份"标签项中,可以通过各个选项及时备份压缩包中文件;在"注释"项中,可以为该压缩文件添加相关的注释说明,以待以后查证。

对于解压缩包文件操作,WinRAR 也提供了简单的方法:在系统资源器中,使用鼠标右键单击压缩包文件,在系统右键菜单中包括了 3 个 WinRAR 解压缩的命令。

其中,"解压文件到…"可自定义解压缩文件存放的路径和文件名称。"解压到当前文件夹"是较为简便的方式,表示扩展压缩包里的文件到当前路径下,"解压到×××\"表示在当前路径下创建与压缩包名字相同的文件夹,然后将压缩包文件扩展到这个路径下,可见无论使用哪个,都是很方便的。

此外,WinRAR 还可以通过双击 RAR 压缩文件来进行解压缩,在软件的界面中分别提供了解压缩到当前文件夹、预览文档、测试压缩文档、删除文档、为压缩文档添加注释、保护当前的压缩文档、生成自解压文件、更改文件路径等功能。在此只要选中文档,再单击右键选中所需要的功能就可以实现。

对压缩包中的部分文件进行解压缩功能时,采用以下方法可实现:在 WinRAR 界面中选择需进行解压缩的文件或文件夹。如果要一次对多个文件或文件夹进行解压缩,可使用"Ctrl+鼠标左键"进行不连续对象选择,或用"Shift+鼠标左键"进行连续的多个对象的选择,然后用鼠标左键直接拖到资源管理器中,或者在已选的文件上单击鼠标右键,选择相应的释放目录即可。

除了上述两个基本功能外,WinRAR 还可制作自解压文件。自解压文件是压缩文件的一种,将要压缩的文件压缩成为可执行文件.EXE 的形式。它内置了自解压程序,可以在没有安装压缩软件的情况下只需双击该文件就可以对文件执行解压缩。如果想用 WinRAR 为压缩文件制作自解压文件时,可以在主界面中选中文件,并在工具栏中选择"自解压"按钮,也可以通过快捷键"Alt+X"即可将该压缩包作成.EXE 文件,下次查看该文件中的内容时,只需单击此.EXE 文件即可。

此外,WinRAR 还提供了生成分卷自解压文件、转换压缩格式等功能,使用起来也非常简单,在此不再赘述。

(2) 瑞星杀毒软件

随着计算机的普及和宽带网络的发展,计算机病毒的"发展"呈现出几何型发展态势,现在差不多每台计算机都装上了杀毒软件。关于病毒的更多相关知识已在其他章节中做了介绍,本节只对常用的杀毒软件做一些简单描述。

瑞星杀毒软件是北京瑞星科技股份有限公司针对国内外危害较大的计算机病毒和有害程序而自主研制的反病毒安全工具。该软件设计添加了大批实用功能,如系统漏洞扫描、四级监控系统、即时安全信息中心、智能数据修复、可疑文件上报、屏保杀毒、瑞星短信通等功能,增强了软件的安全性能和易用性。另外上网用户再也不必为软件升级操心,主动式智能升级技术会自动检测最新的版本,只需单击一下鼠标,系统将自动升级。下面对该软件的功能和使用做一简要介绍。瑞星杀毒软件运行界面见图 9.4。

启动瑞星杀毒软件:通过 Windows"开始"→"程序"→"瑞星杀毒"→"瑞星杀毒软件"或者鼠标双击桌面上的快捷方式图标可以启动瑞星杀毒软件,还可鼠标右键单击待扫描的文件,选择"瑞星查毒"也可启动瑞星杀毒软件。

在默认状态下快速查杀病毒:在主界面的"请选择路径"框中显示了待查杀病毒的目标,默认状态下,所有驱动器、内存、引导区和邮件都为选中状态。单击瑞星杀毒软件主界面上的"查杀病毒"按钮,即开始扫描所选目标,发现病毒时会提示用户如何处理。扫描过

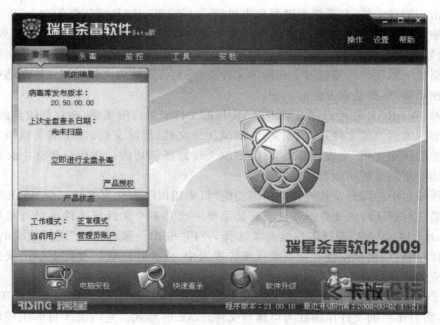

图 9.4 瑞星杀毒软件运行界面

程中可随时选择"暂停杀毒"按钮停止当前操作,按"继续杀毒"可继续当前操作,也可以选择"停止杀毒"按钮停止当前操作。对扫描中发现的病毒,病毒文件的文件名、所在文件夹、病毒名称和状态都将显示在病毒列表窗口中。

对外来陌生文件快速启用右键查杀:遇到外来陌生文件时,为避免外来病毒的入侵,可以快速启用右键查杀功能,方法是用鼠标右击外来文件,在弹出的右键菜单中选择"瑞星杀毒",即可启动瑞星杀毒软件专门对此文件进行查毒。

指定文件类型进行查杀病毒:在默认情况下,瑞星杀毒软件是对所有文件进行查杀病毒的。为节约时间,可以有针对性地指定文件类型进行查杀病毒,方法是在瑞星主界面中,选择"详细设置"按钮,在"查杀文件类型选项"中指定文件类型,单击"确定"按钮即可对指定文件类型的文件进行查杀病毒。

定时杀毒:在瑞星杀毒软件主界面中,单击"详细设置"按钮,显示"定制任务"→"定时扫描"选项卡。在"定时扫描"中,可以根据需要选择"不扫描"、"每小时"、"每天"、"每周"、"每月"等不同的扫描频率,还可对需要定时扫描的磁盘或文件夹进行选择,设定瑞星杀毒软件自动运行的时间等。

(3)360 安全卫士

360 安全卫士是一款由奇虎网推出的功能强、效果好、受用户欢迎的上网安全软件。360 安全卫士拥有查杀木马、清理插件、修复漏洞、电脑体检、保护隐私等多种功能,并独创了"木马防火墙"、"360 密盘"等功能,依靠抢先侦测和云端鉴别,可全面、智能地拦截各类木马,保护用户的账号、隐私等重要信息。由于 360 安全卫士使用极其方便实用,用户口碑较好。据报道,目前在 4.2 亿户中国网民中,首选安装 360 安全卫士的已超过 3 亿户。360 安全卫士"电脑体检"功能运行界面见图 9.5。360 安全卫士"木马防火墙"功能运行界面见图 9.6。

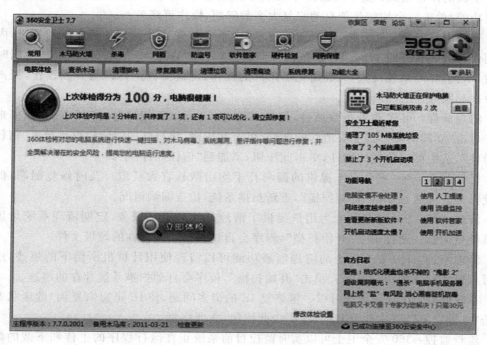

图 9.5　360 安全卫士"电脑体检"功能运行界面

图 9.6　360 安全卫士"木马防火墙"功能运行界面

该软件的主要功能和使用如下。

全新的体检模式：安全问题按等级分类排列，操作更简洁，"电脑体检"功能增加一键修复功能，单击一个按钮就能自动修复大多数问题，操作更简单。

查杀木马：云查杀引擎、智能加速技术，比杀毒软件快数倍；取消特征库升级，内存占用仅为同类软件的 1/5。将"系统修复"功能整合在"查杀木马"中，查杀木马的同时修复被木马破坏的系统设置，大大简化了用户的操作，可疑文件上传改为并发操作，提高上传效率和服务器的响应速度。

清理插件：可卸载千余款插件，提升系统速度，可以根据评分、好评率、恶评率来管理。单击"立即清理"，选中要清除的插件，单击此按钮，执行立即清除。也可单击"信任选中插件"，选中可以信任的插件，单击此按钮，添加到"信任插件"中。

修复漏洞：360 安全卫士提供的漏洞补丁均由微软官方获取。及时修复漏洞，保证系统安全。可通过单击"重新扫描"，重新扫描系统，检查漏洞情况。

清理垃圾：360 安全卫士为用户提供了清理系统垃圾的服务，定期清理系统垃圾将使系统更流畅。通过单击"开始扫描"，程序会自动扫描系统存在的垃圾文件。

清理痕迹：360 安全卫士的清理痕迹功能可以清理使用计算机所留下的痕迹，这样做可以极大地保护用户隐私。单击"开始扫描"，程序会自动扫描系统存在的痕迹。

系统修复：在这里用户可以一键修复 IE 的诸多问题，使 IE 迅速恢复到"健康状态"。单击"一键修复"，选中要修复的项，单击此按钮，立即修复。

流量监控：360 安全卫士可以实时监控目前系统正在运行程序的上传和下载的数据流量，以防止后门的浑水摸鱼。

木马防火墙：开启 360 木马防火墙后，将在第一时间保护用户的系统安全，最及时地阻击恶评插件和木马的入侵。防火墙提供"智能模式"和"手动模式"两种木马防火墙的弹窗提示，减少对用户的干扰。选择用户需要开启的实时保护，单击"开启"按钮后将即刻开始保护。用户可以根据系统资源情况，选择是否开启本功能。

网盾：360 网盾是一款用于防挂马、反欺诈的浏览器安全软件。全面支持 IE、傲游、TT、Firefox 等主流浏览器，有效拦截挂马、带毒、钓鱼以及欺诈等网站威胁于计算机之外，做到防患于未然，同时不影响用户正常浏览网页，还可以加快浏览速度。

（4）金山词霸

金山词霸是金山公司正式推出的一款多功能的电子词典类工具软件，可以"即指即译"，快速、准确、详细地查词。金山公司在桌面办公、电子词典与互动翻译、计算机游戏等众多领域，开创了中国自主软件的先河。诞生过包括 WPS 系列办公软件、金山快译、金山打字通等工具软件，剑侠情缘游戏系列等著名软件产品。金山词霸是其开发的一套经典的词典类工具软件。该软件的主要功能和使用如下。

屏幕取词：使用金山词霸的屏幕取词功能可以翻译屏幕上任意位置的中文或英文单词或词组，即中英文互译，全面支持 Windows NT、Internet Explorer 和 Acrobat（PDF 文档格式）取词。中英文单词的释义将即时显示在屏幕上的浮动窗口中。用户可以随时通过右键单击任务栏图标设置暂停或恢复屏幕取词功能，安装以后默认的是取词状态。

金山词霸具有较高的智能，可自动处理捕获英文单词的时态、词性变化，并可根据显示内容自动调整窗口大小、文本行数等。浮动窗口中提供有快捷按钮,分别由查词典、拷贝、网络搜索、朗读按钮以及窗口固定按钮组成,可显示透明浮动窗口,不阻挡屏幕文字及图像,更加方便用户的查询。

词典查询:中英文单词及短语真人发音,真正 16 位语音,语音更准确、发音更标准,真正 32 位版本,速度更快、功能更强。可以进行简繁体显示的互换,可以用简体字显示,也可用繁体字显示。支持单词、短语的模糊查询,算法更先进,即使用户的输入不够准确,也能通过模糊的记忆查到单词,支持全面互联网搜索。

用户字典:在用户字典中,用户可以添加金山词霸词库中没有收录的中英文单词。添加并保存用户字典后,金山词霸将可以解释添加的词,词意可以在屏幕取词的浮动窗口中显示出来。

（5）ACDSee 图像浏览工具

在进行图片处理或制作一些特殊的广告效果时,我们需要浏览大量的图片。如果用 Windows 自带的"画图"软件浏览这些图片显得不够方便,这是由于"画图"每次只能浏览一幅图像。而借助于 ACDSee 图像浏览工具可以方便地浏览图片与动画,并能够对图片进行简单的编辑。概括起来,ACDSee 的主要功能有以下几点:可以识别几乎所有的图片格式,如.jpg、.tif、.wmf、.psd 以及.swf（Flash 动画）、.mov 影片格式等;提供了多种图片浏览方式,可以以幻灯片形式自动播放图片;利用内置的播放器,可以直接播放.swf 动画以及.mov 影片等;可以将选定的一幅或多幅图片创建成壁纸、压缩包、图册、打印图册以及 HTML 格式的网页;可以对图片进行简单编辑,如转换图像格式、调整图像尺寸、裁剪图像、旋转和翻转图像、调整图像的曝光度以及对图像执行模糊、锐化等滤镜;通过剪切、复制图像文件,可以将图像文件移动或复制到其他文件夹,且可以重命名图像文件;可以根据选定的图像文件创建相册,或者将光盘图库创建照片盘;还可以从数码相机、扫描仪、剪贴板以及通过屏幕抓取创建图像文件。

浏览图片与动画:安装并运行 ACDSee 后,将出现用户界面,此时用户可执行如下操作:在左侧选择要浏览图片的文件夹。要放大浏览图片,可双击图片,此时窗口中将只显示所选图片。在此状态下,要返回原来的显示形式,可再次双击图片。而通过单击工具栏中的其他按钮,可切换到上一张、下一张图片,缩小、放大图片显示。如果选择"幻灯片演示",将进入幻灯片演示状态,系统会自动切换图片。

如果在图片列表窗口单击动画或影片,系统将在预览区自动播放该动画或影片。如果双击动画或影片,系统打开一个单独的播放窗口。同时,无论在哪种情况下,用户都可暂停、停止动画与影片。

图片编辑:ACDSee 提供了简单的图片编辑功能,如:剪切、复制、删除、移动和重命名图片,转换图片格式,调整图片大小,旋转图像,裁剪图像,调整图像色彩,设置滤镜效果,调整亮度和对比度,设置曝光效果以及为图像添加声音等。

要选择一幅图片,直接单击该图片即可。如果希望选择多幅图片,可在选择第一幅图片后,再单击其他图片时按下 Shift 键（选择一组连续排列的图片）或 Ctrl 键（选择一组分散排列的图片）。若要剪切、复制、删除、移动和重命名图片,可首先单击选定的图片,然后从弹出的快捷菜单中选择合适的命令,其中选择"复制"表示将图像内容复制到剪贴板,以便粘贴到其他文档中。

要转换图像格式,可在快捷菜单中选择"工具"→"转换文件格式"菜单项,并在打开的"转换文件格式"对话框中设置希望转换的格式及其他参数。

要对图像进行旋转或大小调整,可分别选择"工具"菜单中的"旋转"和"调整大小"命令,并利用所打开的对话框进行操作。

如果在快捷菜单中选择"编辑",系统将打开图片编辑窗口。该窗口实际上就是一个独立的图像编辑器。可新建、打开、保存、打印、裁剪、旋转、翻转图片等。通过选择"调整"菜单中的适当选项,可调整图片的对比度、颜色平衡,通过选择"滤镜"菜单中的适当菜单项,可对图片执行模糊、锐化、浮雕、交叉阴影等效果滤镜。编辑结束后,只要在保存图片后退出图片编辑窗口就可以了。

创建相册与照片盘:利用 ACDSee,用户可以创建自己的相册和照片盘。有了相册,就可以将自己喜爱的照片存储在一个文件中,以便以后欣赏;有了照片盘,就可以十分容易地建立起图库光盘的缩略数据库,今后就再也无须频繁地更换光盘来查找文件了。

创建相册的操作非常简单,方法是在导航面板中选择"相册"选项卡,然后单击"新建相册"按钮,创建新相册。右击"新建相册",选择"重命名",重命名新建相册,然后可以向相册中添加图片,操作结束后,新建相册将显示在"相册"选项卡中。创建照片盘的操作与创建相册大致相同,方法是在导航面板中选择"光盘创建"选项卡。

从外设获取图像及屏幕抓图:ACDSee 提供了从扫描仪、数码相机等外部设备获取图像的方法,在将这些设备与计算机正确连接后,分别选择"文件"→"获取"菜单中的"从相机或读卡器"与"从扫描器"选项即可。

要从屏幕获取图像,可首先选择"工具"→"捕获屏幕"菜单,并在打开的对话框中设置捕获类型、捕捉结果输出目标(剪切板、文件或编辑器)、捕获热键以及捕获时是否包含鼠标指针。设置结束后,单击"开始"按钮,即激活了 ACDSee 软件的捕获功能。以后用户只要按下上面所设置的热键。即可按设置从屏幕上捕获桌面、窗口、区域或对象,并按设置送到指定位置。

(6) 磁盘复制软件 Ghost

Ghost 是著名的硬盘复制备份工具,因为它可以将一个硬盘中的数据全部复制到另一个硬盘中,因此就将 Ghost 这个软件称为硬盘"克隆"工具。1998 年 6 月,出品 Ghost 的 Binary 公司被著名的 Symantec 公司并购,因此该软件的后续版本就改称为 Norton Ghost,成为 Norton 系列工具软件中的一员。1999 年 2 月,Symantec 公司发布了 Norton Ghost 5.1C 版本,该版本包含了多个硬盘工具,并且在功能上作了较大的改进,使之成为一个真正的商业软件。使用 Ghost 可以将刚安装的 Windows 以及硬件驱动程序、常用小工具作为一个最小系统进行备份,以后在系统需要重新安装时恢复这个最小系统。实际上,Ghost 不但有硬盘到硬盘的克隆功能,还附带有硬盘分区、硬盘备份、系统安装、网络安装、升级系统等功能,能快速进行硬盘数据恢复。下面就该软件的功能和使用做一介绍:Ghost 软件 Windows 版本运行界面见图 9.7。

复制硬盘的单个分区:Ghost 的硬盘复制主要有两种方式,一种是直接将整个硬盘的内容复制到另一个硬盘;另一种是将硬盘的分区复制到其他分区或者硬盘上。

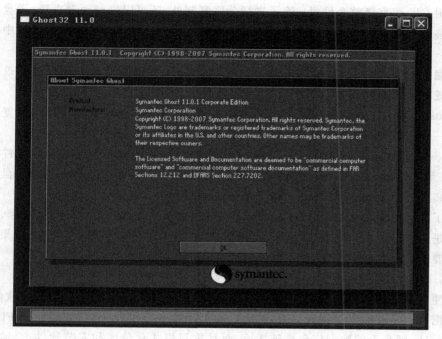

图 9.7　Ghost 软件 Windows 版本运行界面

　　运行 Ghost 之后在菜单中单击"Local"（本地）项，在右面弹出的菜单中有三个子项，其中"Disk"表示整个硬盘备份（也就是克隆）；"Partition"表示对单个分区硬盘备份；硬盘检查"Check"项的功能则是检查硬盘或备份的文件，看是否可能因分区、硬盘被破坏等造成备份或还原失败。而分区备份作为个人用户来保存系统数据，特别是在恢复和复制系统分区具有实用价值。

　　选择"Local/Partition/To Image"菜单，弹出硬盘选择窗口，开始分区备份操作。单击该窗口中白色的硬盘信息条，选择硬盘，进入窗口，选择要操作的分区（用鼠标单击）。然后在弹出的窗口中选择备份储存的目录路径并输入备份文件名称，注意备份文件的名称带有 GHO 的后缀名。

　　弹出窗口会询问是否压缩备份数据，并给出三个选择。"No"表示不压缩，"Fast"表示小比例压缩而备份执行速度较快，"High"就是高比例压缩但备份执行速度较慢。最后，选择"Yes"按钮即开始进行分区硬盘的备份。Ghost 备份的速度相当快，不用久等就可以完成备份，备份的文件以 GHO 后缀名储存在设定的目录中。

　　还原数据：如果硬盘中备份的分区数据受到损坏，用一般磁盘数据修复方法不能修复，以及系统被破坏后不能启动，都可以用备份的数据进行完全的复原，无须重新安装软件或系统。当然，也可以将备份还原到另一个硬盘上。

　　在界面中选择"Local/Partition/From Image"菜单，在弹出窗口中选择还原的备份文件，再选择还原的硬盘和分区，单击"Yes"按钮即可恢复备份的分区。

　　恢复还原时要注意的是，硬盘分区的备份还原是要将原来的分区一成不变地还原出来，包括分区的类型、数据的空间排列等。

使用 Ghost 克隆整个硬盘：除了进行分区复制外，还可以进行硬盘克隆，硬盘的克隆就是对整个硬盘的备份和还原。选择 Local/Disk/To Disk 菜单，在弹出的窗口中选择源硬盘（第一个硬盘），然后选择要复制到的目的硬盘（第二个硬盘）。

注意：可以设置目的硬盘各个分区的大小，Ghost 可以自动对目的硬盘按设定的分区数值进行分区和格式化。选择"Yes"开始执行。

Ghost 能将目的硬盘复制得与源硬盘几乎完全一样，并实现分区、格式化、复制系统和文件一步完成。只是要注意目的硬盘不能太小，必须能将源硬盘的内容装下。

Ghost 还提供了一项硬盘备份功能，就是将整个硬盘的数据备份成一个文件保存在硬盘上（菜单 Local/Disk/To Image），然后就可以随时还原到其他硬盘或原硬盘上。这对要安装多个系统硬盘很方便。使用方法与分区备份相似。

除了进行本地硬盘的克隆外，Ghost 还支持通过网络进行一点对多点的克隆，这个功能主要是面向企业内部网或者计算机机房而设的，因为这些地方计算机很多，如果每台计算机都要单独安装软件系统，就太麻烦了，所以还是用硬盘克隆方便。

（7）磁盘分区软件 Partition Magic

在使用新硬盘前，必须对硬盘进行分区，在分区完成后装入操作系统、应用软件，写入大量数据。但是有时由于特殊要求，必须再次对硬盘进行重新分区，如果使用 FDISK 进行重新分区，硬盘上的数据将会被破坏掉，而且重新格式化分区和安装软件，会浪费大量的时间。使用 Partition Magic 就能解决这类问题。PowerQuest 公司的 Partition Magic 是当前较好的硬盘分区以及多操作系统启动管理工具，可以实现硬盘动态分区和无损分区，可以在保留硬盘数据的前提下对硬盘进行重新分区，并且可以对硬盘创建分区，合并已有分区，改变分区大小，转换分区格式等。Partition Magic 软件运行界面见图 9.8。

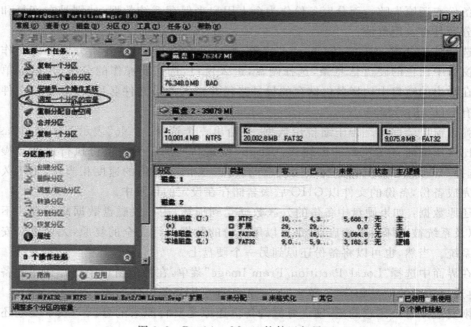

图 9.8　Partition Magic 软件运行界面

　　调整分区容量：其实对于大部分用户来说，创建新的分区可能使用的机会并不是很多，倒是分区的容量需要经常调整。因为现在的操作系统和应用软件越做越大，最初用FDISK分区的时候，并没有考虑到这些方面。Partition Magic可以实现无损调整分区容量，因为Partition Magic的一个最大的优点就是，可以在改变各个已经存在的分区的大小时，不破坏分区中的数据。

　　方法是在启动Partition Magic之后，选中需要调整容量的分区，然后选择"分区"→"调整容量/移动"菜单命令，打开"调整容量/移动分区"对话框。

　　有两种方法调整分区容量的大小。第一种是在"新建容量"框中直接输入新的分区容量数值；第二种是使用鼠标直接拖动硬盘分区容量两端的滑块。调整结束，单击"确定"按钮即可。

　　合并/分割分区：如果希望将两个分区合并，而又不想使分区中的数据受到破坏，可以使用Partition Magic的合并分区功能。该功能可以合并两个相邻的分区，选择好邻近的两个分区后，第二个分区的数据将被添加到第一个分区的文件夹中，第一个分区的容量将在完成操作后变成原来两个分区的容量之和。

　　方法是选择需要进行合并的分区，在分区上右击，然后选择"合并"命令，打开"合并邻近的分区"对话框。在该对话框中选择需要合并的分区，同时还可以在"文件夹名称"框中指定用于存放分区内容的文件夹名称。

　　如果需要分割分区，则选择需要进行分割的分区，在分区上右击，然后选择"分割"命令，打开"分割分区"对话框。在"数据"选项卡中列出了分割前磁盘数据的分布情况，单击"＞"按钮移动想要的目录项到新建分区中。然后单击"容量"选项卡，在"大小"框中调整分割后的分区大小。在这里，默认分区大小由"数据"框中的选择决定。当调整分区的大小时，原始分区将被调整为使用剩余的空间。单击"确定"按钮即可进行分割操作。

　　转换分区格式：Partition Magic能够进行多种分区格式的无损转换。方法是选择一个分区，右击，选择"转换"命令，打开"转换分区"对话框，选择相应的文件系统，单击"确定"按钮即可进行分区格式的转换。

　　删除分区：删除分区必须先删除逻辑分区，然后再删除主分区。方法是选择需要删除的逻辑驱动器，右击，选择"删除"命令，打开"删除分区"对话框。在打开的对话框中选择"删除"或"删除和安全擦除"选项，然后单击"确定"按钮即可。

　　格式化分区：Partition Magic所提供的格式化功能比Windows XP中的格式化功能强大。方法是选择需要格式化的驱动器，右击，选择"格式化"命令。在"分区类型"下拉列表框中，选择分区格式，然后单击"确定"按钮即可。

　　隐藏硬盘分区：Partition Magic可以隐藏已有的分区，使病毒或者其他人无从下手，较大程度上保护资料的安全。方法是选择需要隐藏的驱动器，右击，选择"高级"→"隐藏分区"菜单命令。单击"确定"按钮即可。

　　除了上面介绍的这些功能外，Partition Magic还可以测试坏扇区、重新定义引导区大小、重新定义硬盘的簇、检测分区信息等。

9.1.9 行业软件有哪些

行业软件是指针对特定行业而专门制定的、具有明显行业特性的软件。行业软件具有针对性强、易操作等特点。现在国内有很多开发行业软件的公司,如速达、金蝶、成旭网联等软件公司。下面介绍几种行业软件。

1. 财务类软件

财务软件与进销存软件是比较常见的企业管理软件,财务软件主要立足于企业财务账目、企业资金账号、企业收支状况等方面的管理,用途明确,使用很简单。财务软件以图形化的管理界面,提问式的操作导航,打破了传统财务软件文字加数字的烦琐模式。

目前国内的财务软件,主要分为两大类:一类是传统的 C/S 模式的财务软件;另一类是 B/S 模式的财务软件。目前比较流行的还有一种 SaaS 模式的财务软件(在线财务软件),大体上也可以归类为 B/S 模式。此外,按实现的功能也可分为大型财务软件和中小型财务软件。

(1)用友财务软件

用友 ERP-U8 财务会计软件作为中国企业最佳经营管理平台的一个基础应用,包括总账、应收款管理、应付款管理、固定资产、UFO 报表、网上银行、票据通、现金流量、网上报销、报账中心、公司对账、财务分析、现金流量表、所得税申报等。这些应用从不同的角度,帮助企业轻松实现从核算到报表分析的全过程管理。其中总账是用友财务系统的核心,业务数据在生成凭证以后,全部归集到总账系统进行处理,总账系统也可以进行日常的收付款、报销等业务的凭证制单工作;从建账、日常业务、账簿查询到月末结账等全部的财务处理工作均在总账系统实现。使财务核算自动化、专业化,财务数据精细化。

(2)金蝶财务软件

金蝶 KIS 是以"让管理更简单"为核心设计理念,面向小型企业管理需求开发设计的财务管理软件,旨在提高管理能力、完善规范业务流程,全面覆盖小型企业管理的五大关键环节:老板查询、财务管理、采购管理、销售管理、仓存管理。根据企业规模的大小和应用领域的不同可分为 KIS 标准版、KIS 商贸版、KIS 专业版、KIS 仓存版、KIS 行政事业版和 KIS 业务版等不同的版本。其中 KIS 行政事业版是金蝶紧跟政府收支分类改革政策的产品,融合了近千家行政事业单位用户的实际需求,目的提高行政事业单位的工作效率和降低财政运行成本,帮助广大行政事业单位在最短的时间内完成改革工作任务。包括账务处理、固定资产、工资管理、往来管理、报表与分析、出纳管理等功能,可适用于党政机关、科研单位、学校、建设单位、医疗机构等行政事业单位。

2. 工作流软件

工作流软件(Workflow Software)的目的是在一个机构内用电子文档替换纸张文档系统,实现文档处理过程自动化。局域网可提供将文档从存储设备中移进或移出,及在需要时观察、修改文档,或对文档进行签署的用户之间进行路由选择。软件通过自动完成工作流程,从而消除人员必须的交接走动,鼓励工作组协作办公。典型工作流应用程序结合了具有电子消息传递功能和高级安全性功能的文档。其中高级安全性功能包括电子签名,以提供这个文档确是来自特定来源的证据。可以从许多厂商获得工作流软件,例如IBM、Actionsoft、Lotus Development 等。

（1）IBM 公司的 MQSeries Workflow

MQSeries Workflow 是一个功能强大的商业处理自动化和工作流管理软件,该软件通过自动涉及企业职员、客户和应用软件的关键任务过程,帮助企业机构更便捷地控制他们的商业活动。IBM 公司所独创的消息传递软件 MQSeries 通过一个简单而高级的应用处理界面,把操作系统和网络复杂性屏蔽起来,将所有数据都作为消息进行发送与接收。即使在网络停机或目标系统暂时不能运行时,也能够通过独到的异步技术确保消息传递。作为 IBM 业务进程管理（BPM）软件的引擎,MQSeries Workflow 使用户实现了灵活的业务和服务层次的管理和快速开发部署,支持 Web 客户机、手持设备、各种主流数据库产品以及开放的 Web 标准,具有极强的事务处理功能。

（2）Lotus Notes/Domino

Lotus Notes/Domino 是一个世界领先的企业级通信、协同工作及 Internet/Intranet 平台,具有完善的工作流控制、数据库复制技术和完善可靠的安全机制,尤其适合于处理各种非结构化与半结构化的文档数据、建立工作流应用、建立各类基于 Web 的应用。它全面实现了对非结构化信息的管理和共享,内含强大的电子邮件功能及工作流软件开发环境,是实现群组协同工作、办公自动化的最佳开发环境。

3. ERP 软件

ERP 的全称是 Enterprise Resource Planning,即企业资源计划系统,是指建立在信息技术基础上,以系统化的管理思想,为企业决策层及员工提供决策运行手段的管理平台。它是在 MRP、MRP Ⅱ 的基础上发展出来的一种管理思想,其核心理念就是实现对整个供应链的有效管理。

近年来,在我国,ERP 的应用可谓方兴未艾。一方面,SAP、Oracle 等国外著名企业管理软件厂商仍然在产品技术、服务水平、市场占有率等方面处于领先地位;另一方面,金蝶、用友等国内厂商也纷纷由财务软件转型到 ERP 领域,学习和模仿国外先进的 ERP 管理思想和经验并逐年抢占在中国企业中的占有率。在国际、国内 ERP 厂商的共同努力下,我国企业逐步加深对 ERP 重要性的认识,参与到信息化建设的大潮中来。

（1）SAP

SAP(Systems Application Products in Data Processing)于 1972 年成立于德国曼海姆。SAP 既是公司名称,又是其 ERP 软件名称,总部位于德国沃尔多夫市,是全球最大的企业管理和协同化电子商务解决方案供应商、全球第三大独立软件供应商。自1972 年起,其软件的有效性和可靠性已经被数十个国家的上万家用户所验证,并通过了这些客户不断地推广使用。因此,SAP 在各行各业中具有广泛的就业空间。

SAP 是目前全世界排名第一的 ERP 软件。它代表着最先进的管理思想、最优秀的软件设计。20 世纪末,世界五百强中有超过 80% 的公司使用 SAP。全球著名的 IT 研究咨询公司 Gartner Group 这样描述 SAP 对当代全球经济的影响："如果停止使用 SAP 的软件,德国经济将宣告崩溃。如果在美国停止使用呢? 美国许多地方势必陷入一片黑暗之中,例如硅谷。"我国的大型国营、民营企业 90% 使用 SAP,SAP 为中国石油、石化等能源行业以及联想、海尔等大型企业均带来了显著的经济效益,大大降低了成本和支出率,减少了呆账坏账的比例。

（2）用友 ERP 软件

用友公司成立于 1988 年,是中国最大的管理软件、ERP 软件、财务软件供应商。在中国 ERP 软件市场中所占市场份额最大、产品线最丰富、成功应用最多、行业覆盖最广、服务网络最大、交付能力最强。在 2002—2004 年度全球前 60 大企业应用软件供应商中,以年均接近 36% 的增长率位列成长速度最快厂商第二位。

用友 ERP 是一个企业综合运营平台,用以解决各级管理者对信息化的不同要求:为高层经营管理者提供大量收益与风险的决策信息,辅助企业制定长远发展战略;为中层管理人员提供企业各个运作层面的运作状况,帮助做到各种事件的监控、发现、分析、解决、反馈等处理流程,帮助做到投入产出最优配比;为基层管理人员提供便利的作业环境,易用的操作方式,实现工作岗位、工作职能的有效履行。

（3）ERP 的延伸功能

供应链管理（Supply Chain Management,SCM）就是对企业供应链的管理,是对供应、需求、原材料采购、市场、生产、库存、订单、分销发货等的管理,包括了从生产到发货、从供应商到顾客的每一个环节。SCM 是一种集成的管理思想和方法,它执行供应链中从供应商到最终用户的物流的计划和控制等职能;从单一的企业角度来看,是指企业通过改善上、下游供应链关系,整合和优化供应链中的信息流、物流、资金流,以获得企业的竞争优势。供应链管理整合并优化了供应商、制造商、零售商的业务效率,使商品以正确的数量、正确的品质、在正确的地点、以正确的时间、最佳的成本进行生产和销售,表现了企业在战略和战术上对企业整个作业流程的优化。

供应商关系管理（Supplier Relationship Management,SRM）用于改善与供应链上游供应商的关系,是一种致力于实现与供应商建立和维持长久、紧密伙伴关系的管理思想和软件技术的解决方案。如何选择供应商、控制库存量,在降低库存同时又能为生产不同产品提供保障;如何使供应商积极参与和加入到产品的设计过程中、为工程更改提供快速的响应支持、以不断加快产品创新的节奏、缩短产品从研发到投放市场的时间等,均要求企业有效地利用供应商关系,对产品和流程进行强有力革新;与其供应商建立合作关系,共享计划、产品设计和规范信息,以及在运作方式上进行改进。SRM 实现了企业内以及供应商之间采购和购置流程的自动化,提高了对供应链的洞察力,并且使客户能够全面地了解全球的费用支出情况。

产品生命周期管理（Product Life Management,PLM）是一种应用在单一地点的企业内部、分散在多个地点的企业内部以及在产品研发领域具有协作关系的企业之间的,支持产品全生命周期信息的创建、管理、分发和应用的一系列应用解决方案。它结合了电子商务技术与协同技术,将产品开发流程与 SCM、CRM、ERP 等系统进行集成,把孤岛式流程管理转变成集成化的一体管理,实现从概念设计、产品设计、产品生产、产品维护到管理信息的全面数字化。从而全面提升企业生产效率,降低产品生命周期管理的成本,以提升企业的市场竞争力。

客户关系管理(Customer Relationship Management,CRM)是选择和管理有价值客户及其关系的一种商业策略,要求以客户为中心的商业哲学和企业文化来支持有效的市场营销、销售与服务流程,是一个不断加强与顾客交流,不断了解顾客需求,并不断对产品及服务进行改进和提高以满足顾客需求的连续过程。其内含是企业利用信息技术和互联网技术实现对客户的整合营销,以客户为核心的企业营销的技术实现和管理实现。CRM注重的是与客户的交流,企业的经营以客户为中心,而不再是传统的以产品或以市场为中心。CRM 的应用将为企业实现有效的客户关系管理。

9.2　计算机软件系统的新技术和新成果

9.2.1　虚拟现实和专家系统

1. 虚拟现实介绍

虚拟现实(Virtual Reality,VR)这一名词是由美国 VPL 公司创建人拉尼尔(Jaron Lanier)在 20 世纪 80 年代初提出的,也称灵境技术或人工环境。作为一项尖端科技,虚拟现实集成了计算机图形技术、计算机仿真技术、人工智能、传感技术、显示技术、网络并行处理等技术的最新发展成果,是一种由计算机生成的高技术模拟系统,它最早源于美国军方的作战模拟系统,20 世纪 90 年代初逐渐为各界所关注并且在商业领域得到了进一步的发展。这种技术的特点在于由计算机产生一种人为虚拟的环境,这种虚拟的环境是通过计算机图形构成的三维数字模型,并编制到计算机中去生成一个以视觉感受为主,也包括听觉、触觉的综合可感知的人工环境,从而使得在视觉上产生一种沉浸于这个环境的感觉,可以直接观察、操作、触摸、检测周围环境及事物的内在变化,并能与之发生"交互"作用,使人和计算机很好地"融为一体",给人一种"身临其境"的感觉,见图 9.9。

图 9.9　虚拟现实技术

众所周知,照片是三维世界的二维成像,从照片上永远只能看到物体的一个侧面,看不到另一个侧面,除非也有另一个侧面的照片。而影像是事先录制好的,它只能按录像者的意志放映,并不能随意选择观看的方式。虚拟现实是将一组图片以特殊的手段制作成可操控巡游的三维物体或360°全景影像的计算机多媒体技术。用虚拟现实制作的元素,分三维物体、360°全景和用热点链接的多个节点集合的场景三类。在计算机上观看虚拟现实的物体时,只需要用鼠标在物体上推动,物体即可朝相应的方向旋转,就可以看到物体的任何一个侧面了。

用于制作虚拟现实的图片主要是通过实物拍摄或到现场实景拍摄得到的。对于尚处于设计阶段或未完成的作品,就不能通过拍摄得到了。如果在计算机上使用了三维设计软件(如CAD),按照要求输出一系列的图片,这些图片也可以制作成虚拟现实元素。用计算机设计的图片制作虚拟现实元素,能让人在物体或场景不存在的情况下感受一下,效果会更好。

由于采用了必须的数据压缩,大大减小了虚拟现实元素的数据量,使这种多媒体格式能呈现在网页上或其他多媒体产品中,充分利用了因特网和计算机的交互能力,与静止图片和影像相比,内容更生动,感受更强烈,更有乐趣。

2. 虚拟现实的种类及应用

虚拟现实系统按其功能大体可分为四类。

(1) 桌面虚拟现实系统,也称窗口中的VR。它可以通过桌上型机实现,所以成本较低,功能也较简单,主要用于CAD(计算机辅助设计)、CAM(计算机辅助制造)、建筑设计、桌面游戏等领域。

(2) 沉浸虚拟现实系统,如各种用途的体验器,使人有身临其境的感觉,各种培训、演示以及高级游戏等用途均可应用这种系统。

(3) 分布式虚拟现实系统,它在因特网环境下,充分利用分布于各地的资源,协同开发各种虚拟现实的利用。它通常是浸沉虚拟现实系统的发展,也就是把分布于不同地方的沉浸虚拟现实系统,通过因特网连接起来,共同实现某种用途。美国大型军用交互仿真系统NPSNet以及因特网上多人游戏MUD便是这类系统。

(4) 增强现实系统又称混合现实系统。它是把真实环境和虚拟环境结合起来的一种系统,既可减少构成复杂真实环境的开销(因为部分真实环境由虚拟环境取代),又可对实际物体进行操作(因为部分系统即真实环境),真正达到了亦真亦幻的境界,是今后发展的方向。

虚拟现实技术已广泛应用于旅游、房地产、商品展示和教育等领域。例如对汽车工业而言,虚拟现实既是一个最新的技术开发方法,更是一个复杂的仿真工具,它旨在建立一种人工环境,人们可以在这种环境中以一种"自然"的方式从事驾驶、操作和设计等实时活动。并且虚拟现实技术也可以广泛用于汽车设计、试验和培训等方面。借助虚拟现实技术建立的三维汽车模型,可显示汽车的悬挂、底盘、内饰直至每一个焊接点,设计者可确定每个部件的质量,了解各个部件的运行性能。这种三维模型准确性很高,汽车制造商可按得到的计算机数据直接进行大规模生产。还有建筑业也是受到虚拟现实技术影响的另一个领域，设计师可以取得一幢建筑物的 CAD 三维数据，进行一次仿真，在仿真过程中可以修改各种设计内容，包括空间结构、室内设施等。通过头盔显示器，还可以引导客户进入仿真的建筑物漫游，利用手持指点设备修改门窗的位置、高度及其他室内设施参数。

3. 专家系统简介

专家系统是早期人工智能的一个重要分支，可以看做是一类具有专门知识和经验的计算机智能程序系统，一般采用人工智能中的知识表示和知识推理技术来模拟通常由领域专家才能解决的复杂问题。总之，专家系统就是一个具有智能特点的计算机软件，它的智能化主要表现为能够在特定的领域内模仿人类专家思维来求解复杂问题，见图 9.10。

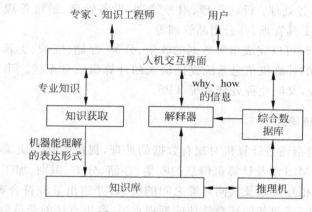

图 9.10　专家系统的结构

一般来说，专家系统＝知识库＋推理机，因此专家系统也被称为基于知识的系统。一个专家系统必须具备以下三个要素。

(1) 领域专家级知识。

(2) 模拟专家思维。

(3) 达到专家级的水平。

专家系统适合于完成那些数据不精确或信息不完整、人类专家短缺或专门知识十分昂贵的诊断、解释、监控、预测、规划和设计等任务。目前，专家系统在各个领域中已经得到广泛应用，例如个人理财专家系统、寻找油田的专家系统、贷款损失评估专家系统、各类教学专家系统等。

9.2.2　信息系统

1. 什么是信息系统

信息系统(Information System)是以提供信息服务为主要目的的数据密集型、人机交互的计算机应用系统。其中事务处理系统、管理信息系统、决策支持系统、地理信息系统、指挥信息系统、情报检索系统、医学信息系统、银行信息系统、民航订票系统……都属于这个范畴。

2. 事务处理系统简介

事务处理系统(TPS)是在电子数据处理(EDP)的基础上形成的。EDP 完成数据记录的保存和过程的自动化,但 EDP 是孤立的;TPS 完成数据记录的维护,它的数据是反映事务的,能为其他信息系统提供数据。这里的事务是指以下内容。

(1) 基本的处理工作。

(2) 记录企业或组织进行的各项经营活动。

(3) 基本的办公事务处理:文字处理、报表处理、文件收发、资料印刷、资料管理等。

(4) 机关行政事务处理:行政管理、财务管理、设备管理、销售管理、人力资源管理、固定资产管理、交通工具管理、办公用品管理等。

因此,TPS 是一种可以完成事务数据的收集、分类、存储、维护、更新、恢复,从而保存数据,且为其他类型的计算机信息系统提供输入的计算机信息系统。事务处理系统是供基础人员使用的系统,又叫业务处理系统 TPS。

3. 管理信息系统简介

管理信息系统是指通过计算机对现有数据的处理,提供管理与决策信息的计算机应用系统,简称 MIS。MIS 涉及计算机信息的收集、存储、分类、识别、加工、通信、应用和反馈,研究信息之间的相互关系及其同环境之间的关系,并给出某种符合客观规律的信息,其目的是提高生产、经营和各种社会活动的管理水平,产生直接的经济效益和社会效益。

管理信息系统辅助完成企业日常结构化的信息处理任务,一般认为 MIS 的主要任务有如下几方面。

(1) 对基础数据进行严格的管理,要求计量工具标准化,程序和方法的正确使用,使信息流通渠道顺畅。有一点要明确:"进去的是垃圾,出来的也是垃圾",因此必须保证信息的准确性、一致性。

(2) 确定信息处理过程的标准化,统一数据和报表的标准格式,以便建立一个集中统一的数据库。

(3) 高效低能地完成日常事务处理业务,优化分配各种资源,包括人力、物力、财力等。

(4) 充分利用已有的资源,包括现在和历史的数据信息等,运用各种管理模型,对数据进行加工处理,支持管理和决策工作,以便实现组织目标。

管理信息系统的特点可以从以下七个方面来概括。

(1) MIS 是一个人机结合的辅助管理系统。管理和决策的主体是人,计算机系统只是工具和辅助设备。

(2) 主要应用于结构化问题的解决。

(3) 主要考虑完成例行的信息处理业务,包括数据输入、存储、加工、输出、生产计划、生产和销售的统计等。

(4) 以高速度低成本完成数据的处理业务,追求系统处理问题的效率。

（5）目标是要实现一个相对稳定的、协调的工作环境。因为系统的工作方法、管理模式和处理过程是确定的，所以系统能够稳定协调地工作。

（6）数据信息成为系统运作的驱动力。因为信息处理模型和处理过程的直接对象是数据信息，只有保证完整的数据资料的采集，系统才有运作的前提。

（7）设计系统时，强调科学的、客观的处理方法的应用，并且系统设计要符合实际情况。

信息管理系统在我国应用十分广泛，很多政府部门、企事业单位都按其各自的需要开发了自己的信息管理系统，对信息进行有效的管理，并且可以通过互联网方式供他人查询。例如青岛人事政务系统是青岛英网资讯技术有限公司开发的在线人事政务平台。该系统采用. NET 技术架构，SQL Server 2000 数据库、Rational Rose 建模，遵循国际CMM2 软件过程标准研制开发。人事政务作为政府机关与老百姓之间打交道最多的政务事项，尤其需要一个综合办理各项事宜的电子政务平台用于公开信息、接受申请、限时催办、反馈结果、处理投诉等。青岛人事政务系统吸取了目前国内已有的人事政务系统的长处，并重点解决了人事政务的在线办理功能。是目前国内第一款基于互联网，一体化实现人事政务公开、网上公众服务、政务审批处理的电子政务系统。

企业管理系统，可以进行企业采购管理、库存管理、生产、查询、系统维护等各方面的信息管理工作，通过该系统可以帮助企业提高生产、经营和各种社会活动的管理水平。

4. 决策支持系统简介

决策支持系统（Decision Support System，DSS）是以管理科学、运筹学、控制论和行为科学为基础，以计算机技术、仿真技术和信息技术为手段，针对半结构化的决策问题，支持决策活动的具有智能作用的人机系统。该系统能够为决策者提供决策所需的数据、信息和背景材料，帮助明确决策目标和进行问题的识别，建立或修改决策模型，提供各种备选方案，并且对各种方案进行评价和优选，通过人机交互功能进行分析、比较和判断，为正确决策提供必要的支持。DSS 的概念是 20 世纪 70 年代提出的，并且在 80 年代获得发展。它的产生基于以下原因：传统的 MIS 没有给企业带来巨大的效益，人在管理中的积极作用没有得到发挥；人们对信息处理规律认识提高，面对不断变化的环境需求，要求更高层次的系统来直接支持决策；计算机应用技术的发展为 DSS 提供了物质基础。

DSS 的主要特点有如下几方面。

（1）系统的使用面向决策者，在运用 DSS 的过程中，参与者都是决策者。

（2）系统解决的问题是针对半结构化的决策问题，模型和方法的使用是确定的，但是决策者对问题的理解存在差异，系统的使用有特定的环境，问题的条件也不确定和唯一，这使得决策结果具有不确定性。

（3）系统强调的是支持的概念，帮助加强决策者作出科学决策的能力。

（4）系统的驱动力来自模型和用户，人是系统运行的发起者，模型是系统完成各环节转换的核心。

（5）系统运行强调交互式的处理方式，一个问题的决策要经过反复的、大量的、经常的人机对话，人的因素如偏好、主观判断、能力、经验、价值观等对系统的决策结果有重要的影响。

5. 主管支持系统简介

主管支持系统(Executive Support System, ESS)适用于企业的高层管理人员, 为企业和组织中的最高层管理和决策人员日常管理和决策提供信息和帮助。

(1) ESS 的概念: 因为企业和组织中的最高层管理和决策人员对信息的及时性、完整性、准确性要求越来越高, 为了满足他们特定的需求, 利用计算机技术和通信技术专门设计和开发, 为日常管理和决策提供信息与帮助的软件系统。

(2) ESS 和 DSS 的区别: DSS 面向非结构化问题, ESS 面向高层管理人员; DSS 中的问题是重复出现的, 而 ESS 中的问题是不断发生变化的; DSS 的范围广泛, 而 ESS 面向特定问题; 工具软件方面不同。

9.3　国内外软件杰出人物及相关科学家

9.3.1　比尔·盖茨

比尔·盖茨(Bill Gates, 1955—　)微软公司创始人之一、微软公司主席兼首席软件架构师, 见图 9.11。

图 9.11　比尔·盖茨

盖茨出生于 1955 年 10 月 28 日, 曾就读于西雅图的公立小学和私立的湖滨中学。在那里, 他发现了自己在软件方面的兴趣, 并且在 13 岁时开始了计算机编程。1973 年, 盖茨考进哈佛大学。和现在微软的首席执行官史蒂夫·鲍尔默结成了好朋友。在哈佛的时候, 盖茨为第一台微型计算机 MITS Altair 开发了 BASIC 编程语言的一个版本。在大学三年级的时候, 盖茨离开了哈佛并把全部精力投入到他与孩童时代的好友 Paul Allen 在 1975 年创建的微软公司中。在计算机将成为每个家庭、每个办公室中最重要的工具这样信念的引导下, 他们开始为个人计算机开发软件。盖茨的远见卓识以及他对个人计算机的先见之明成为微软和软件产业成功的关键。在盖茨的领导下, 微软公司持续地发展改进软件技术, 使软件更加易用、更省钱和更富于乐趣。公司致力于长期的发展, 从目前每年超过 50 亿美元的研究开发经费就可看出这一点。

1999 年, 盖茨撰写了《未来时速: 数字神经系统和商务新思维》一书, 向人们展示了计算机技术是如何以崭新的方式来解决商业问题的。这本书在超过 60 个国家以 25 种语言出版。《未来时速》赢得了广泛的赞誉, 并被《纽约时报》、《今日美国》和《华尔街日报》列为畅销书。盖茨的上一本书, 于 1995 年出版的《未来之路》(*The Road Ahead*), 曾经连续七周名列《纽约时报》畅销书排行榜的榜首。盖茨把两本书的全部收入捐献给了非营利组织以支持利用科技进行教育和技能培训。

除了对计算机和软件的热爱之外,盖茨对生物技术也很有兴趣。他是 ICOS 公司董事会的一员,这是一家专注于蛋白质基体及小分子疗法的公司。他也是很多其他生物技术公司的投资人。盖茨还成立了 Corbis 公司,它正在研究开发世界最大的可视信息资源之一——来自全球公共收藏和私人收藏的艺术及摄影作品综合数字档案。此外,盖茨还和移动电话先锋 Craig McCaw 一起投资 eledesic,计划使用几百个低轨道卫星来提供覆盖全世界的双向宽带电讯服务。

比尔·盖茨于 2008 年 6 月 27 日退休,他在微软同事的心目中是一个什么形象呢?这个当属与他一起共同执掌了微软 28 年之久的 CEO 鲍尔默最有话语权。"他是一个比较内向的小伙子,不太爱说话,但浑身充满了活力,尤其是一到晚上就活跃起来。当时的情况是,经常在我早上醒来时,他才准备睡觉。"鲍尔默在最近接受《华尔街日报》采访时,如此形容比尔·盖茨。也许只有活力才是成功的最关键因素,这是比尔·盖茨留给大家最好的礼物!

比尔·盖茨首发于《时代》杂志的"给青年的 11 条忠告"为如何树立正确的人生观和价值观、创造精彩的人生、赢得美好的生活提供了参考,现已成为很多大学生的座右铭。

(1) 生活是不公平的,你要去适应它。

(2) 这个世界并不会在意你的自尊,而是要求你在自我感觉良好之前先有所成就。

(3) 刚从学校走出来时你不可能一个月挣 4 万美元,更不会成为哪家公司的副总裁,还拥有一部汽车,直到你将这些都挣到手的那一天。

(4) 如果你认为学校里的老师过于严厉,那么等你有了老板再回头想一想。

(5) 卖汉堡包并不会有损于你的尊严。你的祖父母对卖汉堡包有着不同的理解,他们称为"机遇"。

(6) 如果你陷入困境,那不是你父母的过错,不要将你理应承担的责任转嫁给他人,而要学着从中吸取教训。

(7) 在你出生之前,你的父母并不像现在这样乏味。他们变成今天这个样子是因为这些年来一直在为你付账单、给你洗衣服。所以,在对父母喋喋不休之前,还是先去打扫一下你自己的屋子吧。

(8) 你所在的学校也许已经不再分优等生和劣等生,但生活却并不如此。在某些学校已经没有了"不及格"的概念,学校会不断地给你机会让你进步,然而现实生活完全不是这样。

(9) 走出学校后的生活不像在学校一样有学期之分,也没有暑假之说。没有几位老板乐于帮你发现自我,你必须依靠自己去完成。

(10) 电视中的许多场景决不是真实的生活。在现实生活中,人们必须埋头做自己的工作,而非像电视里演的那样天天泡在咖啡馆里。

(11) 善待你所厌恶的人,因为说不定哪一天你就会为这样的人工作。

9.3.2　肯尼斯·蓝·汤普逊

肯尼斯·蓝·汤普逊(Kenneth Lane Thompson,1943—　　　),美国计算机科学学者,

1983 年图灵奖得主，C 语言前身 B 语言的作者，UNIX 的发明人之一（另一个是 Dennis M. Riche，被尊为 DMR），Belle（一个著名的国际象棋程序）的作者之一，操作系统 Plan 9 的主要作者，见图 9.12。

  1943 年汤普逊出生于美国新奥尔良市。1960 年就读加州大学伯克利分校，主修电气工程，取得了电子工程硕士学位。1966 年加入了贝尔实验室。参与了贝尔实验室与麻省理工学院以及通用电气公司联合开发的一套多用户分时操作系统——Multics，同时他自己编写了一个"tar travel"游戏，可运行于 Multics 之上。贝尔实验室后来撤出 Multics 计划。汤普逊只好找到一台老式 PDP-7 机器，重写了他的"star travel"游戏，这为他后来开发 UNIX 操作系统打下了基础。

图 9.12 肯尼斯·蓝·汤普逊

  在开发 Multics 期间，汤普逊创造出了名为 Bon 的程式语言。汤普逊花了一个月的时间开发了全新的操作系统，UNiplexed Information and Computing System（UNICS），可执行于 PDP-7 机器之上，后来改称为 UNIX。第一版的 UNIX 就是基于 B 语言来开发的。Bon 语言在进行系统编程时不够强大，所以 Thompson 和 Ritchie 对其进行了改造，并与 1971 年共同发明了 C 语言。1973 年 Thompson 和 Ritchie 用 C 语言重写了 UNIX。安装于 PDP-11 的机器之上。

  1983 年，美国计算机协会将杜林奖（图灵奖）授予汤普逊与丹尼斯。

  2000 年 12 月，汤普逊退休，离开贝尔实验室，成为一名飞行员。

9.3.3 李纳斯·托沃兹

  李纳斯·托沃兹（Linus Torvalds，1969— ），当今世界最著名的电脑程序员、黑客，Linux 内核的发明人及该计划的合作者。托沃兹利用个人时间及器材创造出了这套当今全球最流行的操作系统内核之一，使自由软件从产业思想运动演变成为市场商业运动，从此改变了软件产业，乃至 IT 产业的面貌，见图 9.13。

  李纳斯·托沃兹 1969 年 11 月 28 日出生于芬兰首都赫尔辛基。由于其祖父是赫尔辛基大学的统计学教授，在他 10 岁时就帮祖父将数据输入电脑，还不经意地学习到 BASIC 语言。他毕业于赫尔辛基大学电脑科学系，于 1997 年至 2003 年在美国加州硅谷的全美达公司任职，现在受聘于开放源代码开发实验室，全力开发 Linux 内核。他与其他黑客不同，托沃兹行事低调，一般很少评论商业竞争对手产品的好坏，但坚持开放源代码信念。

  李纳斯是 Linux 之父，创造目前基于 UNIX 的最受欢迎的系统，他自称是一个"工程师"，最大的愿望是做出最好用的

图 9.13 李纳斯·托沃兹

系统。李纳斯的黑客生涯开始于十几岁的时候,在一个家庭用 8 位机上,使用汇编语言编写了一个 CommodoreVic-20 微程序,之所以使用汇编语言,主要原因是他那时还不知道有其他的编程工具可用。1991 年夏,也就是李纳斯有了第一台 PC 的 6 个月之后,李纳斯觉得自己应该下载一些文件。但是在他能够读写到磁盘上之前,他又不得不编写一个磁盘驱动程序,同时还要编写文件系统。这样有了任务转换功能,有了文件系统和设备驱动程序,就成了 UNIX,至少成了 UNIX 的内核。Linux 由此诞生了。之后他向赫尔辛基大学申请 FTP 服务器空间,可以让别人下载 Linux 的公开版本,为 Linux 使用 GPL,通过黑客的补丁将其不断改善,使其与 GNU 现有的应用软件很好地结合起来。通过这种方式,Linux 一夜之间就拥有了图形用户界面,并且不断扩张。为表扬他的突出贡献,有一颗小行星以他的名字命名。此外,他还获得了来自瑞典斯德哥尔摩大学和芬兰赫尔辛基大学的荣誉博士学位,而且被称为"60 年代的英雄"。

9.3.4　求伯君

求伯君,浙江新昌县人。金山软件公司董事会主席及 CEO。1988 年在深圳创办金山软件公司,成功开发出我国第一代拥有自主版权的文字处理软件 WPS。他带领研发团队,努力攻关,成功开发出足以与微软抗衡的 WPS 2000、WPS Office 2007 等多个版本的办公系统软件,打破了国际巨头对中国办公软件市场的垄断。目前,公司已经发展成为员工 2300 多名,资产规模超过 10 亿元,集娱乐软件和应用软件产品开发、运营、销售为一体的大型互联网服务提供商,2007 年 10 月在香港主板成功上市。求伯君曾荣获国家科技进步二等奖、CCTV 中国十大经济年度人物、第一届中国软件行业杰出青年等荣誉,见图 9.14。

图 9.14　求伯君

1984 年,求伯君毕业于国防科技大学信息系统专业,后分配到河北省徐水县石油部物探局的一个仪器厂。在 1986 年 10 月求伯君去了一趟深圳。求伯君把此次深圳之行称为此生遇到的第二次不可错过的机遇。"我突然发现深圳的'世界'真漂亮,什么都新鲜。在深圳,我第一次听到'时间就是金钱,效率就是生命',我喜欢这种快节奏。"这种号召力促使求伯君决定立刻从原单位辞职。

在去深圳途中,求伯君用 9 个晚上,全部重写了原有的 24 点阵的打印驱动程序。后以 2000 元、分 10 个月付清的价格卖给了四通公司,而四通公司以 500 元一套,卖了好几百套。

感觉到求伯君是个人才,四通开始挽留求伯君,1986 年求伯君加盟北京四通公司。1987 年,调深圳四通公司。在四通,求伯君结识了他成长过程中对他影响最大的人——香港金山老板张旋龙,香港金山公司答应提供条件让他专心致志地开发 WPS。1988 年,求伯君加入香港金山公司在深圳从事软件开发。求伯君目标很明确,做一张汉卡装字库,写一个字处理系统,能够取代 WordStar,这个目标就是后来的WPS。为了实现这个目标,从 1988 年 5 月到 1989 年 9 月,求伯君把自己关在张旋龙为他在深圳包的一个房间里,只要是醒着,就不停地写。什么时候困了,就睡一会儿,饿了就吃方便面。在这样工作的一年零四个月中,求伯君生了三次病,每次住院一两个月,求伯君把电脑搬到病房里继续写。开发之苦不是病魔缠身，不是身心憔悴，而是孤独。"有了难题，不知道问谁，解决了难题，也没人分享喜悦。"求伯君在这种孤独中，写下了十几万行代码的 WPS，在写完最后一行程序的时候，求伯君没有任何感觉，作为作者的求伯君麻木了。但使用者一看到 WPS 就震惊了，WPS 由于其准确定位很快火了起来。1994 年，求伯君在珠海独立成立珠海金山电脑公司，自任董事长兼总经理。

1995 年，微软公司向求伯君抛出了绣球，被求伯君拒绝了，原因是："第一，微软的态度比较傲气，给我的感觉是，要仰起头才能看到他们，他们语重心长地对我说，'好好干，到我们这里有前途'，这使我难以接受；第二，好多朋友劝我，你这杆大旗可不能倒。"支撑求伯君做下去的原因是，他坚信"Word 能够做到的事情，我也能做到"。

让求伯君没想到的是，WPS 97 的开发时间会拖这么长，资金和信心都成了问题。到 1996 年下半年，是最困难的时候，此时此刻，求伯君对 WPS 的一往情深起了关键作用，求伯君以 200 万元把别墅卖了，使 WPS 97 开发维持了下去。正是这种感情驱使求伯君带领开发组四年如一日，每天工作 12 个小时，每年工作 365 天，从来都没有停过。"Word 可以由 200 多人做，我们只有不到 10 个人，没有办法，只有比别人多付好几倍的劳动和汗水。"1997 年，WPS 97 诞生。1999 年，WPS 2000 面世，欲借此腾飞，走向国际化。

9.4 本章小结

计算机软件系统可以分为系统软件和应用软件两大类。系统软件直接管理复杂的计算机硬件设备，并提供对应用软件的支撑；应用软件面向计算机用户，提供各种特定的应用服务。

操作系统是系统软件的代表，它是最庞大也是最复杂的软件。操作系统完成对硬件资源的有效管理，并实现多个程序的并发执行和资源共享，同时为用户和应用软件的开发提供统一规范的接口。

应用软件的种类多种多样，每种软件实现一个特定的应用服务，可以分为基本应用软件和专用软件两类。

9.5 习 题

1. 计算机软件在你的学习生活中有什么作用？谈谈体会。
2. 你了解的计算机操作系统有哪些？它们有什么特点？有什么区别？
3. 系统软件和应用软件最大的区别在什么地方？
4. 谈谈你平时最常用的应用软件，对它们的评价如何？对于不足的地方，你打算怎么来改进？
5. 对开发计算机软件你有什么想法。

第 10 章　计算机网络

　　通过本章学习,读者应了解计算机网络的基础知识,掌握常用的网络设备和网络结构,了解局域网和广域网,并能完成基本的网络应用操作。

　　计算机网络是计算机技术和通信技术相结合的一门新兴学科,它通过数据通信技术把一个个独立的计算机连接起来,按照一定的协议完成数据的传输,实现信息资源的共享,提高整体系统的性能和可靠性。本章主要介绍计算机网络的基本知识、应用和操作。本章首先对计算机网络的基本知识作了介绍;其次详细叙述了目前应用最广泛的广域网——Internet;强调了计算机网络安全的概念和网络保护措施;最后介绍了对计算机网络的发展有重要作用的人物。

10.1　概　　述

　　随着人类社会信息化进程的加快,信息种类和信息量的急剧增加,计算机网络技术成为当今计算机科学与工程中正在迅速发展的新兴技术之一,是计算机应用中一个空前活跃的重要领域。计算机网络技术是一门涉及多种学科和技术领域的综合性技术,它是信息高速公路的重要组成部分,同时也是计算机技术、通信技术和自动化技术相互渗透而形成的一门新兴学科。

10.1.1　什么是计算机网络

　　现代计算机技术和通信技术的紧密结合,对计算机系统的组织方式产生了深远的影响。一家拥有几十个甚至成百上千个雇员的公司,每个员工不再用传统的纸张和软盘交换彼此的工作信息,而是通过连接在一起的计算机协同办公,并且可以共同使用一台公用的打印机;不同城市和国家的人们也不再需要几天或几周的时间来等待对方的信件,通过互联网,几分钟就可以把电子邮件发送到地球上任意一个角落,可以进行视频对话,实现面对面的交流,甚至可以通过远程协作为远端的计算机进行维护。这样的系统被称为"计算机网络"。

　　计算机网络指的是把分布在不同地理位置上的具有独立功能的多台计算机、终端及其附属设备,通过通信设备和线路连接而成的集合体,由功能完善的网络软件(网络协议、信息交换方式、控制程序和网络操作系统)实现硬件、软件和数据资源共享的多计算机系统。

计算机网络还可定义为"自主计算机的互联集合"。"互联"表示两台计算机之间有交换信息的能力。硬件上可以通过双绞线、同轴电缆、光纤、微波和通信卫星等介质实现互联;"自主的计算机"表示网中计算机是独立自主的,它们之间没有明显的主从关系,即一台计算机不能强制启动、停止或控制网中的另一台计算机。一台主控机和多台从属机的系统不能成为网络;同样的,一台带有远程打印机和终端的大型机也不是网络。

10.1.2 计算机网络是如何发展的

计算机网络的发展历史不长,但速度很快,它和其他事物的发展一样,也经历了从简单到复杂,从低级到高级的过程。在这一过程中,计算机技术与通信技术紧密结合,相互促进,共同发展,最终产生了计算机网络。

1. 具有通信功能的单机系统

早期计算机价格昂贵、数量有限,使用计算机的用户必须到计算中心去上机,花费大量的时间、精力和资金。为了解决这个问题,在计算机内部增加一个用于通信的接口,即线路控制器,是远地站点的输入输出设备通过通信线路直接和计算机相连,达到一边输入信息,一边处理信息的目的,最后将处理结果再送回到远地站点。这种系统也称为简单的计算机联机系统,如图 10.1 所示。这种联机工作方式,不仅提高了计算机系统的工作效率和服务能力,而且大大促进了计算机系统和通信技术的结合和发展。

图 10.1 具有通信功能的单机系统

2. 以主机为中心的多机系统

随着远程终端数量的增加,为了避免一台计算机使用多个线路控制器,在 20 世纪 60 年代初期,出现了多重线路控制器。它可以和多个远程终端相连接,构成面向终端的计算机通信网,如图 10.2 所示。有人将这种最简单的通信网称为第一代计算机网络。这里,计算机是网络的控制中心,终端围绕着中心分布在各处,而计算机的主要任务是进行批处理。

在第一代计算机网络中,用户通过终端命令以交互的方式使用计算机系统,从而将单一计算机系统的各种资源分散到了每个用户手中。面向终端的计算机网络系统的成功,

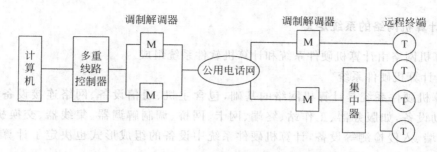

图 10.2 以主机为中心的多机系统

极大地刺激了用户使用计算机的热情,使计算机用户的数量迅速增加。但这种网络系统也存在着一些缺点:如果计算机的负荷较重,会导致系统响应时间过长;而且单机系统的可靠性一般较低,一旦计算机发生故障,将导致整个网络系统的瘫痪。

3. 以通信子网为中心的第二代计算机网络

为了克服第一代计算机网络的缺点,提高网络的可靠性和可用性,人们开始研究将多台计算机相互连接的方法。

人们借鉴电话系统中所采用的电路交换思想建立了分组交换网。它以通信子网为中心,主机和终端都处在网络的边缘,如图 10.3 所示。主机和终端构成了用户资源子网,用户不仅共享通信子网的资源,而且还可共享其他用户资源子网丰富的硬件和软件资源。这种以通信子网为中心的计算机网络通常被称为第二代计算机网络。

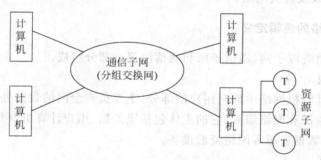

图 10.3 第二代计算机网络

在第二代计算机网络中,多台计算机通过通信子网构成一个有机的整体,既分散又统一,从而使整个系统性能大大提高;原来单一主机的负载可以分散到全网的各个机器上,使得网络系统的响应速度加快;而且在这种系统中,单机故障也不会导致整个网络系统的全面瘫痪。

10.1.3 计算机网络是如何组成的

最简单的计算机网络是两台计算机通过一条链路互联,最复杂的计算机网络就是互联网了。计算机网络的组成可按系统和逻辑两方面定义。

1. 计算机网络的系统定义

计算机网络由计算机硬件系统和计算机软件系统组成。

(1) 计算机硬件系统

计算机硬件系统是计算机网络的基础,包含主机、通信设备、网络连接设备以及其他的辅助设备,如服务器、工作站、终端、网卡、网桥、调制解调器、集线器、交换机、路由器、防火墙、入侵检测等设备,计算机硬件系统中设备的组成形式也决定了计算机网络的类型。

(2) 计算机软件系统

计算机软件系统控制和管理计算机网络中各硬件设备,包括以下方面。

* 网络协议及其软件:用来实现网络中节点与节点之间通信的规则;
* 数据通信软件:功能是根据网络通信协议,实现网络中节点与节点之间的通信;
* 网络操作系统:网络操作系统(NOS)是网络的心脏和灵魂,是向网络计算机提供服务的特殊的操作系统,如 UNIX、NetWare、Windows NT、Windows Server 2003、Linux 等;
* 网络管理软件:主要用来对网络资源进行监控和管理;
* 网络应用软件:为网络用户提供各种服务,如网络信息查询软件、远程登录软件、数据传输软件等;
* 网络信息系统:是以计算机网络为基础开发的信息系统,如基于网络环境的管理信息系统以及各类网站。

2. 计算机网络的逻辑定义

计算机网络由资源子网、通信子网和通信协议三部分组成。

(1) 资源子网

资源子网是计算机网络中面向用户的部分,主要负责全网的数据处理业务,向网络用户提供各种网络资源和网络服务,它的主体包括服务器、用户计算机、网络打印机、网络存储系统、可共享的数据资源等网络资源设备。

(2) 通信子网

通信子网是计算机网络中负责数据通信的部分,是指网络中实现网络通信功能的设备及其软件的集合,是由用作信息交换的节点计算机(NC)和通信线路组成的独立通信系统,它承担整个计算机网络的数据传输、转接、加工和交换等通信处理工作。通信子网主要包括中继器、集线器、网桥、路由器、交换机、网关、传输介质等硬件设备。通信子网有有线通道和无线通道两种方式传输数据。

(3) 通信协议

通信协议是指计算机通信双方必须共同遵守的规则和约定。计算机网络中如果没有统一的通信协议,计算机之间的信息传递就无法识别。通信协议可以简单地理解为各计算机之间进行相互会话所使用的共同语言,就好比世界不同国家地区的人在一起交流时,大家共同用一种语言交流——"英语",而"英语"就相当于计算机网络中的"通信协议"。

10.1.4 计算机网络有哪些主要性能指标

计算机网络的主要性能指标有带宽、时延和吞吐量。

1. 什么是带宽

"带宽"(Band Width)原本指的是某个信号具有的频带宽度,单位为赫(或千赫、兆赫等)。计算机网络中的"带宽"则用来表示网络的通信线路所能传送数据的能力,因此网络带宽表示在单位时间内从网络中的某一节点到另一节点所能通过的"最高数据率",即数据率或比特率,单位是比特每秒(bit/s),也称 bps 或 b/s。比特(bit)即为一位二进制位,是计算机中的数据的最小单元,它也是信息量的度量单位。

2. 什么是时延

"时延"(Delay 或 Latency)是指数据(一个报文或分组,甚至比特)从网络(或链路)的一端传送到另一端所需的时间。"时延"是计算机网络一个很重要的性能指标,它有时也称为"延迟"或"迟延","时延"由发送时延、传播时延和排队时延三部分组成。

(1) 发送时延:是指发送数据所需要的时间。发送时延的计算公式是:发送时延＝数据块长度/信道带宽。

(2) 传播时延:是指电磁波在信道中传播一定距离所需要的时间。传播时延的计算公式是:传播时延＝信道长度/电磁波在信道上的传播速率。

(3) 排队时延:又称处理时延,是指数据在交换节点等候发送在缓存的队列中排队所经历的时延。

计算机网络的数据传送时的时延就是以上三种时延的总和:总时延＝传播时延＋发送时延＋排队时延。需要注意的是在总时延中,要根据具体情况看谁占主导地位,只有减少占主导地位的时延才能使总时延减小。

3. 什么是吞吐量

"吞吐量"(Throughout)是指一组特定的数据在特定的时间段经过特定的路径所传输信息量的实际测量值。由于诸多原因使得吞吐量常常远小于所用介质本身可提供的最大数字带宽。决定吞吐量的因素主要有网络互联设备、所传输的数据类型、网络的拓扑结构、网络上的并发用户数量、用户的计算机、服务器、拥塞等。

10.1.5 计算机网络有哪些功能

计算机技术和通信技术结合而形成的计算机网络,不仅使计算机的作用范围超越了地理位置的限制,而且也增大了计算机本身的威力,被越来越广泛的应用于政治、经济、军事、生产及科学技术的各个领域。计算机网络的主要功能包括如下几个方面。

1．数据通信

数据通信即数据传送，是计算机网络的最基本功能之一。计算机网络使计算机与计算机之间能够快速可靠地相互传输数据、程序和信息，从而使地理位置上分散的信息能进行分级或集中的管理与处理。如电子邮件系统，用户可以将计算机网络作为邮局，向网络上的其他计算机用户发送备忘录、报告和报表等；还可以通过视频软件，在网络上欣赏电影、音乐等多媒体数据，甚至召开网络会议，进行面对面的交流。

2．资源共享

充分利用计算机系统资源是组建计算机网络的主要目的之一。网络资源包括硬件、软件和数据资源，通过网络用户能够部分或全部地使用计算机网络资源，使计算机网络中的资源互通有无、分工协作，从而大大地提高各种硬件、软件和数据资源的利用率。

如多个用户可以共享一台网络打印机；可以同时访问数据库服务器，存储和快速检索大量数据；可以利用文件服务器的大容量磁盘保存自己的文件。

3．提高计算机的可靠性和可用性

在单机使用的情况下，硬件故障和单个部件的暂时失效就会引起停机，必须通过替换资源的办法来维持系统的继续运行。但在计算机网络中，每种资源（尤其程序和数据）可以存放在多个地点，而用户可以通过多种途径来访问网内的某个资源，从而避免了单点失效对用户产生的影响。

如"新浪"、"搜狐"这样的大型门户网站，往往采用多台服务器通过网络构成"集群"，当某台服务器发生故障或访问负担过重时，其他服务器可以代为处理，互为后备，从而保证网民正常、快速、不间断地访问。

4．提高计算性能，利于分布式处理

在军事、航天、气象等领域，有很多综合性问题具有大量的计算负载，对计算机的性能提出了很高的要求。在计算机网络中，我们可以通过一定的算法把问题分解，把计算任务分散到不同的计算机上进行分布处理，并最终得出结果。通过网络可以充分利用计算机的相互协作，提高系统的整体性能，而费用和传统的大型机相比则大为降低。

10.1.6 计算机网络是如何分类的

计算机网络的分类标准很多，下面介绍几种分类标准。

1．按覆盖范围分类

按网络覆盖范围的大小，可将计算机网络分为局域网（LAN）、城域网（MAN）、广域网（WAN）和互联网，如表 10.1 所示。网络覆盖的地理范围是网络分类的一个非常重要的度量参数，因为不同规模的网络将采用不同的技术。

表 10.1　计算机网络覆盖范围

分布距离	覆盖范围	网络种类
10 米	房间	局域网
100 米	建筑物	局域网
1 公里	校园	局域网
10 公里	城市	城域网
100 公里	国家	广域网
1000 公里	洲或洲际	互联网

局域网是指范围在几百米到十几公里内办公楼群或校园内的计算机相互连接所构成的计算机网络。计算机局域网被广泛应用于连接校园、工厂以及机关的个人计算机或工作站。

城域网既可以覆盖相距不远的几栋办公楼,也可以覆盖一个城市;既可以是私人网,也可以是公用网。

广域网通常跨接很大的物理范围,如一个国家。广域网通常是公用网或专用网(如银行、军队等单位的专用网络)。

多个网络相互连接构成的集合称为互联网,它最常见形式是多个局域网通过广域网连接起来。请注意这里的"互联网"一词只代表一般的网络互联的意思,而目前普及的"因特网"是互联网的一种,它覆盖了全世界的范围,连接着难以计数的网络和机器。

2. 按拓扑结构分类

网络的拓扑结构是指计算机网络中各个节点(计算机、通信设备等)之间互相连接的结构,目前常见的网络拓扑结构如图 10.4 所示。

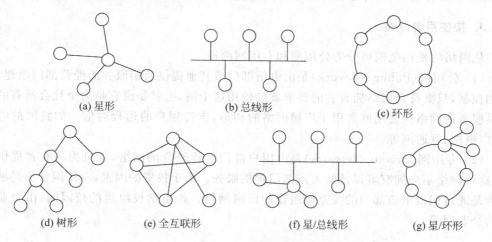

| (a) 星形 | (b) 总线形 | (c) 环形 |
| (d) 树形 | (e) 全互联形 | (f) 星/总线形 | (g) 星/环形 |

图 10.4　网络拓扑结构

(1) 星形结构

如图 10.4(a)所示,存在一个中心节点,任何两个节点之间的通信都要经过中心节点。这种构型结构简单,容易建网,便于管理,但由于通信线路总长度较长,成本高,同时对中心节点的可靠性要求高,中心节点出故障将会引起全网瘫痪。

（2）总线形结构

如图 10.4(b)所示，采用单根传输线作为传输介质，所有的节点直接连接到传输介质或者"总线"上，各节点地位平等，无中心节点控制。总线形拓扑结构可靠性高，易于扩充，使用电缆较少，设备相对简单。但故障隔离困难，如果某个站点发生故障，则需将该站点从总线上拆除；如果传输介质发生故障，则需切断和变换出现故障的总线段或整个总线。

（3）环形结构

如图 10.4(c)所示，各网络节点连成环状，数据信息沿一个方向传送，通过各中间节点存储转发，最后到达目的节点。这种结构简单，总路径长度较短，延迟时间固定。但可靠性低，容易由于某个节点出故障而破坏全网的通信。

（4）树形结构

如图 10.4(d)所示，各节点按层次进行连接，处于层次越高的节点，其可靠性要求越高。这种结构比较复杂，但总线路长度较短，成本较低，容易扩展。

（5）全互联形结构

如图 10.4(e)所示，这种结构的最大优点是可靠性高，一个节点可取道若干条路径到达另一个节点。但所需通信线路长，成本高，路径控制复杂。

（6）混合形结构

比较常见的有星/总线形和星/环形结构，如图 10.4(f)、图 10.4(g)所示。星/总线形拓扑结构是集综合星形拓扑和总线形拓扑的优点，它用一条或多条总线把多组设备连接起来，而这相连的每组设备本身又呈星形分布。对于星/总线形拓扑结构，用户很容易配置和重新配置网络设备；星/环形拓扑结构则是试图取星形拓扑和环形拓扑的优点于一体。对于星/环形拓扑结构，故障诊断方便而且隔离容易，网络扩展简便，电缆安装方便。

3. 按使用者分类

从网络的使用范围可分为公用网和专用网两种。

（1）公用网（Public Network）是由电信部门或其他提供通信服务的经营部门组建、管理和控制，只要符合网络拥有者的要求就能使用这个网，也就是说它是为全社会所有的人提供服务的网络。公用网常用于广域网络的构造，支持用户的远程通信。如我国的电信网、广电网、联通网等。

（2）专用网（Private Network）是由用户部门组建经营的网络，它只为拥有者提供服务，这种网络不向拥有者以外的人或部门提供服务。由于投资的因素，专用网常为局域网或者是通过租借电信部门的线路而组建的广域网。如由学校组建的校园网、由企业组建的企业网等。

10.2 数据通信基础

计算机网络是计算机技术与通信技术相结合的产物。计算机网络萌芽阶段的联机系统是利用电话通信手段把终端和计算机连接起来，后期的通信网络和当代的开发系统互联网络中,则需要使用现代通信手段,实现网络的互联。可以说数据通信是计算机网络的基础,没有数据通信技术的发展,就没有计算机网络的今天。

10.2.1 数据通信有哪些基本概念

1. 数据

通信的目的是传输信息。数据是传递信息的有意义的实体,是表征事物的形式,例如文字、声音和图像等。数据可分为模拟数据和数字数据两类。

模拟数据是指在某个区间连续变化的物理量,例如声音的大小和温度的变化等。

数字数据是指离散的不连续的量,例如文本信息和整数。

2. 信号

信号是数据的电编码或电磁编码。信号在通信系统中也可以分为模拟信号和数字信号。

模拟信号是指一种连续变化的电信号,它用电信号模拟原有信息。显然模拟信号的取值可以有无限多个。例如电话线上传送的按照话音强弱幅度连续变化的电波信号,如图 10.5(a)所示;数字信号是指一种离散变化的电信号,它的取值是有限多个。例如计算机产生的电信号就是"0"和"1"的电压脉冲序列串,如图 10.5(b)所示。

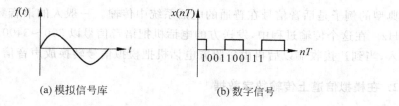

(a) 模拟信号库   (b) 数字信号

图 10.5　模拟信号和数字信号

虽然模拟信号与数字信号有着明显的差别,但二者之间并不存在不可逾越的鸿沟,在一定条件下它们是可以相互转化的。模拟信号可以通过采样、编码等步骤变成数字信号,而数字信号也可以通过解码、平滑等步骤恢复为模拟信号。

需要指出的是:模拟数据和数字数据均可由模拟信号或数字信号表示和传输。例如声音数据是一个模拟数据,它可以直接由模拟信号传输(如普遍使用的电话),也可以由数字信号表示和传输,这时需要有一个变换设备(称作编码/译码器)将模拟数据转换为数字信号;同样,数字数据可以由数字信号直接表示,也可以通过一个变换器(称作调制/解调器)由模拟信号来表示和传输。

3. 模拟通信和数据通信

利用模拟信号来传递消息称为模拟通信,普通的电话、广播、电视等都属于模拟通信。模拟信号传送一定距离后,由于幅度衰减而失真,所以在长距离传送时,需要在沿途加若干放大器将信号放大。但放大器同时放大了噪声,同样引起误差。

利用数字信号来传递消息称为数字通信,计算机通信、数字电话以及数字电视都属于数字通信。近年来,数字通信无论在理论上还是技术上都有了突飞猛进的发展。数字通信和模拟通信相比,具有抗干扰能力强、可以再生中继、便于加密、易于集成化等一系列优点,因而成为现代通信系统的一个重要发展方向。

4. 数据传输速率

比特(bit)是二进制数字的缩写,即计算机中常用的术语"位",在数据通信中用它来度量传输的信息量。

数据传输速率也叫数据率,即每秒钟传输多少位数据,单位为比特/秒,记作 b/s。

10.2.2　什么是数据传输

数据传输以信号传输为基础,在理想情况下,接收信号应与发送信号完全一样。然而,实际传输中,信号会发生衰减、变形,从而使接收信号与发送信号不一致,甚至使接收端不能正确识别信号携带的信息。数据传输质量的好坏,除与发送和接收设备性能有关外,主要取决于所传输信号的质量和传输介质的性能。

1. 在模拟信道上传输模拟数据

典型的例子是话音信号在普通的电话系统中传输。一般人的语音频率范围是 $300 \sim 3400\,Hz$。在这个传输过程中,发送方的电话机把语音信号以 $300 \sim 3400\,Hz$ 频率的模拟信号输入,当到达接收端以后再由接收方电话机把模拟信号转换成声音信号。

2. 在模拟信道上传输数字数据

计算机和终端设备都是数字设备,只能接收和发送数字数据,而电话系统只能传输模拟信号,因而需要对数据进行转换。把数字数据转换成模拟信号,以便它能在模拟信道上传输的变换过程叫调制,这个变换器叫调制器;在接收端再对这个信号进行反变换,即又把它变回数字信号的过程叫解调,这个变换器叫解调器。由于计算机和终端设备之间的数据通信一般是双向的,所以把这两个设备合在一起形成我们通常所说的调制解调器(Modem)。

常见的调制方法如图 10.6 所示,有以下几种。

调幅:利用模拟信号的不同振幅分别表示数字数据 0 和 1。

调频:利用模拟信号的不同频率分别表示数字数据 0 和 1。

调相:利用模拟信号的不同相位分别表示数字数据 0 和 1。

3. 在数字信道上传输模拟数据

用数字信道传输模拟数据时,需要对模拟数据进行脉冲编码调制(PCM),PCM 的过程包括采样、电平量化和编码三个步骤,如图 10.7 所示。

取样是每隔一定的时间间隔,把模拟信号的值取出来作为样本,以代表原信号。

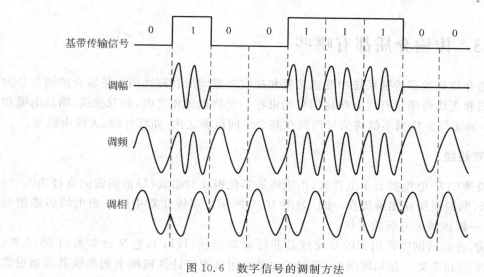

图 10.6　数字信号的调制方法

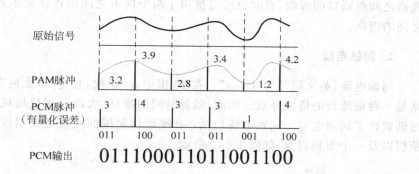

图 10.7　PCM 转换过程

　　量化是决定样本属于哪个量级,并将其幅度按量化级取整。经过量化后的样本幅度取离散的整数值,而不是连续值了。

　　编码是用相应位数的二进制码来表示已经量化的取样样本的量级。如取 N 个量化级,则二进制位的位数应 $\log_2 N$。在我国使用的 PCM 体制中,电话信号是采用 8bit 编码,也就是说,将取样后的模拟电话信号量化为 256 个不同等级中的一个。

4. 在数字信道上传输数字数据

　　这种方式最典型的例子是两个计算机通过网线直接相连。在这种情况下通信的双方发出的数据和接收的数据以及在信道上所传输的全部都是数字信号。

　　对于数字数据在数字信道上传输来说,最普遍而且最容易的办法是用两个不同的电压电平来表示两个二进制数字。例如,用负电压(低电平)表示 0,正电压(高电平)表示 1。这种方法称为不归 0 制(NRZ),如图 10.8 所示。

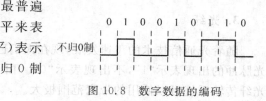

图 10.8　数字数据的编码

10.2.3　传输介质都有哪些

传输介质是数据传输系统中发送装置和接收装置间的物理媒质。传输介质通常分为有线介质和无线介质。有线介质将信号约束在一个物理导体之内,如双绞线、同轴电缆和光纤等;而无线介质则不能将信号约束在某个空间范围之内,如红外线、无线电波等。

1.　双绞线

双绞线(TP)电缆类似于电话线,由绝缘的彩色铜线对组成,每根铜线的直径为0.4～0.8毫米,两根铜线互相缠绕在一起,如图 10.9 所示。双绞线对中的一根电线传输信号信息,另一根被接地并吸收干扰。

目前,在局域网中常用到的双绞线是非屏蔽双绞线(UTP),它又分 3 类、4 类、5 类、超 5 类、6 类和 7 类。在局域网中,双绞线主要是用来连接计算机网卡到集线器或通过集线器之间级联口的级联,有时也可直接用于两个网卡之间的连接或不通过集线器级联口之间的级联。

2.　同轴电缆

同轴电缆,英文简写为"Coax"。在 20 世纪 80 年代,它是"以太网"的基础,并且多年来是一种最流行的传输介质。然而,随着时间的推移,大部分现代局域网中,双绞线电缆逐渐取代了同轴电缆。同轴电缆包括:有绝缘体包围的一根中央铜线、一个网状金属屏蔽层以及一个塑料封套,如图 10.10 所示。

图 10.9　双绞线

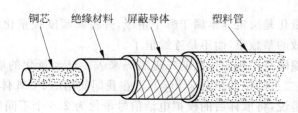

图 10.10　同轴电缆

广泛使用的同轴电缆有两种。一种是阻抗为 50Ω 的基带同轴电缆,另一种是阻抗为 75Ω 的宽带同轴电缆。基带同轴电缆主要用于传输数字信号,可以作为计算机局域网的传输介质;宽带同轴电缆可以传输模拟信号和数字信号。

3.　光纤

随着光通信技术的飞速发展,现在人们已经可以利用光导纤维来传输数据。人们用光脉冲的出现表示"1",不出现表示"0"。由于可见光所处的频段为 10^8 MHz 左右,因而光纤传输系统可以使用的带宽范围极大。

　　光纤的中心部分包括了一根或多根玻璃纤维,通过从激光器或发光二极管发出的光波穿过中心纤维来进行数据传输。在光纤的外面,是一层玻璃,称为包层,它如同一面镜子,将光反射回中心。在包层外面,是一层塑料的网状聚合纤维,以保护内部的中心线,起屏蔽作用。最后一层塑料封套覆盖在网状屏蔽物上,如图 10.11 所示

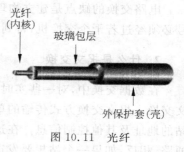

图 10.11　光纤

　　在网络中,光纤目前主要用作主干线,然而专家预计,在下一个十年中,光纤将逐渐代替非屏蔽双绞线成为将数据传输到台式机的主要方式。光纤的优点有几乎是无限的吞吐量、非常高的抗噪性以及极好的安全性。

4. 无线介质

　　信息时代的人们对信息的需求是无止境的。很多人需要随时与社会或单位保持在线连接,对于这些移动用户,双绞线、同轴电缆和光纤都无法满足他们的要求。他们需要利用笔记本计算机、掌上型计算机随时随地获取信息,而无线介质可以帮助解决上述问题。

　　无线介质是指信号通过空气传输,信号不用被约束在一个物理导体内。无线介质实际上就是无线传输系统,主要包括无线电、微波和卫星通信等。

10.2.4　什么是数据交换

　　数据通信最简单的方式是在两个由传输线路直接相连的节点间进行的通信,即点到点通信。按照这种方法,要实现一个网络内多个节点之间的通信,就需要将每个节点都与其他节点直接连通。这样做将使系统的成本非常大,并且随着现代网络规模和覆盖范围的不断增大,为每个节点之间建立连接已经成为一件不可能的事,这时就需要用到数据交换技术。

　　数据交换也叫数据转接,它是在一定网络范围内(如一个办公室或一幢建筑)设置一个交换设备,承担着把从各节点来的信息转接到其他节点去的任务,交换设备本身也是网络中的一个节点。通过数据交换,节点间用存储转发的方式传送数据,也就是说从源节点到目的节点的数据通信需要经过若干个中间节点的转接。

　　数据交换方式可分为电路交换、报文交换和报文分组交换(也叫包交换)三大类。

1. 什么是电路交换

　　电话系统中的交换局是一种典型的电路交换,通过电路的转接,在交换机输入与输出之间建立用户所需的通信线路。线路一旦接通之后,相连接的两用户便可进行直接通信。在通信过程中,交换机对通信双方的信息内容不进行任何干预,电路交换只是为通信双方提供建立线路的接续。

　　电路交换技术有两大优点:第一是传输延迟小,唯一的延迟是物理信号的传播延迟;第二是一旦线路建立,便不会发生冲突。第一个优点得益于一旦建立物理连接,便不再需

要其他的交换开销;第二个优点来自独享物理线路。

电路交换的缺点是建立物理线路所需的时间比较长。在数据开始传输之前,呼叫信号必须经过若干个交换机,得到各交换机的认可,并最终传到被呼叫方。

2. 什么是报文交换

在数据交换中,对一些实时性要求不高的信息,可以采用另一种数据交换的方法叫报文交换。报文交换方式传输的单位是报文,在报文中包括要发送的正文信息和指明收发站的地址及其他控制信息。在这种报文交换方式中,不需要在两个站之间建立一条专用通路,相反,如果一个站想要发送一个报文给另一站,它只要把一个目的地址附加在报文上,然后发送整个报文即可。报文从发送站到接收站,中间要经过多个节点,在这每个中间节点中,都要接收整个报文,暂存这个报文,然后转发到下一个节点,如此循环往复直至将数据发送到目的节点,故又称存储转发。

3. 什么是报文分组交换

报文分组交换是国际上计算机网络普遍采用的数据交换方式。分组交换技术是报文交换技术的改进。在分组交换网中,用户的数据被划分成一个个分组(也称"包"),每个分组包括数据部分、地址、分组编号、校验码等传输控制信息,而且分组的大小有严格的上限,典型的最大长度是 1000 位到几千位。报文分组交换允许每个报文分组走不同的路径,然后在目的节点进行组装,生成完整的报文。

报文交换和分组交换较电路交换具有如下优点:线路利用率高;在接收节点"忙"的时候,可以暂存信息;可建立报文优先级;能够在网络上实现报文的差错控制和纠错处理等。但它们的网络延迟长,不宜于进行实时通信。

10.3 计算机网络体系结构与协议

10.3.1 什么是计算机网络体系结构

计算机网络系统是一个十分复杂的系统,为了简化计算机网络设计的复杂程度,一般将网络功能分成若干层,每层完成确定的功能,下层为上层提供服务,上层利用下层的服务。不同机器上的同等功能层之间采用相同的协议,同一机器上的相邻功能层之间通过接口进行信息传递。然而,在网络发展过程中,已建立的网络系统结构很不一致,互不相容,难以相互连接。为此,许多标准化机构积极开展了网络体系结构标准化方面的工作,其中最为著名的就是国际标准化组织 ISO 于 1984 年提出的开放系统互联参考模型 OSI/RM(Open System Interconnection/Reference Model)。OSI 参考模型是研究如何把开放式系统(即为了与其他系统通信而相互开放的系统)连接起来的标准,它是一个 7 层模型,如图 10.12 所示,现已经为许多厂商所接受,作为指导发展计算机网络的标准协议。

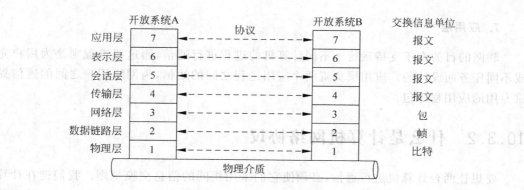

图 10.12 OSI 参考模型

1. 物理层

物理层是 OSI 模型的第 1 层。其任务是实现网内两实体间的物理连接,按位串行传送比特流,将数据信息从一个实体经物理信道送往另一个实体,向数据链路层提供一个透明的比特流传送服务。

2. 数据链路层

数据链路层的主要功能是对高层屏蔽传输介质的物理特征,保证两个邻接节点间的无错数据传输,给上层提供无错的信道服务。

3. 网络层

网络层的主要功能是完成网络中主机间的报文传输,其关键问题之一是使用数据链路层的服务将每个报文从源端传输到目的端。

4. 传输层

传输层的目的是提供一种独立于通信子网的数据传输服务,使源主机与目标主机之间像点对点简单地连接起来的一样。

5. 会话层

会话层的任务是为不同系统中的两个进程建立会话连接,并管理它们在该连接上的会话。

6. 表示层

表示层完成许多与数据表示有关的功能。这些功能都是用户频繁使用的,常常由用户所拥有的例行程序所完成。值得一提的是,表示层以下各层只关心从源主机到目标机可靠地传送比特流,而表示层关心的是所传送的信息的语法和语义。

7. 应用层

联网的目的在于支持运行于不同计算机的进程进行通信，而这些进程则是为用户完成不同任务而设计的。应用层负责两个应用进程之间的通信，为网络用户之间的通信提供专用的应用程序包。

10.3.2　什么是计算机网络协议

要想让两台计算机进行通信，必须使它们采用相同的信息交换规则。我们把在计算机网络中用于规定信息的格式以及如何发送和接收信息的一套规则称为网络协议或通信协议。计算机网络协议是由语意、语法、规则三要素组成的。根据 OSI 模型常用的网络协议有物理层协议、数据链路层协议、网络层协议、传输层协议和高层协议。

10.4　什么是局域网

局域网(Local Area Network, LAN)是将较小地理区域内的各种数据通信设备连接在一起的通信网络。一般是连接企业、工厂和学校内的一个楼群、一栋楼或一个办公室里的数据通信设备，以便实现共享资源、文件管理、工作组内的日程安排、电子邮件和传真通信服务等功能。近年来随着计算机，特别是 PC(个人计算机)机应用的不断普及，局域网得到了迅速发展。局域网技术对计算机信息系统的发展具有很大影响，目前已经广泛地应用于办公自动化、工厂自动化、实验室自动化以及学校、科研单位、农业、商业、军事等部门。

10.4.1　什么是局域网结构

一个局域网通常由客户机、服务器、通信设备和传输介质组成，见图 10.13。

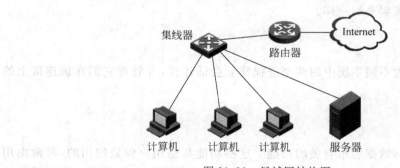

图 10.13　局域网结构图

客户机又称工作站。当一台计算机连接到局域网上时，这台计算机就成为局域网的一个客户机。一般一台客户机归一个用户专用，用户通过它可以与网络交换信息，共享网络资源。现在的客户机都用具有一定处理能力的 PC 机来承担。

服务器是整个网络系统的核心,它为网络用户提供服务并管理整个网络,在其上运行的操作系统是网络操作系统。随着局域网络功能的不断增强,根据服务器在网络中所承担的任务和所提供的功能不同把服务器分为:文件服务器、打印服务器、通信服务器和数据库服务器等。但在一些小型的对等网络中,也可以没有服务器,只有客户机。

网络通信设备是指连接各个计算机(包括服务器与客户机)之间的物理设备,常见的有网络适配器、集线器和交换机等。

局域网中常见的传输介质包括双绞线、同轴电缆和光纤。目前新兴的无线局域网,也采用红外线、微波等无线介质。

10.4.2 局域网有哪些通信设备

1. 网络适配器

网络适配器 NIC(Network Interface Card)也就是俗称的网卡。网卡是构成计算机局域网络系统中最基本的、最重要的和必不可少的连接设备,计算机主要通过网卡接入局域网络。它们能够使工作站、服务器、打印机或其他节点通过网络介质接收并发送数据,属于 OSI 模型的物理层。

网卡的类型根据计算机总线和网络拓扑结构被划分成不同的型号,包括 ISA(工业标准结构)、MCA(微通道结构)、EISA(扩展的工业标准结构)和 PCI(外围部件互联)等。目前常用的是 PCI 网卡,它的速度较快,并且网络配置也相对简单。

另外,按照网卡的工作速度又可分为 10Mb/s、100Mb/s、10/100Mb/s 自适应和 1000Mb/s 几种网卡。同时还有一种专门为笔记本电脑设计的专用网卡 PCMCIA,以及随着近几年来无线局域网技术而产生的无线局域网网卡,见图 10.14。

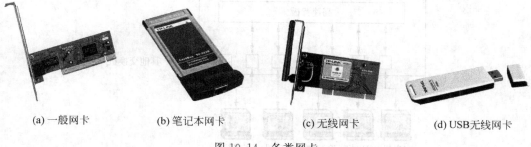

(a) 一般网卡   (b) 笔记本网卡   (c) 无线网卡   (d) USB无线网卡

图 10.14   各类网卡

2. 集线器

集线器又称集中器,也就是俗称的 HUB。集线器是把来自不同计算机网络设备的电缆集中配置于一体,它是多个网络电缆的中间转接设备,是对网络进行集中管理的主要设备,如图 10.15 所示。同时集线器对接收到的信号进行再生放大,以扩大网络的传输距离。

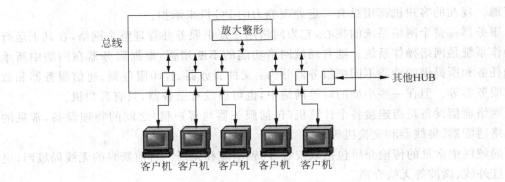

图 10.15 集线器结构

集线器有利于故障的检测和提高网络的可靠性。另外,集线器能自动指示有故障的工作站,并切除其与网络的通信。集线器一般分为独立式集线器、叠加式集线器、模块式集线器和智能型集线器等。

从图 10.15 可以看出,集线器连接的多个设备共享一根总线。这就决定了任一时刻,只能有两台设备通过集线器传输数据,否则会造成数据混乱。如果客户机发送数据时,总线已经被其他设备占用,则必须等待,直到总线空闲。因而通过集线器连接的网络,数据传输效率较低,在客户机数量很多的场合,情况尤为严重。

3. 交换机

随着人们对数据传输要求不断提高,交换机在局域网中的应用越来越普及。和集线器相比,交换机提供了更为丰富的功能,同时很好地解决了集线器中总线冲突的问题,允许多台设备同时进行数据通信,提高了网络带宽的利用率和数据的传输速度。交换机的结构如图 10.16 所示。

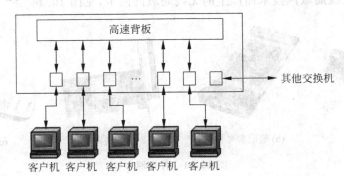

图 10.16 交换机结构

交换机用“高速背板”替代总线,高速背板允许多个设备之间同时通信,从而大大提高了网络的传输速度。同时交换机具备流量控制、数据缓存等功能,目前最新的三层交换机还具备路由选择功能,可以在一些简单的场合替代路由器实现不同网络之间的互联,如图 10.17 所示。

图 10.17　交换机

10.4.3　局域网有哪些常用协议

局域网中最常见的协议是 NETBEUI、IPX/SPX 和 TCP/IP 三个协议。其中，Microsoft 公司的 NETBEUI 适合小型局域网通信；Novell 公司开发的 IPX/SPX 比较适合网络游戏；TCP/IP 为 Internet 协议。如此可见 TCP/IP 协议是这三个协议中最重要的一个协议，作为互联网的基础协议，任何和互联网有关的操作都离不开 TCP/IP 协议。

10.4.4　目前常用哪些局域网

目前常用的局域网有：以太网和令牌环网。

1. 什么是以太网

以太网(Ethernet)最早由 Xerox 公司著名的 PARC(Palo Alto Research Center)研究中心于 1973 年建造。它是一种总线型局域网，采用同轴电缆、双绞线和光纤作为传输介质，数据传输率为 1～10Mb/s。

由于共用一根总线，因此当客户机需要发送信号时，首先要"侦听"总线是否空闲，如果空闲再发送。

为了更好地解决电缆故障的问题，现在广泛采用一种新的接线方式，即将所有的站点通过双绞线连接到中心集线器上，构成星形结构，这种方式被称作 10Base-T。10Base-T 的结构使得网络节点的加入和移去都变得十分简单，对电缆故障的检测也非常容易。

2. 什么是令牌环网

环形网的研究已有多年的历史，但是比起其他局域网技术，环形网的研究进展要缓慢得多。令牌环网(Token Ring)是环形网的一种，它采用双绞线作为传输介质，数据传输率可以为 1Mb/s 或 4Mb/s。

令牌环网的原理是使用一个称为"令牌"的数据包，当环上所有的站点都处于空闲时，令牌沿着环不停旋转。当某一站点想发送数据时必须等待，直至检测到经过该站点的令牌为止。这时，该站点可以将令牌抓住，并将自己要发送的数据(包括目的地址)附带在令牌上。接收站点检测到令牌时，会从令牌上接收数据。数据接收完毕，发送站点负责将数据从令牌中删去,并让空白令牌继续在环中旋转。由于网上只有一个令牌,因此一次只能有一个站点发送,不会发生数据冲突。

10.4.5 局域网有哪些常用服务

局域网中常用的操作和服务有文件共享、共享打印机、数据库服务器。

1. 文件共享

通过局域网,用户可以方便地把本机的文件夹共享给网络上的其他用户。以Windows 操作系统为例,用户可以在资源管理器中右键单击需要共享的文件夹,在出现的快捷菜单上选择"共享",在"共享"对话框做必要的设置后就允许他人使用本机的文件资源,如图 10.18 所示。

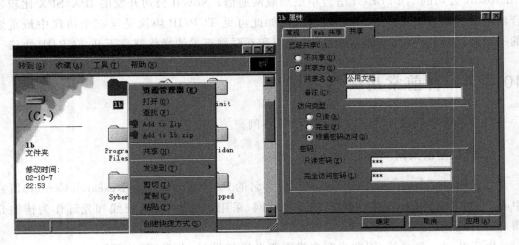

图 10.18　文件共享

用户可以输入一个共享文件夹的名称,还可以选择其他用户访问该文件夹的权限,包括只读、完全访问和根据密码访问三种权限。

2. 共享打印机

在局域网中,多个用户可以共用一台打印机,通过网络实现文档和图片的打印。在网络中共享打印机的步骤如下:

首先,拥有打印机的用户(其客户机直接和打印机相连)按照文件共享步骤,设置打印机为共享;其次,需要使用打印功能的客户通过"开始"→"设置"→"打印机"→"添加打印机",并在向导窗口中选择"网络打印机"选项,即可安装网络打印机。对于常用型号的打印机,也可以通过"开始"→"运行",直接输入对方机器的 IP 地址(如 192.168.1.229),并双击打印机图标,来完成网络打印机的功能。一旦安装完成了打印机,用户可以直接使用,就像本机已经连接了一台打印机一样方便。

第 10 章 计算机网络

3. 数据库服务器

用户可以在局域网中的一台服务器上安装数据库管理系统,如 Oracle、SQL Server、Sybase 等,把它作为数据库服务器,存储和管理其他用户的数据。其他的客户机用户通过相应的数据库客户端软件,就能访问数据库服务器,执行数据检索、更新、增加、删除等操作。

10.4.6 什么是高速局域网

随着通信技术的发展以及用户对网络带宽需求的增加,迫切需要建立高速的局域网。下面介绍几种常见的高速局域网。

1. FDDI 网络

光纤分布式数据接口(Fiber Distributed Data Interface,FDDI)是世界上第一个高速局域网标准。它利用光纤通信技术的最新成果,以令牌环网技术为基础,开发出一种称为反向双环的技术,提高了网络系统的可靠性,扩大了带宽利用率,达到了大容量数据传输的目的。目前 FDDI 网的标准速率为 100Mb/s,最高可达 2.4Gb/s。

2. 快速以太网

由于 FDDI 协议过于复杂,且芯片价格昂贵,因而除了在主干网市场外,FDDI 很少被使用。1992 年,IEEE 委员会在传统以太网的基础上开发了快速以太网,面向 10Mb/s 以上的市场,填补了 FDDI 的空白。

3. 千兆位以太网

千兆位以太网是近期推出的高速局域网技术,以适应用户对网络带宽的需求。其数据传输率为 1000Mb/s。传输介质可以采用阻抗为 150 欧姆的屏蔽双绞线、5 类非屏蔽双绞线和光纤。

千兆位以太网与快速以太网相比,有其明显的优点。千兆位以太网的速度 10 倍于快速以太网,但其价格只为快速以太网的 2~3 倍。而且从现有的传统以太网与快速以太网可以平滑地过渡到千兆位以太网,并不需要掌握新的配置、管理与排除故障技术。

4. 万兆以太网

IEEE 于 1999 年 3 月开始从事 10Gb/s 以太网的研究,其正式标准是 802.3ae 标准,于 2002 年 6 月完成。万兆以太网技术与千兆以太网类似,仍然保留了以太网帧结构,通过不同的编码方式或波分复用提供 10Gb/s 传输速度。万兆以太网传输介质为多模光纤或者单模光纤。

10.4.7　局域网组建案例

在已经学习了网络基本知识的基础上,本节以组建一个对等型网络为例来介绍局域网的组建。从广义上看,客户机/服务器模式的网络,其实也是架构在对等网基础上的,局域网的发展与对等型网络是密不可分的,很多其他类型的网络也是从对等网衍生并发展出来的,对于小规模的网络用户来说,学会对等网的组建有着极大的应用价值。对等网一般适用于家庭或小型办公室中的几台或十几台计算机的互联,不需要太多的公共资源,只需简单地实现几台计算机之间的资源共享即可。在组建对等型网络时,用户可选择总线形网络结构或星形网络结构,本例采用的是星形结构构建局域网,如图 10.19 所示。

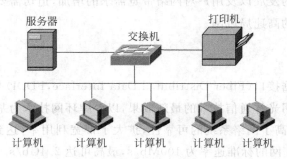

图 10.19　对等网络实验的拓扑结构

在此案例中我们所需的硬件有交换机、服务器(不是必需的)、打印机、内置网卡计算机若干台;由于 Windows XP 的网络功能非常强大,用户只需简单操作,即可方便地组建自己的局域网络。所以我们选用 Windows XP 操作系统。下面开始对等网的组建。

1. 安装硬件

首先按不同种设备连接方式(既网线的两头均按 568B 标准排序)做好网线,并分别用网线将计算机、打印机、服务器与交换机相连。至此就完成了网络的物理连接。

2. 安装适配器(网卡)驱动

由于 Windows XP 操作系统中内置了各种常见硬件的驱动程序,兼容性极强,安装网络适配器非常简单。目前市场上出售的网卡,绝大多数都能被 Windows XP 自动识别,我们只需将网络适配器正确安装在主板上,系统即会自动安装其驱动程序,无须用户手动配置。对于不常见的网络适配器的安装,本书的其他章节中已提过如何安装硬件驱动,此节就不重复介绍了。

3. 配置网络协议

(1) 协议的配置主要是通过打开"本地连接"对话框来进行操作的,其方法有以下两种。

方法一：右击桌面"网络邻居"图标→选择"属性"命令→打开"网络连接"选项，可以看到包含了"本地连接"图标的界面，如图 10.20 所示。

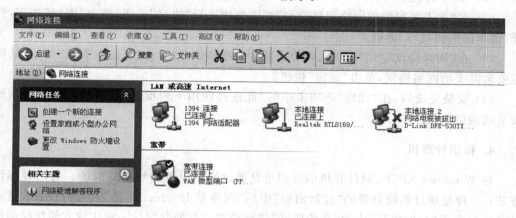

图 10.20 "网络连接"对话框

方法二：单击"开始"按钮→选择"设置"→选择"控制面板"→打开"网络连接"选项，同样可以看到包含"本地连接"图标的界面。

（2）在该对话框中，右击"本地连接"图标，在弹出的快捷菜单中选择"属性"命令。

（3）打开"本地连接 属性"对话框中的"常规"选项卡，如图 10.21 所示。

（4）在该选项卡中选中"Internet 协议（TCP/IP）"，并单击下面的"属性"，打开"Internet 协议（TCP/IP）属性"对话框，如图 10.22 所示。选择"使用下面的 IP 地址（S）"，输入规划好的 IP 地址和子网掩码，并单击"确定"返回"本地连接 属性"对话框，单击对话框的"确定"按钮，设置立即生效，不用重新启动计算机。

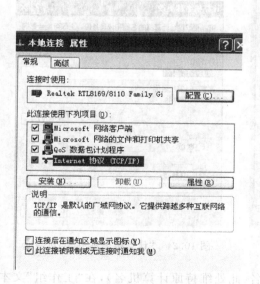

图 10.21 "本地连接 属性"对话框

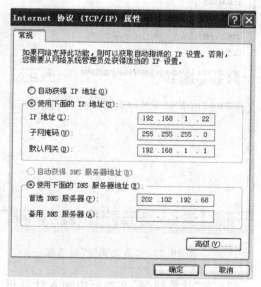

图 10.22 "Internet 协议（TCP/IP）属性"对话框

如需添加其他的网络协议,具体步骤如下:

(1) 在"本地连接 属性"中单击"安装"按钮,打开"选择网络组件类型"对话框。

(2) 在"单击要安装的网络组件类型"列表框中选择"协议"选项,单击"添加"按钮,打开"选择网络协议"对话框。

(3) 在"网络协议"列表框中选择要安装的网络协议,或单击"从磁盘安装"按钮,从磁盘安装需要的网络协议,单击"确定"按钮。

(4) 安装完成后,在"常规"选项卡中的"此连接使用下列项目"列表框中即可看到所安装的网络协议。

4. 标识计算机

在 Windows XP 下,对计算机的标识也是通过网络设置向导来完成的。有两种标识方法:一种是通过系统自带的"控制面板"中的"网络和 Internet 连接"来进行设置;另一种是通过桌面"我的电脑"中的"系统属性"进行设置。此处介绍后一种比较方便快捷的设置方式。

(1) 按顺序选择"我的电脑"→"属性"→"系统属性"→"计算机名"选项卡,如图 10.23 所示。

(2) 选择"更改"→"计算机名称更改",如图 10.24 所示,在这里用户可以根据自己的需要来规范计算机的标识。

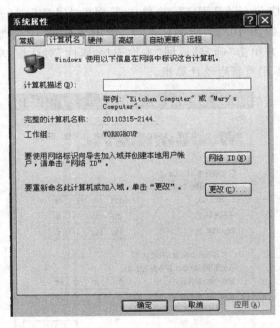

图 10.23 "系统属性"对话框

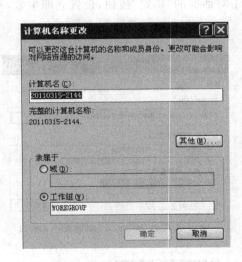

图 10.24 "计算机名称更改"对话框

(3) 在"计算机名"文本框中输入计算机名(此处维持原计算机名),在"工作组"文本框中输入工作组名(此处维持原工作组名),单击"确定"按钮,返回"系统属性"对话框。

5. 网络测试

单击"开始"→"运行",在"运行"对话框中输入"CMD"并单击"确定"按钮,如图 10.25 所示。

在弹出的 DOS 窗口中输入同网段的任意一台主机 IP 地址,如 192.168.1.1,如果如下出现 4 个回应包,如图 10.26 所示。

图 10.25 "运行"对话框

```
Reply from 192.168.1.1: bytes = 32 time = 1ms TTL = 64
Reply from 192.168.1.1: bytes = 32 time < 1ms TTL = 64
Reply from 192.168.1.1: bytes = 32 time < 1ms TTL = 64
Reply from 192.168.1.1: bytes = 32 time < 1ms TTL = 64
```

则说明网络安装成功;反之,则说明网络仍有问题,需要进一步的诊断和修复。

图 10.26 DOS 测试窗口

6. 网络打印机的安装

网络共享打印机安装有两种方式:一种是将打印机与网络中的服务器或某一台主机相连;另一种是将打印机与交换机相连。这两种连接方式有着本质的区别,前一种不仅要求网络畅通,而且要求与打印机相连的计算机必须开着,否则同网段的其他用户将无法共享这台打印机;后一种连接方式,只要网络畅通,同网段的用户均可共享此台打印机。

第一种连接方式的网络打印机的安装步骤如下:先在本地计算机上安装打印机并设置为共享,然后再在同一网络上的其他计算机上安装网络打印机(安装网络打印机程序)并使用网络打印机,就是使用原来在本地计算机上安装的那台打印机。

安装网络打印机的操作步骤如下:

(1) 在"打印机"窗口中双击"添加打印机"图标,启动"添加打印机向导",单击"下一步"按钮,在出现的"本地或网络打印机"对话框中选择"网络打印机"。

(2) 单击"下一步"按钮,打开"查找打印机"对话框。可以在活动目录上查找,或在 Internet 上查找;如果知道网络打印机的位置和名称,还可直接在"名称"栏中键入打印机的路径和名称,或者单击"下一步"按钮,打开"浏览打印机"对话框,可在"共享打印机"列表框中看到域中所有共享的打印机及计算机。

（3）选择要安装的打印机后，单击"下一步"按钮，打开设置"默认打印机"对话框，可选择是否将该打印机设置为默认的打印机。

（4）单击"下一步"按钮，完成添加打印机向导，单击"完成"按钮，网络打印机安装成功，这时，在打印机窗口中增加了一个网络打印机图标。

第二种连接方式的网络打印机安装方法是，将打印机随机带的网络安装程序（一般有服务端程序和客户端程序），分别将服务端程序安装在服务器中（如果网络中没有服务器，也可指定任意一台计算机作为打印服务器），客户端程序安装在网络中的其他计算机中即可共享这台打印机了。

10.5　什么是广域网

广域网（WAN）通常跨接很大的物理范围，能连接多个城市或国家并能提供远距离通信。通常广域网的数据传输速率比局域网低，而信号的传播延迟却比局域网要大得多。广域网的典型速率是从 56Kb/s 到 155Mb/s，现在已有 622Mb/s、2.4Gb/s 甚至更高速率的广域网，传播延迟可从几毫秒到几百毫秒。

10.5.1　广域网的基本结构

广域网是一种连接两个以上地理位置并且类型不同的局域网或终端的网络，如图 10.27 所示。它由许多交换设备（主要是路由器和交换机）组成，交换设备之间采用点到点线路连接。这些交换设备实际上就是一台计算机，由处理器和输入/输出设备进行数据包的收发处理。广域网采用的传输介质包括专线、光纤、微波、卫星信道等。

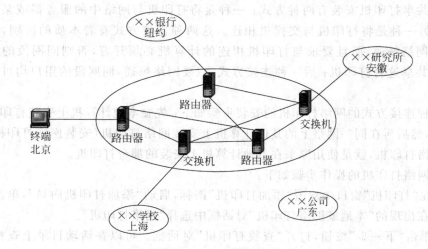

图 10.27　广域网结构

10.5.2 路由器

路由器是广域网中应用最为普遍的通信设备。它负责连接地理上分散的不同网络，完成它们之间的数据交换和通信，如图 10.28 所示。路由器的主要功能包括如下两项。

1. 路由选择

广域网覆盖的地理范围很广，网络中两个节点之间的通信往往要经过很多个中间节点，同时网络中各个信道的状态也处于动态变化中，因而为了保证数据传输的质量，需要在多条可能的传输路径中选择一条正确且代价最小的路径，这就是路由选择，或称最佳路径选择。

图 10.28　路由器

2. 网络互联

广域网中的各个子网和终端，不仅距离遥远，往往还采用不同类型的网络和协议。例如终端 A 可能通过 ADSL 或远程拨号访问广域网，而他要访问的校园网可能采用以太网或令牌环网。因而路由器需要提供多种规格的接入端口，并能实现在不同协议之间进行数据转换。目前路由器都提供可拆卸的"模块"，一个模块就对应一种端口和协议，包括以太网端口、令牌环网端口、FDDI 端口、ISDN 端口、X.25 端口、DDN 端口等。用户可以根据实际接入网络和终端的类型，灵活地选配相应的模块。

除了以上两种主要功能，路由器一般还提供分组过滤、流量控制、数据压缩、加密、容错以及安全等功能。

10.5.3 广域网有哪几种常见的传输方式

下面简要介绍几种常用的广域网，包括公用交换电话网（PSTN）、综合业务数字网（ISDN）、分组交换网（X.25）、帧中继（FR）、数字数据网（DDN）和异步传输模式（ATM）。

1. PSTN

PSTN（Public Switched Telephone Network，公用交换电话网），即大多数家庭使用的典型的电话网络。它是以电路交换技术为基础的用于传输模拟话音的网络。

终端用户和局域网可以通过调制解调器（Modem）和 ADSL 伺服器经远程拨号和租用专线接入 PSTN。PSTN 的主干网通过光纤、铜双绞线、微波和卫星来构建。使用PSTN 实现计算机之间的数据通信是最廉价的，但由于 PSTN 线路的传输质量较差，而且带宽有限，再加上 PSTN 交换机没有存储功能，因此 PSTN 只能用于对通信质量要求不高的场合。

2. ISDN

ISDN(Integrated Services Digital Network,综合业务数字网)是一种国际标准。它是国际电信联盟(International Telecommunications Union,ITU)为了在数字线路上传输数据而开发的。与 PSTN 一样,ISDN 使用电话线路进行拨号连接;但它和 PSTN 又截然不同,可以同时传输两路话音和一路数据。

3. X. 25 和帧中继

X. 25 是一种模拟的包交换技术,最初为了提供主机和远程终端间的通信而开发,它是 ITU 在 20 世纪 70 年代中期设计和标准化的。和电路交换相比,包交换方式的带宽利用率更高,能提供更快的传输速率。目前 X. 25 支持 64Kb/s 的吞吐量。并且由于包的大小可以不同,因而比电路交换方式更灵活。

帧中继是一种更新的数字式 X. 25,它也采用包交换技术。由于它是数字式的,帧中继能够支持比 X. 25 更高的带宽,并提供 1.5Mb/s 的最大吞吐量。

4. DDN

数字数据网(Digital Data Network,DDN)是一种利用数字信道提供数据通信的传输网,主要提供点到点及点到多点的数字专线或专网。DDN 的传输介质主要有光纤、数字微波、卫星信道等。

DDN 为用户提供半永久性连接电路,即 DDN 提供的信道是非交换、用户独占的永久虚电路(PVC)。一旦用户提出申请,网络管理员便可以通过软件命令改变用户专线的路由或专网结构,而无须经过物理线路的改造扩建工程,因此 DDN 极易根据用户的需要,在约定的时间内接通所需带宽的线路。

从用户角度来看,租用一条点到点的专线就是租用了一条高质量、高带宽的数字信道。用户在 DDN 上租用一条点到点数字专线与租用一条电话专线十分类似。DDN 专线与电话专线的区别在于:电话专线是固定的物理连接,而且电话专线是模拟信道,带宽低、质量差、数据传输率低;而 DDN 专线是半固定连接,其数据传输率和路由可随时根据需要申请改变。另外,DDN 专线是数字信道,其质量高、带宽高,DDN 网提供的数据传输率一般为 2Mb/s,最高可达 45Mb/s,甚至更高。

5. ATM

异步传输模式(Asychronous Transfer Mode,ATM)是一种广域网传输方法。它可以利用固定大小的数据包达到 25~622Mb/s 的传输速率。ATM 通常采用光纤作为传输介质。

ATM 可以提供高质量的服务、负载平衡能力、高传输速率以及可互操作性,因而非常适合对时间延迟要求严格的数据,如视频、音频、图像和其他超大型文件的传输。ATM 的缺点是花费太大(和 FDDI 相比),所以它通常只被当作园区广域网技术来连接互相间距离相对较近的几个局域网。

表10.2给出了以上介绍的各种广域网的比较。

表 10.2　各种广域网的比较

特　　点	PSTN	ISDN	X.25	帧中继	DDN	ATM
面向连接	Yes	Yes	Yes	Yes	No	Yes
采用交换技术	No	No	Yes	No	No	Yes
分组长度固定	No	No	No	No	No	No
数据字段长度/字节	—	—	128	1600	—	
数据传输率	56Kb/s	128Kb/s	64Kb/s	2Mb/s	2Mb/s	155Mb/s

10.5.4　什么是 TCP/IP 协议

传输控制协议/网际互联协议(Transmission Control Protocol/Internet Protocol,TCP/IP)是由美国国防部在20世纪60年代末期为其远景研究规划署网络(ARPANET)而开发的。由于低成本以及在多个不同平台间通信的可靠性,TCP/IP迅速发展并成为建立计算机局域网、广域网的首选协议,一些最近发行的网络操作系统(如 Windows 2003 Server)均使用 TCP/IP 为默认协议。

TCP/IP 不是一个简单的协议,而是一组小的、专业化协议构成的"协议簇",包括TCP、IP、UDP(用户数据报协议)、ARP(地址解析协议)、ICMP(网际控制报文协议)、IGMP(网际组报文协议)等。

TCP/IP 协议开发早于 OSI 参考模型,故不太符合 OSI 参考标准。对应于 OSI 模型的七层结构,TCP/IP 协议组可被大致分为四层,如图10.29所示。

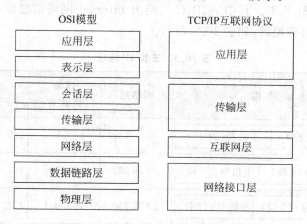

图 10.29　TCP/IP 与 OSI 模型的比较

应用层:大致对应于 OSI 模型的应用层和表示层,借助于协议如 Winsock API,FTP(文件传输协议)、TFTP(普通文件传输协议)、HTTP(超文本传输协议)、SMTP(简单邮件传输协议)以及 DHCP(动态主机配置协议),应用程序通过该层使用网络。

传输层:大致对应于 OSI 模型的会话层和传输层,包括核心的 TCP 和 UDP,这些协议负责提供流控制、错误校验和排序服务。所有的服务请求都使用这些协议。

互联网层：对应于 OSI 模型的网络层，包括 IP、ICMP、IGMP 以及 ARP。这些协议处理信息的路由以及主机地址的解析。

网络接口层：大致对应于 OSI 模型的数据链路层和物理层。该层处理数据的格式化以及将数据传输到网络电缆。

10.5.5　什么是 IP 地址

因特网的数据通信基于 TCP/IP 协议。为了保证正确地传输数据，需要标识网络上的每台机器，这通过为它们分配一个唯一的 IP 地址来实现。需要强调指出的，这里的机器是指网络上的一个节点，不能简单地理解为一台计算机，同时也包括各种网络通信设备，如路由器和交换机。

IP 地址共有 32 位，一般以 4 字节表示，每个字节的数字又用十进制表示，即每个字节的数的范围是 0~255，且每个数字之间用点隔开，例如 192.168.1.139，这种记录方法称为"点-分"十进制记号法。IP 地址的结构如下所示。

网络类型	网络 ID	主机 ID

按照 IP 地址的结构和分配原则，可以在 Internet 上很方便地寻址：先按 IP 地址中的网络标识号找到相应的网络，再在这个网络上利用主机 ID 找到相应的机器。由此可看出 IP 地址并不只是用来识别某一台主机，而且还隐含着网际间的路径信息。

为了充分利用 IP 地址空间，Internet 委员会定义了五类 IP 地址类型以适合不同容量的网络，即 A 类至 E 类。其中 A、B、C 三类由 Internet 网络信息信心在全球范围内统一分配，D、E 类为特殊地址，如表 10.3 所示。

表 10.3　五类 IP 地址

类型	地 址 结 构		网络数	起始网络号	终止网络号	每个网络主机数
A	0　网络号(7 位)	主机号(24 位)	126	1	126	16 777 214
B	10　网络号(14 位)	主机号(16 位)	16 382	128.1	191.254	65 534
C	110　网络号(21 位)	主机号(16 位)	2 097 150	192.0.1	223.225.254	254
D	1110	广播地址(28 位)				
E	11110	保留用于将来和试验用				

每台连入网络的机器都需要正确配置它的 IP 地址，以 Windows 操作系统为例，用户可以通过"拨号和网络连接"→"本地连接"→"TCP/IP 属性"进行配置，如图 10.30 所示。

配置的内容包括 IP 地址、子网掩码、网关、DNS 服务器。

　　和 IP 地址一样,子网掩码也是一个 32 位地址,它用于屏蔽 IP 地址的一部分以区别网络 ID 和主机 ID。其中 A 类主机的子网掩码是 255.0.0.0;B 类主机的子网掩码是 255.255.0.0;C 类主机的子网掩码是 255.255.255.0。通信设备通过将 IP 地址和子网掩码进行"与"运算,从而判断该地址是在本局域网还是在远程网,如图 10.30 所示。

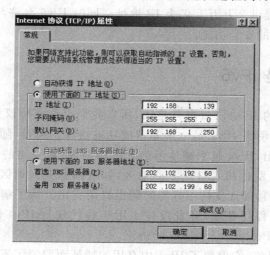

图 10.30　配置 IP 地址

【例 10.1】　源主机的 IP 是 192.168.1.139,目的主机的 IP 是 192.168.1.217,请问它们是否在一个本地网络中?

　　解:根据 IP 地址可知两者均是 C 类地址,则子网掩码是 255.255.255.0。
源主机的网络号:

$$
\begin{array}{ccccl}
192 & 168 & 1 & 139 & \\
11000000\ 10101000 & 00000001 & 10001011 & & \text{IP 地址} \\
\text{与}\ 11111111\ 11111111 & 11111111 & 00000000 & & \text{子网掩码} \\
\hline
11000000\ 10101000 & 00000001 & 00000000 & & \\
192 & 168 & 1 & 0 & \text{网络号}
\end{array}
$$

目的主机的网络号:

$$
\begin{array}{ccccl}
192 & 168 & 1 & 217 & \\
11000000\ 10101000 & 00000001 & 11011001 & & \text{IP 地址} \\
\text{与}\ 11111111\ 11111111 & 11111111 & 00000000 & & \text{子网掩码} \\
\hline
11000000\ 10101000 & 00000001 & 00000000 & & \\
192 & 168 & 1 & 0 & \text{网络号}
\end{array}
$$

　　源主机和目的主机的网络号相等,因而两者在同一个本地网络中。

　　如果目的主机的 IP 是 192.112.3.37,则结果如何,请读者自行计算。

　　网关是指与远程网络互连的路由器的 IP 地址。例如上面提到的执行"与"运算的机器,往往就是网络中其他客户机的网关。如果计算机要访问因特网上的服务时,还需要指定 DNS 服务器完成域名的解析。

但目前的 IP 地址的设计存在很多不合理的地方。首先,设计者没有预计到计算机和互联网会普及得如此之快,使得各种局域网和网上的主机数目急剧增长;其次,IP 地址在使用时有很大的浪费。因而,国际标准化组织在 1992 年 6 月就提出要制订下一代的 IP 方案,即 IPv6。IPv6 把原来 IPv4 地址增大到了 128bit,按这样计算,IPv6 可以为地球上的每一平方厘米土地提供 2 万万万亿个 IP 地址。同时 IPv6 允许与 IPv4 在若干年内共存,并增强了数据传输的安全功能。

10.5.6　什么是 IPv6

目前由于我们用的 IP 协议版本号是四,所以我们也称此协议为 IPv4。网络经过多年飞速的发展,已经证明了 IPv4 是一个非常成功的协议。但是,随着 Internet 的快速扩张和新应用的不断推出,IPv4 越来越显示出它的局限性,最突出的局限性就是地址短缺的问题,特别是在网络发达和人口众多的地区,如欧洲和亚太地区。此外,QoS(服务质量)保证、安全性差、对移动性支持不好等问题也日渐突出。为了解决网络所出现的这些问题,IETF(互联网工程任务组)开发设计了用于替代现行 IPv4 协议的下一代网络协议——IPv6(Internet Protocol Version 6)协议。

IPv6 是 IPv4 的升级,它保留了 IPv4 中有用的特征而取消了不符合现代网络发展的某些规定。它具有以下几个新特性。

1. 巨大的地址空间

IPv6 由以前的 IPv4 的 32 位提高到 128 位,也就是说全世界可以拥有 5.7×1028 个 IPv6 地址。

2. 全新的报文结构

IPv6 使用一系列固定格式的扩展头部取代了 IPv4 中可变长度的选项字段。IPv6 中选项部分的出现方式也有所变化,使路由器可以简单路过选项而不做任何处理,加快了报文处理速度。如图 10.31 所示分别是 IPv4 和 IPv6 报文头图,通过两幅图的比较,我们可以看出 IPv6 在 IPv4 的基础上做了哪些修改。

在图 10.31(a)中灰色块文字是在 IPv6 中移除的部分;其他文字是在 IPv6 中修改的部分。

3. 全新的地址配置方式

随着网络新技术的不断发展,Internet 的节点已经不单单是计算机了,还包括 PDA、移动通信设备甚至家用电器,这就要求 IPv6 的地址配置更加简化。IPv6 的地址配置方式不仅支持手工配置和有状态自动分配地址(利用专用的地址分配服务器),还支持无状态自动分配地址,使设备接入网络时通过自动配置可自动获取 IP 地址和必要的参数,实现即插即用,简化了网络管理,易于支持移动节点。

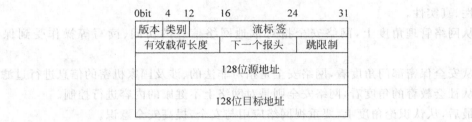

(a) IPv4报文头

(b) IPv6报文头

图10.31 报文修改

4. 更好地支持 QoS

IPv6 报头中的业务级别和流标签通过路由器的配置可以实现优先级控制和 QoS 保障,为服务质量(Quality of Service,QoS)控制提供了良好的网络平台。

5. 具有更高的安全性

在使用 IPv6 网络中用户可以对网络层的数据进行加密并对 IP 报文进行校验,提高在路由器水平上的安全性,极大地增强了网络的安全性。

6. 更好地实现了多播功能

在 IPv6 的多播功能中增加了"范围"和"标志",限定了路由范围和可以区分永久性与临时性地址,更有利于多播功能的实现。

10.6 如何使计算机网络更安全

随着计算机网络的迅速发展,特别是 Internet 的不断普及,网络安全已经直接影响到政治、军事、经济、文化、科学技术和人们日常生活等各个领域,计算机网络安全和管理已引起人们的极大重视,如何有效地对计算机网络系统进行管理成为现在计算机研究与应用的一个重要课题。

10.6.1 什么是计算机网络安全

国际标准化组织(ISO)的定义网络安全是指为保护数据处理系统而建立和采用的技

术和管理的安全措施,保护计算机硬件、软件和数据不因偶然和恶意的原因遭到破坏、更改和泄露。网络安全从其本质上来讲就是网络上的信息安全。从广义来说,凡是涉及网络上信息的保密性、完整性、可用性、真实性和可控性的相关技术和理论都是网络安全的研究领域。网络安全是一门涉及计算机科学、网络技术、通信技术、密码技术、信息安全技术、应用数学、数论、信息论等多种学科的综合性学科。

从不同角度看网络安全,有着不同的具体含义。

从用户角度上看,网络安全是指个人隐私或商业利益的信息在网络上传输时,保证其完整性、真实性。

从网络管理角度上,网络安全指对本地网络信息的访问、读写等操作受到保护和控制。

从安全保密部门角度看,网络安全是指对非法的、涉及国家机密的信息进行过滤。

从社会教育的角度看,网络安全则是对网络上不健康的内容进行控制。

最后,从认识论角度上,要重视网络应用与安全,提高安全意识。

10.6.2　计算机网络有哪些安全特征

网络安全以确保网络系统的信息安全为目标,对任何种类的网络系统而言,就是要阻止所有对网络有任何威胁的事件发生。对整个网络信息系统的保护最终是为了信息的安全,即信息的存储安全和信息的传输安全等。从网络信息系统的安全指标的角度来说,是对网络资源的完整性(Integrity)、可用性(Availability)和保密性(Confidentiality)的保护(简称 CIA 三要素)。近年来,美国计算机安全专家又提出了一种新的安全框架,即在原来的基础上增加了真实性(Authenticity)、实用性(Utility)、占有性(Possession),安全专家认为这样才能解释各种网络安全问题。所以就目前计算机网络安全来说,应具备完整性、可用性、保密性、真实性、实用性和占有性六个基本特征。

1. 完整性(Integrity)

完整性是指数据未经授权不能进行改变的特性,即信息在存储或传输过程中保持不被修改、不被破坏和丢失,以无害的方式按照预定的功能运行的特性。完整性是一种面向信息的安全性,它要求保持信息的原样,即信息的正确生成和正确存储及传输。破坏信息的完整性是影响信息安全的常用手段,保障网络信息完整性的主要方法有如下几条。

安全协议:通过各种安全协议可以有效地检测出被复制的信息、被删除的字段、失效的字段和被修改的字段。

纠错编码方法:完成检错和纠错功能。最简单和常用的纠错编码方法是奇偶校验法。

密码校验和方法:它是抗篡改和传输失败的重要手段。

数字签名:保障信息的真实性。

公正证书:请求网络管理或中介机构证明信息的真实性。

2. 可用性(Availability)

可用性是指可被授权实体访问并按需求使用的特性,即保障网络资源无论在何时,无论经过何种处理,只要需要即可使用,例如网络环境下拒绝服务、破坏网络和有关系统的正常运行等都属于对可用性的攻击;可用性是网络信息系统面向用户的安全性能。网络信息系统最基本的功能是向用户提供服务,而用户的需求是随机的、多方面的、有时还有时间要求。可用性应满足身份识别与确认、访问控制、业务流控制、路由选择控制、审计跟踪等要求。

3. 保密性(Confidentiality)

保密性是指网络中的数据必须按照数据拥有者的要求保证一定的秘密性,不会被未授权的第三方非法获知。具有敏感性的秘密信息,只有得到拥有者的许可,其他人才能够获得该信息,网络系统必须能够防止信息的非授权访问或泄露。常用的保密技术包括:防侦收(使对手侦收不到有用的信息)、防辐射(防止有用信息以各种途径辐射出去)、信息加密(在密钥的控制下,用加密算法对信息进行加密处理。即使对手得到了加密后的信息也会因为没有密钥而无法读懂有效信息)、物理保密(利用各种物理方法,如限制、隔离、掩蔽、控制等措施,保护信息不被泄露)。保密性建立在可靠性和可用性基础之上,是保障网络信息安全的重要手段。

4. 真实性(Authenticity)

真实性是指在网络信息系统的信息交互过程中,确信参与者的真实同一性。即,信息的完整性、准确性和对信息所有者或发送者身份的确认,它也是一个信息安全性的基本要素。

5. 实用性(Utility)

实用性是指信息加密密钥不可丢失(不是泄密),丢失了密钥的信息也就丢失了信息的实用性,使信息成为垃圾。

6. 占有性(Possession)

如果存储信息的节点、磁盘等信息载体被盗用,就导致对信息的占用权的丧失。保护信息占有性的方法有使用版权、专利、商业秘密性、提供物理和逻辑的存取限制方法、维护和检查有关盗窃文件的审计记录、使用标签等。

10.6.3　计算机网络安全层次有哪些不同的安全要求

在 OSI 参考模型框架中,计算机网络安全针对 OSI 不同的层次有相应的安全要求,具体的对应关系如图 10.32 所示。

图 10.32　OSI 参考模型对应的安全要求

10.6.4　什么是网络病毒与网络攻击

1. 网络病毒

《中华人民共和国计算机信息系统安全保护条例》中对计算机病毒做了明确定义："指编制或者在计算机程序中插入的破坏计算机功能或者破坏数据,影响计算机使用并且能够自我复制的一组计算机指令或者程序代码。"最初的病毒程序只能通过盘复制的方法在计算机间传播,用户可通过对盘进行写保护、运行杀毒程序等方法来实现对这种病毒的防范;随着计算机网络的迅速发展和各类应用程序的广泛使用,网络病毒日益猖獗。网络病毒是指通过计算机网络去传播感染网络中服务器、终端等网络设备中的可执行文件,具有传播速度快、影响面广、危害性大等特点。其传播途径一是通过网页本身携带或者存在病毒,当用户浏览时很容易被感染;二是通过下载网上资源,病毒会伪装成文件附着在要下载资源里,用户只要下载带病毒的资源就很容易连同病毒一起下载到计算机里;三是邮件,通过发送和接收邮件(包括免费邮箱和 Outlook)感染病毒;四是通过QQ 或者其他即时聊天软件聊天时,用户接收到带病毒的文件;当然,还有其他的传播方式,如移动设备的互相交叉使用,也会感染病毒。常见网络病毒的种类有木马、后门病毒、蠕虫、流氓软件、脚本病毒、开机型病毒、文件型病毒、常驻型病毒、复合型病毒等。

2. 网络攻击

网络攻击是指利用计算机网络系统存在的漏洞和安全缺陷,通过使用网络命令和专用软件对对方网络系统和资源进行的攻击。下面介绍一些常见网络攻击的手段及防范措施。

(1) TCP 会话劫持

所谓会话,就是两台主机之间的一次通信,如 Telnet(远程登录)到某台主机,这就是一次 Telnet 会话；浏览某个网站，就是一次 HTTP 会话。会话劫持(Session Hijack)是一种结合了嗅探技术和欺骗技术在内的攻击手段。主要的预防措施是在路由器上配置安全的 ACL(访问控制列表)、具有 ARP 防范措施的防火墙或路由器以及在个人机上安装相应的防护软件等，以达到检测和限制入网的连接，拒绝假冒地址从互联网上发来的数据包的目的。

(2) 拒绝服务攻击(Denial of Service, DoS)

拒绝服务攻击，破坏组织的正常运行，最终使网络连接堵塞，或者服务器因疲于处理攻击者发送的数据包而使服务器系统的相关服务崩溃、系统资源耗尽直至服务器的宕机。常用的防范措施是在路由器或服务器上设置对 ICMP 包的带宽限制、在路由器的前段做必要的 TCP 拦截，使只有通过 TCP 3 次握手的数据包才可进入该网段；防止 SYN(TCP/IP 建立连接时使用的握手信号)攻击，最彻底的办法是追根溯源去找到正在进行攻击的机器和攻击者，并断开与之的连接。

(3) 缓冲区溢出

通过向程序的缓冲区写"超出其长度"的内容，造成缓冲区的溢出，从而破坏程序的堆栈，使程序转而执行其他的指令。如果这些指令是放在有 Root 权限的内存中，那么一旦这些指令得到运行，黑客就以 Root 权限控制了系统，达到入侵的目的。缓冲区攻击的目的在于扰乱某些以特权身份运行的程序功能，使攻击者获得程序的控制权。对待这种类型的攻击主要通过及时发现缓冲区溢出这类漏洞、程序指针完整性检查、堆栈保护以及数组边界检查者四种方法进行防范。

(4) 应用层攻击

攻击者使用服务器上通常可找到的应用软件(如 SQL Server、Sendmail、FTP)缺陷，并利用缺陷来获得服务器的访问权限，以及在该服务器上运行相应应用程序所需账号的许可权。应用层攻击的一种最新形式是使用许多公开化的新技术，如 HTML 规范、Web 浏览器的操作性和 HTTP 协议等。这些攻击通过网络传送有害的程序，包括 Java Applet 和 ActiveX 控件等，并通过用户的浏览器调用它们，很容易达到入侵、攻击的目的。在应用层攻击中，容易遭受攻击的目标有数据库、Web、FTP、DNS、WINS 和 SMB 等。为防范这种攻击，用户可设置"应用层防火墙"，用日志记录对服务器的访问，并经常查看服务器的日志。

(5) 特洛伊木马

特洛伊木马是一个病毒程序，通过伪装成工具软件、游戏、邮件附件等直接侵入用户的计算机进行破坏。一旦用户计算机被植入这些木马，木马便会停留在用户的计算机中，并在用户的计算机系统中隐藏一个可以在 Windows 启动时悄悄执行的程序。当用户连到 Internet 上时，这个程序就会向攻击者报告用户的 IP 地址以及预先设定的端口。攻击者在收到这些信息后，再利用这个潜伏在其中的程序，可任意地修改用户计算机的参数设定、复制文件、窥视整个硬盘中的内容等，达到控制用户计算机的目的。对于特洛伊木马预防措施是避免下载可疑程序并拒绝运行，不浏览不安全、不健康的网站；运用网络扫描软件定期监视内部主机上的监听 TCP 服务；安装防毒软件并定期对本机进行扫描和及时杀毒。

（6）口令入侵

所谓口令入侵是指攻击者使用某些合法用户的账号和口令（或密码）登录到目的主机，然后再实施攻击活动。这种方法的前提是攻击者必须先得到该主机上的某个合法用户的账号，然后再进行合法用户口令（或密码）的破译。攻击者口令（或密码）的破解通常是利用一些破解软件，如，采用字典穷举法（或称暴力法）来破解用户的口令（或密码）。对于这类入侵，用户首先要做好密码的保护，设置密码时不要设置得过于简单，特别是网络管理员需将存放在服务器中的密码文件进行严格保护。

（7）电子邮件攻击

攻击者使用一些邮件炸弹软件向目的邮箱发送大量垃圾邮件，从而使目的邮箱空间被占满而无法使用。如果垃圾邮件的发送流量特别大时，还可能造成邮件系统正常的工作反应变得迟缓，甚至瘫痪。相对于其他的攻击手段来说，这种攻击方法简单、见效快。鉴于这种攻击，邮件系统需要部署安全的防御措施，如在邮件系统中嵌入反垃圾邮件安全模块、集成专业的杀毒软件等。

（8）端口扫描攻击

端口扫描是指通过扫描目标主机的某些端口建立 TCP 连接、进行传输协议的验证等方法，侦知目标主机的扫描端口是否是处于激活状态、主机提供了哪些服务、提供的服务中是否含有某些缺陷等。攻击者通过扫描到可攻击的端口，进入用户计算机，从而达到控制用户计算机的目的。对于这类的攻击，用户可以采用防火墙、IDS（入侵检测系统）来进行防护。

（9）网络监听

网络监听是指攻击者利用嗅探器监听计算机的网络接口，截获目的计算机数据报文的一种技术。嗅探器的最初设计目的是供网络管理员用来进行网络管理，帮助网络管理员查找网络漏洞和检测网络性能、分析网络的流量，以便找出所关心的网络中潜在的问题，但目前其在攻击中的应用更加广泛。常见的网络监听工具有：NetRay、Sniffit、Sniffer、Etherfind、Snoop、Tcpdump、Packetman、Etherman、Loadman 和 Gobbler 等。

10.6.5　计算机网络有哪些安全措施

网络安全措施可分为软件和硬件两类。目前采用比较多的有防火墙、入侵检测系统、漏洞扫描、智能网关等措施。随着现代技术的不断发展，现在的防火墙产品已经具备了IDS、漏洞扫描、VPN 等多项功能，本节以防火墙为例进行介绍。

1. 什么是防火墙技术

"防火墙"原是指古代为防止由于火灾的发生和蔓延而殃及到房屋，人们便在房屋的周围堆砌上坚固的石块，作为防火的屏障，这种防护构筑物就被称为"防火墙"。现在防火墙概念就是由此引申而来的。

防火墙技术是一种访问控制技术,也可称为隔离技术。主是用于两个网络之间执行访问控制策略的一个或一组安全系统,它在公共网络和专用网络之间构筑了一道隔离屏障,目的就是阻止外部未被授权用户访问内部资源以及内部用户非法向外部传递信息,并允许内外部的合法用户进行数据通信,如图 10.33 所示。

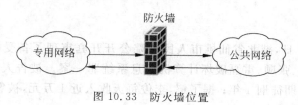

图 10.33 防火墙位置

2. 防火墙有哪些技术分类

防火墙技术可分为网络层防火墙技术和应用层防火墙技术两类。

（1）网络层防火墙

网络层防火墙通常是以路由器为基础,采用一种检查到达路由器的外部数据包并做出选择的技术,即"数据包过滤技术"。它一般设置在网络的出入口位置（网络的边缘位置）,对通过此处的数据包进行检验,只有符合条件的数据包才允许通过,否则被丢弃。

（2）应用层防火墙技术

应用层防火墙技术与网络层防火墙技术稍有不同,它主要在通过在应用层网关上安装一个代理软件,以控制对应用程序的访问,即允许内、外网用户只访问某些应用程序而不允许访问其他的应用程序。在部署策略时,可部署多个代理模块,每个代理模块分别指向不同的应用,网络管理员通过配置 ACL（访问控制列表）的规则,决定内、外网用户可以使用哪个代理模块。

10.6.6 近年来有哪些重大网络安全事件

随着互联网的高速发展,网络安全也经受着严峻的考验,近年来网络安全事件不断发生,给国家和个人均造成了巨大的损失。本节从近年来发生的网络安全案例中选取几例介绍给读者,以提高读者网络安全的意识。

1. 蠕虫王,互联网的"9 · 11"

2003 年 1 月 25 日,互联网遭遇到全球性的病毒攻击。突如其来的蠕虫,不亚于让人们不能忘怀的"9 · 11"事件。这个病毒名叫 Win32. SQLExp. Worm,通过数据库服务器进行传播。在中国 80% 以上网民受此次全球性病毒袭击影响而不能上网,很多企业的服务器被此病毒感染引起网络瘫痪。而美国、泰国、日本、韩国、马来西亚、菲律宾和印度等国家的互联网也受到严重影响,全世界范围内损失额高达 12 亿美元。

2. Mydoom 蠕虫

2004 年 1 月 27 日和 28 日,网络蠕虫"Mydoom"及其变种"Mydoom. B"相继开始在互联网上迅速传播。2 月 2 日上午 9：00,CNCERT/CC 已经抽样监测到发送带蠕虫的邮件 1170 多万次。据统计 MyDoom 已带来 40 亿美元的损失。

3. 熊猫烧香案

2007 年 9 月 24 日,湖北省仙桃市人民法院公开开庭审理了备受社会各界广泛关注的被告人李俊、王磊、张顺、雷磊破坏计算机信息系统罪一案。被告人李俊犯破坏计算机信息系统罪,判处有期徒刑 4 年;据了解,李俊每天收入近 1 万元,被警方抓获后,承认自己获利 14 余万元,见图 10.34。

图 10.34　熊猫烧香案

4. "顶狐"病毒网上银行盗窃案

2007 年 12 月 16 日,"3·5"特大网上银行盗窃案的 8 名主要犯罪嫌疑人全部落入法网。8 名疑犯在网上以虚拟身份联系,纠集成伙,却配合密切,分工明确,有人制作木马病毒,有人负责收集信息,有人提现,有人收赃,在不到一年时间里窃得人民币 300 余万元。

5. 百度被"黑"

百度是大家非常熟悉的一个搜索引擎,2010 年 1 月 12 日,中国的 2009 农历年还没有过,上午 6 点左右起,全球最大中文搜索引擎百度突然出现大规模无法访问,主要表现为跳转到雅虎出错页面、伊朗网军图片等,范围涉及四川、福建、江苏、吉林、浙江、北京、广东等国内绝大部分省市。这次百度大面积故障长达 5 个小时,也是百度自 2006 年 9 月以来最大一次严重断网事故,在国内外互联网界造成了重大影响,被百度 CEO 李彦宏称为"史无前例"的安全灾难。

6. 维基解密

2010 年 7 月 25 日,"维基解密"通过英国《卫报》、德国《明镜》和美国《纽约时报》公布了92 000 份美军有关阿富汗战争的军事机密文件。10 月 23 日,"维基解密"公布了 391 832 份美军关于伊拉克战争的机密文件。11 月 28 日,维基解密网站泄露了 25 万份美国驻外使馆发给美国国务院的秘密文传电报。"维基解密"是美国乃至世界历史上最大规模的一次泄密事件,其波及范围之广,涉及文件之众,均史无前例。该事件引起了世界各国政府对信息安全工作的重视和反思。据美国有线电视新闻网 12 月 13 日报道,为防止军事机密泄露,美国军方已下令禁止全军使用 USB 存储器、CD 光盘等移动存储介质,见图 10.35。

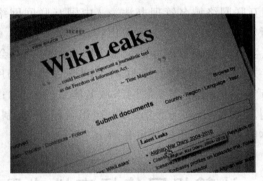

图 10.35 维基解密

7. 3Q 之争

2010 年 9 月,奇虎公司针对腾讯公司的 QQ 聊天软件,发布了"360 隐私保护器"和"360 扣扣保镖"两款网络安全软件,并称其可以保护 QQ 用户的隐私和网络安全。腾讯公司认为奇虎 360 的这一做法严重危害了腾讯的商业利益,并称"360 扣扣保镖"是"外挂"行为。随后,腾讯公司在 11 月 3 日宣布将停止对装有 360 软件的电脑提供 QQ 服务。由此引发了"360 QQ 大战",同时引起了 360 软件与其他公司类似产品的一系列纷争,最终演变成为互联网行业中的一场混战。最终 3Q 之争在国家相关部门的强力干预下得以平息,"360 扣扣保镖"被召回,QQ 与 360 恢复兼容。但此次事件对广大终端用户造成恶劣影响和侵害,并由此引发的公众对于终端安全和隐私保护的困惑和忧虑却远没有消除,见图 10.36。

 **PK**

图 10.36 3Q 之争

10.6.7 网络的相关法规

随着计算机网络技术在我国各领域的广泛应用,"网络"已经成为人们日常生活和工作不可缺少的内容之一。网络正在改变着人们的行为方式、思维方式乃至社会结构,它对于信息资源的共享和信息资源的快速传递发挥着巨大作用,面对着这样的形式和背景,通过法律手段来使网络的运行规范化、程序化就显得尤为重要。而作为这个社会的一分子,了解和掌握相关的网络法律与法规、培养网络安全意识、正确的使用网络,文明上网,营造一个健康文明的网络文化环境是我们的义务和责任。在此向读者列出我国近年来为规范网络而制定的一些法律、法规,请读者在课后在相关网站查找并阅读:《非经营性互联网信息服务备案管理办法》;《互联网 IP 地址备案管理办法》;《互联网电子邮件服务管理办法》;《互联网新闻信息服务管理规定》;《互联网药品交易服务审批暂行规定》;《互联网药品信息服务管理办法》;《互联网著作权行政保护办法》;《中国互联网络信息中心域名争议解决办法》;《中国互联网络域名管理办法》;《中国互联网网络版权自律公约》;《互联网上网服务营业场所管理条例》;《互联网文化管理暂行规定》;《互联网信息服务管理办法》;《互联网医疗卫生信息服务管理办法》;《全国人民代表大会常务委员会关于维护互联网安全的决定》;《文化部关于贯彻〈互联网上网服务营业场所管理条例〉的通知》;《中华人民共和国信息产业部关于中国互联网络域名体系的公告》;《最高人民法院、最高人民检察院关于办理利用互联网、移动通信终端、声讯台制作、复制、出版、贩卖、传播淫秽电子信息刑事案件具体应用法律若干问题的解释》。

10.7 计算机网络标志性成果简介

1836 年,电报诞生。Cooke 和 Wheatstone 为这个发明申请了专利,在人类的远程通信历史上走出了第一步。采用了用一系列点、线在不同人之间传递信息的 Morse 码,虽然速度还比较慢,但这和当今计算机通信中的二进制比特流已经相差不远了。

1858—1866 年,跨海电缆诞生。允许大西洋两岸之间实现直接快速的通信。当今联系各大洲的枢纽仍然是海底光缆。

1876 年,电话诞生。Alexander Graham Bell 向世人展示了这个新发明。当今的 Internet 网络依然有很大程度上是架构在电话交换系统之上的;Modem 数模信号相互转换的功能得以使计算机接入互联网。

1957 年,USSR(苏联)发射了第一颗人造卫星,在全球通信领域迈出了第一步。今天许多信息实际上都在通过卫星传输。美国设立了与之竞争的 ARPA 机构(高级研究规划署），并作为国防部的一部分，为美国军方科技应用打下基础。

1962—1968 年，包交换网络（Packet-Switching（PS）Networks）诞生。互联网就是基于包交换来传输信息的，为实现网络信息传输安全提供了最大可能，这正是美国军方的本意。

数据被分成一个个小包传输，可以让它们经过不同路由到达目的地；增加了对数据窃听的困难（因为数据被分割成了包）；路由冗余提高了网络的可靠性，即使某个路由中断，通信依然可以保持，网络可以经得起大规模的破坏（比如核子攻击）。

1969 年，互联网诞生。美国国防部授权 ARPANET 进行互联网的试验。先后建立了四个主 Internet 节点：UCLA 大学（洛杉矶），紧接着是斯坦福研究所、UCSB（圣巴巴拉）和 U（犹他州立）。

1971 年，人们开始通过互联网交流。在 ARPANET 网上建立了 15 个节点（共 23 台主机）。

电子邮件通过分布网络传送信息的程序被发明，电子邮件今天依然是互联网上人与人沟通的主要方式。

1972 年，计算机可以更加简便地接入互联网。

第一个展示 ARPANET 功能的公开演示网建立，共接入了 40 台主机。

互联网工作组（INWG）建立，并开始讨论建立各种协议的问题；起草了 Telnet 协议规范，该协议是当今大多数主机之间互操作的主要方式。

1973 年，全球性的互联网开始浮现。首批连入 ARPANET 的其他国主机出现，他们是英国伦敦大学和挪威的皇家雷达机构。

以太网的最初模样被勾画出来——这就是现在局域网联网的最早形式。互联网思想开始流传。旧金山的一家大酒店第一次架设了具有网关结构的网络。网关结构明确了一个网络规模究竟能有多大（网络内部可以是异构的）；文件传输协议（FTP）被制定，使得联网计算机可以收发文档数据。

1974 年，包交换网络传输成为主流。传输控制协议（TCP）被制定，互联网的基石——包交换网络奠定。Telenet、ARPANET 的商业化运作网络向社会开放，这是第一次向社会提供包数据传输服务。

1976 年——网络规模迅速膨胀。伊丽莎白女王进行了发送电子邮件的尝试。UUCP（UNIX to UNIX Copy）协议由 AT&T 的贝尔实验室开发并在 UNIX 群体中发布。UNIX 当今依旧是各个大学和科研机构的主流操作系统，这些 UNIX 主机可以通过互联网"交谈"；网络开始向全球用户开放。

1977 年，电子邮件服务蓬勃兴起，互联网正在变为现实。

联网主机数量突破 100。THEORYNET 网为 100 多名计算机领域的研究人员提供了电子邮件服务，这个系统使用了一个自己开发的电邮系统和 TELENET 接入网络为用户提供服务。起草了电子邮件标准；第一次演示了通过网关和互联网协议对 ARPANET/无线网/SATNET 进行互联连接。

1979 年，新闻组诞生。旨在研究计算机网络的计算机科学部在美国建立。基于 UUCP 协议的 USENET 网建立，当年年末建立了 3 个新闻组。USENET 今天依然非常兴旺,产生了各种讨论组、新闻组。现在几乎所有的话题都有相应的新闻组;第一个 MUD(多用户土牢)多人交互操作站点建立。这个站点包含了各种冒险游戏、棋类游戏和丰富详尽的数据库;ARPA 建立了互联网配置白板(ICCB);包交换无线电网(PRNET)在 ARPA 的资助下开始试验。许多无线电爱好者在这个网络上进行了无数的通信实验。

1981 年,各种网络重新融合。诞生于纽约城市大学的 BITNET(Because It's Time Network)开始运行,并与耶鲁大学进行了首次连接。除了文件传输服务(FTP)以外,他们还提供电子邮件和邮件组的服务。

CSNET(Computer Sciencet Network)项目开始启动,并向那些不能连入 ARPANET 的各大学的科学家们提供电子邮件服务。CSNET 实际上就是后来的计算机科学网的前身。

1982 年,TCP/IP 缔造了未来的网络通信模式。

DCA 和 ARPA 网制订了网络传输控制协议(TCP)和网际协议(IP),这个协议组一般被简称为 TCP/IP 协议。该协议将互联网定义为使用 TCP/IP 协议互联的一个大的网络集合。

由 EUUG 创建的 EUnet(欧洲 UNIX 网)开始提供电子邮件服务和新闻组服务,并实现了最初的荷兰、丹麦、瑞典和英国之间的互联;外部网关协议(EGP)的草案被制订,并开始运用在各种不同体系结构的网间互联上。

1983 年,互联网越来越壮大,开发出了域名服务系统 DNS。(DNS 满足了大量网络节点的需要,避免了各种难以记忆的地址,采用了人们习惯中易于记忆的名称。)

桌面工作站开始成为现实,许多基于 Berkerley 的 UNIX 系统都内建有 IP 网络的相关软件,促使从用单个分时的超级计算机连入 Internet 的模式过渡为通过局域网连入 Internet。作为 ICCB 的替代物,IAB(Internet Activities Board)开始建立。

Berkeley 发布了他们最新的 4.2 版的 BSD UNIX 系统,其中内建了 TCP/IP 的实现。

欧洲科研网(EARN)采用与 BITNET 类似的线路开始运营。

1984 年,互联网继续保持增长,主机数量突破 1000 台,域名服务系统正式启用,代替了点分十进制的地址,如 123.456.789.10,域名更容易为大家所记忆。

英国建立了 JANET(Joint Academic Network,联合科研网),可控的新闻组服务被引入。

1986 年,互联网的威力开始显现。连入了 5000 台主机,建立了 241 个新闻组。主干有 56Kbps 速率的 NSFNET 建立。

NSF 建设了 5 个地区网络中心,都由超级计算机向用户提供高性能的服务,这促使了网络连接数的暴涨,特别是在大学。

新闻传输协议(NNTP)被设计以提高基于 TCP/IP 的新闻组服务性能。

1987 年,商业化的互联网诞生。联网主机数量达到 28 000 台,在 Usenix 的资助下,UUNET 创立并着手提供商业化的 UUCP 和 Usenet 接入服务。

1988 年,USFNET 主干升级到 T1 级(即 1.533Mbps),网络中继聊天服务(IRC)被开发。

1989 年,互联网获得巨大的增长。接入主机数突破 10 万台,出现了第一个在商业电子邮件运营商和互联网之间的中继服务;互联网工程任务组(IETF)和互联网研究任务组(IRTF)在互联网架构委员会(IAB)成立。

1990 年,互联网的膨胀在继续。

30 万台主机接入量,1000 个新闻组;ARPANET 退出历史舞台;FTP 服务中的文档开始可以根据名称检索和获取;World Comes On-line 公司(world. std. com)成为第一个商业性的经营电话接入的 ISP。

1991 年,现代互联网模式开始形成。

商业互联网信息交换协会(CIX)成立并继 NSF 之后进一步突破了网络中商业运作的种种障碍;广域网中的信息服务(WAIS)诞生,提供了一套互联网中信息检索和获取机制使得大量知识,包括电子邮件信息、文本信息、电子书籍、各种帖子、代码、图片、声音其至数据库等均可在网络中出现。这些信息就是我们今天在互联网中检索信息的基础;关键字检索这种强有力的检索技术被逐步完善;出现了 WWW 方式的友好用户界面。

明尼苏达州大学的 Paul Lindner 和 Mark P. McCahill 发布了 Gopher 工具,这种基于文本、菜单驱动的界面简化了互联网中资源获取的方法,用户不用去记忆烦琐的操作命令,用户界面更为友好。这个方式今天已被更为方便的 WWW 浏览所代替。

由 Berners 和 Lee 开发的 WWW 浏览器在 CERN 发布,这个工具最初被用于提供分布多媒体服务,方便用户更快捷地访问世界各地的信息。该浏览器最初是非图形的界面(1993 年后,随着 MOSAIC 的出现开始有了图形支持),这使我们的生活方式和通信方式发生了巨大变革。

USFNET 的主干带宽提高到 T3 级(即 44.736Mbps)。NSFNET 的主干上每个月有1万亿字节,或者说 100 亿字节的包流量。英国的 JANEAT 开始基于 TCP/IP 提供 IP 服务。

1992 年,多媒体改变了互联网的模样。联网主机数突破 100 万个,新闻组达到 4000 个;特许成立了互联网协会(ISOC);3 月实现了网上的音频多播,11 月实现了视频多播。"网上冲浪"一词由 Jean Armour Polly 首次使用。

1993 年,WWW 革命真的开始了。联网主机数突破 200 万个,出现了 600 个 WWW 站点;NSF 建立的 InterNIC 机构开始提供目录数据库服务、注册服务、信息查找服务等各项服务;商业和媒体开始关注互联网;白宫和联邦政府也在互联网上安了家。

Mosaic 给互联网带来一场风暴:友好的图形用户界面成为互联网的最前端,基于此开始设计日后风靡一时的 Netscape 浏览器,促使 WWW 用户激增。

1994 年,商业化运作正式开始。联网主机数达到 300 万个,建立了 1 万个 WWW 站点,1 万个新闻组。

Arpanet/Internet 庆祝诞辰 25 周年;社区开始通过线缆连入了因特网;美国参议院和国会开始在互联网上提供信息服务;超市、银行步入互联网,开始建立一种新的生活模式,在美国人们可以在线订购必胜客的 Pizza 饼了。

第一个虚拟数字银行开始运营;NSFNET 每月的网络流量超过 10 万亿字节;WWW 超过 Telnet,仍逊于 FTP,成为第二位的网络流行服务(这是根据 NSFNET 发布的流量数据统计结果分析得出的结论);英国的 HM Treasury 在线网站运营。

1995年,商业以超出想象的速度介入互联网。650万个联网主机,10万个WWW站点;NSFNET恢复为一个科研网络,整个主干网的运行依赖各大网络之间的互联合路由;根据包流量,3月WWW服务首次超过FTP服务,成为网上流量最大的服务;而若根据字节流量,到4月的时候,WWW服务也超过了FTP。

传统的拨号入网系统(如Compuserve、美国在线、Prodigy公司等)开始提供网络接入服务,许多网络相关公司在Netscape的带动下纷纷公开上市,域名注册服务不再免费。

这年是网络技术年,WAIS开发了WWW、搜索引擎等技术;新的WWW技术开始浮现;出现分布环境运行技术(Java、JavaScript、ActiveX)、虚拟环境技术(VRML)、网际协作工具技术(CU-SeeMe)等。

1996年,微软公司进入互联网产业。1200万个主机接入互联网,50万个WWW站点建立;由于微软公司大举进入互联网,使WWW浏览器的战斗主要在Netscape和Microsoft之间展开,在用户迫不及待的需求下两个软件不断地发布新版本并相互进行竞争;网络电话业务受到美国电话公司的关注,甚至上诉到国会要求禁止此技术以保证传统业务的利润。

1999年,中科院启动了传感网的研究和开发。与其他国家相比,我国的技术研发水平处于世界前列,具有同发优势和重大影响力。

2005年,物联网出现。在突尼斯举行的信息社会峰会上,国际电信联盟(ITU)发布了《ITU互联网报告2005:物联网》,正式提出了物联网的概念。"物联网"最早叫"传感网",通俗地讲就是"物体和物体相连的互联网",通过射频识别(RFID)、红外感应器、全球定位系统、激光扫描器等信息传感设备,按约定的协议,通过互联网把物品与物品结合起来而形成的一个巨大网络,其核心和基础仍然是互联网。物联网不仅是互联网的延伸和扩展,而且其用户端不仅仅是个人,还包括任何物品。在即将来临的"物联网"通信时代,世界上所有的物体从轮胎到牙刷、从房屋到纸巾都可以通过因特网主动进行交换。射频识别技术(RFID)、传感器技术、纳米技术、智能嵌入技术将得到更加广泛的应用。

2006年,"云"概念。谷歌推出了"Google 101计划",并正式提出"云"的概念和理论。云计算的核心思想,是将大量用网络连接的计算资源统一管理和调度,构成一个计算资源池向用户按需服务。

10.8 计算机网络领域国内外杰出人物简介

从1836年Cooke和Wheatstone发明了电报,使人类在远程通信历史上走出了第一步开始,经过多年的快速发展,计算机网络使人类社会的生产、生活方式发生了翻天覆地的变化。本节将为读者介绍几位在网络的发展历程中作出杰出贡献或有重要影响的人物。

10.8.1 鲍勃·麦特卡夫

图 10.37 鲍勃·麦特卡夫

鲍勃·麦特卡夫(Bob Metcalfe)既是以太网之父,也是 3Com 公司创始人,还是一位广受欢迎的专栏作家,一位见多识广的博学者,还以发明著名的网络界的第一定律——"麦特卡夫定律"著称,见图 10.37。

1973 年 5 月 22 日,麦特卡夫发表了题为《Alto 以太网》的备忘录。里面有以太网如何工作的设计简图,那是 EtherNet(以太网)作为一个完整的词第一次出现;1973 年 11 月 11 日,以太网系统真正开始工作;1982 年,以太网成为 IEEE 802 标准。

1979 年,麦特卡夫创办了 3Com 公司。开始的业务是替通用电气、得州仪器和 Exxon 等公司部署以太网。

10.8.2 文顿·瑟夫

文顿·瑟夫(Vinton Cerf)作为闻名遐迩的"互联网之父",和 Robert Kahn 合作设计了 TCP/IP 协议及互联网的基础体系结构。为了表示对其工作的认可,克林顿总统于 1997 年向他们授予美国国家科技奖章。现为 Google 副总裁兼首席互联网顾问,见图 10.38。

1965 年,获斯坦福大学计算机科学学士学位。

1970 年,获加州大学洛杉矶分校计算机科学硕士学位。

1972 年,获加州大学洛杉矶分校计算机科学博士学位。

图 10.38 文顿·瑟夫

10.8.3 蒂姆·伯纳斯·李

全球互联网 WWW 的创办人。出生于书香门第的蒂姆·伯纳斯·李(Tim Berners Lee)拥有出众的才华,当时尚在牛津大学学习的蒂姆曾经试图找出一种能像人脑一样通过神经传递,自主作出反应的程序,蒂姆的努力得到了回报,他编制成功了第一个高效局部存取浏览器 Enguire,并把它应用于数据共享浏览,这也是我们所知的最早的浏览器之一。他的伟大并不仅止于互联网的规定制定,还在于他无私的奉献。他并没有因为参与 WWW 的发明而致富,反而在 1994 年加入了 MIT 的非营利机构 W3C(WWW Consortium),而后成为此机构的领导人,并致力于维护 WWW 的公平与公开性,见图 10.39。

图 10.39 蒂姆·伯纳斯·李

10.8.4 拉里·佩奇和谢尔盖·布林

Google 的 Search Engine 以及它所带来的 Business Model 还有科技都在快速地改变我们所认知的网络以及软件产业。图 10.40 中的两位即为 Google 搜索引擎的创办人，左边是拉里·佩奇(Larry Page)，右边是谢尔盖·布林(Sergey Brin)。

图 10.40 拉里·佩奇和谢尔盖·布林

拉里·佩奇是密歇根安娜堡大学的荣誉毕业生，拥有理工科学士学位。他还因其出色的领导才能获得过多项荣誉，以奖励他对工学院的贡献。他曾担任密歇根大学 Eta Kappa Nu 荣誉学会的会长。目前他暂时从斯坦福大学计算机研究所博士班休学，其指导教授是 Terry Winograd 博士。Google 就是由 Page 在斯坦福大学发起的研究项目转变而来的。

谢尔盖·布林出生于莫斯科，是马里兰大学校本部的荣誉毕业生，拥有数学专业和计算机专业的理学士学位。已取得斯坦福大学计算机专业硕士学位，目前暂时从博士班休学。30 岁的谢尔盖·布林是美国国家科学基金会的奖学金得主。他在斯坦福遇到了拉里·佩奇并参与了后来成为 Google 的研究项目。他们于 1998 年共同创立了 Google。

10.8.5 马化腾

马化腾是腾讯主要创办人之一，现任担任公司控股董事会主席兼首席执行官。作为深圳土生土长的企业家，他曾在深圳大学主修计算机及应用，于 1993 年取得深圳大学理学学士学位。在创办腾讯之前，马化腾曾在中国电信服务和产品供应商深圳润迅通讯发展有限公司主管互联网传呼系统的研究开发工作，在电信及互联网行业拥有 10 多年经验。1998 年和好友张志东注册成立"深圳市腾讯计算机系统有限公司"。2009 年，腾讯入选《财富》"全球最受尊敬 50 家公司"。在 2010 年由财经杂志《新财富》发布的"2010 新财富 500 富人榜"上，马化腾以 334.2 亿元的身家位列第五，见图 10.41。

图 10.41 马化腾

10.9 本 章 小 结

计算机网络通过通信设备和线路,把分布在不同地理位置上的具有独立功能的多台计算机连接起来,实现硬件、软件和数据资源的共享。

为了便于管理和扩展,计算机网络大都采用层次式结构,每层完成确定的功能,上层利用下层的服务,下层为上层提供服务。目前最流行的网络体系结构是 OSI/RM 和 TCP/IP。

计算机网络可以分为局域网、城域网和广域网,不同类型的网络有其不同的特点,采用不同的技术。局域网和广域网是网络应用的主要方面,Internet 是目前应用最为普及的广域网。

计算机网络安全是以确保网络系统的信息安全为目标,阻止对任何种类的网络系统所有威胁的发生。对整个网络信息系统的保护最终是为了信息的安全,即信息的存储安全和信息的传输安全等。

10.10 习 题

1. 计算机网络给我们带来了什么? 它如何影响了经济、文化以及政治的发展?
2. 计算机网络给我们的工作生活带来了许多便利,但同时也给我们带来了一些负面的影响,具体有哪些方面的影响?
3. 展望未来,计算机网络将会发展成什么样的网络?
4. 网络传输介质除了教材中所提及的介质外,还有可能用什么介质?
5. 设想一下网络的数据包结构如何改良后才能使数据传输更加快捷和安全。

第11章　系统软件 Windows XP

教学目标

通过本章的学习,要求学习者充分掌握 Windows XP 的基本操作。

教学内容

本章主要介绍 Windows XP 的基础应用,包括鼠标、键盘的使用,Windows XP 基本操作,文件、文件夹的管理,系统维护与系统环境设置,常用工具,"帮助和支持中心"的使用案例等内容。出于配合理论教学、提高学生操作能力的考虑,本章围绕四个主题内容,由基础概念到实际操作,由浅入深,循序渐进地将 Windows XP 应用基础以详细介绍操作案例的方式进行了详尽阐述,使学生通过学习和实际操作,能够熟练地掌握系统软件 Windows XP 的应用和管理,新颖的案例式教学方式使学生耳目一新,能够做到举一反三。

Microsoft 公司一直在致力于 Windows 操作系统的开发和完善,Windows XP 发布于 2001 年 8 月 24 日,其零售版于 2001 年 10 月 25 日上市,它是基于 Windows 2000 代码基础上的产品,XP 意为 Experience(体验),Microsoft 公司对这款操作系统没有按照惯例以年份数字命名,就是希望在全新技术和功能的引导下,Windows XP 能够给广大用户带来全新的操作系统体验。Windows XP 不仅仅做出了界面上的改进,也提供了很多内部的变化。本章将打破传统学习 Windows XP 的方式,既有基础知识的介绍和操作,也有以"帮助和支持中心"为主的启发式教学案例,以全新的角度诠释 Windows XP 的特性、基本操作、软件使用及扩展应用等功能,使学生耳目一新,能够做到举一反三。

11.1　鼠标、键盘的使用及标准指法

鼠标和键盘都是微型计算机必备的输入设备。鼠标和键盘操作的频繁程度决定了其重要地位,因此,掌握其基本使用技术是非常必要的,能够熟练地操作鼠标和键盘,是学习 Windows XP 的首要任务。

11.1.1　如何使用鼠标和键盘

1. 鼠标的使用

Windows XP 是图形界面操作系统,即支持鼠标操作,由此,鼠标便成为用户使用最

频繁的设备之一,见图 11.1。

1) 基本术语

(1) 鼠标(Mouse):又称"鼠标器",是目前重要的计算机输入设备。鼠标的操作可代替一些烦琐的键盘指令,使计算机的操作更加简便、高效。

(2) 鼠标的分类:鼠标按其工作原理及其内部结构的不同可以分为机械式、光机式和光电式。另外,还可按键数分为两键鼠标、三键鼠标和新型的多键鼠标。按接口分为 COM 口、PS/2 口、USB 口三类。

图 11.1　鼠标

2) 基本操作

(1) 鼠标的基本操作有指向、单击、右击、双击和拖动五种类型。

① 指向:鼠标指针移动到屏幕某一特殊位置的动作,往往是其他动作的前提。

② 单击:按下鼠标左键。多用于对象的选取。

③ 右击:按下鼠标右键。常用于弹出快捷菜单,修改对象属性。

④ 双击:用较快的速度连续两次执行单击,并不是两次"单击"操作的简单重复。一般用来执行命令。

⑤ 拖动:将鼠标指针指向对象后,一直按住左键或右键,移动鼠标到新位置,然后释放鼠标键。

(2) 鼠标指针的不同形状及含义:鼠标在不同的对象或在不同的操作下,显示出不同的形状,这种形状的变化有不同的意义,通过观察鼠标指针的形状,可以确定当前的操作和操作状态。常见的鼠标指针形状及含义见表 11.1。

表 11.1　鼠标指针形状及其含义

鼠标指针形状	代表的含义
	标准选择指针,可进行常规操作
	求助指针,可进行帮助选择
	后台操作指针,计算机正在后台操作
	沙漏形指针,表示计算机正忙,请等待
	精度选择指针,绘制或选择图形时可精度选择
	文字输入指针,区域中可以输入文字
	调整垂直大小指针,可垂直调整窗口大小
	调整水平大小指针,可水平调整窗口大小
	对角线调整指针,可用对角线调整窗口大小
	移动指针,可以移动
	链接指针,可以链接转向
	不可用指针,操作非法,不可操作

297

2. 键盘的使用

键盘可以让用户直接与计算机交互，完成 Windows XP 提供的所有操作功能。

（1）基本术语

① 键盘（Keyboard）：计算机最常用的输入设备，几乎所有的命令、汉字、各种语言程序、初始数据等都是从键盘输入。目前普遍使用的是通用扩展键盘，如图 11.2 所示。

图 11.2　键盘及键位分布图

② 键位排列：键盘上键位的排列有一定的规律。按用途可分为主键盘区、功能键区、编辑键区和小键盘区，如图 11.2 所示。

主键盘区：是键盘的主要组成部分，它的排列与标准英文打字机的键位排列一样。该键区由数字键、字母键、常用运算符以及标点符号键组成，除此之外还有几个必要的控制键。

功能键区：包括了 12 个功能键 F1～F12。在计算机系统中，这些键的功能是由操作系统或应用程序所定义的。

编辑键区：屏幕编辑键区的键是为了方便用户在全屏幕范围内操作使用。

小键盘区：主要是为大量的数据输入提供了方便。小键盘的转换开关键是 Num Lock 键（也叫数字锁定键）。

（2）基本操作

熟练掌握键盘常用键及快捷键的运用，可大大提高 Windows XP 的工作效率，使系统的操作更加高效、简便。

① 键盘常用键操作。键盘常用键及其名称、功能和使用如表 11.2 所示。

表 11.2　键盘常用键及其名称、功能和使用

常　用　键	名　　称	功能及使用	
Space	空格键	将在当前光标的位置上空出一个字符的位置	
Enter	回车键	表示输入的信息行或命令行的结束，将光标移到下一行的行首或命令开始执行	
CapsLock	大写字母锁定键	用来转换字母大小写状态。同时键盘右上角标有"CapsLock"的指示灯也会在亮与不亮之间转换，灯亮表示当前为大写状态	
Shift	换档键	按住此键，再按下双字符键，即可输入上档字符	
Backspace	退格删除键	将删除当前光标位置的前一个字符	

续表

常　用　键	名　　称	功能及使用
Ctrl	控制键	该键必须和其他键配合才能实现各种功能,这些功能是在操作系统或其他应用软件中进行设定的。例如,按 Ctrl＋Break 组合键,则中断程序或命令执行的作用
Alt	转换键	该键要与其他键配合才有用。例如,按 Ctrl＋Alt＋Del 组合键,打开任务管理器,可重新启动计算机(称为热启动)
Tab	制表键	用来将光标向右跳动 8 个字符间隔(除非另作改变)
Esc	取消键或退出键	退出某一操作或正在执行的命令
PrintScreen	屏幕硬拷贝键	抓取当前屏幕图像。若在打印机已联机的情况下,按下该键可将计算机屏幕的显示内容通过打印机输出
Pause 或 Break	暂停键	能使计算机正在执行的命令或应用程序暂时停止工作,直到按键盘上任意一个键则继续
Insert 或 Ins	插入字符开关键	在"字符插入状态"与"取消字符插入状态"之间转换
Delete 或 Del	字符删除键	可以把当前光标所在位置的字符删除掉
Home	行首键	光标会移至当前行的开头
End	行尾键	光标会移至当前行的末尾
PageUp	向上翻页键	用于浏览当前屏幕显示的上一页内容
PageDown	向下翻页键	用于浏览当前屏幕显示的下一页内容
← ↑ → ↓	为光标移动键	使光标分别向左、向上、向右、向下移动一格
Num Lock	数字锁定键	小键盘的开关。键盘右上角标有 Num Lock 的指示灯会在亮与不亮之间转换,灯亮表示当前为小键盘开启状态

② 键盘快捷键操作

F1　显示 Windows 或当前程序的帮助信息。

F2　重新命名所选项目。

F3　搜索文件或文件夹,或显示"查找"对话框。

F4　显示"我的电脑"和"Windows 资源管理器"中的"地址栏"列表。

F5　刷新当前窗口。

F6　在窗口或桌面上循环切换屏幕元素。

F10　激活当前程序中的菜单条。

Ctrl＋C　复制。

Ctrl＋X　剪切。

Ctrl＋V　粘贴。

Ctrl＋Z　撤销一次操作。

Ctrl＋Y　恢复一次操作。

Ctrl＋A　选中全部内容。

Ctrl＋→　将插入点移动到下一个单词的起始处。

Ctrl＋←　将插入点移动到前一个单词的起始处。

Ctrl＋↓　将插入点移动到下一段落的起始处。

Ctrl＋↑　将插入点移动到前一段落的起始处。

Ctrl＋Shift＋任何箭头键　突出显示一块文本。

Ctrl＋F4　在允许同时打开多个文档的程序中关闭当前文档。

Ctrl＋Esc　显示"开始"菜单。

Shift＋Delete　永久删除所选项,而不将它放到"回收站"中。

Shift＋任何箭头键　在窗口或桌面上选择多项,或者选中文档中的文本。

Shift＋F10　显示所选项的快捷菜单。

Alt＋Enter　查看所选项目的属性。

Alt＋F4　关闭当前项目或者退出当前程序。

Alt＋空格键　为当前窗口打开快捷菜单。

Alt＋Tab　在打开的项目之间切换。

Alt＋Esc　以项目打开的顺序循环切换。

11.1.2　如何掌握键盘指法提高打字速度

键盘指法是运用十个手指击键的方法。规定每个手指分工负责指定键位,发挥十个手指的作用,实现不看键盘地输入(盲打),从而提高打字速度。

键盘的"ASDF"、"JKL;"这 8 个键位定为基本键。输入时,左右手的 8 个手指头(大拇指除外)从左至右自然平放在这 8 个键位上。键盘的打字键区分成两个部分,左手击打左部,右手击打右部,且每个字键都有固定的手指负责,如图 11.3 所示。

图 11.3　键盘指法

11.2　Windows XP 的操作界面及相关术语

Windows XP,也称为视窗 XP,是微软公司发布的一款基于窗口的操作系统。Windows XP 给计算机带来了新潮的视觉样式,有更丰富的颜色、更具有智慧的组织,可用更简单的方法实现用户需求。其增加的许多新技术和新功能,使用户能够轻松地完成各种管理和操作。

11.2.1　Windows XP 操作系统有哪些特点

Windows XP 提供了布局合理、操作直观、形象简便的美好界面,各项功能易于使用,支持更多的软硬件,增强了系统的可靠性和集成功能,提高了系统安全性、运行速度和快速执行任务的能力,账号使用和管理方案简洁实用,强大的"帮助与技术支持"服务更是建立了一个良好的平台,辅助学习者、操作者更好地掌握 Windows XP 操作系统。

11.2.2　Windows XP 有哪些基本操作

Windows XP 不仅运行稳定、可靠、快速,还增加了许多新技术和新功能,更重要的是能辅助用户轻松地完成各种管理和操作,致使 Windows XP 成为广泛应用的操作系统之一。我们在了解其基本性能的基础上,也必须熟悉其基本操作,达到熟练掌握的目的。

1. Windows XP 的启动、退出和注销

Windows XP 的启动、退出和注销操作比较简单,但对系统来说却很重要。不正确的操作方式,将会影响计算机系统的正常使用。

1) 基本术语

(1) Windows XP 的启动:开启计算机,当 Windows XP 系统正常进入桌面即实现启动。

(2) Windows XP 的退出:退出 Windows XP 操作系统,系统将停止运行,保存设置退出,并自动关闭主机电源。

(3) Windows XP 的注销:Windows XP 的注销功能,也可实现不同用户的快速登录,为方便使用计算机,用户不必重新启动计算机就可以实现切换用户登录。

2) 基本操作

(1) Windows XP 的启动:计算机需安装好 Windows XP 操作系统,依次打开计算机显示器的电源开关、主机的电源开关,系统完成自检后,会自动引导操作系统,稍后进入 Windows XP 登录界面,如图 11.4 所示。正常登录后,出现 Windows XP 的简洁桌面(见图 11.5),即完成启动操作。

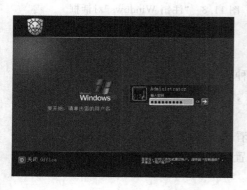

图 11.4　Windows XP 的登录界面

图 11.5　Windows XP 的桌面

301

（2）Windows XP 的退出：用户应先退出所有应用程序，然后从 Windows XP 系统中退出，而不能直接关闭计算机电源，以避免破坏系统中正在运行的程序。操作步骤如下：

① 单击屏幕左下角的  菜单按钮，弹出"开始"菜单（见图 11.6）；

② 选择"关闭计算机"命令，将出现如图 11.7 所示的"关闭计算机"对话框；

③ 单击"关闭"按钮，Windows XP 将停止运行，保存设置后退出系统，并自动切断主机电源，用户还需关闭外设电源（如显示器、打印机等）。

用户也可使用 Alt＋F4 组合键快速调出"关闭计算机"对话框进行关机。在 Windows XP 中，一旦系统启动，不要随便按动电源开关和 Reset 按钮，以防造成系统故障。

单击"待机"按钮，系统将转入低功耗状态，仅保留内存电源。单击"重新启动"按钮，系统将重新启动计算机，单击"取消"按钮，可关闭此对话框，返回当前用户桌面。

图 11.6　开始菜单

（3）Windows XP 的注销：单击"开始"菜单的"注销"选项，将弹出"注销 Windows"对话框（见图 11.8），选择"取消"可放弃此次操作，选择"注销"将执行注销操作，选择"切换用户"可执行用户切换操作。

图 11.7　"关闭计算机"对话框

图 11.8　"注销 Windows"对话框

2. Windows XP 的桌面

Windows XP 是用户使用和管理计算机内各种资源的桥梁，是组织和管理资源的一种有效的方式，Windows XP 的桌面由桌面空白区、图标、任务栏、"开始"菜单按钮组成。

1）基本术语

（1）桌面：当用户启动计算机进入系统后，看到的整个屏幕界面（见图 11.5）就是 Windows XP 操作系统的桌面。用户可在上面搁置一些常用工具、程序、文档等，方便用户快捷地进行各种操作。

（2）图标：桌面上的小型图片称为图标。我们可以看到桌面上有各种程序快捷方式、文件或文件夹的图标。将鼠标放在图标上，将出现提示文字，标识其名称和内容。双击该图标可以打开对应的文件或程序。系统常用的桌面图标有"我的文档"、"我的电脑"、"网上邻居"、"回收站"、"Internet Explorer"等。

（3）任务栏：在屏幕底部有一条狭窄的条带，称为任务栏（见图 11.5）。每次打开一个窗口或执行某个程序时，代表它的按钮就会出现在任务栏上，当按钮太多而堆积时，Windows XP 可通过分组相似任务栏按钮使任务栏保持整洁。关闭窗口或退出程序后，任务栏上按钮消失。任务栏包括开始菜单、快速启动工具栏、窗口按钮栏、语言栏、状态指示区（包括时钟和声音控制图标）等区域。状态指示区中的其他图标可能临时出现，显示正在进行的活动状态。例如，当文件发送到打印机时打印机图标将出现，打印结束时该图标消失；可以从 Microsoft 站点下载新的"Windows 更新"时，状态指示区中也会提示。

（4）开始菜单："开始"菜单包含应用程序启动项、系统控制工具菜单项等。有默认"开始"菜单和经典"开始"菜单两种显示效果。"开始"菜单功能较多，用户可以启动已经安装的所有应用程序、打开存储的文件、执行搜索任务、设置系统软硬件配置、直接访问Internet、收发电子邮件等。

2）基本操作

（1）桌面操作：包括系统显示效果的设置、图标排列、新建等操作。

① 系统显示效果的设置：Windows XP 允许用户根据自己的爱好更改桌面背景、屏幕保护、外观样式、主题、显示效果等。执行以下操作即可实现：在桌面上单击鼠标右键，选择"属性"选项，弹出"显示 属性"对话框（见图 11.9），包含"主题"、"桌面"、"屏幕保护程序"、"外观"和"设置"五个选项卡，可分别对 Windows XP 的主题、桌面背景、屏幕保护效果、窗口按钮、字体和色彩方案、屏幕分辨率等进行设置。更改操作后，可单击"应用"和"确定"认可操作，即显示修改后的效果，也可单击"取消"退出修改。

② 图标排列：在桌面空白处右击鼠标可进行排列图标操作。图标有自动排列（可按名称、类型、大小或日期进行排列）和非自动排列两种方式。鼠标右击桌面空白处（或文件夹窗口空白处），将出现如图 11.10 所示快捷菜单，用户可自行设置。注意：若已选"自动排列"，则手动拖动图标功能失效。

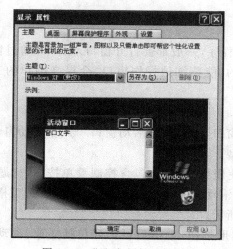
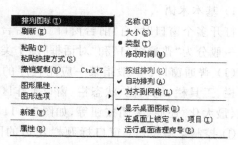

图 11.9　"显示 属性"对话框　　　　图 11.10　"排列图标"快捷菜单

303

③ 新建操作：用户在桌面空白处右击鼠标可进行新建文件或文件夹操作。可新建文件夹或文件，选择文件类型后根据提示向导完成新建工作。

（2）图标操作：由于标识对象的不同，图标分为应用程序图标、快捷方式图标、文档图标、文件夹图标、驱动器图标等。图标可以执行的操作如下：

① 启动图标：鼠标双击图标，即可启动对应的应用程序、快捷关联或打开文件、文件夹、驱动器。

② 移动图标：确定图标为选中状态，拖动图标到目标位置，再松开按键可实现图标的移动操作（图标排列方式为非自动排列时，方可移动图标）。

③ 复制图标：在同一磁盘内复制图标可先按住 Ctrl 键，再拖动图标至新位置即可；在不同磁盘间复制，直接拖动图标到另一磁盘窗口即可。

④ 删除图标：指向需要删除的图标，单击鼠标右键，在弹出的快捷菜单中选择"删除"选项（或选定图标后按 Del 键），确认操作即可。

⑤ 图标更名：鼠标右键单击对应图标，快捷菜单中选择"重命名"，输入新名称后按回车键或在空白处单击鼠标左键即可。

（3）任务栏操作：右击任务栏空白处，选择"属性"命令可对任务栏和开始菜单属性进行设置。

① 任务栏属性设置：包括锁定任务栏、自动隐藏任务栏、将任务栏保持在其他任务前端、分组相似任务栏按钮、显示快速启动等设置。

② 开始菜单属性设置：针对开始菜单显示模式进行选择，用户可根据个人喜好设置。

③ 任务栏的移动及改变大小：当任务栏为非锁定状态时，可使用鼠标左键拖动任务栏到屏幕的其他边缘，释放鼠标实现任务栏的移动；鼠标指向任务栏边界，变为双向箭头时，可进行拖动，由此改变任务栏大小。

（4）开始菜单操作：单击桌面左下角的"开始"按钮可打开"开始菜单"，还可以通过按键盘上的 Windows 标志键或 Ctrl＋Esc 组合键打开"开始菜单"。

3. Windows XP 的窗口

Windows XP 是视窗操作系统，只要执行程序，一般都会打开窗口，用户可通过窗口对程序进行控制，窗口的大部分组建是相同的，能熟练地操作窗口，会提高用户的工作效率。

1）基本术语

打开多个窗口时，有"前台窗口"与"后台窗口"之分，即"活动窗口"与"非活动窗口"。窗口一般分为"普通窗口"和"对话框"两个类型。

（1）普通窗口：一般指某一应用程序的使用界面，其中包含控制菜单按钮、标题栏、菜单栏、工具栏、地址栏、状态栏、窗口工作区、滚动条（或称滑块）、窗口边框、任务窗格、最小化、最大化/还原、关闭按钮等，如图 11.11 所示。

① 控制菜单按钮：窗口标题栏左边的图形按钮，单击后可打开包括还原、移动、大小、最小化、最大化、关闭等快捷功能，双击控制菜单按钮会关闭当前窗口。

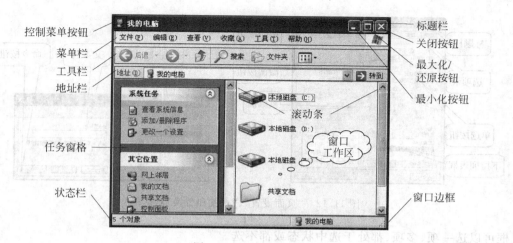

图 11.11　普通窗口

②　标题栏：位于窗口的最上部，它标明了当前窗口的名称，左侧有控制菜单按钮，右侧有最小、最大化或还原以及关闭按钮。

③　菜单栏：在标题栏的下方，它提供了一系列菜单命令，通过这些菜单的层次布局，用户可完成各种操作。

④　工具栏：位于菜单栏下方，其功能与菜单栏中的命令是相同的，只是通过一系列形象的图标表示出来，方便用户使用。

⑤　地址栏：位于工具栏下方，显示当前窗口路径，也可通过下拉列表前往其他目录。

⑥　状态栏：在窗口的最下方，对当前有关操作对象的一些基本情况进行了标识。

⑦　窗口工作区：是窗口中对象或程序的显示区域。

⑧　滚动条(或称滑块)：当工作区内容太多而无法全部显示时，窗口将自动出现垂直或水平的滚动条，用户可以通过拖动滚动条来查看其他内容。

⑨　窗口边框：指窗口的四周边框，可以通过鼠标拖动改变窗口的大小。

⑩　任务窗格：有的窗口左侧或右侧有任务窗格，用户可以通过任务窗格中的提示直接开展下一步操作，而不必在菜单栏或工具栏中进行，有利于提高工作效率。

(2)　对话框：是 Windows 和用户进行信息交流的又一个界面。Windows 和用户之间的这种问答方式，很好地帮助二者之间实现互动和交流。对话框也用于简短信息显示和程序运行警告等情况，用户可通过选择选项，对系统进行对象属性的修改或设置。

对话框与窗口有些类似，都有标题栏，但对话框要比窗口更简洁、更直观、更侧重于与用户的交流，因此对话框没有菜单栏和工具栏，没有控制菜单图标，没有任务提示条，保持活动状态，大小固定，不可改变。对话框一般包含有标题栏、选项卡、复选框、单选按钮、文本框、列表框、命令按钮、微调按钮、帮助按钮等几部分，如图 11.12 所示。

①　标题栏：显示对话框的名称，用鼠标拖动可以移动对话框。

②　选项卡：多张卡重叠，既节省了对话框的空间，又增加了对话框的显示内容，用户单击相应标签，即可选择对应的选项卡。

③　复选框：是一个空心的方形框□。选中状态会在框内出现"√"符号。一组复选

305

图 11.12 "页面设置"、"查找和替换"对话框

框可以选一项、多项、都处于选中状态或都不选。

④ 单选按钮：是一个空心的圆 ⊙。选中状态会在圆内出现"·"符号，⊙标示此项被选中，一组单选按钮，只能有一项被选中。

⑤ 文本框：是可以输入文本的控制部件。

⑥ 列表框：以列表的形式显示多个输入信息项，供用户选择。其中的信息只能选择，不能修改。如果框内信息没有显示完全，可以通过滚动条拖动查看。

⑦ 命令按钮：单击命令按钮后可以执行一个对应动作。呈灰色显示的命令按钮是不可用的，单击带"…"的命令按钮，可打开一个对话框。

⑧ 微调按钮：[1   ⬍]，可以调整相关参数，用户也可以直接输入数值。

⑨ 帮助按钮：对话框的右上角有一个帮助按钮 ？，单击该按钮可以获得有关对应项目的帮助信息。

2) 基本操作

（1）操作控制菜单：单击标题栏上的"控制菜单"按钮 ，可打开控制菜单（见图 11.13），双击该按钮可关闭相应窗口。单击控制菜单外任意处或者按 Alt 键可取消控制菜单的选择。

图 11.13 控制菜单

（2）移动窗口和改变窗口大小：当窗口不是最大化的情形下，单击标题栏拖动鼠标到目标位置释放，即可移动窗口（对话框同理）；还可将鼠标放在窗口边缘，当鼠标形状变为双向箭头时，即可拖动鼠标，实现窗口大小的改变。

（3）最小化、最大化、还原窗口：可以有多种方式实现。

① 通过标题栏右侧的按钮实现窗口的变化。单击 ▬ 可以最小化窗口，单击 ▢ 可以最大化窗口，单击 ⿻ 可以还原窗口。

② 通过双击标题栏实现窗口最大化和还原之间的转换。

③ 左键单击任务栏上的对应任务可实现窗口最小化和最大化之间转换。也可通过鼠标右键单击任务栏上的任务，弹出快捷菜单，选择相应选项调整。

（4）窗口切换：可以通过鼠标、键盘实现多个窗口相互切换界面。

① 窗口层叠或并排时，可通过鼠标单击选择窗口进行切换。

② 在任务栏上分别单击窗口按钮组按钮中的选项,可以完成窗口的切换。

③ 按住键盘 Alt＋Tab 组合键进行窗口切换。先按住 Alt 键不放,然后按下 Tab 键,每按一次 Tab 键,松开 Alt 键,当前的活动窗口就变换一次。

（5）窗口的排列:鼠标右键单击任务栏空白处,打开"任务栏"快捷菜单（见图 11.14）,执行窗口排列操作;或单击"窗口"菜单（见图 11.15）,选择不同排列选项均可实现窗口排列。

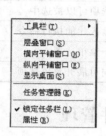

图 11.14　"任务栏"快捷菜单

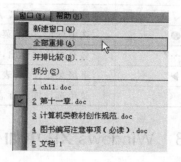

图 11.15　"窗口"菜单

（6）关闭窗口:很多操作都可以关闭窗口。

① 单击窗口右上角的关闭按钮 ✕ ,即可关闭窗口。（对话框同理）

② 可以右击任务栏上的对应窗口,选择"关闭"。

③ 单击"控制菜单"按钮,弹出控制菜单中选择"关闭"。或双击"控制菜单"按钮。

④ 单击"文件"菜单,选择"关闭"选项。

⑤ 当要关闭的窗口为活动窗口时,按 Alt＋F4 组合键,关闭该窗口。（对话框同理）

4. Windows XP 的菜单（包含联机帮助）

在 Windows XP 中,提供了多种形式的菜单,其意义和使用方法也各不相同。

1）基本术语

（1）菜单:是一种用结构化方式组织的操作命令集合。具有直观、简单、操作方便的特点。其类型有:开始菜单、控制菜单、下拉菜单、快捷菜单。

① 下拉菜单:是指类似窗口的菜单栏打开的菜单。菜单选项按功能分组放在不同的菜单项里,暂时不能使用的会以灰色显示。

② 快捷菜单:单击鼠标右键或指向某对象时弹出的菜单为快捷菜单。

（2）菜单选项附加标记:菜单选项有不同的表示方法,其含义如表 11.3 所示。

2）基本操作

（1）选择菜单:鼠标和键盘都可以完成菜单项的选择操作。

① 鼠标左键单击菜单命令,选择相应的选项单击即可执行对应功能。

② 按"Alt＋菜单名中带下画线的字母",打开相应菜单,如打开"文件"菜单为 Alt＋F。

③ 按 Alt 键或 F10 键激活菜单栏,使用方向键移动到目标菜单命令,按 Enter 键执行。

（2）关闭菜单:鼠标在菜单外区域单击左键、按 Alt 键或 F10 键均可实现关闭菜单。

表 11.3 菜单选项附加标记、含义说明表

标 记	含 义
高亮显示	当前选定的菜单选项或命令
灰色显示	当前暂时不能使用的菜单选项或命令
快捷键	在命令的最右端,代表使用该项菜单命令的组合键
热键	在命令的右边,是带有下画线的一个字母标识,可直接按键选择命令
有"√"	选中标记,去掉"√"表示此菜单功能无效
有"●"	选中标记,一组菜单中只能有一个选项可以被选中
带"…"	会有对话框弹出,需进一步的信息输入才能执行命令
带"▶"	下级菜单箭头,表示该菜单选项有子菜单选项
⌄	菜单选项缩略标志,单击或鼠标指向可展开菜单选项

11.2.3 Windows XP 中如何进行文件管理

Windows XP 操作系统的基本功能之一就是对文件的组织管理。利用 Windows XP 提供的"我的电脑"、"资源管理器"等窗口,可以组织和管理文件及资源,还可以显示文件、文件夹的详细信息,以及其他一系列的管理操作。本节在了解文件和文件夹性能的基础上,将以"资源管理器"为主,介绍文件管理的操作方法。

1. 文件和文件夹

计算机中所有的信息都存放在文件中,文件又被分门别类地组织成文件夹。在了解文件和文件夹性能的基础上,必须熟练地掌握与其相关的组织管理操作。

(1) 基本术语

① 文件、文件夹、属性:将一系列彼此相关的信息(如文字、图像、声音、视频等)取一个对应的名字存储在介质上,称之为文件。文件夹是一逻辑载体,用来存放文件的区域。每一个文件和文件夹都有自己的属性。属性信息包括名称、文件类型、打开方式、位置、大小、占用空间、创建日期、只读、隐藏等属性。

② 文件名和文件夹名:文件名是存取文件的依据,由主文件名与扩展名组成,中间用"."分隔,主文件名必须有,扩展名由 1～4 个合法字符组成,用来标明文件类型。文件夹名命名方式与文件相同,但一般没有扩展名。一个文件夹中不允许有两个同名的文件或子文件夹,否则存储出错,如图 11.16 所示。

图 11.16 同一文件夹中不能有同名的文件或子文件夹

对文件、文件夹命名是有约定的,如表 11.4 所示。

表 11.4 文件及文件夹命名约定说明表

约 定 方 向	命名约定内容
文件名长度	255 个字符(包括空格)
可以使用的字符	汉字、西文字符、数字、部分符号(_不能打头)
不能使用的字符	\ / : * ? " " < > │
区别文件名称	同名文件可通过扩展名区别,英文大小写不能区别文件名和文件夹名
扩展名的隐藏	打开 Windows 窗口,在"工具"菜单→"文件夹选项"→"查看"选项卡的高级设置中,是否选择"隐藏已知文件类型的扩展名"命令可隐藏或显示扩展名
扩展名的作用	扩展名可以有也可以没有,用来标识文件类型,并关联打开此文件的程序
带分隔符	可使用带分隔符的文件名及文件夹名。如 first plan .ppt

③ 通配符:用户搜索文件或文件夹时,可使用通配符来代替一个或多个字符。

问号"?"表示在该位置可以是一个任意合法字符。如 a?c.xls。

星号"*"表示在该位置可以是若干个任意合法字符。如 *.exe。

④ 路径和盘符:文件或文件夹的位置称为其路径,它包含要找到指定文件所顺序经过的全部文件夹,用"\"来分隔各级文件夹。每个驱动器用一个字母来标识,叫盘符。如 a.doc 文件的路径为:D:\Document\File\a.doc。

(2)基本操作

文件和文件夹管理有四种操作方式:鼠标拖曳、快捷菜单、菜单栏菜单、工具栏按钮。

① 创建文件夹:选定路径后,在窗口的"文件"菜单中选择"新建"子菜单的"文件夹"命令,直接在名称框内输入新名称,按 Enter 键即可。

② 选定文件和文件夹:一次可以选定一个或多个文件或文件夹。选定方法如表 11.5 所示。

表 11.5 选定文件和文件夹的操作方法

选 定 操 作	选 定 方 法
单个选取	鼠标单击文件或文件夹图标;鼠标框选
连续选取	按 Shift 键不放,单击第一个图标和最后一个图标,或按方向键;鼠标框选
不连续选取	按 Ctrl 键,鼠标左键逐一单击要选定的图标
全选	"编辑"菜单下的"全部选定";或者快捷键 Ctrl+A
反向选取	先选定不需要选的图标,单击"编辑"菜单的"反向选择"
取消选取	按住 Ctrl 键,单击需要取消的图标,或者单击未选定区域取消所有选取

③ 复制、粘贴、移动、删除、重命名文件和文件夹:必须在选定文件或文件夹后才可进行这些操作。操作方式如表 11.6 所示,空白处表示对应情况中无操作。

④ 搜索文件和文件夹:可以通过"开始"菜单、"资源管理器""我的电脑""我的文档"等窗口上的 🔍搜索(S) 命令执行搜索操作,会弹出如图 11.17 所示的搜索界面。

表 11.6　复制、粘贴、移动、删除、重命名文件和文件夹的操作方法

类　型	复　制	粘　贴	移　动	删　除	重　命　名
快捷键	Ctrl＋C	Ctrl＋V	Ctrl＋X	Del；Shift＋Del	F2
菜单方式	编辑/复制或复制到文件夹	编辑/粘贴	编辑/剪切或移动到文件夹	文件/删除	文件/重命名
任务窗格	复制这个文件（夹）		移动这个文件（夹）	删除这个文件（夹）	重命名这个文件（夹）
快捷菜单	复制	粘贴	剪切	删除	重命名
鼠标拖动	同盘符下，Ctrl键＋拖动 不同盘符下，直接拖动	同盘符下，直接拖动 不同盘符下，Shift键＋拖动	放入回收站：拖动到回收站 彻底删除：Shift＋拖至回收站	在文件或文件夹名称部位轻轻单击

图 11.17　"搜索结果"窗口

⑤ 查看、修改文件和文件夹的属性：选定文件或文件夹，单击"文件"菜单中的"属性"命令，可打开如图 11.18 所示的"属性"对话框。只需选定或取消对应属性的复选框，单击"确定"或"应用"按钮即可完成修改属性操作。

2. 资源管理器

"资源管理器"和"我的电脑"是 Windows XP 管理和使用文件的两个工具。具有统一的操作界面、Web 风格和操作方法。通过 文件夹 的选取，可使两个窗口完全一样。

1）基本术语

（1）我的电脑：Windows XP 的一个系统文件夹，提供了快速访问计算机资源的途径。

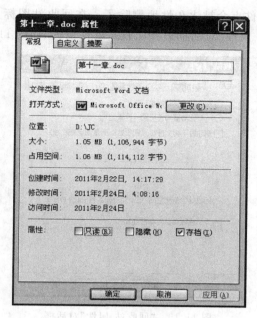

图 11.18 "属性"对话框

（2）资源管理器：在"我的电脑"的窗口基础上，显示两个窗口，左侧为树型文件夹目录窗口，右侧为所选磁盘或文件夹的内容窗口。

（3）回收站：是一个系统文件夹，隐藏于各个硬盘驱动器。为了防止误操作，用户删除的文件或文件夹被放在回收站中，必要时可恢复。

2）基本操作

（1）启动"资源管理器"的方法：有以下 6 种方法可以启动"资源管理器"。

① 鼠标右键单击"开始"菜单，选择"资源管理器"。

② 鼠标左键单击"开始"→"所有程序"→"附件"→"Windows 资源管理器"菜单命令。

③ 桌面上，在"我的电脑"、"我的文档"、"网上邻居"、"回收站"或文件夹上单击鼠标右键，选择"资源管理器"。

④ 打开"我的电脑"，选定驱动器图标，打开"文件"→"资源管理器"菜单命令。

⑤ 打开"我的电脑"，鼠标右击任意对象，选择"资源管理器"。

⑥ 打开"我的电脑"，选择 📁文件夹 命令，可启动"资源管理器"。

（2）显示/隐藏工具栏、状态栏：选择"查看"菜单，可看到有"工具栏"、"状态栏"、"浏览器栏"等命令选项。观察子菜单中的选项都有哪些命令。

（3）调整左右窗格大小：鼠标指向左、右窗格中间的分隔条上，鼠标指针变为水平双向箭头时，拖动鼠标可以调整左右窗格的大小。

（4）改变文件视图方式及图标的排列：单击"查看"菜单或工具栏上的"查看"按钮 📷·右边的小箭头，可在文件的 5 种视图方式中切换：缩略图、平铺、图标、列表、详细信息。

（5）回收站操作及属性更改：打开"回收站"窗口，可选定文件或文件夹恢复，即执行"还原"命令，也可删除，则该文件或文件夹被彻底删除了。还可执行清理"回收站"操作，则回收站内的文件或文件夹全被永久性地删除了。在回收站图标上单击鼠标右键,选择"属性",可进入"回收站 属性"对话框进行回收站属性设置,如图 11.19 所示。

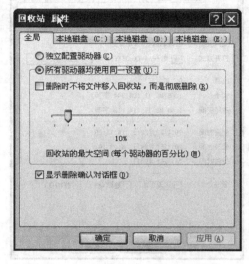

图 11.19 "回收站 属性"对话框

11.2.4 Windows XP 中如何进行系统维护与系统环境设置

1. 程序管理

Windows XP 中,用户可以同时启动多个应用程序,则对这些应用程序的管理就显得尤为重要,它是系统运行优劣的重要衡量指标之一。

1) 基本术语

(1) 应用程序:能完成某项或几项特定任务、开发后运行于操作系统之上和用户能进行一定程度交流的计算机程序,称之为应用程序。

(2) 任务管理器:Windows XP 的任务管理器提供了有关计算机正在运行的程序和进程、计算机性能等信息,可完成多种任务的查看与管理。任务管理器中包含"文件"、"选项"、"查看"、"窗口"、"帮助"菜单,以及"应用程序"、"进程"、"性能"、"联网"、"用户"五个选项卡。

(3) 应用程序快捷方式:快捷方式是一种扩展名为 LNK 的特殊类型文件,使用户可以方便、快速地访问相关对象,删除快捷方式并不能够卸载应用程序。

(4) 程序关联:Windows XP 通过文件扩展名自动为文件和应用程序之间创建关联,创建了关联的文件,双击打开时会启动与之关联的应用程序来打开文件内容。

2) 基本操作

(1) 应用程序的启动、退出有以下 4 种方法可以启动"应用程序"。

① 直接双击桌面图标可以启动桌面上的应用程序;

② 单击"开始"→"所有程序"菜单命令,单击应用程序的名称,可启动安装过的应用

程序；

③ 在"我的电脑"、"资源管理器"中找到应用程序，双击对应图标可启动应用程序；

④ 单击"开始"→"运行"菜单命令，在对话框中输入含有路径的应用程序文件名后确定。

应用程序的退出也有以下 5 种方法。

① 单击应用程序窗口右上角的"关闭"按钮 ⊠ ；

② 选择应用程序菜单中的"文件"→"退出"命令；

③ 双击应用程序的"控制菜单"按钮，单击"控制菜单"按钮，在弹出的控制菜单上选择"关闭"；

④ 鼠标在任务栏对应的应用程序上，单击右键选择"关闭"或"关闭组"；

⑤ 按键盘 Alt＋F4 组合键可直接退出应用程序。

（2）任务管理器的启动及结束任务。启动任务管理器有以下 3 种方式。

① 鼠标右键单击任务栏空白处，快捷菜单中选择"任务管理器"；

② 按 Ctrl＋Alt＋Del 组合键，若弹出"Windows 安全"界面，选"任务管理器"按钮；

③ 按 Ctrl＋Shift＋Esc 组合键，可进入"任务管理器"界面。

任务管理器的"应用程序"选项卡中列出了当前正在运行的任务，可选中某个任务，单击"结束任务"按钮，或快捷菜单中选择"结束任务"，即可结束这个正在运行的任务。

（3）创建应用程序的快捷方式。

① 快捷菜单方式：单击鼠标右键，快捷菜单中选择"发送到"命令，可通过子菜单的选择将快捷方式建立在不同位置；

② "文件"菜单方式："我的电脑"、"资源管理器"中，选择需要建立快捷方式的对象，单击"文件"→"创建快捷方式"菜单命令；

③ "向导"方式：桌面或文件夹窗口的空白处，单击鼠标右键，选择"新建"→"快捷方式"后，根据向导提示建立快捷方式。

（4）文件与应用程序关联："我的电脑"、"资源管理器"窗口，单击"工具"→"文件夹选项"，单击"文件类型"选项卡（见图 11.20），在"已注册的文件类型"列表框中是已建立的关联信息，用户可通过"新建"建立新的关联，"删除"可删除关联，"更改"是对已关联的应用程序修改（见图 11.21），"高级"可对已关联文件类型进行修改。

2. 控制面板

控制面板是 Windows XP 图形用户界面的一部分。有两种视图方式：经典视图和分类视图，如图 11.22 所示。

1）基本术语

控制面板：控制面板提供了许多工具，可用来对设备进行设置与管理、调整系统软件环境参数、更改各类服务以及用户管理等。

2）基本操作

（1）打开控制面板。

① 单击 开始 → 控制面板(C) 菜单命令；

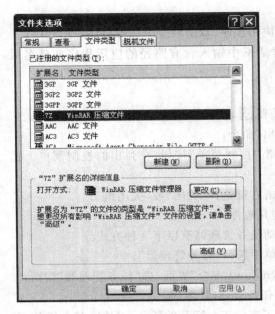

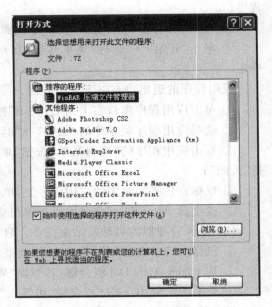

图 11.20　"文件类型"选项卡　　　　　图 11.21　"更改"打开方式对话框

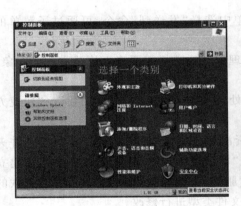

图 11.22　"控制面板"的"分类视图"方式和"经典视图"方式

　　② 打开"我的电脑"窗口,在左侧命令列表中选择 ；

　　③ 打开"资源管理器"窗口,在左侧目录树中选择 。

　　(2) 硬件、软件及服务管理:控制面板可进行软硬件资源管理及各种服务管理,这里不对控制面板的每种管理功能介绍操作步骤,只对其中常用的部分局部介绍如下。

　　① 硬件管理:控制面板中可对计算机硬件设备进行管理,鼠标、键盘、显示器、打印机等,在"经典视图"方式下,选择需要设置的硬件对应图标,即可进入对应的管理界面;在"分类视图"方式下,单击 选项,可进入硬件管理的界面,双击对应图标可进入相应界面。

　　② 软件管理:在"分类视图"中单击 ,在"经典视图"中单击 ,可进入"添加

或删除程序"窗口,是单纯管理各类软件的界面(见图 11.23)。左侧项目栏中,可选择不同的程序类型入口,如"更改或删除程序"、"添加新程序"、"添加/删除 Windows 组建"等,右侧对应的程序明细列表中,可选择某个对应程序,执行更改/删除操作。

图 11.23　"添加或删除程序"窗口

③ 服务管理:控制面板还可以提供很多服务管理,在"设置系统特性"操作中,既有硬件的管理,也有服务管理。

设置系统特性的方式:在"经典视图"中选择"系统"工具 ；在"分类视图"中单击 ，然后选择 ，都可进入"系统属性"对话框(见图 11.24)。

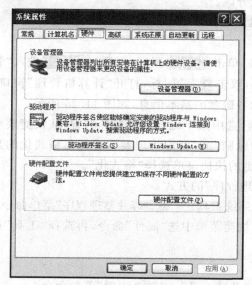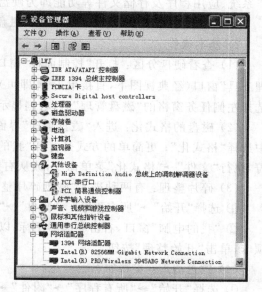

图 11.24　"系统属性"对话框的"硬件"选项卡和"设备管理器"窗口

"硬件"选项卡中,"设备管理器"可进入硬件设备的扫描检测及属性设置功能,其他的"高级"、"系统还原"、"自动更新"、"远程"等选项卡都是服务相关管理界面,尝试设置不同的服务方式,感受不同效果。

(3) 用户管理:Windows XP 支持一台计算机上有多个用户,每个用户拥有自己的账号和密码,可进行个性化设置。公共资源的使用上,也可以设置富有个性的工作空间。

Windows XP 操作系统具有强大的用户账号管理功能,主要包括账号的创建、设置密码、修改账号等内容。账号分为两种类型:"计算机管理员"和"受限"账号类型,其权限是不同的。前者拥有对计算机操作的全部权利,后者只能修改自己的用户名、密码、浏览自己创建的文件和共享文件。

每建一个账号,Windows XP 就会在系统安装目录下的"Documents and Settings"下面多一个以用户所建账号为名的文件夹,里面存放着这个账号的一些资料,有收藏夹、文档、历史记录、系统设置信息等内容,天长日久它占用的空间也是不可小觑的,解决方法就是到"开始"→"控制面板"→"用户账号"里根据实际情况删除多余的账号即可。

控制面板的功能强大,可以用来对设备进行设置和管理、调整系统环境参数和各种属性、添加/删除软硬件资源等,在此就不针对每项功能一一阐述了,具体的相关操作实例参见"11.4 使用'帮助和支持中心'掌握 Windows XP 的操作"一节。

3. 磁盘管理

"磁盘管理"即指用于管理磁盘的图形化工具。具备打开磁盘、格式化、删除磁盘分区、设置磁盘属性等操作。

1) 基本术语

(1) 硬盘分区:将硬盘的整体存储空间划分成多个独立的区域,可实现分别安装操作系统、应用程序及存储文件等功能即为硬盘分区。

(2) 格式化磁盘:格式化磁盘是指在磁盘上建立可以存放数据的格式。

2) 基本操作

(1) 查看硬盘分区:打开"控制面板"窗口,单击 [性能和维护] 图标,再通过 [管理工具] 进入"管理工具"窗口(经典视图下,直接单击 即可),双击 图标,打开"计算机管理"窗口,选择左侧任务窗格的"磁盘管理"后,右侧显示各磁盘的基本信息,如图 11.25 所示。

(2) 磁盘的格式化:进入"磁盘管理"界面,选中某个磁盘单击鼠标右键,从快捷菜单中选择"格式化";更简单的方式是打开"我的电脑"或"资源管理器",选择要格式化的盘符,执行"文件"→"格式化"菜单命令,或从右键的快捷菜单选择"格式化"。

(3) 碎片整理:有两种进入"磁盘碎片整理程序"的方式。

① 选择"开始"→"所有程序"→"附件"→"系统工具"→"磁盘碎片整理程序"菜单命令;

② "我的电脑"窗口,右击驱动器图标,以快捷菜单中选"属性"命令,再选择"工具"选项卡,单击"开始整理"按钮。

(4) 磁盘清理:步骤如下。

① 选择"开始"→"所有程序"→"附件"→"系统工具"→"磁盘清理"菜单命令;

② 选择要清理的驱动器,确认后进入"磁盘清理程序",如图 11.26 所示。

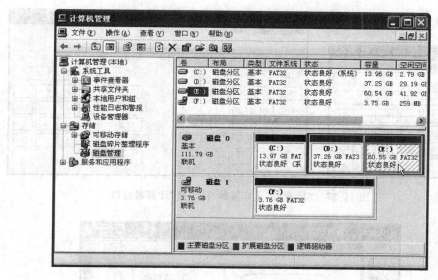

图 11.25　"磁盘管理"界面

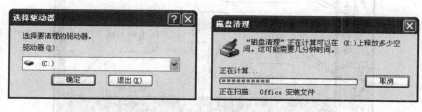

图 11.26　磁盘清理过程界面

11.2.5　Windows XP 附带哪些常用部件

Windows XP 中附带了一些实用工具,能帮助用户完成一些简单需求,如画图、计算器、记事本等应用程序,都是日常办公中常用到的,启动目录都在"开始"→"所有程序"→"附件"菜单命令中。

(1) 记事本与写字板:记事本与写字板都是 Windows XP 附件中的文本编辑器,可以编辑一些简单的文档。记事本中不能编辑图片,占用内存小,运行速度快、使用方便。写字板中可以编排图片、图表、多媒体信息等,功能较为丰富。

(2) 计算器:是系统提供的一个简单的计算工具,可以方便地进行各种算术运算及进制转换运算。窗口界面如图 11.27 所示。

(3) 画图程序:是一个用来绘图或简单处理图像的单文档应用程序。用户可以在该程序中进行画图、涂色、处理画面、旋转、拉伸、扭曲等操作。窗口界面如图 11.28 所示。

绘图区为画图的工作区域,画布尺寸可以根据用户需求调整,用鼠标拖动"调整句柄"既可进行调整,也可通过"图像"→"属性"菜单命令进行精确调整。调色板上部的色块表示当前的前景色,下部色块表示当前背景色。鼠标左键单击颜料盒中的某个色块,该色即被选中为前景色;鼠标右键单击颜料盒中的某个色块,该色即被选中为背景色。

图 11.27　"标准型"计算器和"科学型"计算器窗口

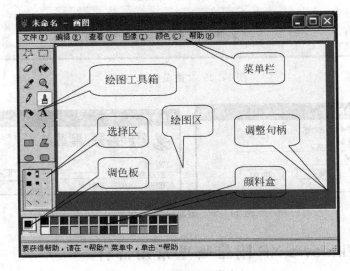

图 11.28　"画图"程序窗口

11.3　Windows XP "帮助和支持中心"使用案例

　　Windows XP 系统,展现给用户美好的图形外观和强大功能的同时,还提供了宝贵的资源库。这些资源就存放在 Windows XP 不起眼的"帮助和支持中心"里,这是既全面又方便的帮助。学会使用 Windows XP 提供的帮助,是学习和掌握 Windows XP 的一个捷径。因此学会使用 Windows XP 的"帮助和支持中心",是学习者必不可少的学习内容。

11.3.1　Windows XP 的"帮助和支持中心"有哪些基本操作

1. Windows XP "帮助和支持中心"窗口的启动方法

　　(1) 在 Windows XP 的任何地方(非应用程序窗口外),按 F1 键,或者"Windows 标志键"+F1 键,都可以启动"帮助和支持中心"窗口,窗口界面如图 11.29 所示。

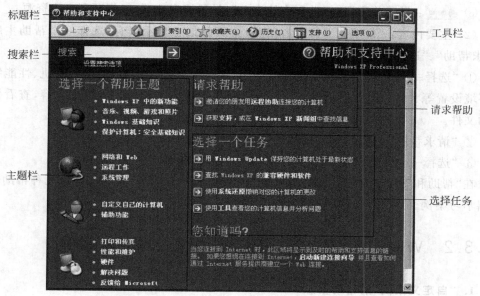

图 11.29　Windows XP 的"帮助和支持中心"窗口

（2）单击 开始 菜单中的 帮助和支持 命令,启动"帮助和支持中心"窗口。

（3）通过"我的电脑"、"我的文档"、"资源管理器"、"网上邻居"或"回收站"等窗口,选择"帮助"→"帮助和支持中心"命令,进入 Windows XP 的"帮助和支持中心"窗口。

另外,打开 XP 任意对话框,单击右上角的 按钮,鼠标指针变为 形状,也可显示相应的帮助信息。

Windows XP 还提供了一些小型的提示类的帮助,如光标指向某个对象时,会有屏幕提示信息的帮助;处理错误消息时,弹出的提示帮助。

2. Windows XP"帮助和支持中心"窗口的组成

Windows XP 的"帮助和支持中心"窗口主要由标题栏、工具栏、搜索栏、主题栏、请求帮助、选择任务等内容组成。

（1）工具栏:包含主要的操作按钮。

① 上一步 :可以返回到刚才查看过的内容,单击向下箭头,可查看刚才访问的内容列表。

② :可以查看在单击"上一步"按钮前查看的内容。

③ :回到窗口主页。

④ 索引 :帮助用户查看 Windows XP 目录或索引信息。

⑤ 收藏夹 :搜索结果或其他页面得到的信息,以收藏夹列表的形式存放。

⑥ 历史 :过去访问过的帮助和支持页列表中的信息。

⑦ ：Windows XP 的"帮助和支持中心"所提供的各种帮助和在线服务。

⑧ ：设置并配置"帮助和支持中心"，设置搜索选项，以便顺利查找资源。

（2）主要内容："帮助和支持中心"窗口主页的信息显示区有"选择一个帮助主题"、"请求帮助"、"选择一个任务"三大类。

①"选择一个帮助主题"：包含基础知识、网络与系统管理、自定义计算机、性能维护与环境设置等大致分类的四个模块。用户可以根据这四个模块进入分项内容，查看详细帮助文件。

②"请求帮助"：主要是"远程协助"和来自 Microsoft 论坛的帮助支持。

③"选择一个任务"：具体到执行某项 Windows 操作时的帮助信息。

在"帮助和支持中心"窗口中，显示了不同的帮助途径，下一节将围绕这几种帮助途径介绍学习案例。

11.3.2 Windows XP"帮助和支持中心"的使用案例

1."自定义桌面"的帮助信息

通过选择主题的方式，如何寻找到关于"自定义桌面"的帮助信息？

（1）打开"帮助和支持中心"，在主页的主题中，单击"自定义自己的计算机"选项，得到如图 11.30 所示窗口。

图 11.30 "自定义自己的计算机"帮助界面

320

（2）左侧目录中选择"背景和主题"命令，右侧窗口显示"背景和主题"的下级目录，如图 11.31 所示，选择"更改桌面主题"命令，会在右侧窗口显示"自定义桌面"的帮助信息，窗口如图 11.32 所示。

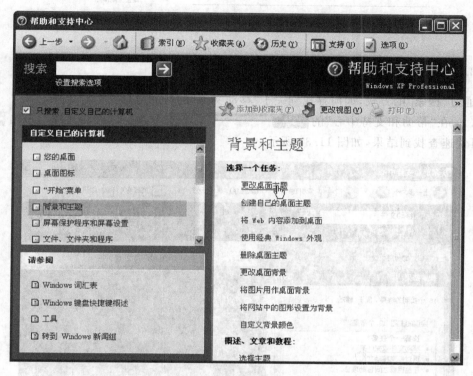

图 11.31 "背景和主题"帮助界面

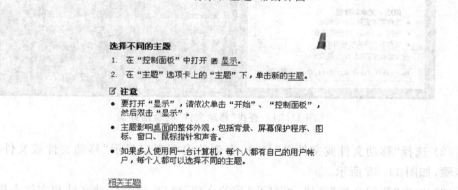

图 11.32 "自定义桌面"帮助

（3）单击"显示"（蓝色字），会打开"显示 属性"对话框，用户就可以直接进行自定义桌面的操作；单击"主题"和"桌面"（绿色字），会有提示信息弹出（见图 11.33）；单击"相关主题"（红色字），弹出其他相关主题的快捷菜单（见图 11.33）。

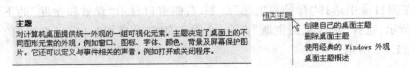

图 11.33 "主题"和"相关主题"的提示信息

2. "移动文件"的帮助信息

通过"搜索"的方式,如何寻找到关于"移动文件"的帮助信息?

(1) 在"帮助和支持中心"的 搜索 [   ] [→] 中,输入"移动文件",单击 [→] 按钮,可快速查找到结果,如图 11.34 所示。

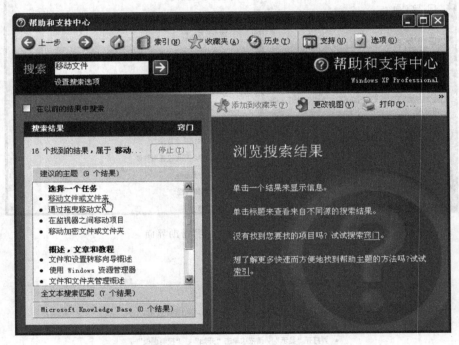

图 11.34 查找"移动文件"的帮助界面

(2) 选择"移动文件或文件夹"目录,右侧的内容窗口显示"移动文件或文件夹"的操作步骤,如图 11.35 所示。

(3) 单击"我的文档"链接,可打开"我的文档"窗口,进行移动文件和文件夹操作。

3. 通配符"*"的帮助信息

通过"索引"的方式,如何寻找到关于"*"通配符的帮助信息?

(1) 单击"帮助和支持中心"的 [索引(N)] 按钮,输入"*",打开如图 11.36 所示的帮助界面。

(2) 选择"*字符",单击 [显示(D)] 按钮,在右侧的内容窗口显示"使用通配符"的帮

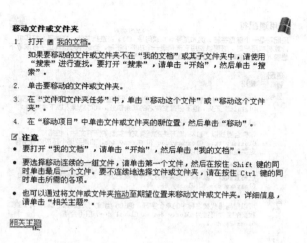

图 11.35　"移动文件或文件夹"的帮助

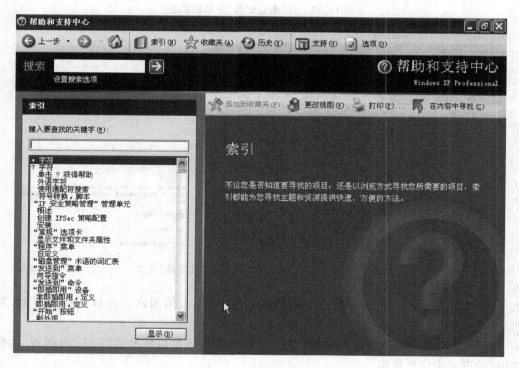

图 11.36　索引"＊"通配符的帮助界面

助信息,如图 11.37 所示。

4. 使用"支持"获得远程在线帮助

在计算机连入 Internet 的前提下,如何使用"支持"获得远程在线帮助?

(1) 单击"帮助和支持中心"的 按钮,打开如图 11.38 所示的帮助界面。

使用通配符

通配符是一个键盘字符，例如星号（*）或问号（?），当查找文件、文件夹、打印机、计算机或用户时，您可以使用它来代表一个或多个字符。当您不知道真正字符或者不想键入完整名称时，常常使用通配符代替一个或多个字符。

通配符	使用
星号 (*)	可以使用星号代替零个或多个字符。对于要查找的文件，如果您知道它以"gloss"开头，但不记得文件名的其余部分，则可以键入以下字符串： gloss* 这样会查找以"gloss"开头的所有文件类型的所有文件，包括 Glossary.txt、Glossary.doc 和 Glossy.doc。如果要缩小范围以搜索特定类型的文件，可以键入： gloss*.doc 这将查找以"gloss"开头并且文件扩展名为".doc"的所有文件，比如 Glossary.doc 和 Glossy.doc 等。
问号 (?)	可以用问号代替名称中的单个字符。例如，当键入"gloss?.doc"时，查找到的文件可能为 Glossy.doc 或 Gloos1.doc，但不会是 Glossary.doc。

相关主题

图 11.37 "使用通配符"的帮助信息

图 11.38 "支持"的帮助界面及"远程协助"界面

（2）选择左侧目录中"请求一个朋友的帮助"选项，右侧的内容窗口显示如图 11.38 所示的"远程协助"信息。

（3）选择目录中"邀请某人帮助您"选项，右侧的内容窗口显示如图 11.39 所示"远程协助"的进一步信息页面。

（4）在"键入一个电子邮件地址"的文本框中输入被邀请人的电子邮件地址，单击"邀请此人"链接，进入"用电子邮件发送邀请"界面，在文本框中输入发起邀请人的信息，单击"继续"按钮。

（5）进入"发送请求"界面，如图 11.40 所示，设置"邀请过期时间"、"收件人是否使用密码"等信息后，单击"发送请求"按钮，即可通过 Outlook 发送请求。

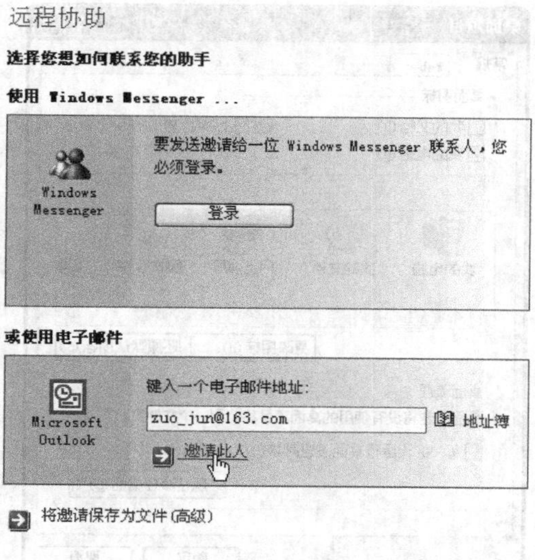

图 11.39　"远程协助"帮助界面 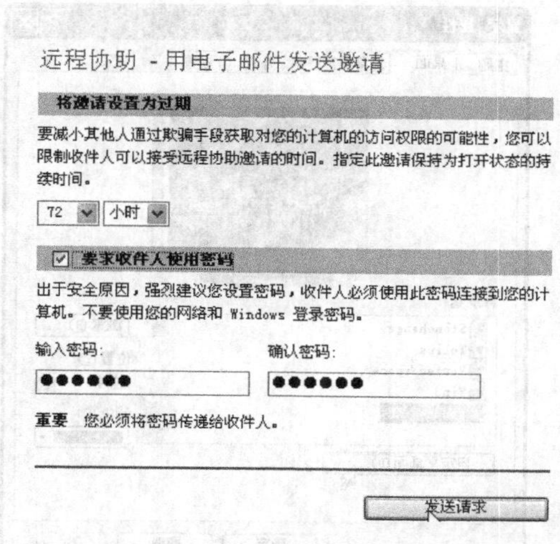　　　　　　图 11.40　"发送请求"界面

11.4　使用"帮助和支持中心"掌握 Windows XP 的操作

经过一系列专业术语、基本操作的学习,我们知道 Windows XP 是基于图形界面的多用户、多任务操作系统,对于计算机的各种资源,用户可以通过图形界面进行管理和使用。本节是在熟悉"帮助和支持中心"操作的基础上,提供了更多实例,协助学习者通过"帮助和支持中心"进一步熟悉 Windows XP 的环境,熟练掌握各种组织、管理计算机资源的方法,并掌握解决用户感兴趣的操作问题,以及掌握在 Windows XP 环境下运行和使用各类应用程序的方法。

11.4.1　通过"帮助和支持中心"来学习 Windows XP 的基本操作

1. 桌面显示"我的电脑"等图标

恢复系统图标的显示。在桌面上显示"我的电脑"、"我的文档"、"网上邻居"等图标。

(1) 打开"帮助和支持中心",单击 索引 按钮,在"键入要查找的关键字"中输入"图标",在列表中选择"添加到桌面"命令,双击打开或者单击"显示"按钮。

(2) 右侧窗口显示出"增加桌面图标"的步骤与注意事项,单击 显示 的链接,可打开"显示 属性"对话框。

(3) 在"常规"选项卡的"桌面图标"栏中,选择对应图标前的复选框,则该系统图标就显示在桌面上了,确认操作即可。操作过程如图 11.41 所示。

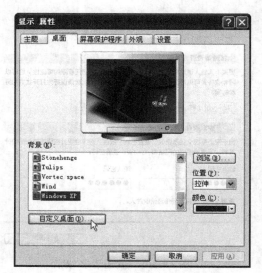
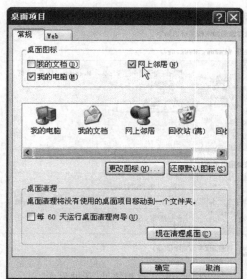

图 11.41 "显示 属性"对话框和"自定义桌面"命令的"桌面项目"对话框

2. 将程序放置在"开始"菜单顶部附近

（1）打开"帮助和支持中心"，在"搜索"栏中输入"开始菜单"后单击 →。

（2）在搜索结果的左侧窗格中，选择"显示'开始'菜单中的程序"或者"将快捷方式添加到'经典开始'菜单中"，右侧窗格会显示对应项目的内容，单击 相关主题 的链接，选择"在开始菜单顶部显示程序"的命令。

（3）"帮助和支持中心"的右侧窗口显示出"在开始菜单顶部显示程序"的步骤与注意事项，依据其罗列步骤即可实现"将程序放置在开始菜单顶部附近"的操作。如图 11.42 所示，是添加程序至开始菜单顶部操作的前后对照。

11.4.2 通过"帮助和支持中心"学习和掌握文件、文件夹管理的操作

1. 学习文件、文件夹属性的相关内容

（1）打开"帮助和支持中心"，在"搜索"栏中输入"文件属性"后单击 →。

（2）左侧窗格的"概述、文章和教程"的列表中，选择"文件属性概述"命令，可在右侧窗格中显示相关内容。

（3）单击 相关主题 命令，显示内容为
查看计算机上的内容
查看文件和文件夹概述
更改文件或文件夹属性
使用 Windows 资源管理器查看计算机内容
，用户可以根据自己的需求，

选择相应内容进一步学习和操作。

图 11.42　"计算机基础"的程序链接附加到"开始"菜单列表顶部的前后对比

2. 设置文件、文件夹、驱动器等共享操作

对文件、文件夹、驱动器等设置共享后，可以只允许特定用户访问。

（1）打开"帮助和支持中心"，在"帮助主题"列表中选择"自定义自己的计算机"命令，在列表窗格中选择"共享计算机"。

（2）在右侧"共享计算机"列表中，可以通过"选择一个任务"的"与工作组内的其他计算机共享驱动器或文件夹"链接到学习和执行步骤提示的内容上，也可以通过"概述、文章和教程"中的"使用共享文档文件夹"→"共享计算机上的文件"→"相关主题"→"在网络上共享驱动器或文件夹"菜单命令链接到学习和提示内容。

11.4.3　通过"帮助和支持中心"学习维护 Windows XP 系统环境设置

1. 创建、查看、删除"计算机管理员"用户账号

创建名为"zuojun"的"计算机管理员"用户账号，查看账号信息后删除该账号。

（1）打开"帮助和支持中心"，在"帮助主题"列表中选择"系统管理"命令，列表窗格中单击"密码和用户账号"选项。

（2）右侧任务中选择"在计算机上添加新用户"的选项，用户可以选择展开对应提示选项，进入向导操作，打开"用户账号"界面（见图 11.43），也可以根据"注意"中的提示步骤进行操作。

327

（3）创建新账号操作：在"用户账号"界面中，根据提示条目建立新账号"zuojun"，选择账号类型为"计算机管理员"，创建过程如图 11.43 所示。

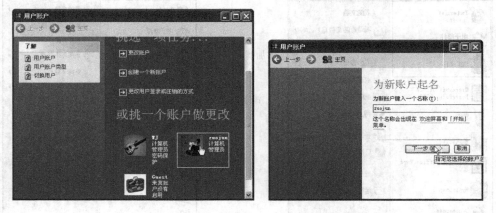

图 11.43　创建新账号"zuojun"过程及创建后界面

（4）更改及删除账号操作：选中"zuojun"账号后，进入查看账号信息界面，可对该账号进行相关管理操作，选择"删除账号"即可。

2. 使用"磁盘碎片整理程序"优化硬盘的存储性能

（1）打开"帮助和支持中心"，在"任务"列表中选择"使用工具查看您的计算机信息并分析问题"命令，左侧列表窗格中单击"磁盘碎片整理程序"选项。

（2）右侧窗格中显示磁盘碎片整理的原理和步骤，单击 **磁盘碎片整理程序** ，即打开如图 11.44 所示对话框。

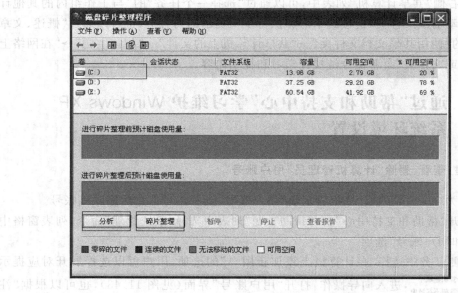

图 11.44　"磁盘碎片整理程序"对话框

（3）选择对应盘符，单击"分析"按钮对选定磁盘进行分析，单击"碎片整理"按钮，可进行相应磁盘的碎片整理。

11.4.4　通过"帮助和支持中心"掌握 Windows XP 中软件的安装和卸载

1. 计算器的使用

计算器的操作与使用，将十进制数"79"转换成二进制、八进制、十六进制数。

（1）打开"帮助和支持中心"，在"搜索"栏中输入"计算器"后单击 →。

（2）选择左侧窗格的"使用计算器"命令，右侧窗格中显示计算器的基本功能及打开步骤，也可通过 **计算器** 的链接打开计算器程序，单击 **相关主题**，在提示内容中，选择"执行科学计算"选项，可显示科学计算方式和步骤。

（3）打开"计算器"程序界面，单击"查看"→"科学型"命令，选择"十进制"单选按钮，输入框中输入数据"79"，然后单击"二进制"按钮，则数据输入框中原来的"79"变为对应的二进制数"1001111"，再依次单击"八进制"、"十六进制"按钮，输入框中的"117"和"4F"便是"79"对应的八进制数和十六进制数。

2. 添加、删除应用程序

使用计算机的过程中，常常需要安装或删除应用程序。向 Windows XP 中安装应用程序，与一般的复制、删除文件大不相同，除了可执行文件外，还有许多支持文件，甚至有可能改变系统的配置，所以应用程序的安装与卸载需要按照一定的方法执行。

（1）打开"帮助和支持中心"，在"搜索"栏中输入"添加删除程序"后单击 →。

（2）左侧窗格的搜索结果中，可以选择相应命令查看内容和步骤，如"了解'软件安装'"、"添加/删除程序概述"等。

（3）单击"添加/删除程序概述"命令，选择右侧窗格中的 **添加/删除程序** 链接，即可打开"添加或删除程序"界面，用户可以根据自身需求进行操作。

11.5　本 章 小 结

本章内容针对 Windows XP 操作系统，由浅入深地进行了基本概念的介绍和基本操作的演示。其中对 Windows XP 的基本术语、基本操作、文件及文件夹操作、资源管理器操作、程序管理、设备管理、用户管理、磁盘管理、系统环境设置、附件实用工具等作了详细地介绍；除此之外，对键盘、鼠标的使用规范，中文输入法的安装、切换，帮助和支持中心的使用等也进行了较为详细的介绍。有关多媒体和网络的功能将在以后章节介绍。案例丰富、形式各异，重点在于让学习者能够通过本章介绍，激发其主动学习兴趣，做到举一反三，深入学习。

11.6 习　　题

1. Windows XP 中鼠标的操作属性该如何设置？怎样把鼠标左、右键功能互换？

2. 设置桌面图标为按"类型"排列，取消桌面自动排列图标功能，尝试隐藏桌面图标。

3. 通过"资源管理器"窗口打开 Word 和 Excel 应用程序，在两个窗口之间进行切换，并将已打开的窗口以纵向平铺方式排列。

4. 怎样清空"我最近的文档"菜单中内容？如何在任务栏快速启动区添加"显示桌面"项？

5. 将"记事本"程序添加到"开始"菜单的"启动"组中，使得 Windows 系统在每次启动以后，都能自动打开"记事本"工具。

6. 修改系统桌面墙纸，设置屏幕保护程序为"三维文字"，内容是"欢迎使用屏幕保护程序"，并设置口令；并将计算机的日期和时间设置为"2012 年 2 月 2 日 12:00"。

7. 如何将系统的"自动更新"状态设置成开启？

8. 如果安装完 Windows XP 后，单击"开始"菜单的"关机"或者"关闭计算机"后，系统不能够自动关机，而需要手动关闭电源，该如何设置恢复自动关机功能？

9. 想要查找一个文件，其文件名中第 5～8 个字符为"file"，不知其扩展名，存储在哪个磁盘也未知。应该如何查找这个文件？

10. 在 D 盘下，以姓名建立一个文件夹，内有"临时文件"和"最终定稿"两个子文件夹，将"C:\Windows\Media"下的扩展名为"WAV"的文件复制到"临时文件"的文件夹中，创建"目录.txt"的记事本文件，存储在"最终定稿"文件夹中，修改其关联属性为"WORD"应用程序。

11. 用户账号管理中，添加一个名字为"jsj"、密码为"xjpi"的受限用户，修改"jsj"用户的密码为"123456"，修改登录图片为"car"，更改账号类型为"计算机管理员"。尝试禁用该账号的来宾访问方式。

12. 通过 Print Screen 键，分别抓取"桌面"图像、"我的电脑"窗口图像、"网上邻居"窗口图像、"计算器"窗口图像存储，利用"画图"应用程序，将这些图像修改，并粘贴排版在一张图中，存储为"Windows 应用基础.bmp"。

13. 利用 Windows XP 的帮助系统，如何查找有关"计算机安全"的资料？

14. 通过 Windows XP 的帮助系统，如何查找有关"我的电脑软硬件资源"的信息？

第 12 章　应用软件 Word 2003

教学**目标**

　　通过本章的学习，要求掌握 Word 2003 的基本操作，包括 Word 2003 的用户界面、文字排版、图文混排、表格处理等内容，能熟练应用 Word 2003 提供的"帮助"功能学习更多的高级排版操作。

教学**内容**

　　Word 2003 是微软公司 Office 2003 软件包中的一个重要组件。Microsoft Office 办公自动化软件包含了 Word、Excel 和 PowerPoint 等主要的工具，都是基于图形界面的应用程序，运行于图形界面的操作系统 Windows XP/Windows 7.0 之下。适用于多种文档的编辑排版，如：书稿、简历、公文、传真、信件、图文混排和文章等。Word 2003 不仅保留了 Word 2000 的基本功能，更增加了许多实用的新功能，界面友好性更强，智能化更高，同时提供了强大的"帮助"功能。

12.1　Word 2003 的操作界面及相关术语

　　Word 2003 是基于图形界面的应用程序，其中的操作都是在窗口环境中进行的，下面首先了解中文版 Word 2003 编辑窗口的基本结构和基本功能。

　　Word 2003 的窗口包括标题栏、菜单栏、工具栏、文档编辑区、标尺栏、滚动条、任务窗格、帮助窗口、视图按钮和状态栏等，如图 12.1 所示。

　　① 标题栏：标题栏主要用于显示文档的标题名称，如"文档 1"。它同时包含"最小化"、"最大化"、"关闭"三个功能按钮。

　　② 菜单栏：菜单栏上列出了 Word 2003 的九个一级菜单名称，它反映了 Word 的一些基本功能，包括"文件"、"编辑"、"视图"、"插入"、"格式"、"工具"、"表格"、"窗口"和"帮助"，其中每个菜单都包含一组操作命令和若干子菜单。

　　③ 工具栏：工具栏显示软件的一些基本功能和所选定工具的快捷按钮。利用这些按钮，用户可以方便地使用多数常用功能、命令和工具，Word 2003 默认显示"常用"和"格式"工具栏。

　　④ 状态栏：在状态栏中，显示出一些反映光标当前位置（如行、列）、文档共有多少页、目前是第几节、当前处于插入状态还是改写状态等信息。

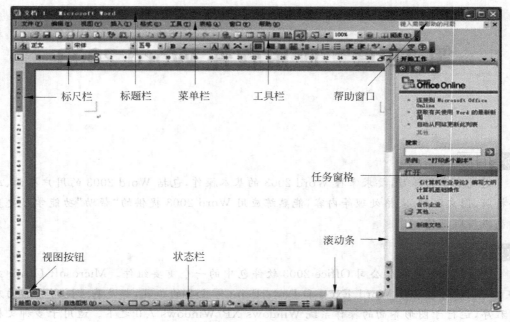

图 12.1 Word 2003 窗口界面

⑤ 滚动条：有水平和垂直两个滚动条，用于显示内容较长或较宽的文档。

⑥ 标尺栏：标尺栏有横竖两个标尺栏，分别用来显示横竖坐标。

⑦ 任务窗格：任务窗格提供了许多常用选项，包括新建文档、样式、搜索等选项，可以根据需要使用。

⑧ 帮助窗口：帮助窗口提供了很强大的功能，通过使用 Word 2003 提供的帮助窗口，可以很方便地搜索到需要的帮助文件。只要在帮助窗口中输入相关内容，按下 Enter 键，即可在任务窗格中获得相关的搜索结果，根据搜索结果的相关提示信息，可找到问题的解决方法或答案。在 Word 2003 的学习中要注重帮助窗口的使用。

⑨ 视图按钮：从左到右，视图按钮依次为普通视图、Web 版式视图、页面视图、大纲视图和阅读版式视图。

（1）普通视图

在普通视图下，用户可以完成一般的录入和编辑工作，可以浏览字符和段落的格式，行和段落分隔符以及对齐方式都可以精确显示。但是部分排版效果不能显示，如分栏、页眉、页脚、页码、页边距等。另外，页与页之间用一条虚线表示分页符，节与节之间用双虚线表示分节符，方便文档的阅读。

（2）Web 版式视图

Web 版式视图用于显示文档在 Web 浏览器中的外观，在此视图中可以创建能在屏幕上显示的 Web 页或文档。

（3）页面视图

页面视图是 Word 2003 默认的视图方式，也是编辑文档最常用的一种视图方式。在此视图下可以精确显示各种格式化的文本、页眉、页脚、图片、分栏等排版效果，并且显示的效果同打印以后的效果相同，是一种"所见即所得"的视图。

（4）大纲视图

大纲视图能够帮助用户建立文档的大纲，查看以及调整文档的结构。可以对文档的各级标题进行编辑修改。

（5）阅读版式视图

阅读版式视图一般在屏幕上显示为双页方式，在此种视图方式下会隐藏除"阅读版式"和"审阅"工具栏以外的所有工具栏。

通过对 Word 2003 操作界面的了解，大家已经对 Word 文字处理软件有了一个感性认识，下面将通过 Word 2003 的"帮助"功能来学习该软件的具体使用方法。

12.2 Word 2003 的基本操作

Word 2003 的基本操作包括文档的建立与保存，文档的输入与编辑等内容。

12.2.1 文档的新建与保存

1. 创建文档

单击"帮助"→"Microsoft Office Word 帮助"命令，在任务窗格中显示"帮助"界面，在该界面"搜索"文本框中输入"创建文档"并按下 Enter 键，任务窗格中即显示搜索结果。以下几种方法均可创建 Word 文档。

（1）在"常用"工具栏中，单击"新建空白文档"命令。

（2）在"文件"菜单中，单击"新建"命令，在"新建文档"任务窗格中，在"模板"下方，单击链接之一，或者在"在网上搜索"框内键入文本，然后单击"搜索"命令。

（3）在"文件"菜单中，单击"新建"命令，在"新建文档"任务窗格中，在"新建"下方，单击"根据现有文档"命令，单击新建文档所基于的文档。如果要打开保存在其他文件夹中的文档，请定位并打开该文件夹，单击"新建"命令。该文档在包含原有文档的文件夹中创建。

2. 新文档的保存

单击"文件"→"保存"菜单，或单击工具栏中的"保存"按钮，Word 2003 将弹出"另存为"对话框，如图 12.2 所示，询问是否要保存当前所作的修改工作。此时，只要在"文件名"方框中输入该文档的文件名，单击"保存"按钮即可保存该文档。

3. 文档的再次保存

需要为文档另外取名保存，或需要将文档保存到其他的驱动器/文件夹，单击"文件"→

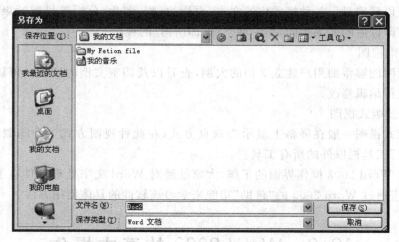

图 12.2 "另存为"对话框

"另存为"命令,此时也会弹出"另存为"对话框,如图 12.2 所示,在该对话框中选择目标驱动器/文件夹,输入该文档的文件名,单击"保存"按钮。

12.2.2 文档的打开与关闭

1. 文档的打开,以下几种方法均可用来打开 Word 文档

(1) 单击工具栏中的"打开"按钮。
(2) 单击"文件"菜单,在最近使用的文件列表中选择。
(3) 打开"资源管理器",找到目标文件所在的文件夹,双击需要打开的 Word 文档。

2. 文档的关闭

(1) 单击"文件"→"关闭"菜单。
(2) 单击菜单栏右端的"关闭窗口"按钮。

12.2.3 文档的输入

启动 Word 2003 时,自动打开一个名为"文档 1"的新文档,此时,光标在工作区的左上角闪烁,表明可以在文档窗口中输入文本。

输入文本时,文本显示在插入点的左侧,插入点不断地向右移动。当插入点到达每行的末尾时会自动转换到下一行连续输入,这是 Word 的自动换行功能,如果要强制换行可使用"软回车"即 Shift+Enter 组合键,产生一个段落可以单击 Enter 键。

1. 文字的录入

在前面的课程中已经介绍过中英文输入法的使用,所以在新创建的 Word 文档中,可直接录入中文和英文字符。在 Word 默认状态下,输入文本都处于"插入状态",状态栏上的"改写"字样呈灰白色。切换到"改写状态"的方法是:双击 Word 窗口下端状态栏上的"改写"按钮,使之呈黑色,表明被激活。此后输入的文本将替代原位置上的文本。要关闭"改写状态",则再次双击"改写"按钮使之变为无效即可。也可使用键盘上控制键区的 Insert 键来激活"改写状态"。

2. 标点符号的插入

在英文标点状态下,所有标点与键盘的按键一一对应;在中文标点状态下,中文标点符号和键盘的对照关系可参考不同输入法的软键盘。如图 12.3 所示微软拼音输入法中的标点符号及软键盘。

图 12.3　搜狗输入法中的标点符号及软键盘

3. 插入特殊符号

在输入文本的过程中,除了输入英文、中文及常用的标点符号外,经常会遇到键盘上没有提供的特殊符号,利用 Word 的"插入符号"功能可以解决该问题,具体操作步骤如下:

(1)将插入点移动到文档中要插入符号的位置。

(2)选择"插入"菜单中的"符号"命令,出现如图 12.4 所示的"符号"对话框,"符号"对话框的中部会显示可供选择的符号。

图 12.4　"符号"对话框

(3) 选择某个符号后，单击“插入”按钮，将该符号插入到插入点处。

12.2.4 文档的编辑

Word 文档的编辑主要包括光标的定位、文字的选取、复制和粘贴、移动和剪切、文字的删除以及查找和替换等操作。

1. 光标的定位

窗口中光标闪烁处为输入位置。输入和修改文本首先要明确编辑的位置。定位光标的方法有：用键盘中的编辑键移动光标、用鼠标移动光标、使用编辑菜单的“定位”命令等。

2. 文本的选择

在 Word 中，文档的编辑有个原则是“先选择，后操作”，因此，在 Word 中文本的选择非常重要，下面具体介绍几种常见的选择文本的方法。

(1) 用鼠标任意选取

拖动鼠标选择文本：这是最常用的，也是最基本的一种选择方式。在图 12.5 中，如果要选择“用户可以完成一般的录入和编辑工作，可以浏览字符”，首先将光标定位到第一个字即“用”字的左边，按住鼠标左键向右慢慢拖动，直到这部分的末尾“字符”为止，释放鼠标左键即可。

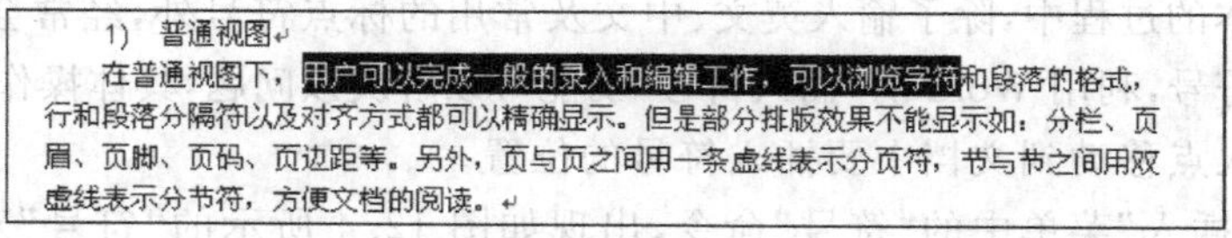

1) 普通视图
在普通视图下，用户可以完成一般的录入和编辑工作，可以浏览字符和段落的格式，
行和段落分隔符以及对齐方式都可以精确显示。但是部分排版效果不能显示如：分栏、页
眉、页脚、页码、页边距等。另外，页与页之间用一条虚线表示分页符，节与节之间用双
虚线表示分节符，方便文档的阅读。

图 12.5　鼠标拖动选择

(2) 用鼠标对行的选取

在文档窗口左边界和正文左边界之间有一个长方形的空白区域，称之为选定栏，如图 12.6 所示。

把鼠标移动选定栏时，鼠标就变成了一个斜向右上方的箭头，单击就可以选中这一行了，如图 12.6 所示。如果要选择连续的多行，先将鼠标移动到需要选定文本的左侧选择栏位置，按住鼠标左键并拖动鼠标直到要选定的最后一行松开鼠标，即可完成连续多行的选择，如图 12.7 所示。

1) 普通视图
在普通视图下，用户可以完成一般的录入和编辑工作，可以浏览字符和段落的格式，
行和段落分隔符以及对齐方式都可以精确显示。但是部分排版效果不能显示如：分栏、页
另外，页与页之间用一条虚线表示分页符，节与节之间用双
选定栏

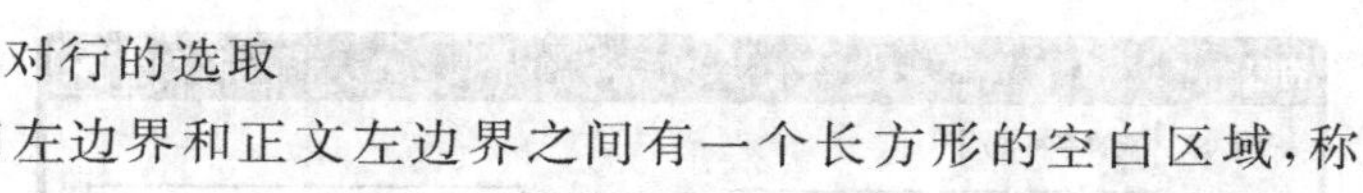

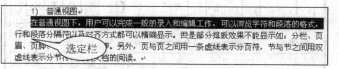

图 12.6　利用选定栏选择单行文本

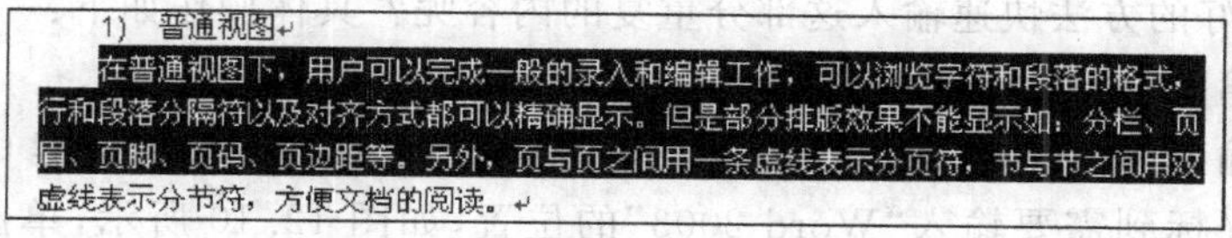

图 12.7　利用选定栏选择多行文本

（3）用鼠标对段落的选择

将鼠标移动到要选择的段落左边的选定栏位置，双击鼠标即可选择一个段落。或者在段落中的任意位置三击鼠标左键，选定整个一段。

（4）用鼠标对整篇文档的选择

将鼠标移动到文档左边的选定栏位置，三击鼠标即可选择整篇文档。

（5）用键盘选择

Word 2003 可以通过键盘来快速选择文本，主要使用组合键的方式来实现。常用组合键如下：

Shift＋←：向左选定一个字符；

Shift＋→：向右选定一个字符；

Shift＋↑：向上选定一行；

Shift＋↓：向下选定一行；

Ctrl＋A：选择整篇文档。

（6）键盘和鼠标的组合选择

句的选取：按住 Ctrl 键，单击文档中的一个地方，鼠标单击处的整个句子就被选取。

3. 移动和剪切

在文档编辑时如何快速将图 12.8 中的第三行和第四行交换位置变成图 12.9 的效果呢？具体操作如下：

（1）选中图 12.8 中的第三行。

（2）单击"编辑"→"剪切"命令，此时图 12.8 中的第三行原始内容被移动到 Word 的剪切板中，第四行的内容向前填充。

（3）将光标移动到图 12.8 的第四行最左边位置，单击"编辑"→"粘贴"命令，将出现图 12.9 所示效果。

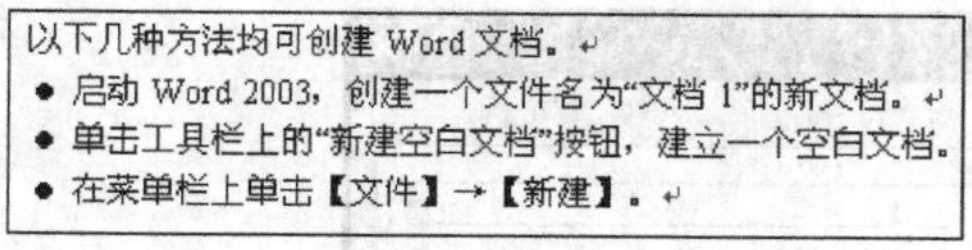

图 12.8　移动前

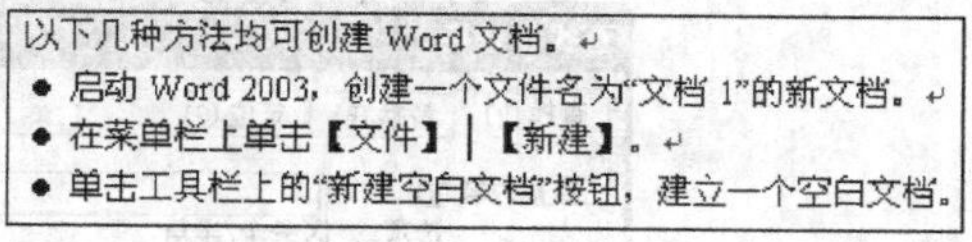

图 12.9　移动后

4. 复制和粘贴

在文档输入过程中经常会有重复的文档输入，在图 12.10 中"Word 2003"出现了

4次,是否有很好的方法快速输入这部分重复的内容呢?具体操作如下:

(1) 输入第一个"Word 2003"。

(2) 选中输入的"Word 2003",单击"编辑"→"复制"命令或按组合键 Ctrl+C。

(3) 定位光标到需要输入"Word 2003"的位置,如图 12.10 所示,单击"编辑"→"粘贴"命令或按组合键 Ctrl+V,即可快速输入"Word 2003"。

> Word 2003 是基于图形界面的应用程序,其中的操作都是在窗口环境中进行的,我们首先了解下中文版 Word 2003 编辑窗口的基本结构和基本功能。
> 12.1.1 Word 2003 的操作界面
> Word 2003 的窗口包括标题栏、菜单栏、工具栏、文档编辑区、标尺、滚动条、任务窗格和状态栏等如图 12-1

图 12.10 "复制"、"粘贴"操作

"复制"→"粘贴"是文本编辑常用的方法,对重复输入的文字,利用"复制"→"粘贴"功能可以简化输入,提高效率。"剪切"与"复制"功能差不多,所不同的只是"复制"只将选定的部分复制到剪贴板中,而"剪切"在复制到剪贴板的同时将原来的选中部分从原位置删除。

5. 文字的删除

(1) 使用 Delete 键:删除光标所在位置后面的字符,但是这种方法对于较大的文本删除效率较低。

(2) 当有大段文字需要删除时,先选中这段文字,然后按 Delete 键。

(3) 使用 Backspace 键:删除光标所在位置前面的字符,可以用来直接删除输入错误的文本。

(4) 可以先选中要删除的文本,然后输入新的文本,新输入的文本就直接替换掉需要删除的文本。

6. 查找和替换

在本章中出现了几百次"Word 2003"这个文本,如果要把"Word 2003"修改为"Word 2007",是否有快速有效的方法呢?具体操作如下:

(1) 将光标定位到本章的开始位置。

(2) 单击"编辑"→"查找"命令,弹出"查找和替换"对话框,如图 12.11 所示。

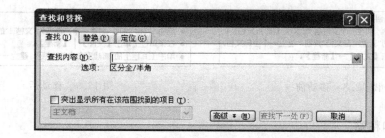

图 12.11 "查找和替换"对话框

（3）在该对话框中"查找内容"文本框中输入"Word 2003"。

（4）单击该对话框中的"替换"标签，在"替换为"文本框中输入"Word 2007"，然后单击该对话框中的"全部替换"按钮，即可快速实现文本的替换操作。

Word 2003 不但可以实现普通文本的"查找和替换"操作，也可以用高级"查找和替换"功能实现特殊文本的操作，如空格符、回车符、特殊字符以及文字格式等。

12.3　Word 2003 的文档排版

排版是对文本外观的一种处理，包括字符格式化、段落格式化和文档页面格式化。本节的工作将主要利用"格式"工具栏如图 12.13 所示和"格式"菜单完成。

12.3.1　字符格式化

【例 12.1】　字符格式化操作。

在书本杂志中我们常常看到很多好看的字体格式，如何操作才能有这样的效果呢？下面就以图 12.12 为例介绍 Word 2003 中字符格式化的操作。

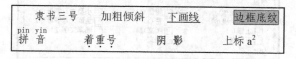

图 12.12　字符格式化

在 Word 2003 的文本编辑中，一般遵循的原则是"先输入，再排版"，即在文字输入时不考虑格式，输入完成后再进行排版操作。首先输入图 12.12 中的所有文字。具体操作如下：

（1）选中"隶书三号"这四个文字，单击"格式"工具栏中的"字体"下拉列表框，选中"隶书"，如图 12.13 所示。单击"格式"工具栏中的"字号"下拉列表框，选中"三号"，即可实现字体和字号的设置效果。

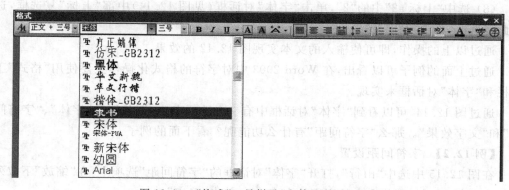

图 12.13　"格式"工具栏及"字体"下拉列表框

（2）选中"加粗倾斜"这四个文字，单击"格式"工具栏（见图 12.13）中的 **B**、**_I_** 按钮，即可实现加粗和倾斜的效果。

（3）选中"下画线"这三个文字，单击"格式"工具栏（见图 12.13）中的 **U** 按钮，即可实现给文字添加下画线。

（4）选中"边框底纹"这四个文字，单击"格式"工具栏（见图 12.13）中的 **A**、**A** 按钮，即可给文字添加了边框和底纹。

（5）选中"拼音"两个文字，单击"格式"工具栏（见图 12.13）中的 **变** 按钮，弹出"拼音指南"对话框，在其中输入正确的拼音，单击"确认"按钮。

（6）选中"着重号"这三个文字，单击"格式"→"字体"，弹出"字体"对话框，如图 12.14 所示，在该对话框中单击"着重号"下拉列表框，选中"着重号"。

图 12.14 "字体"对话框

（7）选中"阴影"这两个文字，单击"字体"对话框（见图 12.14）中部"阴影"复选框，选中此复选框，单击"确定"按钮。

（8）选中"上标 a2"中的"2"，单击"字体"对话框（见图 12.14）中部"上标"复选框，选中此复选框，单击"确定"按钮。

通过以上的操作，即可使输入的文本实现图 12.12 的效果。

通过上面的例子可以看出，在 Word 2003 中对字符的格式化操作主要使用"格式"工具栏和"字体"对话框来实现。

通过图 12.14，可以看到"字体"对话框中有三个选项卡，它们分别是"字体"、"字符间距"和"文字效果"。那么"字符间距"有什么功能呢？看下面的例子。

【例 12.2】 字符间距设置。

在图 12.15 中选中"山行"，打开"字体"对话框的"字符间距"选项卡，在"缩放"下拉列表框中选择 200%，即将文本的宽度放大 200%，单击"确定"。

在图 12.15 中选中"〔唐〕杜牧",在"字符间距"选项卡中选择"间距""加宽"3 磅。通过以上的设置产生图 12.16 的效果。

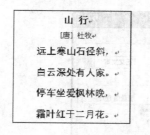 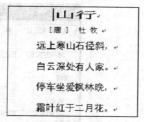

图 12.15　"字符间距"设置前　　　　　图 12.16　"字符间距"设置后

12.3.2　段落格式化

段落是由任意的文本、表格、图片等内容构成,在 Word 2003 中每按一次 Enter 键时,就插入一个段落标记符(↵),这是一个段落的结束位置。

Word 2003 中对段落的操作主要有段落对齐方式、段间距及行间距、段落缩进、边框和底纹、分栏、首字下沉等。

1. 段落对齐

可以通过"格式"工具栏(见图 12.13)中的按钮(两端对齐 ▤ 、右对齐 ▤ 、居中对齐 ▤ 、分散对齐 ▤)来设置。各种对齐的效果如图 12.17 所示。

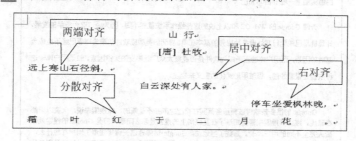

图 12.17　段落对齐方式

2. 段间距及行间距

段间距:两个段落之间的距离。

行间距:段落内部任意两行之间的距离。

【例 12.3】　段间距及行间距设置,具体分析操作步骤。

(1) 在文档中选择第二段,单击"格式"→"段落"菜单命令,弹出"段落"对话框(见图 12.18)。

(2) 在"间距"选项组中单击"段前"文本框中的向上箭头,把间距设置为 1 磅,单击"段后"文本框中的向上箭头,把间距设置为 2 磅。单击"行距"下拉列表框中的箭头,把行距设置为 1.5 倍行距。

(3) 单击"确定"按钮，文档第二段就会产生如图 12.19 所示效果。

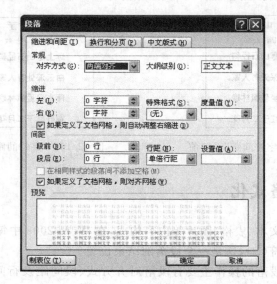

图 12.18　"段落"对话框

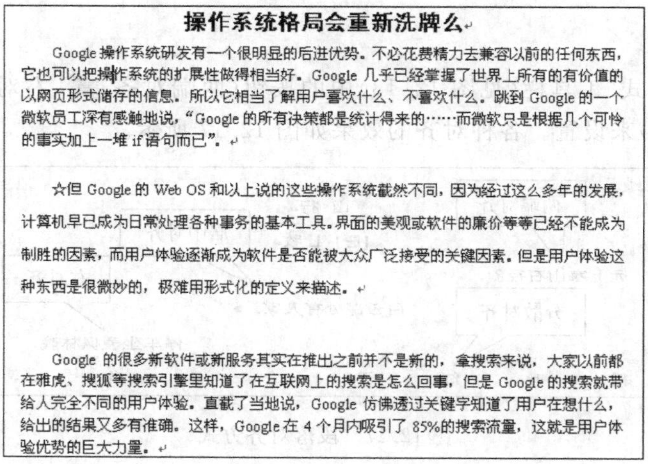

操作系统格局会重新洗牌么

Google 操作系统研发有一个很明显的后进优势。不必花费精力去兼容以前的任何东西，它也可以把操作系统的扩展性做得相当好。Google 几乎已经掌握了世界上所有的有价值的以网页形式储存的信息。所以它相当了解用户喜欢什么、不喜欢什么。跳到 Google 的一个微软员工深有感触地说，"Google 的所有决策都是统计得来的……而微软只是根据几个可怜的事实加上一堆 if 语句而已"。

☆但 Google 的 Web OS 和以上说的这些操作系统截然不同，因为经过这么多年的发展，计算机早已成为日常处理各种事务的基本工具。界面的美观或软件的廉价等等已经不能成为制胜的因素，而用户体验逐渐成为软件是否能被大众广泛接受的关键因素。但是用户体验这种东西是很微妙的，极难用形式化的定义来描述。

Google 的很多新软件或新服务其实在推出之前并不是新的，拿搜索来说，大家以前都在雅虎、搜狐等搜索引擎里知道了在互联网上的搜索是怎么回事，但是 Google 的搜索就带给人完全不同的用户体验。直截了当地说，Google 仿佛通过关键字知道了用户在想什么，给出的结果又多得又准确。这样，Google 在 4 个月内吸引了 85% 的搜索流量，这就是用户体验优势的巨大力量。

图 12.19　段落格式

3. 段落缩进

段落缩进包含首行缩进、悬挂缩进、左缩进、右缩进四种形式，如图 12.20 所示。移动鼠标到相应的按钮处，按下左键并拖动鼠标，释放鼠标后即可实现段落缩进的操作。

- 首行缩进：控制段落中第一行的开始位置，如图 12.21 所示。
- 悬挂缩进：控制段落中除第一行以外的各行的左边界位置，如图 12.22 所示。
- 左缩进：控制段落中各行左边界的位置，如图 12.23 所示。
- 右缩进：控制段落中各行右边界的位置，如图 12.24 所示。

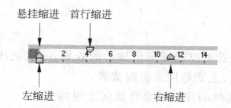

图 12.20　段落缩进

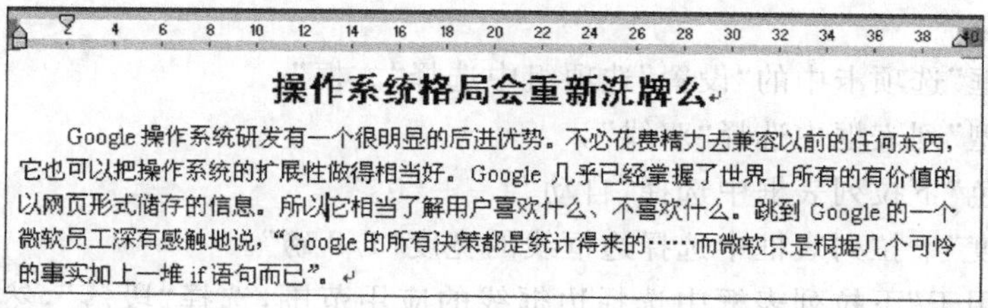

操作系统格局会重新洗牌么

　　Google 操作系统研发有一个很明显的后进优势。不必花费精力去兼容以前的任何东西，它也可以把操作系统的扩展性做得相当好。Google 几乎已经掌握了世界上所有的有价值的以网页形式储存的信息。所以它相当了解用户喜欢什么、不喜欢什么。跳到 Google 的一个微软员工深有感触地说，"Google 的所有决策都是统计得来的……而微软只是根据几个可怜的事实加上一堆 if 语句而已"。

图 12.21　首行缩进

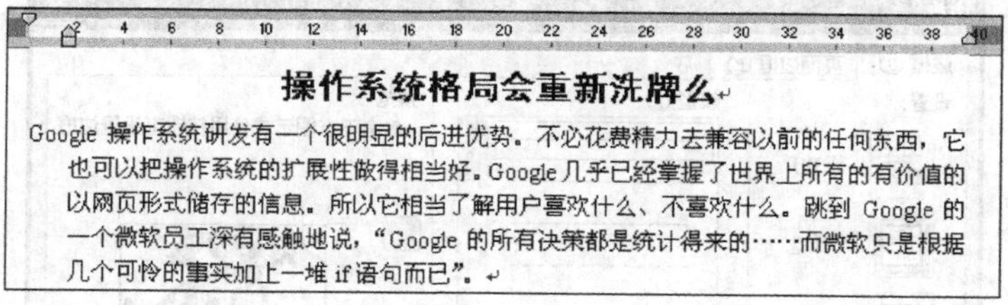

操作系统格局会重新洗牌么

Google 操作系统研发有一个很明显的后进优势。不必花费精力去兼容以前的任何东西，它也可以把操作系统的扩展性做得相当好。Google 几乎已经掌握了世界上所有的有价值的以网页形式储存的信息。所以它相当了解用户喜欢什么、不喜欢什么。跳到 Google 的一个微软员工深有感触地说，"Google 的所有决策都是统计得来的……而微软只是根据几个可怜的事实加上一堆 if 语句而已"。

图 12.22　悬挂缩进

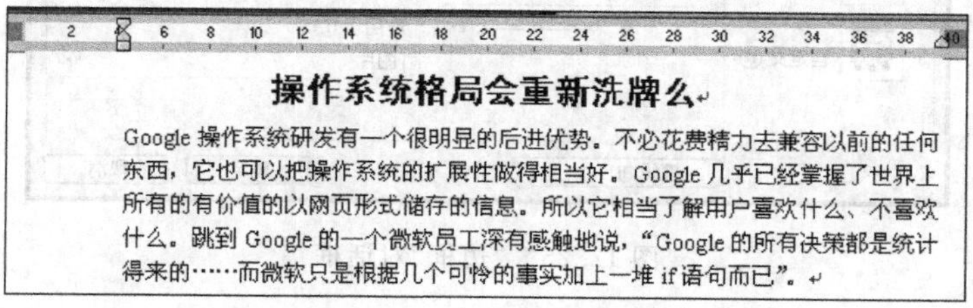

操作系统格局会重新洗牌么

　　Google 操作系统研发有一个很明显的后进优势。不必花费精力去兼容以前的任何东西，它也可以把操作系统的扩展性做得相当好。Google 几乎已经掌握了世界上所有的有价值的以网页形式储存的信息。所以它相当了解用户喜欢什么、不喜欢什么。跳到 Google 的一个微软员工深有感触地说，"Google 的所有决策都是统计得来的……而微软只是根据几个可怜的事实加上一堆 if 语句而已"。

图 12.23　左缩进

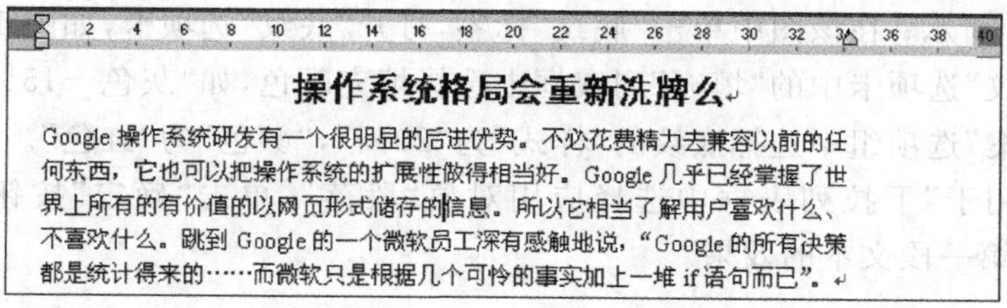

操作系统格局会重新洗牌么

Google 操作系统研发有一个很明显的后进优势。不必花费精力去兼容以前的任何东西，它也可以把操作系统的扩展性做得相当好。Google 几乎已经掌握了世界上所有的有价值的以网页形式储存的信息。所以它相当了解用户喜欢什么、不喜欢什么。跳到 Google 的一个微软员工深有感触地说，"Google 的所有决策都是统计得来的……而微软只是根据几个可怜的事实加上一堆 if 语句而已"。

图 12.24　右缩进

343

4. 边框和底纹

文档中添加边框和底纹可以起到突出显示的效果,一般把比较重要的要引起重点注意的地方添加边框和底纹,主要是用来提醒读者。

【例 12.4】 边框和底纹的排版效果是如何实现的。

(1)添加边框

① 选中第一段,然后单击"格式"→"边框和底纹"菜单命令,打开"边框"对话框,如图 12.25 所示。

② 在"边框"选项卡中的"设置"选项组中选择"方框"。

③ 在"线型"列表框中选择"双线"。

④ 在"颜色"下拉列表框中选择"自动"。

⑤ 在"宽度"下拉列表框中选择边框线的宽度"1/2 磅"。

⑥ 在"应用于"下拉列表框中选择边框线的应用范围,选择"段落",然后单击"确定"按钮。

图 12.25 "边框"对话框

(2)添加底纹

① 选中第一段,然后单击"格式"→"边框和底纹"菜单命令,打开"边框和底纹"对话框,如图 12.25 所示;在该图中单击"底纹"标签,打开"底纹"选项卡,如图 12.26 所示。

② 在"底纹"选项卡中的"填充"列表框中选择填充颜色,如"灰色-15%"。

③ 在"图案"选项组中选择底纹的"样式"为"20%","颜色"为"红色"。

④ 在"应用于"下拉列表框中选择应用对象"段落",单击"确定"按钮,就会产生如图 12.27 所示第一段文本的效果。

5. 分栏

前面我们详细分析了图 12.27 中第一段文本的排版,下面我们再看看第二段使用的

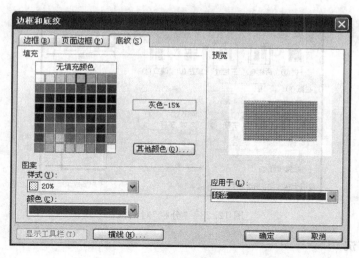

图 12.26 "底纹"选项卡

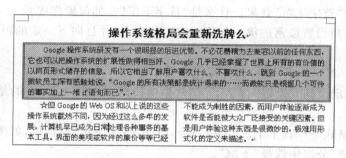

图 12.27 添加"边框底纹及分栏"后的页面

是什么排版方式,是如何操作的呢?

文档的此种排版效果在报纸、杂志中见得非常多,在报纸、杂志中常常出现多栏的形式,这种排版方式叫做分栏,即把文章中的部分内容(如图 12.27 中的第二段)设置成多栏的形式显示。文字在输入的过程中先在左边的第一栏中显示,左边第一栏排满后,文字才从第一栏的底端转向第二栏的顶端。文档中各栏的宽度可以相等或不相等。

【例 12.5】 分栏排版效果的实现,具体操作步骤。

(1) 选中图 12.19 中的第二段,然后单击"格式"→"分栏"菜单命令,打开"分栏"对话框,如图 12.28 所示。

(2) 在"分栏"对话框"预设"分组中选择"两栏"或在"栏数"后的列表框中输入数字"2"。

(3) 在"宽度与间距"分组中选中"栏宽相等"复选项。

(4) 在"分栏"对话框的右侧选中"分割线"复选项。

(5) 在"应用于"下拉列表框中选择"所选文字",然后单击"确定"按钮。图 12.27 中第二段文本的效果就产生了。

取消"分栏"的操作就是在"分栏"对话框"预设"分组中选中"一栏",然后单击"确定"按钮即可。

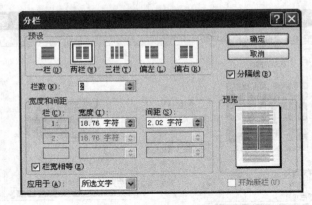

图 12.28 "分栏"对话框

6. 首字下沉

在报纸、杂志等书刊中，为了突出某段文字以达到吸引读者注意的目的，经常使用如图 12.29 所示的"首字下沉"效果。什么是"首字下沉"？如何操作呢？

首字下沉是指设置段落的第一行第一字字体变大，并且向下一定的距离，段落的其他部分保持不变。

【例 12.6】 首字下沉效果，具体操作步骤如下：

（1）把光标定位到要设置"首字下沉"效果的段落，如图 12.29 中的最后一段的任意位置。

（2）单击"格式"→"首字下沉"菜单命令，打开"首字下沉"对话框，如图 12.30 所示。

（3）在"位置"分组中选择"下沉"。

（4）在"选项"组"字体"下拉列表框中选择"宋体"，在"下沉行数"列表框中输入"3"，在"距正文"列表框中输入"0 厘米"。

（5）单击"确定"按钮，就产生了图 12.29 所示的效果。

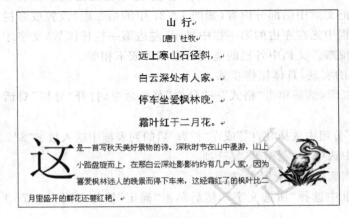

图 12.29 "首字下沉"效果

图 12.30 "首字下沉"对话框

7. 项目符号和编号

为了让文档条理清晰,一目了然,我们经常在文档的编辑中使用项目符号和编号,具体操作如下:

(1) 项目符号

① 选中要添加"项目符号"的文本,然后单击"格式"→"项目符号和编号"菜单命令,弹出"项目符号和编号"对话框,如图 12.31 所示。

② 单击"项目符号"选项卡中的一种符号,然后单击"确定"按钮,效果如图 12.32 所示。

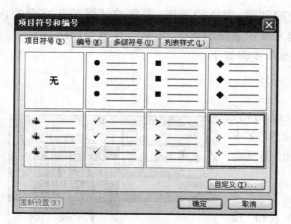

图 12.31　"项目符号"对话框

图 12.32　添加了"项目符号"的段落

(2) 编号

① 选中要添加"编号"的文本,然后单击"格式"→"项目符号和编号"菜单命令,弹出"项目符号和编号"对话框,如图 12.31 所示。

② 单击"编号"选项卡中的一种编号格式,如图 12.33 所示,然后单击"确定"按钮,效果如图 12.34 所示。

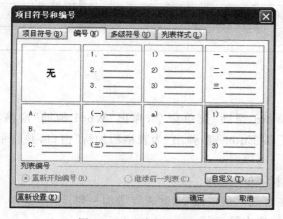

图 12.33　"编号"对话框

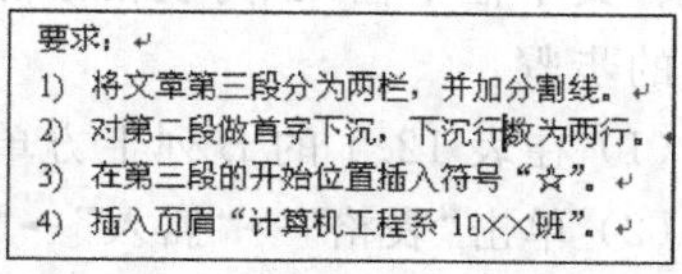

图 12.34　添加了"编号"的段落

12.4 Word 2003 的表格操作

Word 2003 提供了强大的表格功能,可以排出各种复杂格式的表格。表格由行与列构成,表格中行号用阿拉伯数字表示,如:第一行用"1"表示,第二行用"2"表示。列号用英文字母表示,如第一列用"A"表示,第二列用"B"表示。行与列交叉产生的方框称为单元格。每个单元格都有自己的名称或地址,如"A3"指表格中第一列第三行的单元格名称。单元格中可以输入文档或插入图片。

Word 2003 的表格操作主要有表格的创建、表格的编辑、表格的计算等几方面的内容。下面使用 Word 2003 的"帮助"功能来演示表格的制作、编辑与排版等操作。

【例 12.7】 制作一个课程表,具体操作步骤如下。

1. 建立表格

单击"帮助"→"Microsoft Office Word 帮助"菜单命令,弹出"Word 帮助"窗格,在"搜索"文本框中输入"创建表格"后按 Enter 键,弹出"创建表格"窗口。创建表格的步骤如下:

(1) 单击要创建表格的位置。

(2) 单击"常用"工具栏中的"插入表格"按钮,如图 12.35 所示。

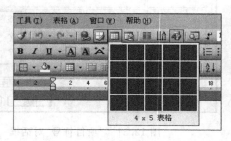

图 12.35 "插入表格"

(3) 拖动鼠标选择好行数和列数后单击,产生一个 4×5 的新建表格,如表 12.1 所示。

表 12.1 新建 4×5 的表格

2. 插入或删除表格的行或列

单击"帮助"→"Microsoft Office Word 帮助"菜单命令,弹出"Word 帮助"窗格,在"搜索"文本框中输入"为表格添加行"后按 Enter 键,弹出"为表格添加行"窗口,并显示添加行的步骤。

(1) 在表 12.1 的 B 列上方单击鼠标,选中此列。

(2) 单击"表格"→"插入"→"列(在右侧)"菜单命令,此表将增加一列。

(3) 在表格的第三行左边单击鼠标,选中第三行。

（4）单击"表格"→"插入"→"行（在下方）"菜单命令，此表将增加一行。

（5）在插入行和列的表格中输入内容，结果如表 12.2 所示。

表 12.2　输入内容的表格

星期一	星期二	星期三	星期四	星期五
	高数		计算机基础	C 语言	思想政治
		C 语言		高数	
	计算机基础	英语	C 语言实验		英语
	体育				

3. 拆分单元格

单击"帮助"→"Microsoft Office Word 帮助"菜单命令，弹出"Word 帮助"窗格，在"搜索"文本框中输入"拆分单元格"后按 Enter 键，弹出"拆分单元格"窗口。拆分单元格的步骤如下：

（1）选中 A2 单元格（在 A2 单元格左侧单击即可）。

（2）单击"表格"→"拆分单元格"菜单命令，弹出"拆分单元格"对话框，如图 12.36 所示。

（3）在对话框中"列数"列表框中输入"2"、"行数"列表框中输入"1"，然后单击"确定"按钮。

（4）对 A3、A4、A5 单元格进行同样的拆分操作。结果如表 12.3 所示。

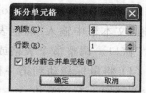

图 12.36　"拆分单元格"对话框

表 12.3　"拆分单元格"效果

星期一	星期二	星期三	星期四	星期五
	高数		计算机基础	C 语言	思想政治
		C 语言		高数	
	计算机基础	英语	C 语言实验		英语
	体育				

4. 合并单元格

单击"帮助"→"Microsoft Office Word 帮助"菜单命令，弹出"Word 帮助"窗口，在"搜索"文本框中输入"合并单元格"后按 Enter 键，弹出"合并单元格"窗口。合并单元格的步骤如下：

（1）选中要合并的连续单元格，如表 12.3 中第二行第一个和第三行第一个单元格。

（2）单击"表格"→"合并单元格"菜单命令，选中的连续单元格就合并成了一个单元格。

（3）在相应位置输入内容即可。

（4）对第四行第一个和第五行第一个单元格的合并操作相同。结果如表 12.4 所示。

表 12.4 "合并单元格"效果

		星期一	星期二	星期三	星期四	星期五
上午	1、2节	高数		计算机基础	C语言	思想政治
	3、4节		C语言		高数	
下午	5、6节	计算机基础	英语	C语言实验		英语
	7、8节	体育				

5. 调整行高、列宽

单击"帮助"→"Microsoft Office Word 帮助"菜单命令，弹出"Word 帮助"窗口，在"搜索"文本框中输入"调整表格的尺寸"后按 Enter 键，弹出"调整整个表格或部分表格的尺寸"窗口。调整整个表格或部分表格尺寸的步骤如下：

（1）将鼠标移动到第一行的下边框线处，鼠标变成双向箭头形状，按住左键向下拖动鼠标调整第一行的高度。

（2）将鼠标移动到第二列的右边框处，鼠标变成双向箭头形状，按住左键拖动鼠标调整第二列的宽度。调整后的表格如表 12.5 所示。

表 12.5 调整"行高"和"列宽"后的表格

		星期一	星期二	星期三	星期四	星期五
上午	1、2节	高数		计算机基础	C语言	思想政治
	3、4节		C语言		高数	
下午	5、6节	计算机基础	英语	C语言实验		英语
	7、8节	体育				

6. 调整表格中文字的位置

单击"帮助"→"Microsoft Office Word 帮助"菜单命令，弹出"Word 帮助"窗口，在"搜索"文本框中输入"更改表格中文字的位置"后按 Enter 键，弹出"更改表格中文字的位置"窗口。更改表格中文字的位置步骤如下：

（1）移动鼠标到的左上角选择（⊞）处，单击选中表格。

（2）右击并在快捷菜单"单元格对齐方式"中单击"中部居中"按钮。效果如表 12.6 所示。

表 12.6 "调整文字位置"后的表格

		星期一	星期二	星期三	星期四	星期五
上午	1、2节	高数		计算机基础	C语言	思想政治
	3、4节		C语言		高数	
下午	5、6节	计算机基础	英语	C语言实验		英语
	7、8节	体育				

7. 添加斜线表头

单击"帮助"→"Microsoft Office Word 帮助"菜单命令,弹出"Word 帮助"窗口,在"搜索"文本框中输入"斜线表头"后按 Enter 键,弹出"斜线表头"窗口。添加斜线表头步骤如下:

(1) 单击表 12.6 中 A1 单元格。

(2) 单击"表格"→"插入斜线表头"菜单命令,弹出"插入斜线表头"对话框,如图 12.37 所示。

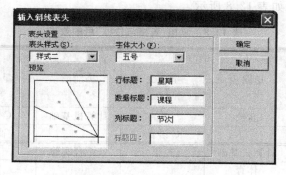

图 12.37 "插入斜线表头"对话框

(3) 在"表头样式"下拉列表框中选择"样式二",在"行标题"文本框中输入"星期","数据标题"文本框中输入"课程","列标题"文本框中输入"节次",然后单击"确定"按钮。结果如表 12.7 所示。

表 12.7 添加"插入斜线表头"后的表格

课 星 程 期 节 次		星期一	星期二	星期三	星期四	星期五
上午	1、2节	高数		计算机基础	C语言	思想政治
	3、4节		C语言		高数	
下午	5、6节	计算机基础	英语	C语言实验		英语
	7、8节	体育				

8. 设置边框和底纹

单击"帮助"→"Microsoft Office Word 帮助"菜单命令,弹出"Word 帮助"窗口,在"搜索"文本框中输入"表格边框"后按 Enter 键,弹出"添加表格边框"窗口。添加表格边框的步骤如下:

(1) 单击"视图"→"工具栏"→"表格与边框"菜单命令,弹出"表格与边框"工具栏,如图 12.38 所示。

图 12.38　"表格与边框"工具栏

(2) 选中表格,在"表格与边框"工具栏中的"线型"下拉列表框中选择"双线","粗细"下拉列表框中选择"1/2 磅","边框颜色"下拉列表框中选择"自动设置"、"框线位置"列表框中选择"外侧框线"。

(3) 选中第一行和第一列单元格,单击"表格与边框"工具栏中的"底纹颜色",选择"灰色-20%"。结果如表 12.8 所示。

表 12.8　添加"表格与边框"后的效果

课程\节次\星期		星期一	星期二	星期三	星期四	星期五
上午	1、2节	高数		计算机基础	C语言	思想政治
	3、4节		C语言		高数	
下午	5、6节	计算机基础	英语	C语言实验		英语
	7、8节	体育				

Word 2003 不但可以制作和编辑常见的表格,还可以对表格中的数据进行简单的计算处理,下面来了解表格的计算功能。

【例 12.8】　成绩表的制作,具体操作过程如下:

(1) 单击"表格"→"插入"→"表格"菜单命令,弹出"插入表格"对话框,如图 12.39 所示。在"列数"下拉列表框中输入"5",在"行数"下拉列表框中输入"6",然后单击"确定"按钮,将产生一个新的表格。

(2) 在新创建的表格中输入姓名、课程、成绩等数据,如表 12.9 所示。

表 12.9　成绩表

姓　名	计算机	英　语	高　数	总　分
刘　文	89	85	78	
张　力	95	88	92	
郑　在	79	86	90	
平均分				

（3）将光标定位到 E2 单元格，单击"表格"→"公式"菜单命令，弹出"公式"对话框，如图 12.40 所示，在"粘贴函数"下拉列表框中选择"SUM"函数，在"SUM"函数后的括号中输入 B2:D2，然后单击"确定"按钮，在 E2 单元格中显示"刘力"的总分。其他同学的总分计算步骤同上。

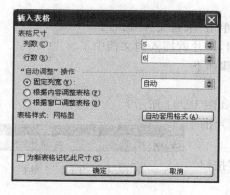

图 12.39 "插入表格"对话框

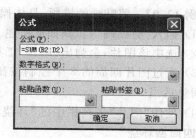

图 12.40 "公式"对话框

（4）将光标定位到 B5 单元格，单击"表格"→"公式"菜单命令，弹出"公式"对话框，在"粘贴函数"下拉列表框中选择"AVERAGE"函数，在"AVERAGE"函数后的括号中输入 B2，B3，B4，然后单击"确定"按钮，在 B5 单元格中显示"计算机"的平均分。其他课程的平均分计算步骤同上。

（5）通过以上步骤产生成绩表，如表 12.10 所示。

表 12.10 成绩表

姓　名	计 算 机	英　语	高　数	总　分
刘　文	89	85	78	252
张　力	95	88	92	275
郑　在	79	86	90	255
平均分	87.67	86.33	86.67	

12.5　Word 2003 的图文混排

字处理系统不仅仅局限于对文字进行处理，已经把处理范围扩大到图片、表格以及绘图领域。Word 在处理图形方面也有其独到之处，真正实现图文混排。

12.5.1　插入剪贴画或图片

Word 做到了"图文并茂"，我们来看看图片是怎么插入到文字中的。Word 在剪辑库中包含有大量的剪贴画，用户可以直接将它插入到文档中，具体操作步骤如下：

在"Word 帮助"窗格"搜索"文本框中输入"剪贴画"后按 Enter 键，弹出"插入剪贴画"窗口。插入剪贴画的步骤如下：

（1）将插入点置于文档中要插入剪贴画的位置；

（2）选择"插入"菜单中的"图片"命令，选择"剪贴画"，出现"插入剪贴画"任务窗口，单击"搜索"按钮，选择合适的图片，单击即可。

在"Word 帮助"窗格"搜索"文本框中输入"插入图片"后按 Enter 键，弹出"插入图片"窗口。插入图片的步骤如下：

（1）打开"插入"菜单，单击"图片"选项，单击"来自文件"命令；

（2）选择要插入的图片，单击"插入"按钮，图片就插入到文档中了。

【例 12.9】 剪贴画的排版，具体操作步骤如下：

（1）插入"剪贴画"，步骤如前所述。

（2）选中该图片，会弹出"图片"工具栏，如图 12.41 所示。

（3）通过图片四周的 8 个控制按钮将图片的大小调整适当。

图 12.41 "图片"工具栏

（4）使用"图片"工具栏中的"环绕方式"按钮选择"四周型环绕"。

（5）单击并拖动图片到相应的位置。效果如图 12.42 所示。

图 12.42 "剪贴画"效果

12.5.2 插入艺术字

文档排版过程中，若想使文档的标题生动、活泼，可使用 Word 2003 提供的"艺术字"功能来生成具有特殊视觉效果的标题或者非常漂亮的文档。

【例 12.10】 艺术字的排版。

在"Word 帮助"窗格"搜索"文本框中输入"插入艺术字"后按 Enter 键，弹出"插入艺术字"窗口。插入艺术字的步骤如下：

（1）单击"插入"→"图片"→"艺术字"菜单命令，弹出"艺术字库"对话框，如图 12.43 所示。

（2）任意选择一种样式，单击"确定"按钮，弹出"编辑艺术字"对话框，输入文字"计算机科学与技术"，单击"确定"按钮。

图 12.43　"艺术字库"对话框

(3) 选中艺术字"计算机科学与技术",弹出"艺术字"工具栏,如图 12.44 所示。

(4) 在"艺术字"工具栏中"文字环绕"下拉框选择"浮于文字上方",在"艺术字形状"下拉框选择"波形 1",然后适当调节艺术字的宽度和高度,即可完成图 12.45 所示"计算机科学与技术"艺术字的效果。

图 12.44　"艺术字"工具栏　　　　　　　　　　　图 12.45　艺术字效果

12.5.3　绘制图形

Word 中提供了许多新的绘图工具,可以通过"绘图"工具栏来轻松绘制出所需要的图形。"绘图"工具栏的"自选图形"菜单提供了 100 多种能够任意改变形状的自选图形,用户可以在文档中使用这些图形,重新调整图形大小,也可以对其进行旋转、翻转、添加颜色,并与其他图形组合成更为复杂的图形。自绘图形被选中后会出现很多的控制按钮,其中 8 个圆形的控制按钮用于调节图形的大小,2 个黄色的菱形按钮用于调节弧度和倾斜度,1 个浅绿色的按钮用于控制角度。

【例 12.11】　绘制图形的排版,具体操作步骤如下:

(1) 单击"视图"→"工具栏"→"绘图"菜单命令,显示出"绘图"工具栏如图 12.46 所示。

(2) 单击"绘图"工具栏中的"椭圆"按钮,文档会自动显示出绘图区,按住 Shift 键的同时在绘图区中单击鼠标并拖动,即可产生一个大圆,选中此大圆,在"绘图"工具栏的"线型"列表框中选择"1 磅",选择合适的线条颜色,在"绘图"工具栏中的"填充颜色"列表框

图 12.46 "绘图"工具栏

中选择"浅绿色"。

（3）单击"绘图"工具栏中的"椭圆"按钮，按住 Shift 键的同时在绘图区中单击鼠标并拖动，再画出一个小圆。

（4）使用前面学习的知识插入艺术字"计算机文化基础"和"学习光盘"。

（5）选中以上制作的对象，按住 Shift 键分别单击"大圆"、"小圆"、艺术字"计算机文化基础"和"学习光盘"，单击"绘图"工具栏中的"绘图"按钮选择"组合"，效果如图 12.47所示。

图 12.47 自绘图形

12.5.4 文本框

文本框是一种特殊的图形对象，是将文字、图形、表格等进行精确定位的工具。文本框有"横排文本框"和"竖排文本框"。

【例 12.12】 文本框的应用。

在"Word 帮助"窗格"搜索"文本框中输入"文本框"后按 Enter 键，弹出"插入文本框"窗口。插入文本框的步骤如下：

（1）单击"绘图"工具栏中的"文本框"按钮，用鼠标在绘图区拖出一个文本框。

（2）在文本框中输入"计算机基础课程"，设置好字体和字号。

（3）选择此文本框，右击，在快捷菜单中单击"设置文本框格式"按钮，弹出"设置文本框格式"对话框，如图 12.48 所示。

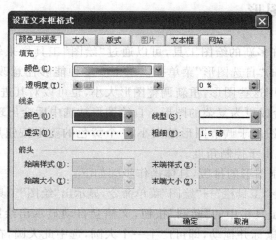

图 12.48 "设置文本框格式"对话框

（4）在"颜色与线条"选项卡"填充"组"颜色"下拉列表框中选择适当的颜色。

（5）在"线条"组"颜色"下拉列表框选择合适的颜色、线型、虚实及粗细，然后单击"确定"按钮，效果如图 12.49 所示。

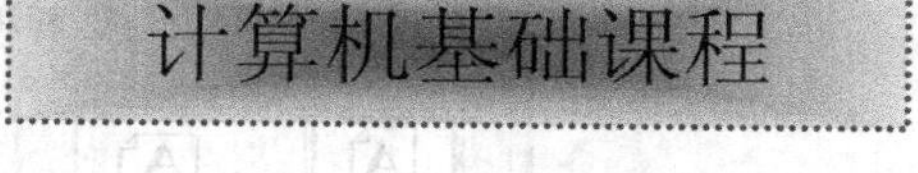

计算机基础课程

图 12.49　文本框效果图

12.6　页面格式化

与字符格式化、段落格式化相比，页面格式的设置更加重要。因为页面的排版好坏直接影响到文档的打印效果和人们阅读文档的直接感受。为了能够打印出合乎要求的文档，在打印之前需要以页面为单位，对文档做进一步整体性的格式调整。页面设置主要包括对整个页面以及页眉、页脚等的设置。

页眉和页脚指在文档的每一页顶部或底部添加的内容，这些内容包括页码、日期、标题、作者等文本，也可以是图形对象。对页眉和页脚的操作，使用"页眉和页脚"工具栏，如图 12.50 所示。

图 12.50　"页眉和页脚"工具栏

我们就以此书中本章为例介绍插入页眉和页脚的操作。

在"Word 帮助"窗格"搜索"文本框中输入"页眉和页脚"后按 Enter 键，弹出"页眉和页脚"窗口。设置页眉和页脚的步骤如下：

（1）单击"视图"→"页眉和页脚"菜单命令，弹出"页眉和页脚"工具栏，如图 12.50 所示。

（2）在对话框弹出时，光标自动定位到页眉位置，单击"页眉和页脚"工具栏中的"页面设置"按钮，在弹出的"页面设置"对话框"版式"选项卡中选中"奇偶页不同"。然后输入页眉"第 12 章 Word 2003"（奇数页）或"计算机科学与技术导论"（偶数页）。

（3）单击"页眉和页脚"工具栏上的"在页眉和页脚间切换"按钮，切换到页脚位置。

（4）单击"设置页码格式"按钮，弹出"页码格式"对话框，如图 12.51 所示。在"数字格式"下拉列表框中选择数字"1,2,3,…"，然后单击"确定"按钮。

Word 2003 对文档整个页面的设置主要通过"页面设置"对话框来完成，如图 12.52 所示。通过此对话框可以设置文档的页边距（上、下、左、右）、页面方向、纸张大小、页眉页脚等。

图 12.51 "页码格式"对话框

图 12.52 "页面设置"对话框

12.7 本 章 小 结

本章通过具体的例题及详细的操作步骤,介绍了 Word 2003 的基本功能,包括:Word 2003 中的专业术语的解释,文档中文字、段落、页面的格式化,表格及图形对象的排版。

通过对本章的学习,读者应该了解 Word 2003 的功能,文档的建立、打开、保存,录入操作;理解文档中文字、段落的选定,文档的显示方式;掌握文档中文本及段落的格式化排版,表格的编辑排版,图形对象的编辑排版。

12.8 习 题

一、简答题

1. 如何使用 Word 的帮助功能?

2. 什么是段落缩进,段落缩进有几种方法?

3. 如何设置文字和段落的边框底纹效果?

4. 对选中的文本进行"剪切"→"粘贴"与"复制"→"粘贴"命令的区别是什么?

5. 浮动图片与嵌入图片的区别是什么?

二、操作题

1. 录入以下文字,并按要求排版。

（1）将所有的英文标点"，"改为中文标点"，"。给文档加上标题"Internet Telephone"格式为三号黑体、居中、加粗。

（2）将所有的英文字体设置为"Arial"。将所有的"Internet"改为"因特网"，但"Internet Telephone"中的 Internet 不改。将所有的"透过"改为"通过"。

（3）将纸张大小设置为"16 开"，每页的行数设置为 25 行。

（4）将文章第三段分为两栏，并加分割线。

（5）对第二段做首字下沉，下沉行数为两行。

（6）在第四段的开始位置插入符号"☆"。

（7）将文章最后一段的行间距设为 2 倍行距。字间距设为加宽 2 磅，并将最后两个字"价格"设为提升 3 磅。

（8）将文章最后一段加边框和底纹。

（9）插入页眉"计算机工程系 10××班"，页脚处插入"页码"。

Internet Telephone 的新技术冲破了旧传统，Internet 技术的发展比风速还快。根据 IDC 的预测，透过 Internet Telephone 打电话的用户将从 1995 年 40 万户猛增到 1999 年的 1600 万户，到那时，Internet Telephone 将拥有 5 亿美元的市场份额，最近几周，又有大量的技术更全面的 Internet Telephone 新产品投入使用。

在此我们不免提出问题：为什么使用 Internet Telephone 的用户增长如此之快呢？实现 Internet Telephone 的关键技术又是什么呢？

众所周知，现在打国际长途较以前是便宜了很多，但对大部分人来说，还是比较昂贵的，比如从中国至美国是 18.4 元/分钟，中国至法国是 27.4 元/分钟，祖国内地至台湾或香港是 11.6 元/分钟。即使是从美国打到中国，也需要 1.1 美元/分钟。然而，通过电话连接 Internet，每分钟不到 0.4 元的费用，若通过本地局域网连接 Internet，所花的费用就更少了。与你所访问的地点远近没有关系，只是访问速度稍微有所不同。如果可以通过 Internet 来打国际长途，那将可以节省一笔巨大的费用。

透过 Internet 打国际长途电话的关键技术就是网关技术。美国 LATIC 公司是世界上第一个研究生产基于 Internet 网关的公司。

Internet Telephone 技术日渐成熟，其普及应用的关键就在于如何与现存的电信网邮寄地结合起来，利用新技术、新产品逐渐向 Internet Telephone 过渡。相信在不久的将来，我国也会安装大量的网关，以充分利用 Internet，来降低当前国际长途电话的价格。

2. 录入以下文字，并按要求排版。

（1）将诗句和作者居中对齐，并将诗句设为黑体、四号。

（2）最后一段文字设置首字下沉三行，设置段前间距 0.5 行，段后间距 1 行。

（3）在文字中插入一幅图片，格式设置如下图所示。

（4）制作成绩表，输入姓名、课程、成绩等内容并设置为与下表格式相同。

（5）给表格加标题"成绩表"。

（6）在相应的位置用"公式"计算总分和平均分。

（7）添加页眉"Word 2003 练习题"，格式：宋体、小四号、加粗。

（8）给文章加页面边框，设置为距文字边距为 1 磅。

Word 2003 练习题

山 行

[唐] 杜牧

远上寒山石径斜，
白云深处有人家。
停车坐爱枫林晚，
霜叶红于二月花。

这 是一首写秋天美好景物的诗。深秋时节在山中漫游，山上小路盘旋而上，在那白云深处影影约约有几户人家，因为喜爱枫林迷人的晚景而停下车来，这经霜红了的枫叶比二月里盛开的鲜花还要红艳。

成 绩 表

姓名 ＼ 课程	计算机	英语	高数	总分
李 平	87	65	70	
章小力	90	87	80	
丁伟其	53	90	88	
每门课程平均分				

第 13 章　应用软件 Excel 2003

通过本章的学习,要求掌握建立工作表,在表中输入数据、编辑单元格和工作表的操作方法等内容。能熟练用 Excel 2003 提供的"帮助"功能学习更多的复杂排版操作。

Excel 2003 是由 Microsoft 公司研制开发的办公自动化软件 Office 2003 的重要组成部分,是一个优秀的电子表格处理软件,具有强大数据处理功能,既可单独运行,也可以与 Office 2003 的其他软件相互传送数据,直接进行数据共享。Excel 2003 在 Excel 2000 的基础上改进和增加了许多新的功能。作为一款专门为互联网设计的软件,Excel 2003 是进行网络表格数据处理的首选工具,同时提供了强大的"帮助"功能。

13.1　Excel 2003 的操作界面及相关术语

13.1.1　Excel 2003 的操作界面

Excel 2003 的启动与退出与 Microsoft Office 其他软件类似,这里不再赘述。启动 Excel 2003 中文版后,出现窗口界面,就是用户的工作窗口,如图 13.1 所示。

标题栏、菜单栏、工具栏、帮助、状态栏以及水平、垂直滚动条等的作用与 Word 2003 的基本一致,这里仅介绍 Excel 2003 特有的几个窗口组成部分。

1. 编辑栏

工具栏的下方是编辑栏,用于显示、编辑活动单元格中的数据和公式。编辑栏单元格名称框用于显示当前活动单元格的名称。编辑区显示当前单元格的具体内容,并且可以在此直接对当前单元格中的内容进行输入和修改。选中某个单元格后,就可在编辑栏中对该单元格输入或编辑数据。

2. 工作区窗口

工作区窗口是 Excel 工作簿所在的窗口。工作区窗口是占据屏幕最大、用以记录数据的区域,所有数据都将存放在这个区域中。在该窗口中,可以打开多个工作表。工作区

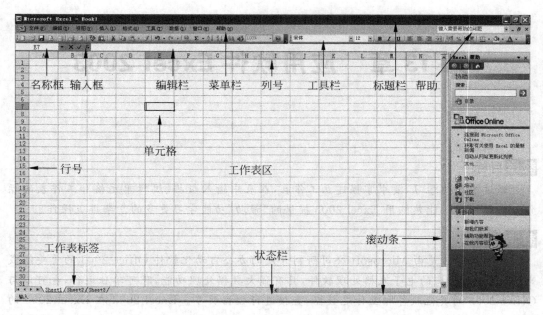

图 13.1　Excel 2003 的操作界面

窗口由工作表标签栏、工作表控制按钮、列标、行标、全选按钮等组成。

3. 工作表标签栏

工作表标签中可含有多张工作表。每一张工作表均有一个工作表标签,用于显示工作表的名称。单击某个工作表标签,将激活相应的工作表。如果工作表有多个,以致标签栏显示不下所有标签时,用户可通过标签控制按钮,找到所需的工作表标签。

13.1.2　Excel 2003 的基本术语

1. 工作簿

工作簿是用来存储和处理数据信息的文件。一个工作簿就是一个 Excel 文件,该文件的后缀名为“. xls”。一本工作簿可以拥有多张具有不同类型的工作表,最多可有255 张。在默认状态,一个工作簿文件打开 3 张工作表,分别用 Sheet1、Sheet2、Sheet3命名。

2. 工作表

工作表是 Excel 中的基本单位。每一个工作表都有一个标签,称之为工作表名称,如 Sheet1。每张工作表是由 65 536 行和 256 列构成的一个表格。工作表中的行用数字来表示,即 1、2、3、4、…直到 65 536;列用英文字母表示,即 A、B、C、…,共计 256 列。

3．单元格

每个工作表中行和列交叉处的矩形区域称为单元格，单元格是基本的"存储单元"，可输入或编辑任何数据。

4．单元格地址

每一个单元格都有固定的地址，用行、列编号表示，如 A3，表示第 A 列第 3 行的单元格。一个工作簿有很多个工作表，为了区分不同工作表中的单元格，常在单元格地址的前面增加工作表名称。例如，Sheet2!A6 表示工作表 Sheet2 中的 A6 单元格。

5．活动单元格

即 Excel 默认操作的单元格，任何时候只有一个活动单元格。单击某个单元格，该单元格就成为活动单元格。

13.2　Excel 2003 基本操作

在 Excel 2003 中的基本操作主要包括工作簿的建立、保存、数据的输入、公式与函数、工作表的编辑与格式化等。

13.2.1　工作簿的建立

在 Excel 2003 中常用以下方式建立工作簿。
- 启动 Excel 2003 时自动创建一个名为"Book1"的工作簿文档。在该工作簿中自动创建 3 个工作表。
- 单击菜单"文件"→"新建"菜单命令，在窗口右侧弹出的"新建工作簿"任务窗格中选择"空白工作簿"。
- 单击工具栏中的"新建"按钮。

13.2.2　工作簿的保存

工作簿在编辑完成后，要对所做的编辑进行保存。保存分为新建工作簿的保存和修改后工作簿的保存。

1．保存新建的工作簿

（1）单击"文件"→"保存"菜单命令，或单击工具栏中的"保存"按钮，将弹出"另存为"对话框，如图 13.2 所示。

（2）在"保存位置"列表框中选择文件的保存位置，在"文件名"列表框中输入文件的

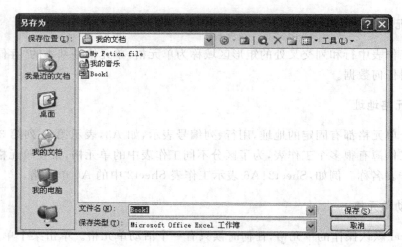

图 13.2 "另存为"对话框

名称,在"保存类型"列表框中选择文件保存的类型,然后单击"确定"按钮即可。

2. 保存修改过的工作簿

对进行修改过的工作簿文件进行保存要分两种情况操作。

第一种情况,只保留修改后的文件,修改前的工作簿文件不需要了。单击"文件"→"保存"菜单命令或单击工具栏中的"保存"按钮,修改后的文件以原文件名直接覆盖修改前的文件。

第二种情况,保留修改后的文件,修改前的文件也同时保留。单击"文件"→"另存为"菜单命令,弹出如图 13.2 所示的"另存为"对话框,在该对话框中修改文件的保存位置或文件名,单击"保存"按钮后,修改前后的文件就被同时保存了。

13.2.3 数据的输入

在 Excel 中输入数据有以下几种方式。

1. 直接输入数据

在 Excel 2003 的单元格中直接可以输入的数据一般有三种数据类型:文本型、数值型、日期时间型。默认状态下数值型数据右对齐,文本型和日期时间型数据左对齐。

(1)文本型数据的输入

文本型数据指通过键盘输入的中文、英文文本等,文本型数据输入时要注意文本在单元格中的显示方式:单行显示、自动换行显示、强制换行显示。

① 单行显示,即文本在单元格中只用一行显示,如果文本的长度超过单元格的宽度且后面相邻单元格中有内容,此时该单元格中的文本只能部分显示。在图 13.3 中 A1 单元格显示内容为"计算机科学与技术",能完整显示。但是当 B1 单元格中输入内容"信息

科学"后 A1 单元格的内容只能部分显示,如图 13.4 所示。

② 自动换行显示,即当单元格中的文本长度超过单元格的宽度时,超过宽度的文本自动转到该单元格的下一行进行显示,如图 13.5 所示。在 Excel 2003 中要让单元格实现该效果,具体操作如下:

单击鼠标左键选中单元格(如 A1)。然后单击"格式"→"单元格"菜单命令,弹出"单元格格式"对话框,如图 13.6 所示。在"对齐"选项卡"文本控制"选项组中选中"自动换行",单击"确定"按钮。结果如图 13.5 所示。

图 13.3　单行显示(一)

图 13.4　单行显示(二)

图 13.5　自动换行显示

③ 强制换行显示,即让单元格中每一行的文本按需要进行显示,单元格中每一行显示的文本宽度可以任意修改。操作如下:

双击鼠标左键进入单元格(A1)编辑状态。在需要进行换行的位置定位鼠标("计算机科学与技术"的"机"和"科"之间),按下组合键 Alt+Enter,效果如图 13.7 所示。

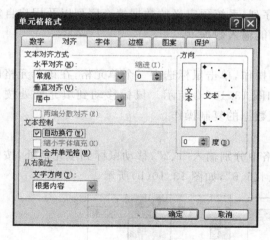

图 13.6　"单元格格式"对话框

图 13.7　强制换行显示

(2) 数值型数据输入

数值型数据除了数字(0~9)组成的字符串外,还包括+、-、*、/、%以及小数点(.)和特殊字符(￥)等。数值型数据的输入要注意以下几点。

① 输入的数据太长,Excel 会自动以科学计算法表示,如输入 123456789,则显示为 1.23E+08。如图 13.8 所示。

② 对于分数,若小于 0,应先输入"0"和空格,再输入分数。例如,要输入"1/2",应输入"0 1/2"。如果直接输入"1/2",则显示为"1 月 2 日",变成了日期型数据。

③ 在 Excel 的数值型数据中,第一个字符如果是"0",则在单元格显示时此"0"会自动丢失,如果要强制让"0"显示,必须在"0"之前加入"'",将数值型数据转换成文本型数

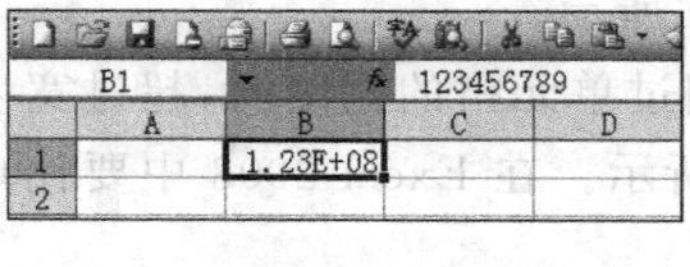

图 13.8　数值型数据显示 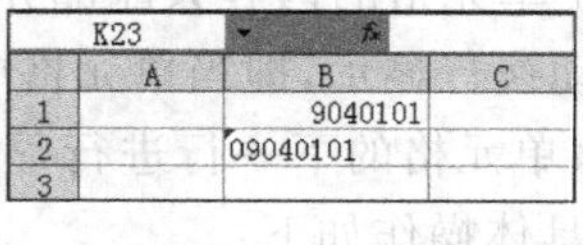　　　　图 13.9　数值型转换成文本型

据。如图 13.9 所示。

（3）日期时间型数据输入

输入日期和时间数据时，可按照以下规则进行。

①　如果使用 12 小时制，则需输入 am 或 pm，比如 5：30：20 pm；也可输入 a 或 p。但在时间与字母之间必须有一个空格。若未输入 am 或 pm，则按 24 小时制。也可在同一单元格中输入日期和时间，但是二者之间必须用空格分隔，比如 10/4/12 17：00。输入字母时，忽略大小写。

②　输入日期时，有多种格式，可以用"/"或"—"连接，也可以使用年、月、日。比如 09/10/23、09-08-28、30-APR-09、2009 年 12 月 12 日等。

2.　使用"自动填充"功能输入有规律的数据

有规律的数据是指等差序列、等比序列、系统预定义的数据填充序列以及用户自定义的序列等。下面介绍使用"自动填充"功能输入数据。

（1）填充相同的数据

填充相同的数据相当于数据的复制操作，单击鼠标选中一个单元格，在该单元格的右下角有个黑色的实心点，叫做填充柄，如图 13.10（a）所示。鼠标移动到填充柄处按下左键在水平或垂直方向拖动鼠标即可实现数据的复制操作。

（2）等差序列的填充

在图 13.10（a）所示的 B1、B2 单元格中分别输入"1、2"，移动鼠标到填充柄处，按住左键并向下拖动鼠标，将自动产生"1、2、3、4、5、6"，如图 13.10（b）所示。

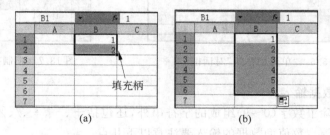

（a）　　　　　　　　　（b）

图 13.10　等差序列填充

（3）等比序列的填充

在图 13.11（a）所示的 B2 单元格中输入"2"，单击"编辑"→"填充"→"序列"菜单命令，弹出"序列"对话框，在"序列产生在"组中选择"列"，在"类型"组中选择"等比序列"，在"步长值"文本框中输入"2"，在"终止值"文本框中输入"500"，如图 13.12 所示，然后单击"确定"按钮，效果如图 13.11（b）所示。

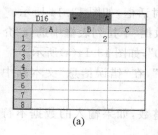

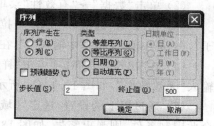

图 13.11　等比序列填充　　　　　　　图 13.12　"序列"对话框

（4）系统预定义序列或自定义序列的填充

单击"工具"→"选项"菜单命令，打开"选项"对话框，在"自定义序列"选项卡中显示了系统预定义的序列。如图 13.13 所示。

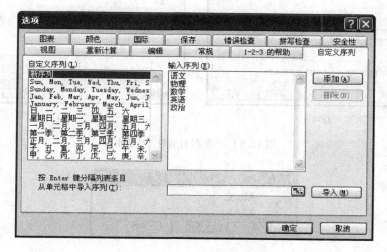

图 13.13　"选项"对话框

在"选项"对话框"自定义"选项卡的"自定义序列"组中显示的序列。如果需要输入这些数据时，只需要任意输入其中的一个单词或词语，然后使用填充柄一拖，整个序列就输入单元格中了。

在工作表中也可以自定义序列。在"自定义序列"选项卡"输入序列"文本框中输入"语文、物理、数学、英语、政治"，输入时在每个词语的后面使用回车键进行分割。输完文本后单击"添加"按钮，就产生了一个新的序列"语文、物理、数学、英语、政治"。

3. 输入有效数据

输入数据前可以对单元格进行设置，阻止不符合条件数据的输入。

【例 13.1】　对学生成绩的输入进行有效性检验。

在"Excel 帮助"窗格的"搜索"文本框中输入"数据有效性"后，按 Enter 键，弹出"数据有效性"窗口。设置输入数据有效性的步骤如下：

（1）选中要输入成绩的区域。

367

(2) 单击"数据"→"有效性"菜单命令,打开"数据有效性"对话框,如图 13.14 所示。

(3) 在"设置"选项卡"允许"下拉列表框中选择"整数",在"数据"下拉列表框中选择"介于",在"最小值"文本框中输入"0",在"最大值"文本框中输入"100",如图 13.14(a)所示。

(4) 在"出错警告"选项卡中"样式"下拉列表中选择"警告",在"错误信息"文本框中输入"无效数据",如图 13.14(b)所示,然后单击"确定"按钮。

(5) 通过以上的设置,选定区域只能输入 0～100 之间的整数,如果输入的数据不符合此限制条件,则弹出警告,如图 13.15 所示。

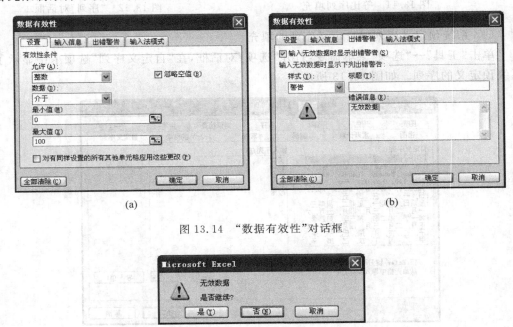

(a)　　　　　　　　　　　　　　　　(b)

图 13.14　"数据有效性"对话框

图 13.15　"数据有效性"警告对话框

13.2.4　工作表的基本操作

1. 选定工作表

当选定多个连续的工作表时,按住 Shift 键的同时单击每个工作表的标签进行选择;当选择多个不连续的工作表时,按住 Ctrl 键的同时单击工作表的标签进行选择。

2. 插入新工作表

单击"插入"→"工作表"菜单命令,或在快捷菜单中选择"插入"命令。

3. 删除工作表

先选中要删除的工作表,然后单击"编辑"→"删除工作表"菜单命令,或在快捷菜单中选择"删除"菜单命令。

4. 重命名工作表

选中要重命名的工作表,然后单击"格式"→"工作表"→"重命名"菜单命令,或在快捷菜单中选择"重命名"菜单命令,输入新的名称后按 Enter 键即可。

5. 移动、复制工作表

方法一:拖动工作表标签(若复制,须按 Ctrl 键)到需要的目的地位置。

方法二:选定要移动的工作表,右击,在快捷菜单中选择"移动或复制工作表"菜单命令。

13.2.5　工作表的编辑格式化

工作表的格式化实际是对单元格的数据进行格式化操作,一般使用"单元格格式"对话框(见图 13.16)和"格式"工具栏(见图 13.17)来实现工作表的格式化操作,下面就以实例来演示工作表的格式化操作。

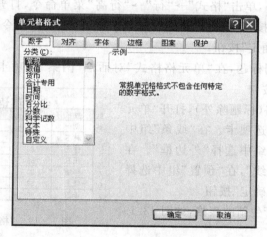

图 13.16　"单元格格式"对话框

图 13.17　"格式"工具栏

【**例 13.2**】　对图 13.18 所示的成绩表做如下操作。

(1) 在"张三"前插入一个新行"林木 77　89　87　58"。

(2) 将"学生英语成绩登记表"标题所在的一行合并为一个单元格,并让标题居中显示,对标题加粗,设置字号为 20 磅。

(3) 表格中文字设置为水平和垂直居中对齐。

(4) 将表格的行高设为"18",列宽设为"10"。

图 13.18 单元格格式设置

（5）将表格的列标题设置灰色底纹。

（6）将整个表格（标题除外）的外框设为"双画线"，内框设为"细线"。

具体操作步骤如下：

（1）选中"张三"所在的第四行，单击"插入"→"行"菜单命令。"张三"所在的行前面就增加一空行，在其中输入"林木 77 89 87 58"。

（2）选中"学生英语成绩登记表"所在的 A1 单元格以及同一行的 B1、C1、D1、E1 共 5 个单元格，单击"格式"工具栏中的合并居中 ![图标] 按钮，在"格式"工具栏中选中字号为"20 磅"并单击加粗 **B** 按钮。

（3）单击表格的左上方行和列交叉的表格选择区，选中整个表格，然后单击"格式"→"单元格"菜单命令，打开"单元格格式"对话框。在"对齐"选项卡"文本对齐方式"组中"水平对齐"和"垂直对齐"下拉列表框中都选中"居中"。

（4）选中整个表格，单击"格式"→"行"→"行高"菜单命令，打开"行高"对话框，输入"18"，然后单击"确定"按钮。单击"格式"→"列"→"列宽"菜单命令，打开"列宽"对话框，输入"10"，然后单击"确定"按钮。

（5）选择表格的列标题，在"单元格格式"对话框"图案"选项卡"颜色"组中选择"灰色"，然后单击"确定"按钮。

（6）选中整个表格（标题除外），打开"单元格格式"对话框"边框"选项卡。在"线条"组中选择"双线"，在"预置"组中选择"外边框"。在"线条"组中选择"单细线"，在"预置"组中选择"内边框"。然后单击"确定"按钮。

通过以上的步骤产生新的表格，如图 13.19 所示。

图 13.19 "格式化"后的表格

13.2.6 Excel 2003 的公式与函数

公式可以用来执行各种运算，其操作类似于输入文字。但是公式是以等号"＝"开头，然后输入公式表达式。在一个公式中，可以包含各种运算符、常量、变量、函数、单元格地址等。

1. 公式中的运算符

公式中使用的运算符包括数学运算符、比较运算符、文字运算符和引用运算符。

（1）数学运算符，如表 13.1 所示。

表 13.1　数学运算符

算术运算符	含　义	公式举例	结　果
＋(加号)	加(单独出现在数值前面表示正号,可以省略)	＝26＋100	126
－(减号)	减(单独出现在数值前面表示负号)	＝89－65	24
*(星号)	乘	＝15*87	1305
/(斜杠)	除	＝88/4	22
％(百分号)	百分数(放在数值后面)	＝85％	0.85
^(脱字符)	幂(指数)	＝2^4	16

（2）比较运算符,如表 13.2 所示。

表 13.2　比较运算符

比较运算符	含　义	公式举例	结　果
＝	等于	A1＝2,B1＝3,＝A1＝B1	FALSE
＞	大于	A1＝2,B1＝3,＝A1＞B1	FALSE
＜	小于	A1＝2,B1＝3,＝A1＜B1	TRUE
＞＝	大于等于	A1＝2,B1＝3,＝A1＞＝B1	FALSE
＜＝	小于等于	A1＝2,B1＝3,＝A1＜＝B1	TRUE

（3）文字运算符,如表 13.3 所示。

表 13.3　文字运算符

文字运算符	含　义	公式举例	结　果
&	连接两个或多个字符串	A1＝计算机,＝A1&"基础"	计算机基础

（4）引用运算符,如表 13.4 所示。

表 13.4　引用运算符

引用运算符	含　义	公式举例	结　果
:(冒号)	区域运算符,产生对包括在两个引用之间的所有单元格的引用	＝SUM(A6:E9)	A6 到 E9 这个区域所有数据之和
,(逗号)	联合运算符,将多个引用合并为一个引用	＝SUM(B2:B6,E3:E9)	B2 到 B6 加上 E3 到 E9 这两个区域所有数据之和
(空格)	交叉运算符,同时隶属于两个引用的单元格区域的引用	＝SUM(E6:H15 G8:J18)	E6 到 H15 和 G8 到 J18 这两个区域交叉部分数据之和

（5）运算优先级。当多个运算符同时出现在公式中时,Excel 对运算符的优先级作了严格的规定,由高到低各个运算符的优先级为:引用运算符之冒号、逗号、空格,算术运算符之负号、百分比、乘幂、乘除同级;加减同级;文本运算符、比较运算符同级。同级运算时,优先级按照从左到右的顺序计算。

2. 公式的引用

当需在公式中指明所使用数据的位置时,以列标和行号来表示某个单元格的引用。

（1）相对引用

在输入公式的过程中，Excel 一般使用"相对地址"引用单元格。所谓"相对地址"引用，是当公式在移动或复制时根据移动的位置自动调整公式中引用单元格的地址。

（2）绝对引用

在列标和行号前分别加上符号"＄"，就是绝对引用，如＄A＄1，＄B＄10；＄B＄20等。在复制公式时，无论公式被复制到任何位置，其中的单元格引用不会发生变化。

（3）混合引用

相对地址与绝对地址的混合使用。

3．函数的使用

函数是 Excel 自带的内部预定义好的公式。灵活运用函数可以省去自己编写公式的麻烦，还可以解决许多通过自己编写公式无法实现的计算，并且在遵循函数语法的前提下，大大减少了公式编写错误的情况。使用函数一般按以下几步操作。

（1）选定要输入函数的单元格。

（2）执行"插入"→"函数"菜单命令，或者单击工具栏中的"粘贴函数"按钮。

（3）从"函数分类"框中选择输入的函数类型，例如"常用函数"；再从"函数名"框中选择所需要的函数，例如求平均值函数"AVERAGE"；然后单击"确定"按钮，屏幕显示"输入参数"对话框。选择好参数，然后单击"确定"按钮。

【例 13.3】 对图 13.20 所示的成绩表做如下操作。

（1）使用公式计算"刘一"的"总分"，使用公式引用操作计算其他同学的"总分"。

（2）使用函数计算"口语"的"平均分"，使用"填充柄"计算其他课程的"平均分"。

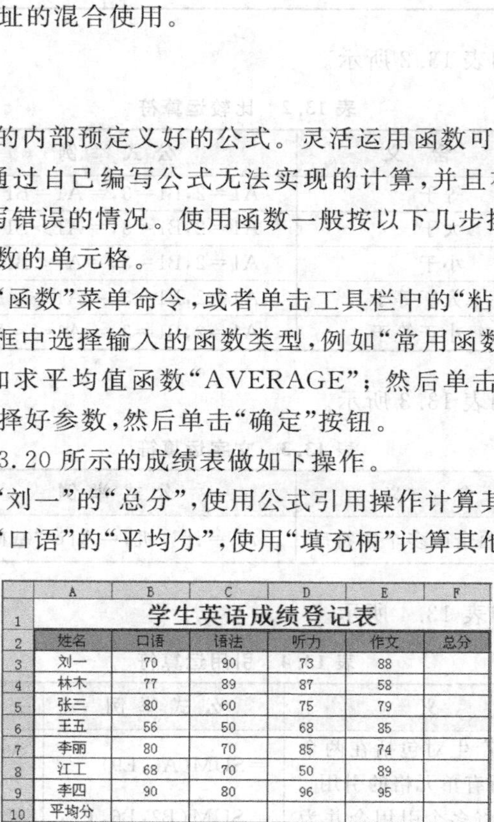

	A	B	C	D	E	F
1	学生英语成绩登记表					
2	姓名	口语	语法	听力	作文	总分
3	刘一	70	90	73	88	
4	林木	77	89	87	58	
5	张三	80	60	75	79	
6	王五	56	50	68	85	
7	李丽	80	70	85	74	
8	江工	68	70	50	89	
9	李四	90	80	96	95	
10	平均分					
11	最高分					

图 13.20 成绩表

具体操作步骤如下：

（1）单击选择 F3 单元格，输入"＝B3＋C3＋D3＋E3"，按 Enter 键或单击编辑栏中的"√"，就计算出了"刘一"的总分。单击选择 F3 单元格，然后单击"复制"按钮，F3 单元格四周会出现闪烁滚动的边框，此时右击 F4 单元格并选择"粘贴""林木"的总分也显示出来了，其他同学的"总分"计算相同。（当 F3 单元格闪烁滚动的边框消失时，"粘贴"操作就不能进行了。）

（2）单击选择 B10 单元格，单击"插入"→"函数"菜单命令，弹出"插入函数"对话框，如图 13.21 所示。在"选择类别"下拉列表框中选择"常用函数"，在"选择函数"列表框中选择"AVERAGE",然后单击"确定"按钮,弹出"函数参数"对话框,如图 13.22 所示,单击"Number1"后面的折叠按钮，用鼠标选择 B3 到 B9 或输入"B3:B9",然后单击"确定"按钮,"口语"的平均分就计算好了。单击选择 B10,使用鼠标拖动填充柄到 C10、D10、E10,所有课程的"平均分"就计算好了。

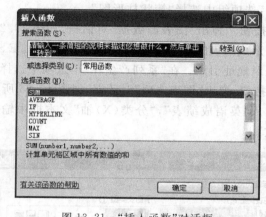

图 13.21　"插入函数"对话框

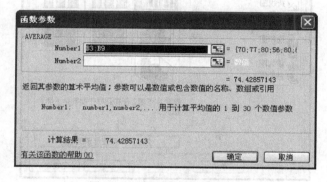

图 13.22　"函数参数"对话框

13.3　Excel 2003 数据图表化

Excel 中的图表分为两种:一种是嵌入式图表,它与创建图表的数据源放置在同一工作表中,打印时也一同打印;另一种是独立图表,它是放置在一张独立的图表工作表中,打印时和数据表分开打印。

在 Excel 中可以利用"常用"工具栏中的"图表向导"快捷按钮创建工作图表,或利用菜单栏中的"插入"菜单,然后选"图表"命令创建图表。下面使用 Excel 2003 的"帮助"功能来演示数据图表的制作、编辑与排版等操作。

【例 13.4】　将图 13.19 所示的成绩表用图表的形式表现。

单击"帮助"→"Microsoft Excel 帮助"菜单命令,弹出"Excel 帮助"窗口,在"搜索"文本框中输入"创建图表"后按 Enter 键,弹出"创建图表"窗口,并显示创建图表的步骤。

（1）在表格中选择用于创建图表的数据区域 A2：E9。然后根据图表向导分 4 个步骤完成图表的操作。

（2）单击"插入"→"图表"菜单命令或者单击工具栏中的"图表向导" 按钮，弹出"图表向导"对话框，如图 13.23 所示。在"标准类型"选项卡"图表类型"选项组中选择"柱形图"。在"子图表类型"选项组中选择"簇状柱形图"。

（3）单击"下一步"按钮。弹出"图表源数据"对话框，如图 13.24 所示。在数据区域文本框中选择或输入要形成图表的数据源"＝Sheet1！＄A＄2：＄E＄9"，该数据源地址使用工作表和单元格的绝对地址引用。在"系列产生在"单选项中选择"列"。

（4）单击"下一步"按钮，弹出"图表选项"对话框，如图 13.25 所示。在"标题"选项卡"图表标题"文本框中输入"英语成绩表"，"分类（X）轴"文本框中输入"姓名"，"数值（Y）轴"文本框中输入"分数"。

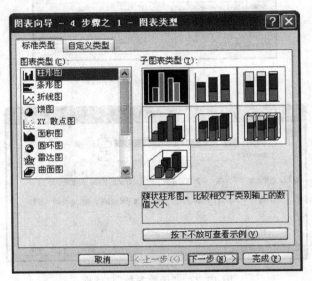

图 13.23 "图表向导"对话框

（5）单击"下一步"按钮，弹出"图表位置"对话框，选择"作为其中的对象插入"，单击"完成"按钮，产生"学生英语成绩表"图表，如图 13.26 所示。

通过图表向导生成了图表，下面再对该图表做进一步的格式化设置，让此图表更清晰、更直观。具体操作如下：

（1）拖动坐标轴标题"分数"到坐标轴（Y）刻度的上方，单击右键打开"坐标轴标题格式"对话框，通过"对齐"选项卡调整"分数"的方向为"0°"。

（2）双击坐标轴 Y 轴，打开"坐标轴格式"对话框，在"刻度"选项卡中修改"最大值"为"100"。

（3）在图表区右击，单击"图表选项"命令，打开"图表选项"对话框，如图 13.25 所示，在"数据标志"选项卡"数据标签包括"组中选中"值"，单击"确定"按钮。格式化操作后的图表如图 13.27 所示。

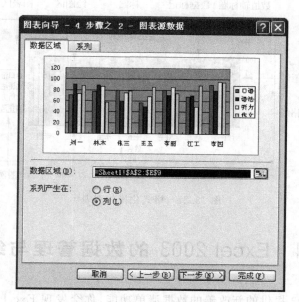

图 13.24 "图表源数据"对话框

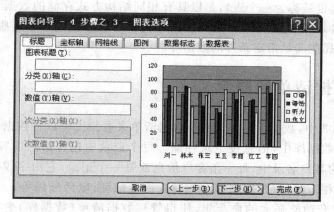

图 13.25 "图表选项"对话框

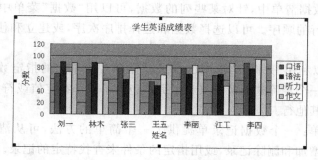

图 13.26 "学生英语成绩表"图表

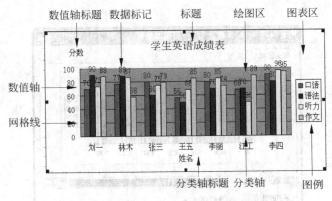

图 13.27　格式化操作图表

13.4　Excel 2003 的数据管理与统计

　　随着 Excel 2003 提供的新改善的数据清单功能,你会发现 Excel 的表和数据管理能力正是自己需要的。本章的内容可以更有效地学习如何管理数据。

　　一个数据库(也被称为一个表),是以具有相同结构方式存储的数据集合。例如电话簿、公司的客户名录、库存账等等。利用数据库技术可以方便地管理这些数据,例如对数据库排序和查找那些满足指定条件的数据等。

13.4.1　数据清单的概念

　　在 Excel 2003 中,数据库是作为一个数据清单来看待。可以将数据清单理解为一个数据库。在一个数据库中,信息按记录存储。每个记录中包含信息内容的各项,称为字段。例如,公司的客户名录中,每一条客户信息就是一个记录,它由字段组成。所有记录的同一字段存放相似的信息(例如,公司名称、街道地址、电话号码等)。Microsoft Excel 2003 提供了一整套功能强大的命令集,使得管理数据清单(数据库)变得非常容易。在 Excel 2003 中可以完成下列工作。

- 排序:在数据清单中,针对某些列的数据,可以用"数据"菜单中的"排序"命令来重新组织行的顺序。可以选择数据和选择排序次序,或建立和使用一个自定义排序次序。
- 筛选:可以利用"数据"菜单中的"筛选"命令对清单中的指定数据进行查找和其他工作。一个经筛选的清单仅显示那些包含了某一特定值或符合一组条件的行,暂时隐藏其他行。
- 数据记录单:一个数据记录单提供了一个简单的方法,可从清单或数据库中查看、更改、增加和删除记录,或用指定的条件来查找特定的记录。
- 分类汇总:利用"数据"菜单的"分类汇总"命令,在清单中插入分类汇总行,汇总所选的任意数据。

Microsoft Excel 提供有一系列功能，可以很容易地在数据清单中处理和分析数据。在运用这些功能时，请根据下述准则在数据清单中输入数据：

1．数据清单的大小和位置

（1）避免在一个工作表上建立多个数据清单，因为数据清单的某些处理功能（如筛选等），一次只能在同一工作表的一个数据清单中使用。

（2）在工作表的数据清单与其他数据间至少留出一个空白行和一个空白列。在执行排序、筛选或插入自动汇总等操作时，这将有利于 Microsoft Excel 检测和选定数据清单。

（3）避免在数据清单中放置空白行和空白列，这将有利于 Microsoft Excel 检测和选定数据清单。

（4）避免将关键数据放到数据清单的左右两侧。因为这些数据在筛选数据清单时可能会被隐藏。

2．列标志

（1）在数据清单的第一行里创建列标志。Microsoft Excel 使用这些标志创建报告，并查找和组织数据。列标志使用的字体、对齐方式、格式、图案、边框或大小写样式，应当与数据清单中其他数据的格式相区别。

（2）如果要将标志和其他数据分开，应使用单元格边框（而不是空格或短画线），在标志行下插入一行直线。

3．行和列内容

（1）在设计数据清单时，应使同一列中的各行有近似的数据项。
（2）在单元格的开始处不要插入多余的空格，因为多余的空格影响排序和查找。
（3）不要使用空白行将列标志和第一行数据分开。

13.4.2　数据的排序

在 Excel 2003 中，新建的数据清单的数据排列顺序是无规律的，利用排序功能可以很容易地将数据清单按照某种特定规则进行排序，这样可以更有效地显示和使用数据。

用户可以根据数据清单中的数值对数据清单的行列数据进行排序。排序时，Excel 将利用指定的排序顺序重新排列行、列或各单元格，可以根据一列或多列的内容按升序（1～9，A～Z）或降序（9～1，Z～A）对数据清单排序。

Excel 默认状态是按字母顺序对数据清单排序。如果需要按时间顺序对月份和星期数据排序，而不是按字母顺序排序，请使用自定义排序顺序，也可以通过生成自定义排序顺序使数据清单按指定的顺序排序。

- 单条件排序：单击"常用"工具栏中的升序或降序按钮。
- 多条件排序：选择"数据"→"排序"菜单命令，弹出"排序"对话框，最多可对 3 个字段进行排序。

- 自定义序列排序：在"排序"对话框中选择相应的排序字段，单击"选项"按钮，打开"排序选项"对话框，在"自定义排序次序"下拉列表框中选择所需的排列次序。

【例 13.5】 对图 13.28 中数据按"总分"递减排序，"总分"相同时按"英语"分数递减排序。具体操作如下：

在"Excel 帮助"窗格的"搜索"文本框中输入"对区域排序"，后按 Enter 键，弹出"对区域排序"窗口，并显示对区域排序的步骤。

（1）选中需要排序的单元格区域（A2：F8）。

（2）单击"数据"→"排序"菜单命令，弹出"排序"对话框，如图 13.29 所示，在"主要关键字"下拉列表框选中"总分"，在"次要关键字"下拉列表框中选中"英语"，排列顺序都选择"降序"。

（3）在数据区域组中选中"有标题行"，然后单击"确定"按钮。结果如图 13.30 所示。

	A	B	C	D	E	F
1	学生成绩表					
2	姓名	英语	政治	高数	计算机	总分
3	刘群	70	90	73	90	323
4	张名	80	60	75	89	304
5	王成	89	82	68	65	304
6	李丽	80	70	85	87	322
7	江河	78	70	69	78	295
8	李英	90	80	96	85	351

图 13.28 排序操作

图 13.29 "排序"对话框

	A	B	C	D	E	F
1	学生成绩表					
2	姓名	英语	政治	高数	计算机	总分
3	李英	90	80	96	85	351
4	刘群	70	90	73	90	323
5	李丽	80	70	85	87	322
6	张名	89	82	68	65	304
7	王成	80	60	75	89	304
8	江河	78	70	69	78	295

图 13.30 "排序"结果

13.4.3 数据筛选

数据筛选可以将符合条件的数据显示，不符合条件要求的数据暂时隐藏，但工作表的原始数据没有被修改，此功能可以方便快速地查找符合要求的数据。

数据的筛选有两种类型。

- 自动筛选：用于比较简单的数据筛选操作。
- 高级筛选：用于比较复杂的数据筛选操作。

在进行高级筛选操作时，必须在工作表空白区域建立一个条件区域，用来存放各条件的字段名和条件值。

注意：高级筛选中条件区域字段名必须和数据表字段名完全一样。在条件区域，同一条件行不同单元格的条件是互为"与"的逻辑关系；不同条件行单元格的条件互为"或"的逻辑关系。

【例 13.6】　将图 13.31 所示学生成绩表中"英语"成绩高于 80 分的同学显示出来。

在"Excel 帮助"窗格"搜索"文本框中输入"筛选"后按 Enter 键，弹出"筛选"窗口，并显示数据筛选的步骤。

（1）单击数据清单（A2:F8）的任意一个单元格。

（2）单击"数据"→"筛选"→"自动筛选"菜单命令，在每个字段名的右侧将显示一个下拉按钮，如图 13.31 所示。

学生成绩表					
姓名	英语	政治	高数	计算	总分
李英	90	80	96	85	351
刘群	70	90	73	90	323
李丽	80	70	85	87	322
张名	89	82	68	65	304
王成	80	60	75	89	304
江河	78	70	69	78	295

图 13.31　自动筛选操作

（3）单击"英语"右侧的下拉按钮，在弹出的下拉列表框中选择"自定义"，弹出"自定义自动筛选方式"对话框，如图 13.32 所示。

（4）在"英语"组左侧下拉列表中选择"大于"，右侧下拉列表框中输入"80"，然后单击"确定"按钮。显示结果如图 13.33 所示。

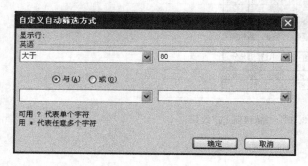

图 13.32　"自定义自动筛选方式"对话框

学生成绩表					
姓名	英语	政治	高数	计算	总分
李英	90	80	96	85	351
张名	89	82	68	65	304

图 13.33　"自动筛选"结果

通过对筛选前后进行比较，我们发现原表格中的第 4、5、7、8 行的内容被隐藏了，只有第 3 和第 6 行的数据满足题目给出的筛选条件，被显示出来。

【例 13.7】　将图 13.28 所示学生成绩表中"英语"成绩高于 80 分或者"政治"成绩不低于 80 分的同学另外生成一张表格。

在"Excel 帮助"窗格"搜索"文本框中输入"高级筛选"后按 Enter 键，弹出"高级筛选条件"窗口，并显示高级筛选设置的步骤。

（1）在工作表空白区域建立条件区域输入筛选条件"英语"＞80 或"政治"＞＝80。如图 13.34 所示。

（2）单击数据清单（A2:F8）的任意一个单元格。

（3）单击"数据"→"筛选"→"高级筛选"菜单命令，弹出"高级筛选"对话框，如图13.35 所示。

（4）在对话框方式单选项中选择"将筛选结果复制到其他位置"单选项。

（5）在列表区域中选中数据列表＄A＄2:＄F＄8，条件区域选中＄h＄3:＄I＄5，复制到选中＄A＄10:＄F＄17，然后单击"确定"按钮。筛选结果如图 13.36 所示。

	A	B	C	D	E	F	G	H	I
1			学生成绩表						
2	姓名	英语	政治	高数	计算机	总分			
3	李英	90	80	96	85	351		英语	政治
4	刘群	70	90	73	90	323		>80	
5	李丽	80	70	85	87	322			>=80
6	张名	89	82	68	65	304			
7	王成	80	60	75	89	304			
8	江河	78	70	69	78	295			

图 13.34 在"筛选条件区域"输入条件

图 13.35 "高级筛选"对话框

	A	B	C	D	E	F	G	H	I
1			学生成绩表						
2	姓名	英语	政治	高数	计算机	总分			
3	李英	90	80	96	85	351		英语	政治
4	刘群	70	90	73	90	323		>80	
5	李丽	80	70	85	87	322			>=80
6	张名	89	82	68	65	304			
7	王成	80	60	75	89	304			
8	江河	78	70	69	78	295			
9									
10	姓名	英语	政治	高数	计算机	总分			
11	李英	90	80	96	85	351			
12	刘群	70	90	73	90	323			
13	张名	89	82	68	65	304			
14									

图 13.36 "高级筛选"效果

13.4.4 分类汇总

分类汇总就是首先将数据分类,然后再将数据按类进行汇总分析处理。对数据进行分类常用的方式就是排序,也就是在操作分类汇总前必须对数据进行排序。下面用具体例题分析分类汇总的操作步骤。

【例 13.8】 将图 13.37 中的学生成绩表分"性别"统计"英语"的平均分。

在"Excel 帮助"窗格"搜索"文本框中输入"分类汇总"后按 Enter 键,弹出"插入分类汇总"窗口,并显示插入分类汇总的步骤。

(1)单击数据清单中"性别"字段的任意一个单元格,然后单击"常用"工具栏上的"升序排列"按钮,结果如图 13.38 所示。

	A	B	C	D	E	F	G
1			学生成绩表				
2	姓名	性别	英语	政治	高数	计算机	总分
3	李英	女	90	80	96	85	351
4	刘群	男	70	90	73	90	323
5	李丽	女	80	70	85	87	322
6	张名	男	89	82	68	65	304
7	王成	男	80	60	75	89	304
8	江河	男	78	70	69	78	295

图 13.37 学生成绩表

	A	B	C	D	E	F	G
1			学生成绩表				
2	姓名	性别	英语	政治	高数	计算机	总分
3	刘群	男	70	90	73	90	323
4	张名	男	89	82	68	65	304
5	王成	男	80	60	75	89	304
6	江河	男	78	70	69	78	295
7	李英	女	90	80	96	85	351
8	李丽	女	80	70	85	87	322

图 13.38 排序后的学生成绩表

　　（2）单击图 13.34 所示的数据清单的任意一个单元格,然后单击"数据"→"分类汇总"菜单命令,弹出"分类汇总"对话框,如图 13.39 所示。

　　（3）在对话框中分类字段下拉列表框中选择"性别",汇总方式下列列表框中选择"平均值",选定汇总项多选框中选择"英语",勾选"汇总结果显示在数据下方"。

　　（4）单击"确定"按钮,结果如图 13.40 所示。

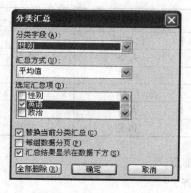

图 13.39　"分类汇总"对话框　　　　　　　　图 13.40　分类汇总结果

13.5　本章小结

　　本章通过具体的例题及详细的操作步骤,介绍了 Excel 2003 的基本功能,包括 Excel 2003 中的专业术语的解释,工作表的格式化操作。

　　通过对本章的学习,应该了解 Excel 2003 的功能,工作表文件的建立、打开、保存、录入操作;理解工作簿、工作表和单元格的基本操作;掌握工作表中数据运算,公式与函数的使用,数据清单的基本操作如排序、筛选和汇总,图表的建立和编辑。

13.6　习　　题

一、简答题

1. 工作簿、工作表和单元格之间的关系?

2. 数据清单的特点?

3. 数据删除与数据清除的异同?

4. 对单元格中数据进行"复制"→"粘贴"的注意事项有什么?

二、操作题

1. 制作以下表格,并按要求排版。

（1）将"百货电器"标题所在的那一行合并为一个单元格。

（2）将"年月"这一列的日期格式设为"1997 年 3 月"格式。

（3）将当前工作表（Sheet1）复制出一新的工作表，标签名为"复制品"。

（4）将表格内部的字体设为"宋体、加粗、14"。

（5）将表格的行高设为"18"，列宽设为"20"。

（6）将表格中"销售额"列的格式设为加"￥"货币格式。

（7）将整个表格的外框设为"双画线"，内框设为"细线"。

百货电器				
产　品	年　　月	销售额（元）	代理商	地区
电视机	1 月 10 日	1200.00	大华	北京
手机	2 月 10 日	2300.00	金玉	天津
音响	3 月 9 日	3400.00	环球	广州
计算机	4 月 11 日	4500.00	大华	深圳
空调	5 月 8 日	4500.00	和美	北京

2. 在 Sheet1 工作表中制作以下表格，并按要求排版。

（1）单元格中文本使用中部居中对齐，数字右对齐。

（2）将标题文字设为："红色、20 磅、加粗"。

（3）标题使用合并居中方式，加绿色底纹。

（4）使用"函数"计算总分、最高分、平均分，结果显示在相应的单元格中。

（5）在 Sheet2 工作表中复制此表，并在 Sheet2 的表格中分专业按数学成绩递减排序。

（6）在 Sheet1 工作表中用"高级筛选"功能将"数学"成绩高于 65 分、"英语"成绩高于 70 分的同学筛选出来并另外生成一张表格。

（7）在 Sheet3 工作表中复制此表，用"分类汇总"功能计算各个专业同学的"计算机"平均分，并进行比较。

计算机系部分学生成绩表					
专　业	姓　名	数学	英语	计算机	总分
微控	吴　用	87	90	99	
嵌入式开发	钱　锈	86	68	89	
微控	张家岭	85	53	56	
微控	王　梅	29	88	23	
网络	谷玉林	67	78	55	
嵌入式开发	万　科	69	61	48	
嵌入式开发	刘丹平	71	69	84	
网络	黄　非	73	97	88	
最高分					
平均分					

第 14 章 应用软件 PowerPoint 2003

教学目标

　　通过本章的学习,应该理解幻灯片中文本的输入,图片、表格的录入;掌握幻灯片中的动画设置,超链接的设置,背景的设置,幻灯片的添加、删除、切换等操作;能熟练用 PowerPoint 2003 提供的"帮助"功能学习更多的编辑排版操作。

教学内容

　　PowerPoint 和 Word、Excel 等应用软件一样,都是 Microsoft 公司推出的 Office 系列产品之一,主要用于设计制作广告宣传、产品演示的电子版幻灯片,制作的演示文稿可以通过计算机屏幕或者投影机播放。利用 PowerPoint,不但可以创建演示文稿,还可以在互联网上召开面对面会议、远程会议或在 Web 上给观众展示演示文稿。PowerPoint 2003 不仅保留了 PowerPoint 2000 的基本功能,更增加了许多实用的新功能,界面友好性更强,智能化更高,同时提供了强大的"帮助"功能。

14.1　PowerPoint 2003 的相关术语和基本操作

14.1.1　PowerPoint 2003 的窗口组成及相关概念

　　PowerPoint 2003 是基于图形界面的应用程序,其操作都是在窗口环境中进行的,首先了解下中文版 PowerPoint 2003 编辑窗口的基本结构和相关概念。

　　PowerPoint 2003 的窗口包括标题栏、菜单栏、工具栏、幻灯片列表区、幻灯片编辑区、任务窗格、视图切换按钮、备注栏及状态栏等,如图 14.1 所示。

　　(1) 演示文稿:用 PowerPoint 2003 等演示软件制作的文件,文件的扩展名为 PPT。演示文稿提供了所有用于演示的工具,包括将文本、图形、图像等各种媒体整合到幻灯片的工具。一个演示文稿由若干张幻灯片组成。

　　(2) 幻灯片:用来形象地描绘演示文稿的组织形式,相当于 Word 中的一页纸。制作演示文稿的过程实际上就是制作若干张幻灯片的过程。演示文稿中的幻灯片是由各种对象组成的,包括文字、图表、组织结构图、视频、声音等,制作者可以改变这些对象的内容、大小及其他属性。

　　(3) 标题栏:主要用于显示演示文稿的标题名称,如"演示文稿 1"。它同时包含"最

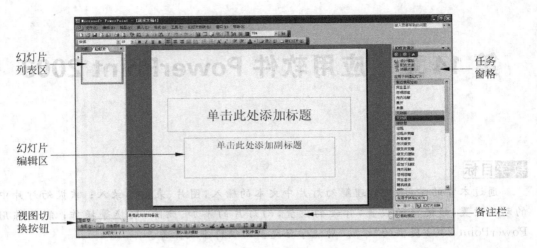

图 14.1　PowerPoint 2003 编辑窗口

小化"、"最大化"、"关闭"三个功能按钮。

（4）幻灯片列表区：显示演示文稿中所包含的幻灯片的缩略图。

（5）幻灯片编辑区：主要用于幻灯片编辑和显示的区域。

（6）任务窗格：用来显示设计演示文稿时经常会用到的命令，方便处理很多经常要执行的任务。

（7）视图切换按钮：视图是为了便于制作者从不同的方式观看设计的幻灯片内容或效果，PowerPoint 2003 提供了多种视图显示模式：普通视图、大纲视图、幻灯片视图、幻灯片浏览视图、幻灯片放映视图、备注页视图。不同的视图方式适用于不同的场合，最常用的是普通视图、幻灯片浏览视图和幻灯片放映视图，如图 14.2 所示。

① 普通视图：PowerPoint 2003 启动后直接进入普通视图，此时，窗口被分割成 3 个区域：大纲窗格、幻灯片编辑区和备注窗格。

图 14.2　视图切换按钮

大纲窗格可以组织演示文稿中的内容框架：输入演示文稿中的文本、重新排列幻灯片等。该窗格仅能显示文稿的文本部分，它为作者组织材料、编写大纲提供了简明的环境。

在幻灯片编辑区中，可以查看和编辑每张幻灯片中的对象布局效果，如：文本的外观，插入的图形、影片和声音对象等，并可以创建超链接以及为当前幻灯片设置动画效果。该窗格一次只能编辑一张幻灯片。

备注窗格可以添加或查看当前幻灯片的演讲备注信息。

② 幻灯片浏览视图：该视图将演示文稿中的所有幻灯片以缩略图方式排列在屏幕上，通过幻灯片浏览视图，制作者可以直观地查看所有幻灯片的情况，如：幻灯片的颜色搭配、顺序是否恰当等。

③ 幻灯片放映视图：在创建演示文稿的过程中，制作者可以通过单击"幻灯片放映"按钮启动幻灯片放映功能，预览演示文稿播放效果。

14.1.2　PowerPoint 2003 演示文稿的建立

PowerPoint 2003 提供了多种创建演示文稿的方法，例如使用"内容提示向导"创建演示文稿、使用模板创建演示文稿和利用已有的演示文稿等。用户可选择任意一种方式制作自己的幻灯片。

1. 使用"内容提示向导"创建演示文稿

单击"文件"→"新建"菜单命令，在任务窗格会出现"新建演示文稿"选项。选择"根据内容提示向导"选项，将出现"内容提示向导"对话框。在该向导中的每一步，系统都有默认选择，只要单击"完成"按钮，系统将以默认设置来创建演示文稿，如图 14.3 所示。

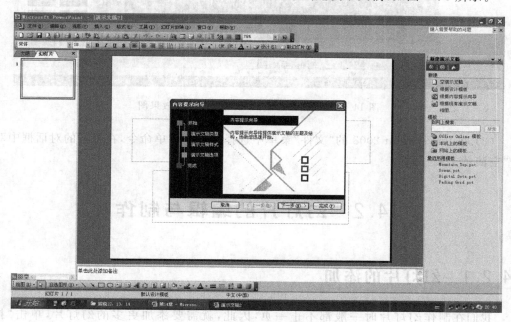

图 14.3　"内容提示向导"对话框

2. 使用模板创建演示文稿

单击"文件"→"新建"菜单命令，在任务窗格会出现"新建演示文稿"选项，选择"根据设计模板"创建演示文稿，在列表框中选择一个模板图标后单击，右边的预览框中将显示该模板的样式。幻灯片编辑区将显示模板内容，如图 14.4 所示。

3. 创建空白演示文稿

对于喜欢充分发挥自己的创造力和想象力的用户来说，创建空白演示文稿具有最大限度的灵活性。可以使用以下两种方法来创建演示文稿。

（1）启动 PowerPoint 2003，选择"空演示文稿"，单击"确定"按钮即可。

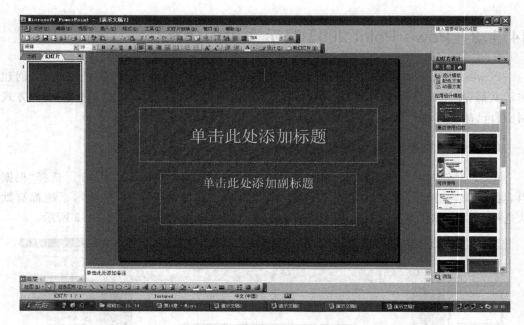

图 14.4　"根据设计模板"创建演示文稿效果图

(2) 在 PowerPoint 2003 的"文件"菜单中选择"新建"菜单命令,在打开的对话框中双击"空演示文稿"图标。

14.2　幻灯片的编辑与制作

14.2.1　幻灯片的添加

我们在制作幻灯片时一般都不止一页,因此,就需要添加更多的幻灯片,单击"插入"→"新幻灯片"菜单命令,就可以添加一个新的幻灯片。

14.2.2　文本、图片、表格的编辑

在制作幻灯片时一般都需要添加文本,在 PowerPoint 2003 中添加文本要使用"文本框"工具。

在 PowerPoint 2003 中,文本的格式设置,如:字体、字号、颜色等的设置与 Word 软件操作相同,主要通过"字体"对话框来实现,如图 14.5 所示。

段落操作中的对齐方式、行间距、段间距、项目符号和编号等的设置与 Word 软件中操作类似。

在 PowerPoint 2003 中,对图像、图形、图表以及表格的操作同 Word 中类似。

以上操作在 Word 2003 中已做过详细具体地阐述及操作，在此不再赘述。

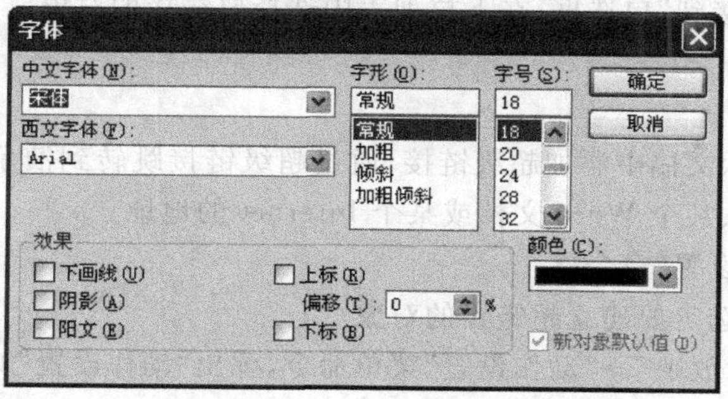

图 14.5　"字体"对话框

14.2.3　演示文稿的动画技术、超级链接和多媒体

在 PowerPoint 2003 中除了可以给幻灯片添加切换效果之外，还可以给幻灯片本身添加动画效果。给幻灯片上的文本、插入的图片、表格、图表等设置动画效果，可以突出重点、控制信息的流程及提高演示的生动性和趣味性。

设计动画时，既可以在幻灯片内设计动画效果，也可以在幻灯片间设计动画效果。

1. 使用"动画方案"工具栏设置动画效果

对幻灯片内仅有标题、正文等层次的情况，可使用"动画方案"设置动画效果。操作时，先选中要动态显示的对象（可以一次选择一个或多个对象），再单击"动画方案"列表中对应的动画效果。

2. 使用幻灯片放映菜单下的"自定义动画"设置动画效果

自定义动画的方法如下：

（1）选择"幻灯片放映"→"自定义动画"菜单命令。

（2）在幻灯片中选定一个对象，在"自定义动画"任务窗格中，单击"添加效果"命令。

（3）添加完动画效果后，可以为每个动画效果设置"开始"、"方向"、"速度"等选项。

（4）调整幻灯片上各对象动画执行的时间顺序。

3. 插入动作按钮

PowerPoint 2003 中有一组内置的按钮，可执行像"下一项"、"上一项"、"开始"、"结束"、"帮助"、"播放声音"或者"播放影片"等动作。在幻灯片放映中单击这些按钮时，就能够激活另一个程序、播放声音、播放影片或者跳转到其他幻灯片、文件和 Web 页。

设置动作按钮的方法如下：

（1）选中添加动作按钮的幻灯片。

（2）单击"幻灯片放映"→"动作按钮"菜单命令，选择所需按钮。

（3）在幻灯片的合适位置拖动鼠标,画出一个按钮后,自动弹出"动作设置"对话框。

（4）单击"超链接到"单选框,在下拉列表中选择要链接的对象。

4. 插入超链接

我们可以在演示文稿中添加超级链接,通过超级链接跳转到演示文稿内特定的幻灯片、另一个演示文稿、某个 Word 文档或某个 Internet 的地址。

（1）使用"动作设置"命令

① 在幻灯片中选定要建立超链接的对象。

② 单击"幻灯片放映"→"动作设置"菜单命令,弹出"动作设置"对话框。

③ 选择"单击鼠标"选项卡,表示单击鼠标时跳转到超链接对象;选择"鼠标移过",则在鼠标移过对象时跳转到超链接对象;选择"超链接到"单选钮,在其下方的下拉列表框中选择要超链接到的位置。

（2）使用"超链接"命令

① 单击"插入"→"超链接"菜单命令。

② 在"链接到"列表中选择要插入的超链接类型。

③ 在"要显示的文字"文本框中显示的是所选中的用于显示链接的文字。

④ 在"地址"框中显示的是所链接文档的路径和文件名。

14.3 用 PowerPoint 2003 提供的 "帮助" 功能来制作演示文稿

14.2 节介绍了 PowerPoint 的基本编辑与制作功能,下面用 PowerPoint 提供的"帮助"功能来制作演示文稿。

14.3.1 制作演示文稿的第一张幻灯片

【例 14.1】 使用 PowerPoint 的"帮助"功能制作一个"计算机基础"课程介绍的幻灯片。

（1）在"格式"工具栏中单击"新建"按钮,新建一个空白幻灯片,如图 14.1 所示。

（2）为新建的幻灯片添加背景图片。

单击"帮助"→"Microsoft Office PowerPoint 帮助"菜单命令,弹出"PowerPoint 帮助"窗格,在"搜索"文本框中输入"更改背景图片",在"搜索"下拉列表框中选择"脱机帮助",单击"开始搜索"按钮,结果如图 14.6 所示。

单击"搜索结果"中的"更改幻灯片背景"超链接,弹出"更改幻灯片背景"窗口,如图 14.7 所示。窗口中显示更改背景图片的步骤如下:

① 选中当前幻灯片,单击"格式"→"背景"菜单命令。

② 在"背景填充"之下,单击图像下面的箭头选择"填充效果",在"填充效果"中单击

"图片"选项卡，再单击"选择图片"以查找所需的图片文件，单击"插入"，然后单击"确定"按钮。

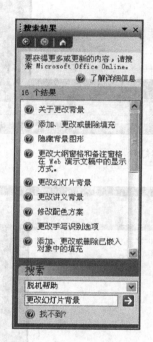

图 14.6　"帮助搜索"窗格

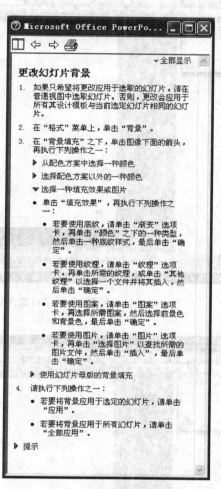

图 14.7　"更改幻灯片背景"窗口

③ 最后单击"应用"按钮。效果如图 14.8 所示。

为幻灯片背景图的下方添加渐变背景图片，让背景更美观。

① 在图 14.8 所示幻灯片中，单击"绘图"工具栏中的"插入文本框"按钮，添加一个文本框。

② 单击选中此文本框，单击"格式"→"文本框"菜单命令，弹出"设置文本框格式"对话框。在"填充"组"颜色"下拉列表框中选择"填充效果"，在"填充效果"对话框中选择"渐变"并选择"双色"，选择两种颜色。然后单击"确定"按钮，如图 14.9 所示。

（3）给幻灯片添加文字。

在"帮助"窗格的"搜索"框中输入"添加文本"，然后单击"开始搜索"按钮，弹出"添加文本"窗格，"添加文本"内容步骤如图 14.10 所示。

图 14.8 "设置背景图片"后的幻灯片

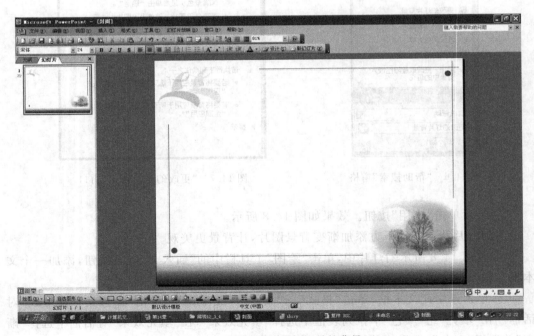

图 14.9 "添加渐变图形"后的背景

① 在"绘图"工具栏中单击"文本框"按钮,再输入或粘贴所需的文本。

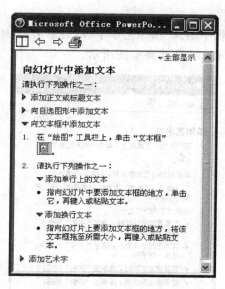

图 14.10　"添加文本"窗格

② 按以上步骤添加多个文本框，分别输入"计算机文化基础"、"高等学校计算机课程系列教材"、"合肥学院计算机科学与技术工程系"、"熊锐制作"等文本。

③ 鼠标移动到文本框的边框并拖动鼠标调整文本框的位置，让幻灯片更美观。添加文本后的幻灯片如图 14.11 所示。

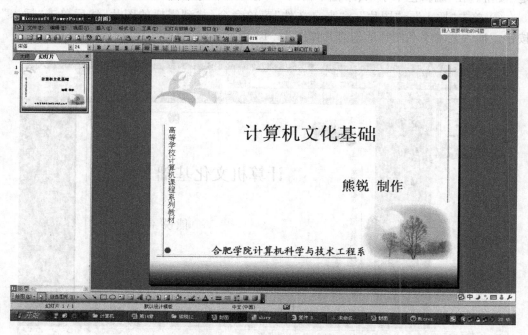

图 14.11　添加文本后的幻灯片

（4）给幻灯片添加图片。

在"帮助"窗格"搜索"框中输入"添加艺术字"然后单击"开始搜索"按钮,弹出"添加艺术字"窗格,如图14.12所示。操作步骤如图所示。

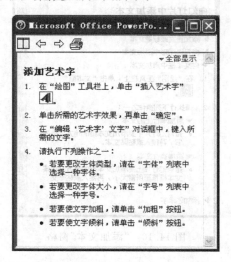

图 14.12 "添加艺术字"窗格

① 在"绘图"工具栏中单击"插入艺术字"按钮,单击所需的艺术字效果,再单击"确定"按钮。在"编辑艺术字"文本框中输入"21世纪",然后单击"确定"按钮。

② 单击"插入"→"图片"→"来自文件"菜单命令,找到需要的图片,然后单击"插入"按钮。插入艺术字和图片的幻灯片如图14.13所示。

图 14.13 添加图片后的幻灯片

14.3.2　制作演示文稿的第二张幻灯片

（1）单击"插入"→"新幻灯片"菜单命令，增加一张新幻灯片。

（2）给第二张幻灯片添加背景，步骤如前所述，效果如图 14.14 所示。

图 14.14　添加了背景的第二张幻灯片

（3）给第二张幻灯片添加图片，步骤如前所述，效果如图 14.15 所示。

图 14.15　添加了图片的第二张幻灯片

（4）给第二张幻灯片添加自选图形，步骤同 Word 2003 中操作相同，在此不再赘述，效果如图 14.16 所示。

图 14.16　添加自选图形的幻灯片

（5）添加超链接功能，在"帮助"窗格"搜索"框中输入"创建超链接"然后单击"开始搜索"按钮，选中"创建超链接"并单击，弹出"创建超链接"窗格，如图 14.17 所示。

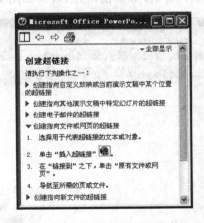

图 14.17　"创建超链接"窗格

① 添加文本"第 1 章　计算机基础知识"。

② 选中要创建超链接的文本"第 1 章　计算机基础知识"，单击"插入超链接"。在"链接到"之下，单击"原有文件或网页"，选择所需的文件，单击"确定"按钮。这样就为"第 1 章　计算机基础知识"创建了超链接功能。

③ 用相同的步骤为"第 2 章　Windows XP"、"第 3 章　文字处理软件 Word"、"第

4 章　电子表格处理软件"、"第 5 章　演示文稿 PPT"、"第 6 章　计算机网络入门"创建超链接功能，添加超链接后的效果如图 14.18 所示。

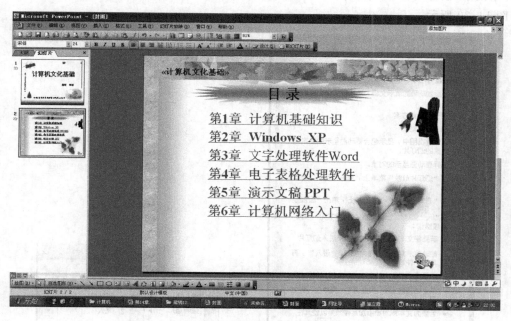

图 14.18　添加超链接后的幻灯片

（6）添加项目符号。选中幻灯片中的文本部分，单击"格式"→"项目符号和编号"菜单命令，选择合适的项目符号，如图 14.19 所示。

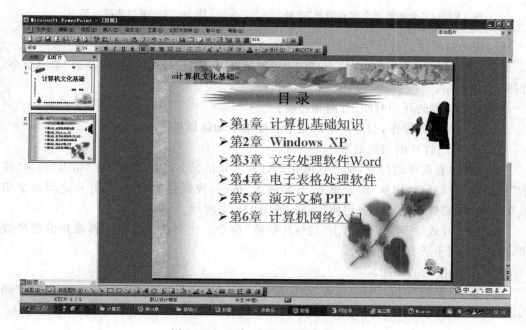

图 14.19　添加了项目符号的幻灯片

（7）设置幻灯片的自定义动画效果。在"帮助"窗格"搜索"框中输入"动画"然后单击"开始搜索"按钮，找到并单击"动画显示文本和对象"，弹出"动画显示文本和对象"窗格，如图 14.20 所示。

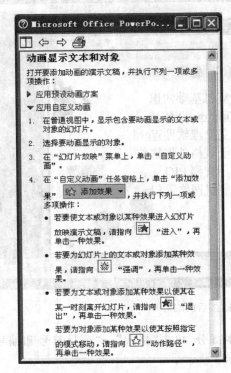

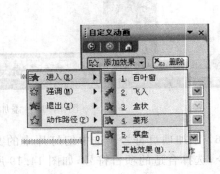

图 14.20　"动画显示文本和对象"窗格　　　图 14.21　添加动画效果

① 选中第一张幻灯片中的文本"计算机文化基础"。

② 在"自定义动画"任务窗格上，单击"添加效果"命令，选择"进入"→"菱形"菜单命令，如图 14.21 所示。

③ 调整动画的开始时间、方向和速度。

④ 通过以上的操作，幻灯片中的文本就添加了动画效果。

（8）设置幻灯片的切换效果。

本例题中有两张幻灯片，那么这两张幻灯片之间是怎么过渡的呢？在"帮助"窗格"搜索"框中输入"幻灯片切换"然后单击"开始搜索"按钮，找到并单击"在幻灯片之间添加切换"，弹出"在幻灯片之间添加切换"窗格，如图 14.22 所示。

在"幻灯片放映"菜单上，单击"幻灯片切换"命令。在列表中单击选择希望的切换效果，单击"应用于所有幻灯片"。

（9）动作按钮的添加。

在"帮助"窗格"搜索"框中输入"动作按钮"然后单击"开始搜索"按钮，找到并单击"插入动作按钮"，弹出"插入动作按钮"窗格，如图 14.23 所示。操作步骤如下所示。

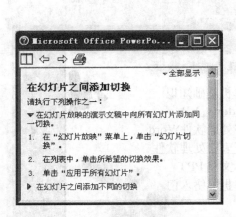

图 14.22　"在幻灯片之间添加切换"窗格　　　　图 14.23　"插入动作按钮"窗格

① 选中第二张幻灯片。

② 在"幻灯片放映"菜单上,指向"动作按钮",再选择所需的按钮"第一张"。

③ 在本幻灯片中适当位置放入动作按钮,并在弹出的"动作设置"对话框中选择"超链接"到"第一张幻灯片",然后单击"确定"按钮。

经过以上步骤最终制作了一个包含两张幻灯片的演示文稿文件,如图 14.24 和图 14.25 所示。在制作过程中,我们大量使用了 PowerPoint 2003 的"帮助"功能,希望读者能从"帮助"中学到更多的知识。

图 14.24　幻灯片 1

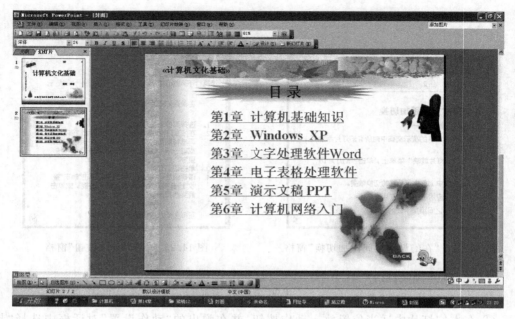

图 14.25　幻灯片 2

14.4　本章小结

　　本章通过具体的例题及详细的操作步骤,介绍了 PowerPoint 2003 的基本功能,包括:PowerPoint 2003 中专业术语的解释,通过学习"帮助"功能并在此指导下完成了演示文稿中幻灯片的添加、图片的插入、文本的添加等功能的实现。

　　通过本章的学习,应该了解 PowerPoint 2003 的功能,演示文稿的建立、打开、保存;理解幻灯片中文本的输入,图片、表格的录入;掌握幻灯片中的动画设置,超链接的设置,背景的设置,幻灯片的添加、删除、切换等操作。

14.5　习　　　题

一、简答题

1. 幻灯片中可以插入哪些类型的图形图像?

2. 幻灯片的页眉和页脚如何设置?

3. 幻灯片如何打包?

4. 演示文稿的自动播放如何设置?

二、操作题

1. 创建一组介绍你所学专业的演示文稿。

2. 制作一个介绍本课程概要的演示文稿。

参 考 文 献

[1] 王爱英.计算机组成与结构.北京:清华大学出版社,1994

[2] 白中英.计算机组成原理(第3版).北京:科学出版社,2001

[3] 王昆仑.计算机文化基础.乌鲁木齐:新疆大学出版社,1999

[4] 王昆仑.计算机文化基础实验.乌鲁木齐:新疆大学出版社,1999

[5] 冯泽森,王崇国.计算机与信息技术基础(第3版).北京:电子工业出版社,2009

[6] 徐士良.计算机与信息技术基础教程(第2版).北京:清华大学出版社,2008

[7] 黄霞.计算机应用技术基础教程(第2版).北京:北京邮电大学出版社,2009

[8] 王昆仑.计算机科学与技术导论.北京:北京大学出版社,2006

[9] [美]弗雷德里克·布鲁克斯.人月神话.程成等译.北京:清华大学出版社,2007

[10] 郑人杰等.实用软件工程(第2版).北京:清华大学出版社,2001

[11] 赵池龙等.实用软件工程.北京:电子工业出版社,2011

[12] [美]普雷斯曼.软件工程:实践者的研究方法(第6版).郑人杰等译.北京:机械工业出版社,2007

[13] 王昆仑.数据结构与算法(第2版).北京:中国铁道出版社,2012

[14] 徐士良,葛兵,谭浩强.计算机软件技术基础(第3版).北京:清华大学出版社,2010

[15] 瞿兆荣.计算机软件技术:信息化战争的智慧之神(第2版).北京:国防工业出版社,2008

[16] 丛培盛.计算机软件开发技术与应用.北京:高等教育出版社,2012

[17] 毛华扬,李帅,雷万寿.金蝶K/3RISE管理软件应用指南.北京:清华大学出版社,2013

[18] 刘海燕,张娜,王文秀.会计软件应用:用友ERP-U872版本.上海:上海财经大学出版社,2013

[19] 王珊,萨师煊.数据库系统概论(第四版).北京:高等教育出版社,2006

[20] 崔巍.数据库系统及应用(第三版).北京:高等教育出版社,2012

[21] 冯博琴等.计算机网络(第二版).北京:高等教育出版社,2004

[22] 黄叔武等.计算机网络工程教程.北京:清华大学出版社,1999

[23] 杨威等.局域网组建管理与维护.北京:人民邮电出版社,2009

[24] 石磊等.网络安全与管理.北京:清华大学出版社,2009

[25] 罗伯特·格拉斯.软件开发的滑铁卢——重大失控项目的经验与教训.陈河南译.北京:电子工业出版社,2002

[26] [美]Kent Beck,Cynfhia Andres.解析极限编程——拥抱变化.雷剑文等译.北京:电子工业出版社,2006

[27] 匡松,刘洋洋.计算机应用:计算机常用工具软件教程(第2版).北京:清华大学出版社,2012

[28] 张洪喜,尚晓新.常用工具软件应用.北京:中国劳动社会保障出版社,2012

[29] 赵霞.嵌入式系统高能效软件技术及应用.北京:清华大学出版社,2012

[30] [荷]A.S.Tanenbaum.现代操作系统(第3版).陈向群译.北京:机械工业出版社,2009

[31] 汤小丹.计算机操作系统(第3版).西安:西安电子科技大学出版社,2007

[32] 周苏等.办公软件高级应用案例教程.北京:中国铁道出版社,2009

[33] 张家龙.数理逻辑的产生和发展.北京航空航天大学学报,2000,13(1).26-29

[34] 柳海兰.浅谈计算机图形学的发展及应用.电脑知识与技术,2010,6(33):9551-9552

[35] 蔡强.计算机图形学的相关技术与发展.北京轻工业学院学报,1999,17(3):74-81

[36] 燕子宗,张宝琪.图论及其应用.重庆科技学院学报(自然科学版),2007,9(2):121-123

[37] 李秀兰,程品.图论的发展.雁北师院学报,1996,12(6):72-74

[38] 刘洁,刘丽娜.数学的历史发展.高等数学研究,2003,6(1):30-31

[39] 徐传胜,郭政.数理统计学的发展历程.高等数学研究,2007,10(1):121-125

[40] 潘加宇.四十年软件工程故事.程序员,2008(9):40-44

[41] http://www.mhez.com/ts-web/mrb/

[42] http://www.doc88.com/

[43] http://i-math.sysu.edu.cn/ICS/01/

[44] http://depa.usst.edu.cn/chenjq/www2/Report/

[45] http://www.techcn.com.cn/

[46] http://tech.163.com/06/1026/14/

[47] http://www.doc88.com/

[48] http://www.xuexila.com/lunwen/

[49] http://baike.baidu.com/

[50] http://wenku.baidu.com/view/

[51] http://book.51cto.com/art/

[52] http://www.chinaqking.com/

[53] http://www.chinacpx.com/

[54] http://www.enet.com.cn/

[55] http://www.sawin.cn/

[56] http://developer.51cto.com/art/

[57] http://www.studa.net/

[58] http://netwenchao.itpub.net/post/

[59] http://blog.csdn.net/fh2010/article/details/

[60] http://zh.wikipedia.org/wiki

[61] http://book.51cto.com

[62] http://image.baidu.com

[63] http://info.printing.hc360.com

[64] http://www.techcn.com.cn

[65] http://news.xinmin.cn

[66] http://people.ccidnet.com/

[67] http://hi.baidu.com/

[68] http://www.cnblogs.com/

[69] http://baike.baidu.com/view/

[70] http://www2.ccw.com.cn/